Moritz Willkomm

Die Wunder des Mikroskops

Salzwasser

Moritz Willkomm

Die Wunder des Mikroskops

1. Auflage | ISBN: 978-3-84608-313-0

Erscheinungsort: Paderborn, Deutschland

Erscheinungsjahr: 2015

Salzwasser Verlag GmbH, Paderborn.

Nachdruck des Originals von 1902.

Moritz Willkomm

Die Wunder des Mikroskops
Die Welt im kleinsten Raume

Salzwasser

Die

Wunder des Mikroskops

oder

Die Welt im kleinsten Raume.

Für Freunde der Natur und mit Berücksichtigung der studierenden Jugend

geschildert von

Dr. Moritz Willkomm

weiland ordentlicher Professor an der K. K. Universität zu Prag.

Bearbeitet von

Dr. phil. H. Trautsch und Dr. med. H. Schlesinger.
Chemnitz.   Frankfurt a. M.

Siebente, mit der sechsten und fünften gleichlautende Auflage.

Mit 464 Illustrationen.

Leipzig.
Verlag von Otto Spamer.
1902.

Vorrede.

Jahrzehnte sind ins Land gegangen, seit „Die Wunder des Mikroskops" in erster Auflage das Licht der Welt erblickten. Die raschen Fortschritte, welche die gesamten Naturwissenschaften, und nicht zum geringsten Teile unter Führung der Mikroskopie, in dieser Zeit gemacht haben, mußten in ebenso raschen Etappen neue Auflagen des weitverbreiteten Buches veranlassen. In den letzten Jahren ist der Stoff durch vielseitige tiefgehende Einzelstudien auf sämtlichen Gebieten der Naturwissenschaften und der Medizin in so gewaltigem Umfange gewachsen, daß es unmöglich erschien, daß eine Kraft allein ihn zu bewältigen im stande sei, und so mußte Arbeitsteilung eintreten. Es galt, das große Gebiet in gedrängter und dabei doch übersichtlicher Weise zu behandeln, um auch weiteren Kreisen Gelegenheit zu geben, dem Anspruch allgemeiner Bildung gerecht zu werden, und so konnten und mußten den beiden Bearbeitern nur die Grundsätze zur Leitung dienen, welche sich Herr Professor Dr. Willkomm bei Herausgabe der ersten Auflage zur Richtschnur genommen. Von diesem Streben haben sich die beiden Bearbeiter bestimmen lassen und zugleich das Ziel im Auge behalten, aus der „Welt des Kleinen" in Wort und Bild das Neueste, Wissenswerteste und Interessanteste dem Leser nahe zu bringen.

Insbesondere hat es sich als notwendig herausgestellt, die Fortschritte der Gesundheitspflege, soweit sie durch mikroskopische Untersuchungen bedingt sind, eingehend zu behandeln. Dies ist in der Weise

geschehen, daß ihnen ein eigenes Kapitel: „Das Mikroskop als Ent-
decker der Krankheitserreger" gewidmet wurde.

Und so möge das kleine Buch hinausziehen in die Welt in fünfter
Auflage zur Freude der Jugend, zu ihrer Belehrung und zur Erweckung
edler Bewunderung und Liebe für die Natur, möge es dieselbe freund-
liche Aufnahme in den gebildeten und Bildung suchenden Kreisen finden,
deren sich die bisherigen Auflagen erfreuten.

Chemnitz und Frankfurt a. M., im August 1895.

Dr. phil. **Hermann Krautzsch.**
Dr. med. **Hermann Schlesinger,** pr. Arzt.

Inhaltsverzeichnis.

Am Schluß des Buches befindet sich ein ausführliches alphabetisches Sachregister.

Einleitung.

In der Werkstätte des Naturforschers.

Mitten hinein wollen wir uns begeben in die Werkstätten, wo die Geister der Naturforscher unsrer Zeit arbeiten, mitten hinein wollen wir uns wagen zwischen die Kasten und Kästchen, Flaschen und Fläschchen, zwischen die großen und kleinen Instrumente, die alle zu dem Zwecke erfunden sind, dem eifrigen Forscher die Wege zu neuer Erkenntnis zu bahnen, und mit deren Verbesserung Hunderte von Geistern beschäftigt sind. Was mit der Hilfe dieser Instrumente erreicht worden ist, hat reiche Frucht für die Wissenschaft gebracht und den Menschen schon heute vor eine Fülle von Erkenntnis und Segen gestellt, daß er dankbar aufblicken möge zu den technischen wie forschenden Arbeitern im Dienste der Menschheit.

Schauen wir uns einmal in dem Arbeitsraume eines Naturforschers etwas genauer um. Da liegen Stöße von Büchern, die sollen führen auf dem dunklen Pfade der Wahrheit; — sie interessieren meist nur den Fachmann. Dort auf dem Tische stehen eine Unzahl von Fläschchen und Reagenzgläschen, in denen das „Material", die toten Tiere in Spiritus und Pflanzenteile aufbewahrt werden; daneben steht ein mächtiger Schrank, gefüllt mit lauter feinen geschliffenen Glasplatten, auf denen ein dünnes Blättchen Glas klebt. Hält man so ein Ding gegen das Licht, dann erscheinen kleine dunkle oder auch schön bunt gefärbte Flecken in der Mitte, und zu unserm Staunen lesen wir am Rande allerlei Hieroglyphen und erfahren, daß das mikroskopische Präparate seien. Wie viele tausende mag der Schrank davon bergen.

Dort vor dem hohen Fenster auf dem Tische steht ein kleines Instrument aus glänzendem Messing, wie es scheint, sorgsam mit einer großen Glasglocke vor Staub geschützt. Das ist der Führer und Leiter auf unsrer Bahn, das Werkzeug, welches, wie für den Astronomen das Fernrohr die große weite Welt, für uns, die wir hier auf der Erde unsre Umgebung gründlich kennen lernen wollen, die kleine Welt erschließt, das Mikroskop. Neben dem Mikroskope stehen noch andre Instrumente, Vergrößerungsgläser, eine Unmenge Werkzeuge liegen dabei, feine Messer, Nadeln, wunderlich geformte Scheren, die verschiedensten Pinzetten, von den breitesten bis zu den feinsten mit fast haarscharfen Spitzen. In Schalen, die stark nach Alkohol riechen, liegen unförmliche Massen, Reste von Tieren und ihren Organen, in ihnen haben eben die Messer und Scheren gearbeitet. Dort liegt in einer größeren Schale ein Frosch mit aufgeschnittenem Leibe, die Eingeweide sind bloßgelegt, man kann alle inneren Organe an ihrem Orte beobachten, sieht noch das Herz schlagen, obwohl das Tier seines Kopfes beraubt ist. Hier wieder keimen junge Pflanzen, dort liegen Steine, auch solche, welche uns die Gestalten von Tieren zeigen, Muscheln, Schalen. In jenen großen Gläsern steht Wasser mit „Entengrün" (Wasserlinsen) bedeckt, bei genauerem Zusehen bemerken wir kleine Wesen, die darin umherhuschen.

Vor dem Mikroskope stehen in langen Reihen flache Schalen mit bunten Flüssigkeiten. Sie dienen zum Färben der Dinge, die zu durchsichtig sind, um von unserm Auge genügend voneinander geschieden zu werden. Daran schließt sich eine Serie von Flaschen, bezeichnet mit „Alkohol I, II, III" u. s. w., hier steht Terpentin. Auf einem kleinen Postament finden sich allerlei Säuren, Schwefelsäure, Salpeter-, Salzsäure, Ammoniak, und in jenem Glasschranke steht eine ganze Apotheke. Wir werden später erfahren, wozu das alles. Dort sehen wir unter einem Glaskasten einen Apparat von komplizierter Konstruktion, mit einer Unzahl von Schrauben und einem großen Messer daran, es ist das Mikrotom.

Mitten im Zimmer steht auf einem Tischchen ein viereckiger Kasten aus Kupferblech, vorn mit einer Glasscheibe versehen; dahinter sehen wir Schalen und Gläschen mit wasserhellen Flüssigkeiten, in denen farbige Klümpchen liegen. Unter dem Kasten brennt Tag und Nacht eine Flamme, und die Wärme im Kasten, dem Brütofen, wird selbstthätig durch eine sinnreiche Einrichtung von Röhren und Thermometern auf derselben Höhe erhalten. Dort hinten an der Wand stehen einige Aquarien, in denen sich allerlei Getier tummelt, Pflanzen gedeihen — alle zum Zweck, der Wissenschaft zu dienen, indem sie ihre Opfer werden.

Aber das Opfer bringt hohen Gewinn, Wissen und Wahrheit, Gesundheit und Recht. Wie vielen Krankheiten ist man von diesem stillen Zimmer aus schon auf die Spur gekommen, wie viele Entdeckungen sind hier, wo nur die Feder und der Zeichenstift, manchmal noch der photographische Apparat dazu aufgewandt werden, die Ergebnisse tiefen Nachdenkens und Forschens in Wort und Bild festzuhalten — wie viele Entdeckungen sind hier zum Heile der Menschheit schon ans Licht gekommen. Gar ernste Männer sind es, die hier herumstehen, bald da, bald dort ihr Auge haben, jenes Glas beschauen, am Mikroskope sitzen — eine stille Freude liegt auf ihrem Gesichte, und manchmal geht es wie ein Blitz aus den Augen, die Stirn scheint noch höher zu werden — das Experiment ist gelungen, ein neuer Fortschritt für die Wissenschaft gewonnen!

Wer mir aber folgen will in die Welt des Kleinen, Kleinsten und Allerkleinsten, der muß sich hier in der Werkstätte erst etwas gründlicher umsehen; er wird dann mit um so größerem Gewinne die Ausführungen über die kleine Welt lesen und selbst Lust bekommen, sein Auge daran zu erfreuen. Es ist gar manches Unscheinbare in unsrer Umgebung, was unbeachtet bleibt, eben weil es klein ist, so klein, daß unser Auge nicht

ausreicht zu ſeiner Wahrnehmung; und doch ſind gerade dieſe „Kleinig-
keiten“ von größter Wichtigkeit, nicht bloß fürs Wiſſen, ſondern fürs Leben.

Es ſei mir daher geſtattet, dem Leſer als Führer zu dienen, damit
er ſich wenigſtens einigermaßen in der Werkſtatt zurechtfinden lernt.

Das Hauptinſtrument iſt und bleibt in unſerm Raume das Mikroſkop. Für das „Kleine“ (mikron) und „Nahe“ iſt es eingerichtet, wie
das Teleſkop für das „Große“ und „Weite“, und viele ſinnende Köpfe
arbeiten daran, noch Kleineres damit ſehen und entdecken zu können, als
bisher möglich war. Die Welt im Kleinen, der Mikrokosmos, wird uns
auf allen Seiten dieſes Buches beſchäftigen, es iſt wohl der Mühe wert,
ſich ein ſolches Inſtrument genau anzuſehen, welches uns da hinein
führen ſoll.

Wohl jedem Leſer iſt die Wirkung der ſogenannten Linſen bekannt;
auf ihr allein beruhen die Anwendung des Mikroſkopes und ihre wunderbaren Ergebniſſe. Wenn man einen Gegenſtand durch eine konvexe

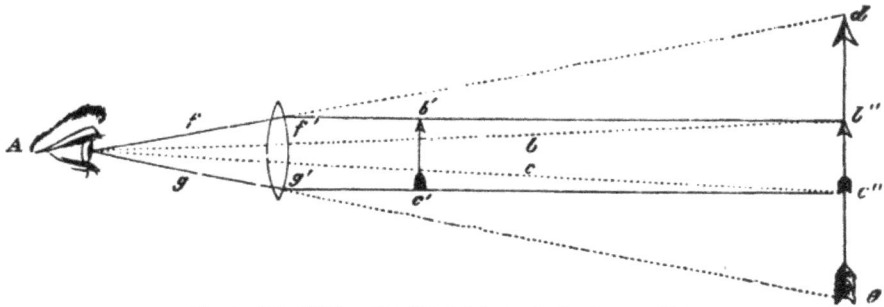

Fig. 1. Vergrößerung des Sehwinkels durch eine konvexe Linſe.

Glaslinſe betrachtet, ſo erſcheint derſelbe vergrößert, d. h. der Sehwinkel
wird durch die Glaslinſe vergrößert. Der Sehwinkel iſt nun nichts andres,
als der Winkel, den zwei Lichtſtrahlen bilden, welche von den Endpunkten
eines Dinges ausgehend in unſerm Auge ſich kreuzen. Entferne ich den
Gegenſtand, ſo wird der Sehwinkel verkleinert, der Gegenſtand erſcheint
kleiner, bringe ich den Gegenſtand näher, ſo erſcheint er größer, weil der
Sehwinkel wächſt. Aber das Auge ſieht nur bis auf eine beſtimmte Entfernung deutlich, was darüber oder darunter iſt, iſt für die Deutlichkeit
des Sehens vom Übel. Einem vollſtändig geſunden Auge kann man ein
Ding bis auf 25 Zentimeter nahe bringen, dann wird das deutlichſte
Bild auf der Netzhaut entſtehen. Vergleichen wir hierzu Figur 1. Iſt
der Pfeil b″ c″ vom bloßen Auge betrachtet, ſo wird er unter dem
Winkel b″ A c″ geſehen, wenn A das Auge bedeutet, derſelbe iſt gebildet
von den punktierten Linien b und c. Wäre nun der Pfeil in einer
geringeren Entfernung vom Auge aufgeſtellt, etwa an der Linſe als f′ g′,
ſo würde er dem Auge ebenſo groß erſcheinen wie der Pfeil d e in der
Entfernung des erſten Pfeiles b″ c″, die äußerſten Lichtſtrahlen würden
ſich in einem viel größeren Winkel ſchneiden.

Ein ſolches Näherbringen oder vielmehr beſſer Heranziehen an das

Auge bewirkt nun in der That eine konveye Linſe, ein Glas, das nach zwei Flächen erhaben geſchliffen iſt, ſo daß es einer großen „Linſe" ähnlich ſieht. Tritt nämlich ein Lichtſtrahl aus Luft in Glas ein, ſo wird er abgelenkt, gebrochen, und zwar beſtimmt die Lage der Oberfläche zu dem eintretenden Lichtſtrahle deſſen Gang im Glaſe; beim Austritt erfolgt wieder eine Ablenkung, eine abermalige Brechung des weitergehenden Strahles. Durch beſondere Einrichtung der Aus- und Eintrittsflächen hat man es alſo in der Hand, die Strahlen zu beſonderem Gange zu zwingen. Solche Gläſer, wie f' g' eines im Querſchnitt darſtellt, ſammeln alle parallel eintretenden Lichtſtrahlen auf ihrer andern Seite in einem Punkt, es ſind Sammellinſen oder Brenngläſer. Jener Sammelpunkt führt den Namen Brennpunkt, ſeine Entfernung von der Linſe heißt Brennweite. Wenn man nämlich die Sonnenſtrahlen durch ein ſolches Glas hindurchgehen läßt, ſo geraten leicht entzündliche Körper, wie Papier, Schwamm, Pulver u. ſ. w. in Brand, im Falle ſie ſich in dem Punkte befinden, in welchem die Vereinigung der Strahlen ſtattfindet; durch ihr Sammeln wird zu gleicher Zeit höchſte Helligkeit des Lichtes und Konzentration der Wärme erzielt. Die Brechung, welche die Lichtſtrahlen bei ihrem Durchgange erleiden, iſt das Mittel, durch deſſen Anwendung es möglich wird, dem Auge Gegenſtände deutlich zu machen, die ihm näher

Fig. 2. Großes Präparier-Mikroſkop (⅓).

liegen als 25 Zentimeter. Unſre Fig. 1 wird das dem Leſer deutlich machen. Das Auge A befindet ſich in dem Brennpunkte der Linſe f' g' und betrachtet durch dieſe hindurch den Pfeil b' c', welcher dem Auge unter dem Winkel b' A c' erſcheinen muß, wie in der Entfernung der deutlichſten Sehweite. Allein die von b' c' ausgehenden und ſenkrecht auf die Linſe fallenden Lichtſtrahlen werden bei ihrem Durchgange durch das Glas gebrochen, ſo daß das Bild des Pfeiles dem Auge ſo erſcheint, als wenn die äußerſten Lichtſtrahlen unter dem Winkel f A g oder d A e auf die Netzhaut des Auges fielen. Das Auge verſetzt den Gegenſtand aber in die Entfernung von 25 Zentimeter, der deutlichſten Sehweite, und darin muß der kleine wirkliche Pfeil b' c' ſo erſcheinen wie der zwiſchen d e gezeichnete. Solche einfache Konveylinſen, die auch nur auf einer Seite erhaben geſchliffen zu ſein brauchen, benutzt man aus dieſem Grunde als Vergrößerungsgläſer, man nennt ſie Lupen; — iſt die Brennweite ſehr gering, kleiner als 1 Zentimeter, so heißen sie auch einfache Mikroskope. Durch letztere läßt sich schon eine zweihundertfache Vergrößerung erzielen.

Aber ihr Gebrauch ist sehr unbequem, weil man das Objekt, welches man sehen will, der Linse zu nahe bringen muß, ebenso auch das Auge; — weil außerdem das Bild, wenn sich die Linse der Kugelgestalt nähert, durch die starke Zerstreuung undeutlich wird. Die Lupen finden jedoch große Verwertung und leisten außerordentlich gute Dienste, wenn man an kleinen Objekten durch Zerlegen, Zerschneiden oder Zerzupfen, oder durch besondere Anordnung einzelne Teile besonders sichtbar machen will. Für diesen Zweck sind noch besondere Lupen hergestellt worden, die ein bequemes Präparieren gestatten. Fig. 2 zeigt eine solche im Bilde. Der Abstand der Lupe vom Tisch ist groß genug, daß man mit Messer und Spatel, mit Nadel und Schere hantieren kann, freilich erfordert solche Arbeit ruhige Hand, sichere Schnittführung und Befestigung des Zerlegungsobjektes auf dem Tische; die seitlichen Stützen geben der Hand den nötigen Ruhepunkt.

Jene Übelstände und Unbequemlichkeiten, welche scharfe einfache Mikroskope an sich haben, zu überwinden, ist immer und immer wieder das Streben unsrer Mikroskopiker und ihrer Hilfsarbeiter, der Mechaniker und Optiker, gewesen,

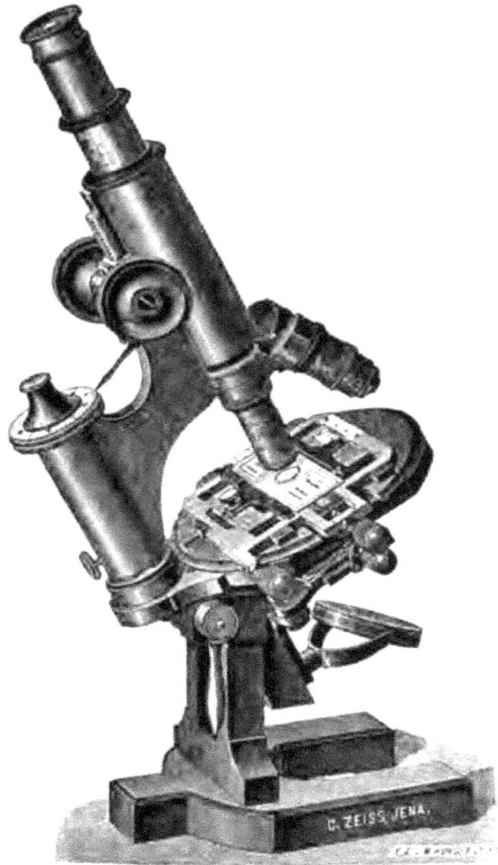

Fig. 3. Zusammengesetztes Mikroskop.

und man kann jetzt behaupten, daß wohl bald die menschenmögliche Grenze in der Vollkommenheit der Instrumente erreicht ist. Das Ziel ist erreicht worden durch die Herstellung zusammengesetzter Mikroskope, wie uns Fig. 3 eines in verkleinerter Abbildung aus der weltbekannten großen Fabrik von Karl Zeiß in Jena vorführt.

Bevor wir uns jedoch das hier gezeigte komplizierte Instrument

genauer betrachten, wollen wir es zu verstehen suchen, wie man durch
Zusammenstellung von Linsen so großartige Wirkungen erzielen kann, daß
man jetzt leicht zweitausendfache Vergrößerung erreicht.

So verschieden nämlich die Konstruktion der Mikroskope im Laufe
der Zeit und in den einzelnen Fabriken geworden ist, so verschieden sich
die Einrichtung der einzelnen Linsen gestaltet, das ganze große Geheimnis
beruht auf der eigenartigen Wirkung dreier hintereinander gestellten Linsen von verschiedener Brennweite.

Die unterste und kleinste Linse wird das Objektivglas genannt, weil sie dem Objekt zugekehrt ist; sie hat immer eine kürzere Brennweite als die oberste, größere Linse, welche dem Auge zunächst steht und darum als Okular bezeichnet wird. Zwischen diesen beiden Linsen ist noch eine dritte, die Sammellinse angebracht, die dazu dient, das vom Objektiv erzeugte Bild dem Okulare zugänglich zu machen. In unsrer Fig. 4 bezeichnet O das Okular, L das Objektiv und C ist die Sammellinse. Die Wirkung der drei Linsen ist nun folgende. Die Lichtstrahlen, welche von dem Pfeil (Objekt) bc herkommen, werden bei ihrem Durchgang

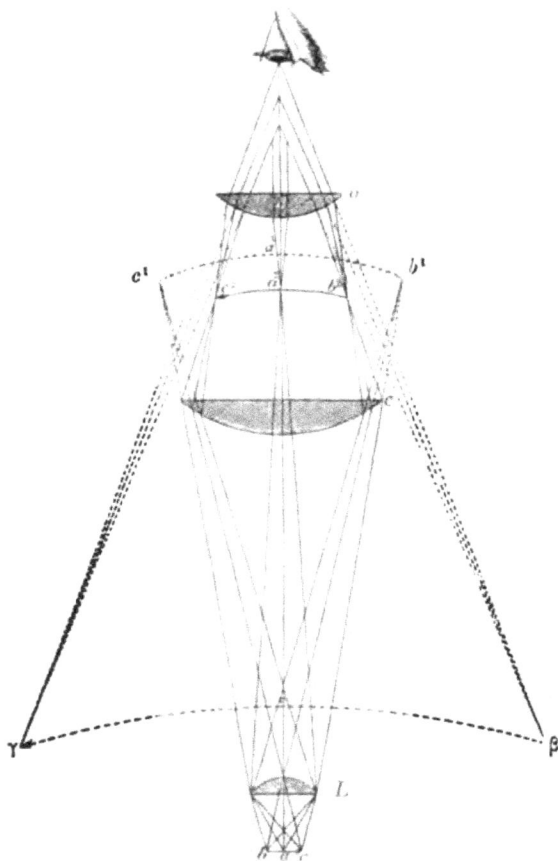

Fig. 4. Schematische Darstellung des Zustandekommens des mikroskopischen Bildes.

durch das Objektiv L derart abgelenkt, gebrochen, daß sie in der Nähe
des Okulares O, in c¹b¹ ein umgekehrtes vergrößertes Bild erzeugen
würden, wenn sie ungehindert weiter gehen könnten. Diese Strahlen
werden aber von der Sammellinse C unterwegs wieder gebrochen, so daß
das umgekehrte Bild in c²b² in mäßiger Vergrößerung erscheint. Das
Auge A betrachtet aber dieses Bild c²b² durch das Okular O hindurch

und ſieht es in der Entfernung der deutlichen Sehweite in der Größe γ β unter dem großen Sehwinkel γ A β. Die Vergrößerung, welche das Mikroſkop bietet, hängt nun von der Wirkung der Einzellinſen ab, beſonders von deren Brennweite. Würde das Objektiv z. B. dreißigmal, das Okular zwanzigmal vergrößern, ſo ergäbe das ſchon eine thatſächliche Vergrößerung von ſechshundert. Ob das Okular ſtärker iſt als das Objektiv oder umgekehrt, iſt ganz gleichgültig für die Geſamtvergrößerung, ſie ergibt ſich ſtets durch die Multiplikation der beiden Vergrößerungen; aber für den praktiſchen Mikroſkopiker iſt das von großer Wichtigkeit, weil dieſe Verhältniſſe von Einfluß auf die Helligkeit und Deutlichkeit der Bilder ſind, und derſelbe immer den Zuſammenſtellungen den Vorzug zuerkennen wird, welche dieſe Eigenſchaften des Bildes in hervorragendem Maße gewähren.

Sehr ſtark vergrößernde zuſammengeſetzte Mikroſkope leiden aber an denſelben Mängeln, wie die ſtark vergrößernden einfachen, und man mußte ſich darum noch nach andern Hilfsmitteln umſehen, die geeignet waren, dasſelbe Reſultat zu erzielen, ohne daß man ſo ſtark vergrößernde Linſen nötig hatte; dies iſt erreicht worden durch die Einführung von ſogenannten Immerſionslinſen, auf die wir ſpäter zurückkommen werden.

Wir müſſen nämlich bedenken, daß das Objekt in den meiſten Fällen nicht

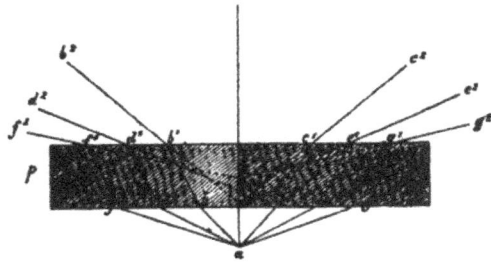

Fig. 5. Schema der optiſchen Wirkung des Deckglaſes.

direkt unter dem Objektive liegt, ſondern daß es zu ſeinem Schutze und zum Schutze des Inſtrumentes, beſonders der Linſe, mit einem feinen Deckglaſe überkittet wird. So dünn dieſes Glasblättchen iſt, oft nur 0,12 Millimeter dick, ſo großen Einfluß hat dasſelbe doch auf das Bild, und beſonders bei ſtarken Vergrößerungen. In unſrer nebenſtehenden Fig. 5 bezeichnet a den Gegenſtand. Die von ihm ausgehenden Strahlen ab, ac, ad u. ſ. w. werden zunächſt nach b¹, c¹, d¹ gebrochen. Beim Austritt aus dem Deckglaſe biegen dieſelben wieder um den gleichen Winkel nach auswärts, als b¹ b², c¹ c², d¹ d². Setzen wir aber dieſe Linien, unter deren Richtung die Strahlen ins Objektiv gelangen, fort, ſo kreuzen ſich dieſelben innerhalb des Deckglaſes, und wer das Objekt von oben betrachtet, erhält den Eindruck, als ſei dasſelbe dem Auge näher gelegen, als es wirklich der Fall iſt. Außerdem geht aus der Konſtruktion (Fig. 5) hervor, daß ſich die Fortſetzungen der gebrochenen Strahlen nicht mehr in einem Punkte kreuzen, ſondern in mehreren übereinander gelegenen Stellen (k, i, h). Die Umriſſe des Bildes müßten daher in ihrer Schärfe einbüßen und verſchwommen werden, und zwar um ſo mehr, je dicker das Deckglas iſt.

Durch beſondere Einrichtung des Linſenſyſtems (hier kommt hauptſächlich das Objektiv in Betracht) kann man dieſem Übel jedoch begegnen.

Die Undeutlichkeit muß ausgeglichen werden, und zwar im Objektiv; dies geschieht durch eine Linse, welche der Optiker einfügt, und diese ist so ein-gefügt, daß sie um ein ganz geringes sich nach oben und unten bewegen läßt, um die verschiedene Deckglasdicke auszugleichen; unser großes Zeißsches Mikroskop zeigt die äußerliche Einrichtung solcher Objektive, z. B. eine Drehung des am vorderen Objektive angebrachten Schraubenansatzes stellt das Objektiv je nach der Deckglasdicke ein. Wie schon oben erwähnt, ist es auch gelungen, dem Mangel der starken Vergrößerungen an Deutlichkeit und Helligkeit abzuhelfen durch die Einführung von Immersionen. Der Unterschied dieser Systeme von den gewöhnlichen Objektiven besteht darin, daß bei ihrer Anwendung die Luftschicht, welche sonst bei den stärksten Objektivsystemen, die dem Deckgläschen äußerst nahe gebracht werden müssen, sich zwischen dem Objektiv und dem Deckgläschen befindet, durch eine Wasserschicht oder einen Öltropfen ersetzt wird. Man bringt nämlich mittels eines Glasstäbchens ein Tröpfchen destillierten Wassers oder Öles auf das Deckgläschen, ein zweites an die Unterfläche der Linse und nähert nun beide einander vorsichtig bis zu ihrem Zusammentreffen. Das Linsensystem wird also in das Wasser eingetaucht, und deshalb nennt man dasselbe ein Immersionssystem, im Gegensatz zu den übrigen, welche „trocken" verwendet werden. Der Vorteil und Vorzug der Ein-tauchung beruht darauf, daß die Flüssigkeit stärker lichtbrechend ist (am besten Öle, Zitronenöl, Monobromnaphthalin) als Luft. Dadurch kommt die Rückwerfung der Strahlen an der Oberfläche des Deckglases und des Objektives fast ganz in Wegfall, weshalb mehr Lichtstrahlen durch die Linse dringen, so daß die dünne Flüssigkeitsschicht dieselbe Wirkung hervor-bringt, wie eine Vergrößerung des Sehwinkels, eine größere Helligkeit und Schärfe des Bildes. Infolge davon geben Immersionslinsen viel stärkere Vergrößerungen und dabei Klarheit und Deutlichkeit, die bei einer mehr als 1500fachen Vergrößerung sonst fast immer verloren geht.

Sehen wir uns nun einmal das Mikroskop, wie es uns fig. 3 vorführt, genauer an; wir wollen es zu diesem Zwecke in seine einzelnen Teile zerlegen. Dabei werden wir Gelegenheit haben, die ganze Bauart und innere Einrichtung des Instrumentes kennen zu lernen.

Jedes zusammengesetzte Mikroskop besteht aus vier Hauptteilen, der Röhre oder dem Tubus, dem Stativ, dem Objekttisch und einem Beleuchtungsapparat.

Die Röhre an sich ist ein einfacher hohler Messingcylinder, an dessen unterem Ende sich ein feines Gewinde befindet, das für das Anschrauben der Objektive eingerichtet ist. In das obere offene Ende steckt man die verschiedenen Okulare. Der Cylinder ist an seiner Innenseite geschwärzt und besitzt ungefähr in seiner Mitte eine schwarze, horizontal gestellte Platte, welche von einem kreisrunden Loche durchbohrt ist, ein Dia-phragma. Dieses hat den Zweck, die von dem Rande des Objektives kommenden Strahlen (Randstrahlen) von einem Eindringen in das Okular abzuhalten. An unserm Instrument ist eine besondere Vorrichtung am unteren Ende des Tubus angebracht, ein sogenannter Revolver. Es ist eine Doppelplatte angeschraubt, welche die am meisten gebrauchten

Objektive trägt; durch eine kleine Drehung derselben kann man ein andres Objektiv benutzen, ohne das vorher gebrauchte auswechseln zu müssen, dadurch hat man es in der Hand, ein Bild schnell mit verschiedenen Vergrößerungen betrachten zu können. Von den beiden sichtbaren Objektiven ist das eine eingestellte ein Trockensystem, das andre ein Immersionssystem mit Korrektion für die Dicke des Deckglases.

Der Tubus wird von einem festen Stativ gehalten. Er steckt in einer andern eng anschließenden Röhre, die durch Zahn und Trieb, ähnlich wie an einer Zahnradbahn das Mittelrad der Lokomotive, auf und ab bewegt werden kann. In dem Halter der Röhre befindet sich eine starke Feder und eine ganz feine Schraube, die man auf $1/100$ Millimeter höher oder tiefer stellen kann. Um solche kleine Entfernungen handelt es sich bei einer genauen und scharfen Einstellung des Instrumentes. Man nennt eine solche Schraube, die bei einer bestimmten Winkeldrehung, welche an einem Zeiger und einer Kreisteilung abgelesen wird, ihren Endpunkt um bestimmte Bruchteile eines Millimeters verschiebt, eine Mikrometerschraube.

Der untere Teil des Stativs besteht aus einem festen und schweren hufeisenförmigen Fuße, an dessen Einlenkung der obere Teil des Apparates zur Bequemlichkeit des Mikroskopikers umgelegt werden kann, samt dem Objekttisch, auf dem in der Mitte ein Präparat liegt. Der Objekttisch besteht aus mehreren Platten, welche gleichfalls durch Mikrometerschrauben nach vorn und hinten, von links nach rechts bewegt werden können; dadurch ist eine Messung der Objekte möglich gemacht. An vielen Mikroskopen ist der Tisch auch noch um seinen Mittelpunkt drehbar. In diesem befindet sich eine Öffnung, durch welche von unten aus von einem Hohlspiegel Licht auf das Objekt fällt. Um dieses Licht möglichst scharf zu machen, ist unter dem Tische der Beleuchtungsapparat angebracht, der sich der Hauptsache nach aus einigen Beleuchtungslinsen zusammensetzt. Über denselben befinden sich feine Stahlplättchen, die in der Mitte je nach Einstellung einer Schraube einen größeren oder kleineren Kreis für das durchfallende Licht freilassen, auch ganz geschlossen werden können, so wie sich etwa die Pupille des Auges öffnet und schließt. Unsre Abbildung zeigt die innere Einrichtung des Apparates in natürlicher Größe (Figur 6—9).

Man hat auch Mikroskope konstruiert, welche es gestatten, mit beiden Augen zugleich das Bild zu betrachten, sogenannte stereoskopische Mikroskope, doch haben dieselben in der Praxis wenig Verbreitung gefunden, da der Arbeitende meist sein andres Auge zum Zeichnen des Beobachteten nötig hat, und anderseits manche Erschwerungen in der Handhabung damit verbunden sind.

Es dürfte dem Leser interessant sein, einmal zuzusehen, wie man ein solches kompliziertes Instrument, wie es so ein großes zusammengesetztes Mikroskop ist, auf seine Güte und Exaktheit prüft. Da muß man zunächst am Stativ auf Festigkeit Rücksicht nehmen, der Objekttisch muß breit und hoch genug sein, daß man einen Beleuchtungsapparat anbringen kann. Die feine Einstellung an der Mikrometerschraube ist auf ihren sicheren Gang zu untersuchen, man schraubt sie das eine Mal ganz ein, dann wieder ganz aus, der Tubus darf sich dabei nicht nach vorn oder hinten, nach rechts oder links im geringsten verschieben; dabei beobachtet man, ob eine bestimmte Winkeldrehung einer gleichgroßen andern entspricht. Die Prüfung der Linsen ist ungleich schwieriger, es mag der Hinweis genügen, daß bei farblosen Objekten keine farbigen Strahlen

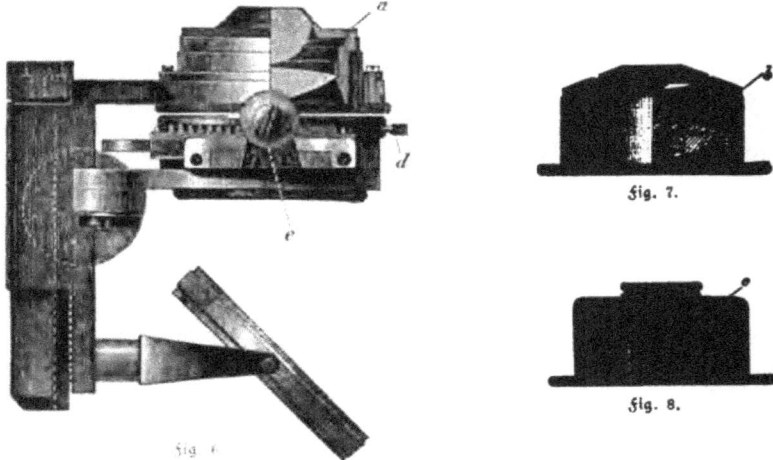

Fig. 7.

Fig. 8.

Fig. 6—8. Beleuchtungsapparat nach Abbe.

a. u. b. Kondensorsystem. c. Cylinderblendung. d. Irisblendung. e. Handhabe zur Schiefstellung derselben. Durch Verschiebung des Stiftes d wird die Öffnung der Iris größer (vergl. Fig. 9).

auftreten dürfen, und daß auch zwei Linien bei gleich höherer und tieferer als der scharfen Einstellung im Objekt dieselbe Entfernung voneinander aufweisen müssen. Ein schwerer Fehler der Linsen darf nicht unbeachtet bleiben. Legt man ein Gitter von parallelen sich kreuzenden Linien unter, so dürfen dieselben im Mikroskope nicht nach innen oder außen

Fig. 9. Irisblendung (von oben gesehen).

gebogen erscheinen, jeder wird sofort einsehen, welche Verzerrung der Bilder dadurch zustandekommen müßte. Es gibt nun eine Menge ausgezeichneter Objekte für die Prüfung der Instrumente, doch halte ich es für dieses Buch als zu weitgehend, wenn ich dies genauer auseinandersetzen wollte; die besten sind *Pleurosigma angulatum* und *Surinella*, feine Diatomeenschalen, auf die wir später aufmerksam sein wollen. Will sich der Laie ein gutes Instrument anschaffen, so kann man ihm nur raten, sich an erste Fabriken zu wenden und dabei einen Fachmann um sein Urteil zu bitten.

In neuerer und neuester Zeit sind eine Menge Nebenapparate zu dem Mikroskop hinzugekommen, die eine Erwähnung verdienen. Ich muß voraussetzen, daß der Leser etwas von der Polarisation des Lichtes gehört hat. Das Studium dieser Erscheinungen an mineralogischen

Präparaten hat wichtige Aufschlüffe über die innere Zusammenfetzung der
Körper gegeben. Den Ausgangspunkt bildet ein Nicolsches Prisma
(Fig. 10), welches aus den Kriftallen des isländischen Doppelspates durch
Abschleifen der Endflächen und Zusammenkleben zweier Kriftalle dergestalt
hergestellt wird, daß ein eintretender Lichtstrahl in zwei zu einander senkrecht polarisierte zerlegt wird, einen „ordentlichen“, welcher abgeschnitten
wird, und einen „außerordentlichen“, den das Prisma durchläßt. Trifft
dieser polarisierte Lichtstrahl auf ein zweites Nicolsches Prisma, so wird
er durchgelassen, wenn die entsprechenden Polarisationsebenen beider
Prismen gleiche Lage haben; sind dagegen beide senkrecht zu einander
gedreht, so wird der Strahl gänzlich ausgelöscht, und es entsteht Dunkel-
heit; wird in diesem letzteren Falle ein doppelbrechender Körper dazwischen geschoben, so wird das Gesichtsfeld hell; man sieht leicht ein,
wie die beiden Prismen zur Erkennung des inneren Baues von Mineralien
führen können, zu entscheiden z. B., ob ein Mineral doppelbrechend wirkt
oder nicht, und das hängt mit der Kriftallform zusammen, und wir werden
Gelegenheit haben, bei der Warenprüfung darauf zurückzukommen und
den Nutzen dieser kleinen Apparate
zu verstehen (vergl. Zuckerprüfung).
Jeder Leser wird sich nun fragen
— denn das Buch wird er nach
seinen Bildern schon einmal durch-
geblättert haben — wie stellt man
die schönen Bilder her und wie mißt
man die kleinen Objekte so genau?

Ist der Gegenstand klein genug,
um durch das zusammengesetzte
Mikroskop überblickt zu werden, so
gestaltet sich das Messen höchst ein-

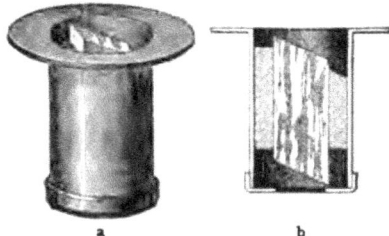

Fig. 10. Polarisator.
a von Außen.　　　b im Durchschnitt.

fach. Bei allen Mikroskopfabrikanten erhält man sogenannte Mikrometer-
okulare, die eine auf Glas eingeritzte Skala zwischen den beiden Linsen
des Okulares enthalten. Die Entfernung der Skala von der oberen
Okularlinse muß derart sein, daß das beobachtende Auge gleichzeitig ein
scharfes vergrößertes Bild von der Skala und vom Objekte empfängt;
dann ist es leicht, die gewünschten Größen abzulesen; man braucht nur
die Vergrößerung des Okulares bei den einzelnen Teilstrichen zu beachten.

Als Maßeinheit für mikroskopische Größenverhältnisse ist der tausendste
Teil eines Millimeters eingeführt und durch den griechischen Buchstaben μ
bezeichnet worden. Man nennt diese Maßeinheit Mikromillimeter oder
Mikron (Mehrzahl: Mikra).

Es gilt aber nicht bloß, die mikroskopischen Objekte zu messen, sondern
auch im Bilde darzustellen und festzuhalten. Meist geschieht das Zeichnen
mit freier Hand, besonders wenn es sich um künstlerische Wiedergabe des
Gesehenen handelt; dann sieht das eine Auge in das Mikroskop, das andre
auf ein Blatt Papier, und die Hand zieht die Figuren nach. Bei wissenschaftlichen Zeichnungen liegt der Wert aber nicht in dem schönen Eindruck,
sondern in der Genauigkeit, die selbst für das Messen mit größter Peinlichkeit

durchgeführt werden muß. Für dieſen Fall haben Gelehrte und Praktiker ſinnreiche Apparate erfunden, welche Erleichterung und Kontrolle erlauben.

Hier hilft ſchon viel ein quadrierter Okularmikrometer, den man ſo benutzt, daß man die in einem Quadrätchen geſehenen Objekte als Bilder auf quadriertes Papier überträgt. Der praktiſchſte und am meiſten ge-brauchte Zeichenapparat iſt aber die Camera lucida, von der zahlreiche Formen erfunden ſind. Wie verſchieden dieſelben auch erſcheinen mögen, ſo beruhen ſie doch alle auf demſelben Prinzip, daß ſie Objekt und Papier gleichzeitig dem Auge ſichtbar machen und zwar einem Auge. Das Bild wird nämlich durch ein Spiegelchen oder durch ein kleines Glasprisma ins Auge zurückgeworfen, aber ſo, daß die rückwerfende Fläche noch direkte Strahlen durchläßt. Sehr verbreitet iſt die in unſerm Bilde dar-geſtellte Abbeſche Camera, wie ſie in der Fabrik von Zeiß in Jena ausgeführt wird. Die ſpiegelnde, an einer Stelle (bei O) durchbrochene Metallfläche iſt zwiſchen zwei Prismen eingeſchaltet, ſo daß das Ganze die Geſtalt eines Würfels annimmt, welcher von einem um 45° geneigten

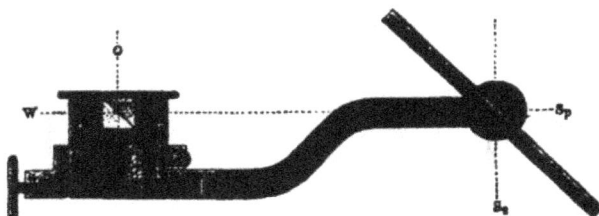

Fig. 11. Zeichenapparat nach Abbe.

Spiegel durchſetzt erſcheint. Dieſer Würfel wird dem Okulare aufgeſetzt und läßt das mikroſkopiſche Bild ohne Ablenkung durchtreten. Der Spiegelfläche des Würfels wird das Bild des Papieres durch einen zweiten gewöhnlichen, an einem horizontalen Arme befeſtigten Spiegel zugeführt (vergl. Fig. 11). Ein nicht unwichtiges Hilfsmittel mikro-ſkopiſcher Forſchung, das beſonders durch neue Erfindungen in letzter Zeit wertvoll geworden iſt, iſt die Photographie; ſie gibt ja auch die Möglichkeit, die gewonnenen Bilder ſchnellſtens zu verbreiten. Dazu ge-hört eine dunkle Kammer (Camera obscura), in welcher die Bilder auf lichtempfindliche Platten geworfen werden, es würde aber zu weit führen, wollte ich hier genauer darauf eingehen. Welche Verbreitung und viel-ſeitige Anwendung dieſer Zweig der Vervielfältigung in der Wiſſenſchaft erreicht hat, erſieht man am beſten daraus, daß jetzt wohl kaum eine größere Zeitſchrift erſcheint, die ſich hinſichtlich der Darſtellung mikro-ſkopiſcher Bilder nicht der Photographie und Zinkographie bediente.

Dem Leſer, welcher ſich ſelbſt ein Inſtrument anſchaffen will, ſeien beſonders folgende Fabriken empfohlen, die anerkannt Gutes leiſten:

     Karl Zeiß in Jena, optiſche Werkſtätte mit Weltruf.
     Hartnack in Paris, Nachet & Sohn in Paris,
     Seibert & Kraft in Wetzlar, Seitz in Wetzlar.

Ist man nun im Besitz eines Mikroskopes, so möchte man auch etwas damit sehen, und ich will dem Leser zeigen, wie die mikroskopischen Präparate angefertigt werden; er wird erkennen, daß dazu einige Geschicklichkeit und Übung nötig ist, anderseits aber auch ein gediegenes naturwissenschaftliches Wissen. Der praktische Mikroskopiker, der Gelehrte, welcher Untersuchungen anstellen will, muß alle andern Naturwissenschaften heranziehen, um sein Ziel zu erreichen. Er muß präparieren können, mit Schere und Messer hantieren, wie ein Anatom, nur mit dem Unterschied, daß es sich meist um sehr kleine Gegenstände handelt, welche besondere Übung und ruhige Hand erfordern; er muß alle physikalischen Instrumente in seinen Dienst stellen, um sein Mikroskop nutzbar zu machen; die Chemie gibt ihm die Mittel zum Sichtbarmachen vieler Dinge, sowie dazu, eine Untersuchung vieler Gegenstände überhaupt möglich zu machen und ihre chemische Zusammensetzung zu erkennen — zu weiche Objekte müssen gehärtet, zu harte erweicht werden; die Physiologie gibt ihm Belehrung über neue Ziele und Richtungen für sein Denken und Beurteilen.

Wir wollen einmal zusehen, wie die einzelnen Leute unter den Naturforschern ihre Präparate herstellen.

Besuchen wir zunächst einmal den Mineralogen. Vor ihm auf dem Tische liegen eine Unmenge Steine und Gesteine bunt durcheinander, wie er sie von seinen Exkursionen mitgebracht hat. Ein Gestein, vielleicht ein Granit oder Basalt, erregt seine besondere Aufmerksamkeit durch seine Färbung und kleine Pünktchen, die sich darin befinden; er möchte gern wissen, aus welchen Mineralien das Gestein zusammengesetzt ist.

Da schlägt er ein möglichst dünnes plattenförmiges Stückchen von etwa drei bis fünf Millimeter Dicke ab, kittet es an einen Griff, und setzt eine Scheibe, die er mit Schmirgel und Öl bestrichen hat, in schnell rotierende Bewegung. An ihr wird auf der einen Seite der Gesteinsplatte eine glatte Fläche angeschliffen, und mit dieser kittet unser Mineralog das Stückchen Stein, das er vom Griff gelöst, auf einen Objektträger mittels Kanadabalsams. Nun beginnt, möglichst parallel zu der Fläche des Objektträgers, das Schleifen von der andern Seite der Gesteinsplatte; dieses wird so lange fortgesetzt, bis nur ein ganz feines Blättchen auf der Glasplatte übrig bleibt, durch welches das Licht hindurch scheint. Schnell wird die Oberfläche von dem anhaftenden Schmirgel gereinigt, ein Tropfen Kanadabalsam darauf gegeben, ein feines Deckgläschen darüber, und das Präparat ist fertig, wird noch mit dem Fundort, Datum u. s. w. versehen und kann zur Untersuchung auf den Objekttisch des Mikroskops wandern. Das klingt alles ganz schön und leicht, erfordert aber tüchtige Übung und strengste Aufmerksamkeit.

Komplizierter wird die Herstellung von Präparaten schon beim Botaniker; denn da ist's mit dem Schleifen nichts. Hier gilt es, feine Schnitte zu machen, die durchsichtig genug sind, um mit dem Mikroskope untersucht zu werden; viele Dinge sind auch zu dunkel und müssen erst durch besonderes Eintauchen in Flüssigkeiten aufgehellt werden, viele erscheinen erst nach eingehender Behandlung mit chemischen Mitteln. Vor allem muß darauf gesehen werden, daß die Glasplatten, welche zur Verwendung gelangen, vollkommen rein sind. Man wäscht sie mit einer Lösung von doppeltchromsaurem Kali in destilliertem Wasser, dem man etwas Schwefelsäure zusetzt — wir werden später sehen, wie nötig dies ist — um fremde in der Luft enthaltene mikroskopische Gebilde fernzuhalten. Dann wäscht man mit destilliertem Wasser die Gläser, Objektträger, wie Deckgläschen ab und putzt sie blank; gut ist es, wenn man noch eine Bespülung von absolutem Alkohol vornimmt, ehe man zur Verwendung der Gläser schreitet.

Bei feinen Präparaten, welche aufbewahrt werden sollen, sind diese Prozeduren unerläßlich, sie würden sonst bald verderben, und die viele Mühe wäre vergeblich gewesen. Ganz kleine pflanzliche Objekte, wie Wurzelspitzen, kann man sofort untersuchen, wenn man dieselben in einem Wassertropfen zwischen den Objektträger und das Deckgläschen bringt, gut ist es aber, dem Wasser zur Hälfte Glycerin zuzusetzen, dasselbe wirkt aufhellend auf die einzelnen Teile des Objektes. Sollen aber dickere Pflanzenteile zur Beobachtung kommen und solche, welche stark gefärbt sind, da ist es notwendig, ganz feine, nur wenige Tausendteile eines Millimeters dicke Schnittchen herzustellen und diese auf obige Weise zwischen Objektträger und Deckglas zu legen. Die Hand kann darin eine große Geschicklichkeit erlangen, freilich ist Übung unerläßlich. Es gehört dazu ein haarscharfes Rasiermesser, das auf der Unterseite flach geschliffen ist. Liegt das Objekt hübsch flach auf der Glasplatte, so kann man noch mit chemischen Mitteln verschiedenes leichter sichtbar machen; doch will ich darüber lieber erst sprechen, wenn wir unsern Besuch beim Zoologen und Anatomen abstatten.

Seit ungefähr dreißig Jahren hat die anatomische Technik eine ungeahnte Ausdehnung gewonnen, die aber auch geeignet gewesen ist, viele Fragen zu lösen und neue Bahnen vorzuzeichnen. Alle Gewebe und Gewebeteile der organischen Welt enthalten viel Wasser und leicht zersetzbare Eiweißstoffe. Jeder Zoolog und Anatom will aber seine Präparate dauerhaft machen, und zu diesem Zwecke muß er das Wasser möglichst entfernen, zu gleicher Zeit aber auch die Eiweißstoffe so gestalten, daß sie unzersetzbar werden. Zu diesem Zwecke bedient er sich hauptsächlich des Weingeistes; 70-, 90prozentiger und absoluter Alkohol entziehen den Geweben das Wasser, machen sie fest. Um die Fäulnis der Organe und Organteile von Tieren zu verhüten, sie für spätere Untersuchung aufzubewahren, zu konservieren, leistet Chromsäure oder doppeltchromsaures Kali, auch Pikrinsäure gute Dienste. Der Forscher will aber die Organe und ihre Teile möglichst bis zu den feinsten Fasern und Fäserchen so erhalten, wie sie im Leben waren, dafür benutzt er eine Lösung von Sublimat und die Osmiumsäure. Letztere in Lösungen von 1 : 10000 angewendet, oder in Dampfform verwertet, ist ein ausgezeichnetes Mittel, alle Teile eines Tieres, groß oder klein, so zu erhalten, wie sie waren, Zersetzung zu verhüten, und sie ist zugleich ein gutes Erkennungsmittel für das Vorhandensein von Fett, dasselbe färbt sich schwarz.

Wenn der Zoolog aber seine Tierchen untersuchen will, da muß er oft die Teile zerzupfen, muß Nerven und Muskelfasern isolieren, muß

auch Knochenteile entfernen und zwar auf chemischem Wege. Die Kalk-
teile werden durch die verschiedensten Säuren entfernt, da hilft Schwefel-
und Salzsäure, Salpetersäure, Chromsäure, wieder ein andermal sollen
aber gerade die Kalkeinlagerungen erhalten werden, und der Forscher
legt den Organteil in Eau de Javelle oder Kalilauge.

Ich will den Leser einmal zusehen lassen, wie der Forscher so weit
kommt, auch einen ganzen langen Regenwurm im Mikroskope zu untersuchen. Es wird ihm möglich mit Hilfe der Färbe- und Schneidetechnik.
Die Färbetechnik hat die Aufgabe, Mittel ausfindig zu machen, solche
tierische und pflanzliche Teile, welche vollkommen durchsichtig sind, so
daß sie voneinander im Mikroskope nicht unterschieden werden können,
unterscheidbar zu machen. Die verschiedenen Teile im Tier- und Pflanzenkörper nehmen nämlich gewisse Farbstoffe, besonders Karmin- und Anilin-
farben, in verschiedener Dichte auf, die einen mehr, die andern weniger,
es ist klar, daß dadurch viel deutlichere Bilder entstehen werden; das eine
Teilchen wird nach der Farbebehandlung dunkler erscheinen als sein Nach-
barteilchen und so von ihm scharf unterschieden werden können, was
vorher bei gleicher Durchsichtigkeit nicht möglich war. Den Fortschritten
der Färbetechnik verdanken wir hauptsächlich die Entdeckung vieler mikroskopisch kleiner Feinde von Mensch und Tier, die Entdeckung vieler Krankheitserreger und die Möglichkeit, dieselben nun auch zu studieren, in
ihrer Entwickelung zu beobachten und Mittel gegen sie zu finden.

Die Schneidetechnik hat eine ganz andre Aufgabe. Sie soll ein
Objekt, welches zu groß und undurchsichtig für die mikroskopische Untersuchung ist, in feine durchsichtige Schnitte zerlegen, die es dann möglich
machen, den ganzen inneren Bau eines Tieres oder einer Pflanze an
der Schnittreihe kennen zu lernen.

Hierzu braucht der Naturforscher nun den Brütofen — der also nicht
bloß zum Eierausbrüten da ist — und das Mikrotom.

Verfolgen wir einmal die Prozeduren, welche mit einem Regenwurm
vorgenommen werden müssen, bis er zur Untersuchung reif ist. Zunächst
wird der Zoolog den Wurm sich innerlich reinigen lassen müssen; der
Kot im Darm, welcher mit kleinen Steinchen erfüllt ist, muß entfernt
werden, er gehört nicht hier zur Untersuchung und würde durch seine
harten Bestandteile die Messerschneide gefährden. Der Naturforscher
läßt den Regenwurm hungern und füttert ihn dann mit feuchtem Lösch-
papier, bis der ganze Darm davon erfüllt und der Kot entfernt ist. Nun
wird das Tier betäubt und getötet. Langsam wird es aus schwachem
Alkohol in immer stärkeren gebracht, bis etwa 70—80prozentiger Weingeist
erreicht ist. Jetzt tritt die Färbung ein. Der Wurm ist mit Alkohol
durchtränkt und wird in eine Lösung von Borax karmin, Pikrokarmin u. s. w. gebracht, bis alle Teile ganz davon durchtränkt sind.
Sollte zuviel Farbstoff eingedrungen sein, so läßt sich derselbe mittels mit
Salzsäure angesäuertem Alkohol entfernen. Nun geht die Härtung und
Wasserentziehung weiter, bis im absoluten Alkohol die letzten Wasserreste
aus dem Wurme ausgezogen werden. Acht bis vierzehn Tage sind
darüber hingegangen, der Wurm ist hart wie Stein geworden und sieht

aus wie ein ſchwarzbraun gefärbter Stift. Einige Stunden kommt er nun
in Öl, welches ihn leichter durchſichtig macht, am beſten iſt Nelkenöl
oder Kreoſot, neuerdings wird Toluol und Xylol vielfach angewandt.
Dieſe Öldurchtränkung hat aber noch einen andern Zweck. Der Wurm
ſoll in ganz feine, nur $1/100$ bis $1/50$ Millimeter dicke Scheibchen zerlegt
werden, und das iſt eine ſchwierige Prozedur.

Zu dieſem Zwecke bedarf man des Brütofens. Man hält denſelben
auf durchſchnittlich 55—60° C. In Glasſchalen läßt man reines Paraffin
von beſtimmter Schmelzwärme flüſſig werden. In einigen Schalen miſcht
man das flüſſige Paraffin mit dem Öl, welches man zur Durchtränkung
des Objektes benutzt, und führt dasſelbe aus dem Öl in die geſchmolzene
Maſſe über. Vom zweiten Tage ab liegt es in reinem flüſſigen Paraffin.
Allmählich — in zwei bis drei oder auch acht Tagen — dringt nun
das Paraffin in den Tierkörper ein, denſelben vollſtändig durchſetzend

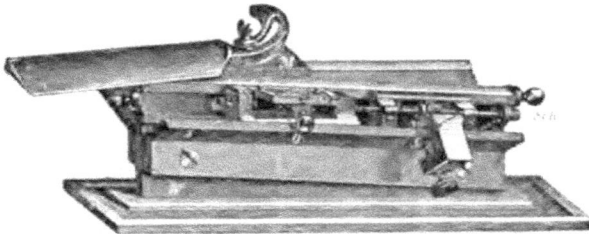

Fig. 12. Schlittenmikrotom nach Thoma.
Konſtruiert von R. Jung. Nach Fol.

und jede kleinſte Höhlung füllend. Nun wird eine Metallform bereitet,
in welcher das Objekt bequem Platz findet. Dieſe füllt man mit heißem
flüſſigen Paraffin, legt das Objekt raſch hinein und gibt ihm die erforderliche Lage, worauf man die Form ſamt Paraffin und Objekt ſchnell unter
kaltes Waſſer taucht, wodurch das Paraffin gleichmäßig erſtarrt und den
Wurm u. ſ. w. völlig einhüllt. Jetzt wird das Paraffinſtück in das
Mikrotom eingeſpannt, welches dasſelbe in feine, $1/100$ Millimeter dicke
Schnittchen zerlegt, die man auf den Objektträger aufklebt.

Das Mikrotom (vergl. Fig. 12) beſteht in der Hauptſache aus zwei
Schienen, von denen die eine (in unſrer Figur die hintere) horizontal
verläuft; auf ihr bewegt ſich ein Schlitten, welcher ein großes ſchweres
Meſſer (M) trägt, das oben hohl, unten flach geſchliffen iſt und eine haar-
ſcharfe Schneide beſitzt. Die andre (in der Abbildung vordere) Schiene (S—S)
iſt zur erſten ſanft geneigt, auf ihr bewegt ſich gleichfalls ein Schlitten,
welcher das zu ſchneidende in Paraffin eingebettete Objekt (O) aufnimmt.
Um nun das Objekt um genaue Teile eines Millimeters heben zu können,
wird der ſchräge Schlitten von einer feinen Mikrometerſchraube (Sch)
langſam aufwärts geſchoben, das Meſſer wird darüber hinweggezogen,
und es erſcheint jedesmal ein dünner Paraffinſchnitt auf der oberen
Fläche des Meſſers, dieſer wird auf den Objektträger aufgeklebt, neben

ihn sein Nachfolger, und so fährt man fort, bis der ganze Wurm wie eine Wurst in lauter feine Scheibchen zerlegt ist. Das Paraffin würde aber die mikroskopische Untersuchung stören; deshalb entfernt man dasselbe nach Erwärmung der Glasplatte in einem Terpentinölbade; dann wird ein Tropfen Kanadabalsam (ein feines Harz) darauf geträufelt und das Deckgläschen aufgekittet. Nun ist das Präparat fertig für die Unter- suchung, und man kann durch die Zusammenstellung der ganzen Serien- bilder jedes Organ auf seine feinsten Strukturverhältnisse einerseits, auf seinen Gesamtbau anderseits untersuchen und seinen Zusammenhang mit andern Organen feststellen.

Führt man diese Schneidetechnik nicht bloß nach einer Richtung durch einen Tier- oder Pflanzenkörper durch, sondern in den drei Haupt- richtungen des Raumes, so läßt sich ein genauer Einblick in die Or- ganisation und den inneren Zusammenhang der Organe gewinnen. Um dann besonders hohle Röhren sichtbar zu machen, wie z. B. Blutgefäße, und ihren Verlauf zu beobachten, spritzt man dieselben vorher mit einer farbigen Masse aus, man injiciert; diese Masse erstarrt, und an ihr läßt sich der Gang der Kanäle bis in die feinsten Verzweigungen ver- folgen.

Ich habe geglaubt, dem Leser hier in großen Zügen die schwierige Arbeit unsrer heutigen Naturforscher vorführen zu müssen, bevor wir uns zu der Beobachtung der uns umgebenden Natur hinwenden, und ich werde noch Gelegenheit genug haben, an den einzelnen Stellen der verschiedenen Wissenszweige auf die Art und Weise der Herstellung guter Präparate zu verweisen, damit der Leser im stande ist, die leichteren Objekte sich selbst herzustellen, und falls ihm ein Mikroskop zur Hand ist, die Wunder der kleinen Welt selbst zu studieren.*)

---

*) Über Instrumente bei mikroskopischen Arbeiten gibt der Katalog der Firma Zeiß in Jena genügende Auskunft. Die nötigen Chemikalien zur Behandlung der Präparate und deren Herstellung enthält in übersichtlicher Gruppierung W. Behrens, „Tabellen zum Gebrauch bei mikroskopischen Arbeiten." Braunschweig, Herald Bruhn. 1887.

I. Kapitel.

Urlebewesen.

Die Welt im Tropfen.

Das Wasser ist die Hauptquelle alles pflanzlichen und tierischen Lebens, alles Lebens überhaupt. Unzählbare Mengen von Geschöpfen, unzählbar an Individuen, unzählbar an Gestalt, bevölkern die Fluten, das süße und salzige Wasser unsrer Erde. Sieh hin auf jenen kleinen Teich im Dorf; kannst du die Blättchen zählen, welche als Entengrün seine Oberfläche bedecken? Folge mir zum See im Park, auf dem die Seerosen schwimmen, welch vielgestaltiges Leben! Schnecken erklettern Stengel und Wurzeln, Hunderte von Krebsen und Würmchen tummeln sich im grünen Filze, den Tausende von Algen mit ihren feinen Fäden bilden; hier leuchten die glänzenden Schuppen einer Forelle auf, dort steckt ein Frosch, ein Molch seinen Kopf aus dem Schlamme. Welche ungeheure Zahl an Pflanzen- und Tiergestalten aber mögen die Gründe der Meere bergen, die in ihrer Ausdehnung drei Fünftel der Erde bedecken? Wer einmal hineingeschaut hat in diese Welt der Wunder auf dem Meeresgrunde, wird diesen Anblick nimmermehr vergessen, aber auch die Begeisterung begreifen, mit welcher der Forscher unsrer Zeit selbst dort unten in kaum erreichbaren Tiefen das Leben sucht und zu ergründen strebt. Als ich an einem schönen, sonnigen Februarmorgen bei dem Städtchen Anacapri unweit jener berühmten blauen Grotte hinab in die kristallhelle Flut bis auf den Meeresgrund schaute, da entrang sich ein Ausruf der höchsten Bewunderung meiner Brust, denn meine Augen erschauten eine nie geahnte Pracht. Der seichte, oft kaum einen Meter hoch vom Wasser bedeckte Grund des Meeres zeigte sich nämlich, so weit ich sehen konnte, mit einem in den brillantesten Farben schimmernden Teppich bekleidet. Der Grund dieses Teppichs bestand aus braunen und grünen Farbentinten, die hineingewebten phantastischen

Muster aus Rot, Gelb und Grau in allen möglichen Schattierungen, ja
selbst himmelblaue und purpurviolette Nüancen fehlten nicht. Dieser
natürliche Teppich war nämlich aus Millionen büschelförmig neben- und
durcheinander wachsender Individuen zahlreicher Arten von Meeresalgen und Pflanzentieren gebildet. Auch Tiere fehlten nicht, doch sind
es meist festsitzende, vornehmlich Röhrenwürmer und Polypen. Namentlich die letzteren zeichneten sich durch ihre schöne Färbung aus, indem ihre
büschelförmig oder blumenartig gruppierten Fühlfäden bald in einem
dunklen Olivengrün, bald in einem brennenden Purpurviolett, bald in
einem durchsichtigen Azurblau prangten. Wie wunderbar erscheinen erst
alle diese merkwürdigen Seegewächse und Pflanzentiere, wenn man ihren
inneren Bau unter dem Mikroskop betrachtet! Jene unterseeischen Algen-
gärten von Capri sind aber nichts im Vergleich mit den prachtvollen
Algen- und Korallenkolonien, welche sich im Großen Ozean an den
Rändern der unzähligen, durch denselben zerstreuten Koralleninseln ausbreiten und sich bis zu bedeutenden Tiefen in das Meer hinab erstrecken.
Und wie viel Billionen von Meerespflanzen und Tieren mag die berühmte, von Kolumbus entdeckte Sargassobank von Corvo und Flores
bergen, welche sich im Atlantischen Ozean als ein 225 bis 450 km
breiter Streifen über 65 Breitengrade ausdehnt und einen Raum von
mehr als 2 600 000 qkm bedeckt. Diese besteht nämlich lediglich aus
angehäuften Individuen von Tangen, vorzugsweise solchen des schwimmenden Beerentangs (Sargassum natans), welcher die sogenannten
schwimmenden Wiesen der Seefahrer bildet. Wer vermöchte das bunte,
vielgestaltige Heer der Fische, Mollusken, Krebse, Korallen und andrer
im Meere lebender Tiere zu zählen? Mutet uns doch eine Photographie
vom Meeresgrunde, wie sie jetzt vielfach gefertigt werden, wie das Chaos
selbst an!

Und dennoch ist das Leben der Gewässer lange nicht auf die Myriaden
von Tieren und Pflanzen beschränkt, welche wir mit unbewaffnetem Auge
zu erkennen im stande sind. Bring einen einzigen Tropfen aus einem mit
Teichlinsen bedeckten Wassergraben oder aus einem stehenden Gewässer,
einem Sumpfe, den die Julisonne längere Zeit durchwärmt hat, unter das
Mikroskop und betrachte denselben mit einer etwa zwei- bis dreihundert-
fachen Vergrößerung, du wirst fast erschrocken zurückfahren, denn deinen
Blicken erschließt sich eine neue ungeahnte Welt voller Leben. Da tummeln sich Hunderte von kleinen, zierlich gestalteten Wesen lustig umher,
während andre wieder langsam, wie träumerisch, sich bald rückwärts,
bald vorwärts drehen oder wohl auch ganz unbeweglich an ihrem Platze
bleiben. Hunderte von Geschöpfen aus den verschiedenen Abteilungen
der organischen Welt befinden sich in dem einzigen Tropfen, Infusorien,
Diatomeen, Desmidieen, kleine Wesen bald mehr tierischer, bald mehr
pflanzlicher Natur, schwirren durcheinander. Ganz selten wird man
Wasser finden, welches wirklich frei ist von lebendigen Organismen,
denn außer dem reinen Quell- und Brunnenwasser und den Gewässern
einiger schnellfließender Bäche beherbergt alles Wasser der Erde, jede

feuchte Stelle des Bodens zahllose mifroskopische Tiere und Pflanzen.
Selbst das salzige Waffer des Meeres macht keine Ausnahme; auch in
diesem, besonders an den Küsten des Landes und im Schlamme des
Grundes, tummeln sich Billionen von lebenden Wesen. Wir erschrecken
bei dieser Bemerkung; Grausen könnte uns bei dem Gedanken erfassen,
daß wir vielleicht schon oft Tausende von Tieren mit einem einzigen
Trunke Waffers verschluckt haben, daß wir uns in keinem Fluffe oder
Teiche baden können, ohne mit zahllosen uns unsichtbaren Geschöpfen
in Berührung zu kommen, mit einem Worte, daß ein noch im kleinsten
Raume tausendgestaltiges Leben die Welt der Waffer durchdringt! Der
Schreck, der Abscheu wird sich aber mindern, wenn wir erst nähere Bekanntschaft mit jenen kleinen Geschöpfen gemacht und den Nutzen und
den Wert kennen gelernt haben, den ein großer Teil derselben für den
Menschen hat.

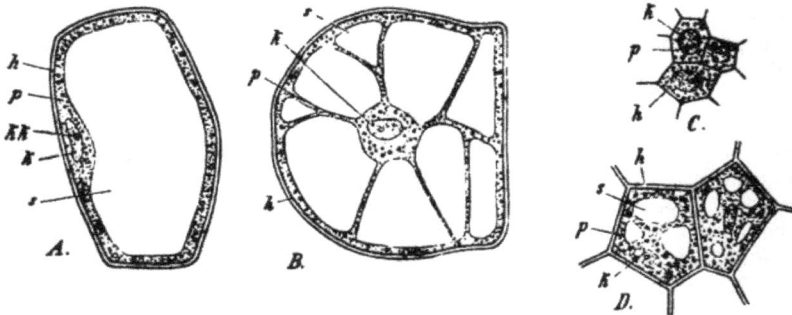

fig. 13. Bellen mit ihren Hauptbestandteilen. Nach Prantl.

A und B isoliert aus dem Fruchtfleische von Symphoricarpus racemosa, im Durchschnitt. A mit wand-
ständigem, B mit aufgehängtem Zellkern (100 mal vergrößert). C aus einem sehr jungen, D aus
einem etwas älteren Fruchtknoten der gleichen Pflanze (300 mal vergrößert). h Zellhaut. p Protoplasma.
k Zellkern. kk Kernkörperchen. s Zellsaft.

All die Millionen von lebenden Wesen, die uns umgeben, ja wir
selbst bestehen im feineren Bau, wie wir ihn unter dem Mikroskop zu
unterscheiden vermögen, aus kleinsten Teilchen, die man als Zellen
bezeichnet; sie bilden die Grundlage der Pflanzen- und Tierkörper, sind
die Grund- oder Elementarorgane, aus denen sich alles Lebendige
aufbaut. Der Stoff, aus dem die Zellen bestehen, der die organischen
Wesen bildet und aus sich entwickeln läßt, hat den Namen Bildungs-
stoff, Protoplasma erhalten. Das ist eine weiche, halbflüssige Substanz, die hauptsächlich aus Eiweißstoffen zusammengesetzt ist. An seiner
Oberfläche scheidet das Protoplasma gewöhnlich eine Haut von festerer
Konsistenz aus, die Zellhaut (vgl. fig. 13). Im Protoplasma eingebettet liegt der Kern, der zwar auch aus Protoplasma besteht, aber
eine andre Zusammensetzung zeigt, als die ihn umgebende Masse; in ihm
kann man meist noch ein Kernkörperchen (kk) unterscheiden. Als dritter

Beſtandteil der Zelle iſt der Zellſaft zu betrachten, der — beſonders
bei Pflanzenzellen — die Hohlräume erfüllt. Form und Inhalt der Zelle
werden wir bei der Betrachtung der einzelnen pflanzlichen und tieriſchen
Teile kennen lernen, ſie bieten die weitgehendſten Verſchiedenheiten.

Ich mußte dieſe kurze Erklärung vorausſchicken, damit der Leſer
für das folgende Kapitel etwas vorbereitet iſt. Denn wenn wir das
Leben im Waſſertropfen ſtudieren, da werden wir es immer mit Zellen
zu thun haben, mit Pflanzen und Tieren, die durchgehends aus einer
Zelle beſtehen, mit einzelligen Pflanzen und mit einzelligen
Tieren. Einige mehrzellige Tiere werde ich daran ſchließen, die ihrer
Kleinheit wegen im Waſſertropfen aus Tümpel und Dachrinne neben
jenen einzelligen Weſen exiſtieren, zum Teil ihre ärgſten Feinde ſind:
das ſind die Rädertierchen (Rotatoria), welche noch der berühmte Naturforſcher Ehrenberg zu den Infuſorien zählte. Was das iſt, werden
wir bald verſtehen lernen.

Jeder Leſer wird hier die Frage erheben: Wie unterſcheidet man
denn die einzelligen Pflanzen von den einzelligen Tieren? Da muß nun
der Naturforſcher geſtehen, daß er das ſelbſt nicht weiß; denn es gibt
keinen durchgreifenden Unterſchied zwiſchen Pflanze und Tier, und gerade
bei den einzelligen Weſen verſchwinden die Unterſcheidungsmerkmale, ſo
daß man oft zweifelhaft geweſen iſt, ob man ſo eine Lebensform dem
Botaniker oder dem Zoologen zumeſſen ſoll. Thatſächlich gehen hier
Tier und Pflanze ſo ineinander über, daß der Streit darum zu keinem
Ende führt. Wenn ich nun auch im Verlaufe der Betrachtung von
tieriſchen und pflanzlichen Organismen reden werde, ſo thue ich das nur
in dem Sinne, daß eine Form mehr der einen oder der andern Abteilung
zuneigt, beſonders werden wir Veranlaſſung haben, uns an pflanzliche
Gebilde zu erinnern, wenn wir den bekannten grünen Farbſtoff, das
Chlorophyll bei ihnen finden. Um aber allem Streit aus dem Wege
zu gehen, folge ich dem Vorgehen Ernſt Haeckels und faſſe alle einzelligen Weſen, Urpflanzen und Urtiere (Protophyten und Protozoen),
zuſammen als Urlebeweſen — Protiſten.

Ein buntes Bild entrollt ſich unſern Augen, wenn wir ſo einen
Tropfen aus dem nächſten Teiche unter das Glas bringen. Die wunder-
barſten Geſtalten liegen hier nebeneinander und bewegen ſich bald
langſam, bald raſcher durch das Geſichtsfeld; manche ſchwimmen frei umher, huſchen vorbei, andre ſitzen mit Stielen feſt; aber alle die verſchiedenen
Geſtalten ſind nichts andres als einzellige Lebeweſen, Protiſten.

Um den Leſern zunächſt einen Begriff von den einfachſten und
niedrigſt ſtehenden Lebeweſen zu geben, führe ich ihm zunächſt eine
Amöbe (Amoeba polypodia) vor, ohne dabei die wiſſenſchaftliche Begrenzung innerhalb des botaniſchen oder zoologiſchen Syſtems ins Auge
zu faſſen.

Die Amöbe iſt ein nacktes Protoplasmaklümpchen von fortwährend
wechſelnder Geſtalt. Im Innern befinden ſich ein weniger durchſichtiger

Kern und eine Blase, die sich bald zusammenziehen, bald ausdehnen kann. Sie lebt im Wasser und in feuchtem Boden. Ihre Bewegungen und die Nahrungsaufnahme führt sie durch Dahinfließen des Körpers und durch die Bildung wechselnder, meist kurzer lappenförmiger Fortsätze aus. In der kleinen Blase (Vacuole) sammelt sich wahrscheinlich das Zuviel an aufgenommener Flüssigkeit nebst den unbrauchbar gewordenen Stoffen des Protoplasmakörpers. Durch Annäherung der größer gewordenen Blase an die Oberfläche und teilweise Entleerung des Inhalts nach außen scheint sich die abscheidende (sekretorische) Thätigkeit des Protoplasmas aus= zusprechen. Unsre Fig. 14 zeigt eine vielfüßige Amöbe in der Ver= mehrung durch Teilung begriffen.

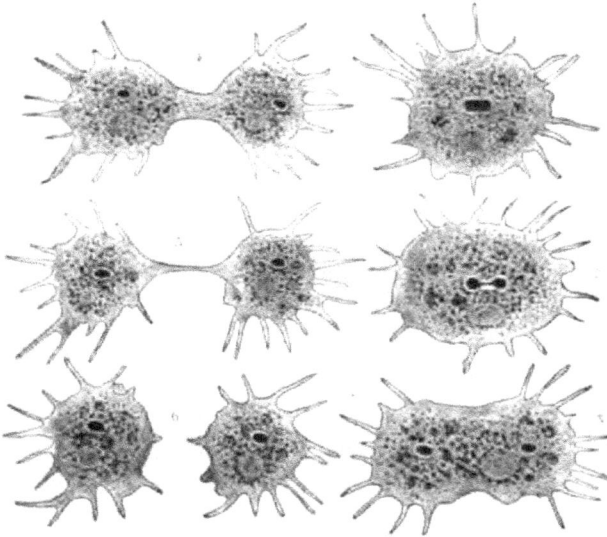

Fig. 14. Vielfüßige Amöbe in der Vermehrung durch Teilung begriffen.

Im ersten Stadium (rechts oben) zeigt sich der Kern in die Länge gezogen, im zweiten schnürt er sich ein, im dritten ist die Teilung des Kernes vollzogen. Im vierten, fünften und sechsten Stadium folgt der Protoplasmakörper dem Vorgange des Kernes, so daß sich vor dem Auge des Beobachters schließlich die Teilung des ganzen Lebewesens in zwei darstellt; die Amöbe hat sich vermehrt, aus einer sind zwei geworden.

Dieser Vorgang stellt die niedrigste Stufe der Vermehrung von Lebe= wesen, also die einfachste Form der Fortpflanzung dar.

Beobachtet man diese Amöben (vergl. weiße Blutkörperchen des Menschen) unter dem Mikroskope in einer ½ prozentigen Kochsalzlösung und fügt am Rande des Deckglases feingepulverten Karmin der Flüssigkeit zu, so kann man sehen, wie die Fortsätze desselben die Körnchen erfassen, umfließen und in das Innere des Körpers hineinbefördern. Durch die Vakuole werden sie dann später als unverdaulich wieder entfernt. Solche Amöben kann man bei vorsichtiger Behandlung (in der feuchten Kammer sind die Präparate herzustellen oder aufzubewahren) bis zu 14 Tagen am Leben erhalten, sich nähren und vermehren sehen.

Auf dieses der allgemeineren Einführung in das Protistenleben dienende Lebewesen werde ich einige Gruppen folgen lassen, die ihrer Natur und Lebensweise, zum mindesten ihrem Aussehen nach an das Pflanzenreich mehr erinnern als an die Tierwelt. Da finden wir in

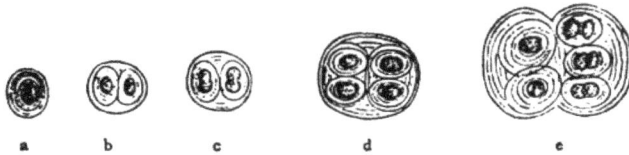

Fig. 15. Gloeocapsa in den verschiedenen Altersjuständen. Nach Sachs.

Fig. 15 die Gloeocapsa; die Vermehrung durch wiederholte Teilung der Zelle zeigt im Grunde denselben Vorgang, wie wir sie bei der Amöbe kennen lernten. An Felsen und auf Moospflanzen erscheinen oft schwärzliche oder dunkelblaugrüne Überzüge, das sind große zahlreiche Individuen beherbergende Kolonien jener Cyanophycee. Unsre Abbildung zeigt, wie aus einem Individuum erst zwei, dann vier, dann acht u. s. w. werden. Aber die entstandenen neuen Zellen trennen sich nicht von der Mutterzelle ab, um selbständig in den Kampf um das Dasein einzutreten (sie thun es nur unter besonderen Umständen), sondern sie bleiben in einer gemeinsamen Gallerthülle — gallertartig durch Feuchtigkeit aufgequollenen Zellhaut — vereinigt, und erhalten durch das blaugrüne Protoplasma ihre eigentümliche Färbung, die jene Fels- und Moosüberzüge zeigen. Bei der Vermehrung dieser winzigen Einzelwesen ist aber eines merkwürdig, dieselbe geht nicht wie bei der nachfolgend besprochenen Art nach einer Raumrichtung vor sich, so daß schnurenartige Gebilde entstehen, sondern bei Gloeocapsa teilen sich die Zellen nach allen drei Raumrichtungen, so daß die Kolonien zusammengepackten Paketen ähnlich werden.

Die Teilung nach einer Raumrichtung und somit Kolonienbildung in Form von Fäden zeigen Oscillaria (Fig. 16a und b) und die Nostocfäden (Fig. 17), die an Brunnenrändern, auf feuchten Wegen, in Dachrinnen u. s. w. ihr Dasein fristen. Oscillaria bildet blaugrüne oder auch bräunliche Rasen in stehenden Gewässern.

Ganz ähnlich verhält sich Nostoc. Hier runden sich die Gliederzellen ab, und dadurch erhält der Faden unter dem Mikroskop das Aussehen einer Perlenschnur, die in eine Gallerte eingebettet ist.

Nach Regenwetter machen sich die Klumpen auf Wegen und san-
digen Plätzen bemerkbar, der Fuß gleitet leicht darüber aus; im trockenen
Zustande zeigen sich an solchen Orten nur schwärzliche Massen.

Wie zierlich und mannigfaltig gestaltet die winzigen Wesen bald
einzeln, bald in Kolonien in der Natur auftreten, zeigen uns die Abbildungen der Diatomeen oder Bacillarien, wie sie uns Fig. 18—27
vorführen.

Diese sind außerordentlich kleine Geschöpfe, denn bei vielen beträgt
der Durchmesser bloß $1/100$ Millimeter, so daß 100 von ihnen nebeneinander
gelegt werden müßten, wollte man eine Reihe von einem Millimeter
Länge erhalten! Dem bloßen Auge werden die winzigen Wesen erst bemerkbar, wenn ihrer viele Millionen neben- und übereinander liegen. Dann
erscheint nämlich ihre Gesamtmenge wie ein kleines Häufchen ganz feinen,
mehlartigen Staubes von gewöhnlich graulich-weißer Farbe. Und dennoch

Fig. 16a. Oscillaria tenerrima.

Fig. 16b. Oscillaria insignis.

welche wunderbare Mannigfaltigkeit und Schönheit der Form birgt oft
ein einziges Häufchen solch unscheinbaren Staubes, zwischen dessen einzelnen
Teilchen das unbewaffnete Auge, ja selbst eine zwanzig- und dreißigfache
Vergrößerung, nicht die geringste Gestaltverschiedenheit nachzuweisen vermag! Unsre Abbildungen zeigen zum Teil so auffallende und seltsame
Formen, daß es schwer fallen wird zu glauben, daß dergleichen Gebilde,
untereinander gemengt, eine mehlige, durch und durch scheinbar völlig
gleichartige Masse geben könnten. Nur die außerordentliche Kleinheit
der Diatomeen macht dies möglich.

Sie leben sämtlich im Wasser, teils in süßem, teils in salzigem.
Wegen ihrer ungewöhnlichen Kleinheit ist aber schon ein Wassertropfen
für sie ungefähr dasselbe, was ein Teich für die Wasserlinsen darstellt; so wird es begreiflich, daß schon in einer mäßig feuchten Erde
Diatomeen leben können, ja daß ein einziger Kubikzentimeter solcher Erde
Tausende und Millionen dieser Geschöpfe zu beherbergen und ihnen das
zu ihrem Leben nötige Wasser zu spenden vermag.

Der Bau der Diatomeen ist höchst einfach. Ein jedes dieser Geschöpfchen besitzt nämlich eine aus zwei durch Cellulose, d. h. Holzstoff, aneinander gekitteten Hälften gebildete Schale, welche aus Kieselerde besteht und deshalb auch nach dem Tode des eigentlichen Geschöpfes wohlerhalten bleibt, da die Kieselerde wegen ihrer geringen Löslichkeit in Wasser der Verwesung widersteht. Fig. 18 möge veranschaulichen, in welcher Weise die beiden Hälften dieser Schalen übereinander greifen. Die beiden Hälften oder Seitenstücke der Schale, die man den Kieselpanzer der Diatomeen nennt, und welche bald flach, bald gewölbt, ja halbkugelig geformt sind, werden durch einen Ring miteinander verbunden, dessen Form nicht allein bei den einzelnen Arten sehr verschieden ist, sondern sich auch oft bei derselben Art während ihrer wechselnden Entwickelungszustände ändert.

Bei stark gewölbten Seitenstücken erscheint der Ring nur als eine schmale glatte Leiste (Fig. 19), bei Arten mit wenig gewölbten dagegen als eine breite Platte (Schiffchenalge). Diese Platte pflegt durch einen mittleren hellen Streifen in zwei gleiche Hälften geteilt zu sein.

Die Außenfläche des Panzers erscheint unter dem Mikroskop auf zwei entgegengesetzten Seiten bald der Quere, bald der Länge nach, bald in allen beiden, bisweilen sogar in sich kreuzenden Richtungen zierlich gestreift (Fig. 20) oder in kleine Felder abgeteilt, facettiert (Fig. 21), wohl auch strahlenförmig von der Mitte nach dem Rande hin gestreift (Fig. 19). Der Diatomeenpanzer läßt drei Hauptformen erkennen. Er ist nämlich bald länglich, nach beiden Enden zu verschmälert und auf dem

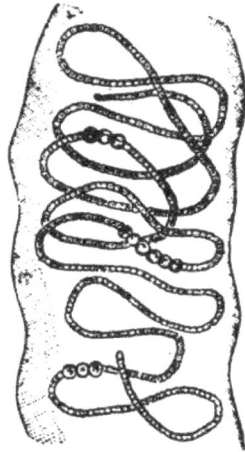

Fig. 17. Nostocfäden in Gallerte.

Fig. 18. Kieselpanzer der Diatomeen.
a von der Gürtelseite, b von der Schalenseite.

Querschnitt stumpf vierkantig (Fig. 22), bald stabförmig, überall gleich dick und auf dem Querschnitt prismatisch, bald in Form einer runden oder rundlichen, flach zusammengedrückten Scheibe ausgebildet (Fig. 19). Die Diatomeen der letzteren Art kommen häufig in stabförmigen Kolonien vor, indem sie sich mit den großen Flächen ihres scheibenförmigen Leibes aneinander legen (Fig. 23). Auch die stabförmigen Diatomeen (die eigent-

lichen Bacillarien, von bacilla, Stäbchen) werden häufig zu Kolonien
vereinigt gefunden; sie pflegen dann Bänder oder Fächer zu bilden
(Fig. 24). Dagegen leben die länglichen oder spindelförmigen (die eigentlichen Diatomeen), deren Panzer bald gerade, bald bogen-, halbmond-,
fichel-, oder S-förmig gekrümmt ist, immer einzeln. Eben deshalb läßt
sich an diesen das allen Diatomeen eigne Bewegungsvermögen am
besten beobachten. Sie schwimmen bald langsam, bald sehr schnell im
Wasser umher, weichen sich einander geschickt aus, kurz, sie zeigen eine
scheinbar echt tierische Bewegung. Die in Kolonien vereinigten können
sich natürlich nur dann frei bewegen, wenn es ihnen gelingt, sich von
den übrigen loszumachen, doch ist auch dann ihre Bewegung eine viel
langsamere und weniger willkürliche, als die der freilebenden. Diejenigen
Bacillarien, welche fächer- oder büschelförmig am Ende eines Stieles
gruppiert sind, pflegen fortwährend perpendikelartig hin und her zu schwanken.

Das Innere eines jeden Diatomeenpanzers ist mit einer zarten Haut
ausgekleidet, welche sich bei manchen Diatomeen durch Behandlung mit
verdünnter Schwefelsäure von der Innenseite der Panzerschale ablösen
läßt, und welcher eine zähschleimige Schicht anliegt, die bei Einwirkung
schwacher Zuckerlösung sich zu einer zarten, gefalteten Membran zusammen-
zieht. Das Innere des Hohlraums endlich ist mit einer farblosen, wasser-
ähnlichen Flüssigkeit und einem sich mit derselben mischenden, dickflüssigen,
bald farblosen, bald goldgelb bis braun gefärbten Schleime angefüllt.
Der gefärbte Inhalt ist immer in bestimmter Weise gruppiert; bisweilen bildet er bestimmte Leisten oder blattartige Flügel. Beim Absterben wird er grün, ebenso bei Behandlung mit Salpeter- oder Salzsäure. Kochende Salpetersäure mit Zusatz von etwas chlorsaurem Kali
löst auch die Cellulose, welche die beiden Hälften des Panzers unter sich
und mit dem Ringe verkittet, weshalb man sich dieses Verfahrens bedient,
um die Diatomeenpanzer behufs genauerer Untersuchung ihres Baues zu
zerlegen. Der gefärbte Inhalt befindet sich bei der lebendigen Diatomee
in beständiger und zwar zirkulierender Bewegung. Es scheint an einer
der Längslinien auch Protoplasma heraustreten zu können, denn die
Diatomeen besitzen das Vermögen, an festen Körpern, wenn auch langsam, entlang zu kriechen.

Die Fortpflanzung oder Vermehrung der Diatomeen ge-
schieht auf dieselbe Weise, wie wir sie bei den Infusorien finden werden,
nämlich durch Teilung. Davon haben sie auch ihren Namen erhalten,
denn dieser ist von einem griechischen Beiwort abgeleitet, welches „zerteilt" bedeutet. Da die Diatomeen in sehr kurzer Zeit ihre vollständige
Ausbildung und folglich auch die Fähigkeit, sich zu teilen, erlangen, so
geht die Vermehrung dieser Geschöpfchen ins Unendliche. Denn schon
bei der zwanzigsten Teilung beträgt die Nachkommenschaft eines einzigen
Diatomeenindividuums über eine halbe Million Individuen! Wegen
dieser wirklich fabelhaften Vermehrung vermögen diese winzig kleinen
Geschöpfe nach und nach mächtige Ablagerungen oder Schichten zu bauen,
indem die unverweslichen Kieselpanzer der abgestorbenen Individuen über-

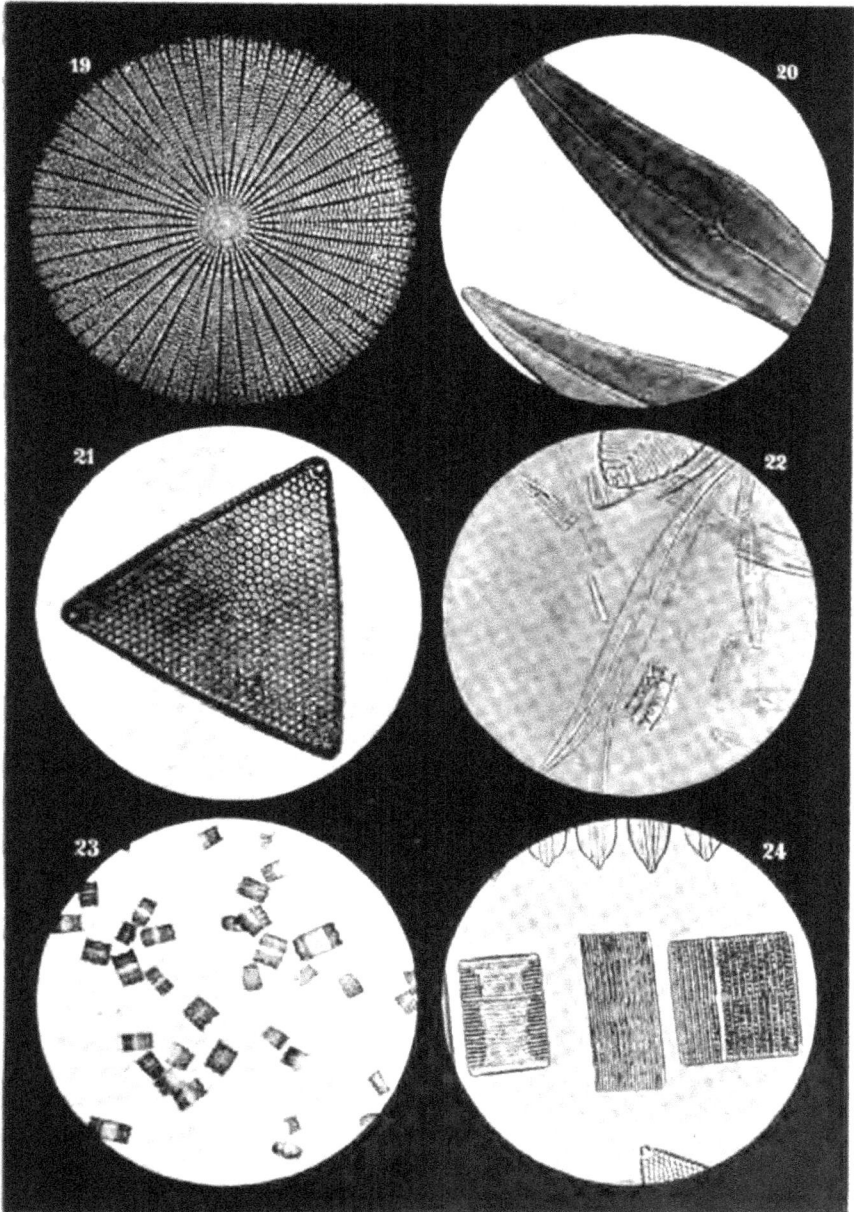

Fig. 19—24. Diatomeen (ſtark vergrößert).
Nach Mikrophotographien von Dr. Burſtert & Fürſtenberg.

19. Arachnoidiscus ornatus. 20. Pleurosigma angulatum. 21. Triceratium, Diatomeenpanzer aus Guano.
22. Verſchiedene Arten und Gattungen von Diatomeen. 23. Biddulphia pulchella. 24. Bacillarien
(Stäbchenalgen).

einander aufgehäuft werden. Wir werden im zweiten Abschnitte dieses Buches erfahren, daß Erdablagerungen, ja selbst Gesteinsmassen von ungeheurer Ausdehnung, ganze Berge und Gebirge ganz oder teilweise aus Anhäufungen von Diatomeenpanzern bestehen. Dadurch aber erhalten diese mikroskopischen Wesen hohe Wichtigkeit und Bedeutung für den Menschen, der auf ihnen lebt und Städte erbaut. Die Teilung geschieht durch Einschnürung des „Ringes". Wo der Ring breit, plattenförmig ausgebildet ist (Fig. 26), erfolgt die Zusammenschnürung in der Richtung und an der Stelle des Mittelstreifens. Bei Arten mit stark gewölbten Seitenstücken, wo der Ring sehr schmal ist (Fig. 25 I, c. d. e.),

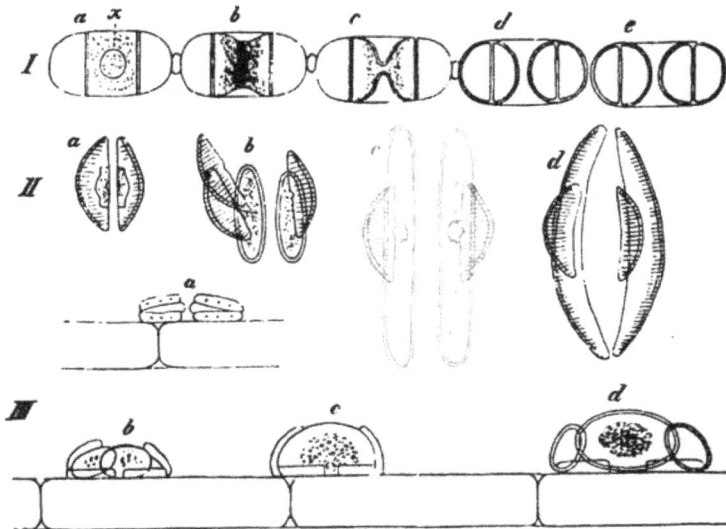

Fig. 25. Teilung und Kopulation der Diatomeen.

I Melosira nummuloides. II Cocconema Cistula. III Cocconeis Pediculus.

I Teilung, II u. III Kopulation.

wächst derselbe vor der Teilung in die Breite, worauf er sich einzuschnüren beginnt (Fig. 25 I, a. b. c.). Endlich trennen sich die beiden Hälften voneinander (werden „abgeschnürt"), und es sind aus einem Diatomeenexemplar zwei entstanden (Fig. 25 I, d. e.), welche sehr rasch auswachsen und sich hierauf wieder zur Teilung anschicken.

Die Teilung ist aber nicht die einzige Vermehrungsweise der Diatomeen. Bei den meisten dieser zierlichen Geschöpfchen kommt noch eine zweite, wunderbarere Art der Fortpflanzung vor, die sogenannte Kopulation. Es nähern oder verbinden sich nämlich Exemplare einer Art miteinander, worauf aus dem Inhalt beider entweder zwei neue Zellen oder bloß eine entstehen. Fig. 25 zeigt bei Cocconema Cistula (II) die erste Weise der Kopulation, bei Cocconeis Pediculus (III) die zweite. Bei der Kopulation spaltet sich der Panzer an den Seitenstücken und das Innere der Zelle tritt hervor (II., a. b.). Die beiden hervorgetretenen Zellen (Tochterzellen) vergrößern sich bedeutend und bleiben entweder isoliert (II. c. d.) oder verschmelzen miteinander zu einer einzigen größeren Zelle (III, c. d.). Zuletzt tritt Aussonderung von Kieselerde durch die Haut der Tochterzelle ein (d.), es wird dadurch ein Kieselpanzer gebildet, und das neue Diatomeenexemplar ist fertig.

In Fig. 26 und 27 sind nun zwei Arten der Gattung Navicula (Schiffchenalge) in 250facher Vergrößerung abgebildet, nämlich Navicula Lyra, in stehenden Gewässern häufig, und die am häufigsten vorkommende

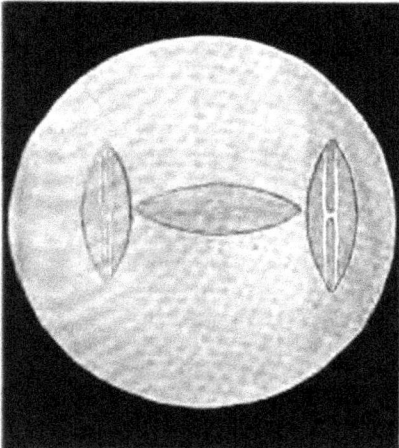

Fig. 26. Navicula Lyra.   Fig. 27. Navicula viridis.
Nach Mikrophotographien von Dr. Burstert & Fürstenberg.

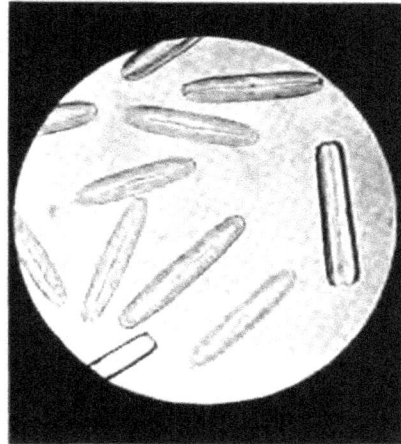

Art dieser hübschen Gattung, die schön grün gestreifte Navicula viridis. In Fig. 20 haben wir das ebenfalls häufig vorkommende Pleurosigma angulatum kennen gelernt, welches als eines der subtilsten Probeobjekte für die Prüfung des optischen Leistungsvermögens der Mikroskope gilt, weil die winzigen Figuren nur bei guten Linsen wirklich deutlich erscheinen. Von den verschiedenen meist fossilen, d. h. jetzt ausgestorbenen und bloß noch in ihren Kieselpanzern vorhandenen Formen zeigt Abbildung 19 einen Panzer einer Spinnenwebdiatomee (Arachnoidiscus), so genannt wegen der von dem Zentrum nach dem Rande auslaufenden Strahlen, welche den Hauptfäden, und der feineren Querlinien, welche den Neben-fäden eines Kreuzspinnennetzes ähnlich sehen, Abbildung 21 eine höchst elegant facettierte Art der Gattung Triceratium (Dreihorn) aus der Mündung der Themse.

So zierliche Gestalten sich uns dargestellt haben, die Verwandten der Diatomeen in Fig. 28—35 geben ihnen nichts nach. Dieselben stellen Desmidieen dar, sie verdanken ihren Namen dem Umstande, daß die Individuen von manchen ihrer Arten zu bandartigen, richtiger bandwurmartigen Kolonien vereinigt vorkommen; sie erinnern durch ihre Gestalt an Oscillaria und Nostoc. Diese Wesen sind fast eben so klein, wie die Diatomeen, bieten aber vielfach eine noch größere Mannigfaltigkeit und Eleganz der Formen dar als jene. Manche Desmidieen, z. B. die in Abbildung 29, 30, 31, 34, 36 dargestellten, sehen den Diatomeen ungemein ähnlich.

Allein sie unterscheiden sich von den Diatomeen durch den Mangel des Kieselpanzers. Die Desmidieenzelle besitzt nämlich bloß eine höchst zarte, gallertartig weiche, aus einer durchsichtigen, wasserhellen Substanz gebildete Wand und ist daher äußerst vergänglich. Während die Kieselpanzer der Diatomeen sich Millionen von Jahren hindurch unverändert erhalten können, überdauert die zarte Hülle der Desmidieen wohl niemals einen Sommer. Der Inhalt der lebenden Desmidieenzelle besteht aus einem durchsichtigen Schleime, in welchen ein großer, sehr verschiedenartig, oft höchst zierlich geformter Chlorophyllkörper eingebettet liegt (vgl. Fig. 32, 33). Die Desmidieen besitzen daher immer eine sehr schöne grüne Farbe. Wegen der eigentümlichen und regelmäßigen Zerteilung des Chlorophyllkörpers und wegen der Farblosigkeit der Hülle, welche natürlich überall, wohin der Chlorophyllkörper nicht reicht, sichtbar wird, gewähren viele dieser seltsamen Urwesen einen höchst anmutigen Anblick. Der Bau des Desmidieenkörpers ist einfacher als derjenige des Diatomeenleibes, und dennoch, welch außerordentlicher Formenreichtum tritt uns in dieser Familie mikroskopischer Gewächse entgegen! Denn in Bezug auf Mannigfaltigkeit, Seltsamkeit und Schönheit der Form stehen die Desmidieen unter den mikroskopischen Wassergewächsen unübertroffen da.

Die Desmidieen zerfallen in zwei Gruppen, nämlich in solche, deren Individuen einzeln leben, und in solche, deren Individuen zu bandartigen Kolonien verbunden sind. Letztere erscheinen in einzelnen Fällen verzweigt und zu netzartigen Formen verbunden. Die einzeln lebenden werden Closterien nach der schönen Gattung Closterium (Spindel), vergl. Fig. 36, benannt.

Die in Kolonien lebenden Gattungen bilden die eigentlichen Desmidieen. Sie pflegen ganz ruhig im Wasser zu schwimmen, während die Closterien mit einer eigentümlichen Bewegung begabt sind, die jedoch ungleich langsamer und willenloser ist, als jene der einzeln lebenden Diatomeen. Die Closterien schweben, sich bald rechts, bald links drehend, bald rückwärts, bald vorwärts bewegend, wie träumerisch durch das Wasser hin.

Die Desmidieen vermehren sich gleich den Diatomeen durch Teilung. Wenn sich ein Desmidieenindividuum teilen will, so dehnt sich die Einschnürungsstelle, d. h. der helle Streifen oder der schmale Zwischenraum,

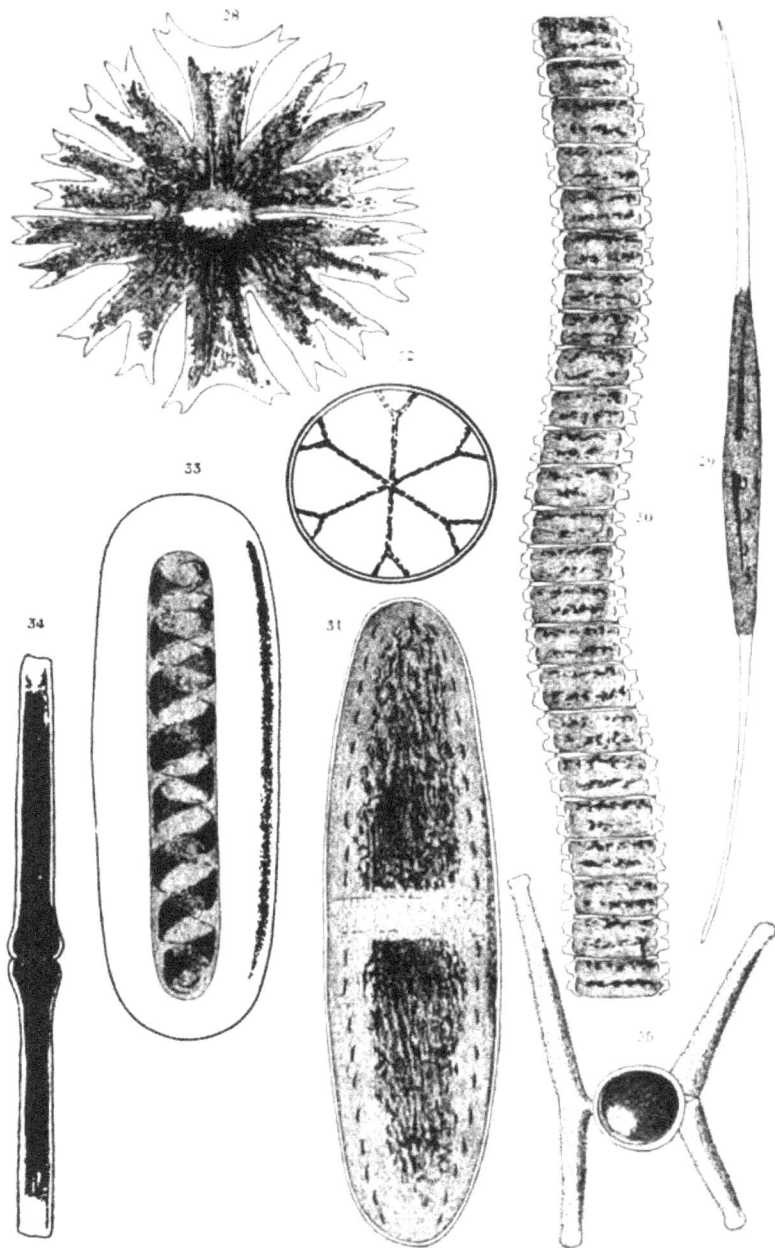

Fig. 28—35. **Desmidieen.**

28. Micrasterias crux melitensis. 29. Closterium setaceum. 30. Desmidium Swartzii.
31 u. 32. Penium digitus. 33. Spirutaenia condensata. 34. Docidium baculum.
35. Gonatozygon Brebissonii.

welcher die beiden Hälften der Zelle verbindet, zunächst etwas aus, wobei die äußere, dicke Schicht der Zellhaut kreisförmig zerrissen wird. Infolge davon werden die beiden Hälften etwas auseinander geschoben. Die beiden Hälften der Zelle erscheinen nun durch einen kurzen, durchsichtig hellen Kanal verbunden, dessen Haut eine Fortsetzung der Innenhautschicht der beiden Zellenhälften ist. In diesem Verbindungskanal bildet sich bald eine Querwand, welche sich rasch in zwei Lamellen spaltet, die sich sofort gegeneinander abwölben. Jede der beiden durch die Spaltung der Scheidewand entstandenen isolierten Zellen besitzt nun einen kleinen gewölbten Auswuchs, der sich allmählich vergrößert und die Form einer Zellenhälfte annimmt, in welche der Chlorophyllkörper der alten Zellenhälfte hineinwächst. Bald, nachdem die beiden aus dem ursprünglichen Individuum entstandenen neuen Individuen ihre Form erhalten haben, schicken sie sich ihrerseits zur Teilung an, und so können,

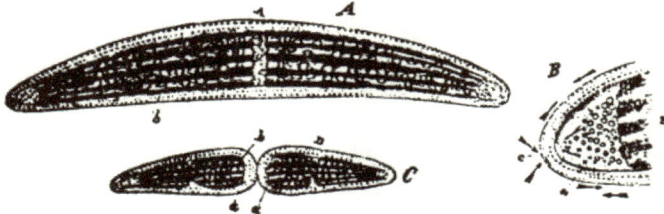

Fig. 36. Teilung einer Desmidiee (Closterium lunula).
A zeigt die Vorbereitung der zentralen Spaltung der Zelle, B stellt ein stärker vergrößertes Ende des Closterium dar, darin ist die Bewegung der Protoplasmateilchen in den durchsichtigen Stellen angedeutet. C Closterium im Stadium der Teilung.

gerade wie bei den Diatomeen, aus einem einzigen Individuum in wenigen Tagen Tausende entstehen. Während des Frühlings steigert sich dies sogar auf viele Millionen. Diese Jahreszeit ist nämlich die eigentliche Vermehrungszeit der Desmidieen. Die grünliche Färbung, welche das Wasser vieler Teiche und Gräben um diese Zeit anzunehmen pflegt, beruht in den meisten Fällen auf der Entwickelung von Millionen von Desmidieenindividuen, welche durch fortgesetzte Teilung aus den Tausenden von Individuen entstehen, welche durch die im Schlamme jener Gewässer ruhenden Desmidieensporen erzeugt werden. Da nämlich die zarten Desmidieenleiber während des Winters samt und sonders zu Grunde gehen, so wäre ein Fortbestehen dieser zierlichen Wesen trotz ihrer fabelhaften Vermehrung unmöglich, hätte nicht die Natur für eine zweite Art der Vermehrung, oder richtiger, für besondere Fortpflanzungsorgane gesorgt, welche allwinterlich die Fortdauer einer jeden Desmidieenart vermitteln. Es sind dies die sogenannten Sporen, welche wegen der derben Beschaffenheit ihrer Hülle dem zerstörenden Einflusse der Kälte leicht widerstehen und während des Winters auf dem Grunde der Gewässer im Schlamme verborgen liegen. Dieselben entstehen auf wundersame Weise, nämlich auch auf dem Wege der Kopulation (vergl. Fig. 25).

An den einander zugekehrten Seiten zweier Exemplare, welche sich in gekreuzter Stellung aneinander gelegt haben, platzt die Haut, jedoch nicht vollständig, sondern bloß die äußere, derbere Schicht derselben, während die innere, zarte Schicht aus beiden Individuen durch die ent-standene Öffnung in Form einer Blase hervortritt. Die beiden Blasen schmiegen sich aneinander an, worauf an der Berührungsstelle die zarte Haut aufgelöst wird, so daß beide Blasen zusammen einen gemein-schaftlichen, von einer zarten Hülle umgebenen Raum bilden, welcher bald kugelige Form annimmt. Hier nun fließt der gesamte Inhalt der beiden Individuen zusammen, ballt sich zu einer Kugel und umgibt sich mit einer durchsichtigen Haut, die Spore ist fertig. Fig. 37 zeigt diesen merkwürdigen Vorgang bei Tetmemorus laevis: a sind zwei Individuen, von oben und von der Seite gesehen, bei b und c erscheinen

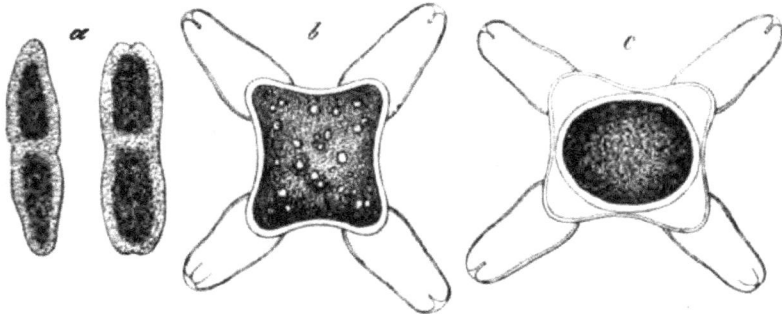

Fig. 37. Kopulation der Desmidieen.

je zwei kreuzweise kopuliert. Bei b ist der Inhalt der beiden Individuen zwar schon völlig zusammengeflossen, die Bildung der Spore jedoch noch nicht erfolgt, während bei c die Spore bereits vollkommen ausgebildet erscheint. Während dieses Vorganges verwandeln sich die in die Spore mit übergegangenen Stärkekörner der beiden kopulierten Zellen in Fett. Nachdem die Spore ihre vollständige Ausbildung erlangt hat, trennen sich die beiden entleerten Individuen wieder und gehen bald darauf durch Verwesung zu Grunde. So entsteht aus zwei Individuen ein einziges Wesen; die Kopulation oder Sporenbildung der Desmidieen ist folglich zu-nächst ein Verminderungs- und nicht ein Vermehrungsprozeß, und dennoch dient derselbe der eigentlichen Fortpflanzung, dennoch beruht auf ihm allein die Möglichkeit ihrer fabelhaften Vermehrung! In jedem Frühjahr erwachen die im Schlamme der stehenden Gewässer begrabenen Dauer-sporen der im Sommer oder Herbst des vorhergegangenen Jahres durch die Kopulation zu Grunde gegangenen Desmidieen-Individuen zu neuem Leben: sie keimen. Ihre äußere feste Hülle zerspringt; die innere, zartere,

die eigentliche Zellhaut, dringt als eine zartwandige, wasserhelle Kugel
hervor, welche zwei von fetthaltigem Schleim umgebene Chlorophyllkörper
enthält. Der ganze Inhalt der Kugel teilt sich in zwei gleich große
Halbkugeln, deren jede sich mit einer hellen Haut umgibt und einen der
beiden Chlorophyllkörper einschließt. Jede Halbkugel nimmt hierauf die
Form der betreffenden Art an, und so sind in der aus der Spore hervorgetretenen Blase zwei neue Exemplare entstanden, welche durch Auflösung
der Haut ihrer Mutterzelle frei werden. Aus einer Spore gehen folglich
zwei neue Individuen hervor, die Stammmütter von Myriaden von
Enkeln, welche durch wiederholte Teilung während der warmen Jahreszeit daraus entstehen.

So ruhen in dem schmutzigen Schlamme unsrer Teiche während des
Winters Millionen von mikroskopischen Keimen eines zukünftigen Lebens,
welches um Ostern seine Auferstehung feiert und in tausendfacher Gestalt
in die Erscheinung tritt! — Die Sporen der Desmidieen sind noch selt-
samer gestaltet, als die Zellen der Individuen, deren Untergange sie ihr
Dasein verdanken. Nur selten besitzen sie eine glatte Oberfläche, gewöhnlich ist dieselbe mit glashellen Warzen, Zacken, Stacheln und Strahlen
besetzt, welche unmittelbare Verlängerungen der äußeren derben glas-
artigen Haut sind. Die Sporen selbst haben meist eine braune oder oliven-
grüne Farbe und im Verhältnis zu den Individuen eine bedeutende Größe.

Fig. 28—44 stellen eine Auswahl von Desmidieen dar, unter
denen sich ganz wunderliche Formen befinden, mit allerlei Stacheln und
Auswüchsen und oft eigenartiger Anordnung des grünen Chlorophylls.
Einzelne, so fig. 38, 41, zeigen Zygospermen, d. h. durch Vereinigung
zweier Individuen entstandene Gebilde, die für gewaltige Mengen neuer
Individuen die Anfangsglieder bilden.

Der einzelligen Pflanzen- und Tierwelt verdanken wir zahlreiche Erscheinungen in der Natur, welche dem Aberglauben weiten Vorschub
leisteten, freilich nur so lange, als sie der Untersuchung mittels des
Mikroskopes fern blieben. Der rote Schnee der Alpen und der Polar-
länder — verlorene Blutstropfen — besteht aus nichts anderm, als
Billionen einer einzelligen Alge, eines Protococcus oder Palmella cruenta.
Die Individuen dieser Algenmassen sind in ihrem Blasen- d. h. Zelleninhalt blutrot gefärbt. Zweierlei Gestalten zeigen sich dem Auge. Einmal
zeigen sich Kügelchen mit dicker, fester Cellulosewand, die Ruhesporen;
in ihrem Innern befinden sich je zwei oder vier abgeplattete Kügelchen,
die zur Zeit warmen Sonnenscheins aus der Hülle heraustreten, sich durch
vielfache Teilung vermehren und zu Schwärmsporen werden, die sich
von den ersten Gestalten durch lebhafte Bewegung auszeichnen, welche
sie mit Hilfe zweier jeder Schwärmspore anhaftender Geißeln (schwingenden Fäden) ausführen.

Die gefürchtetsten aller einzelligen, zum Teil für den menschlichen
Haushalt wichtigen Wesen bilden jedoch die Bakterien, die Spaltpilze.
Jedermann hat in den letzten Jahrzehnten von ihnen gehört, von den
schlimmsten Feinden unsrer Gesundheit. Es hat sich herausgestellt, daß

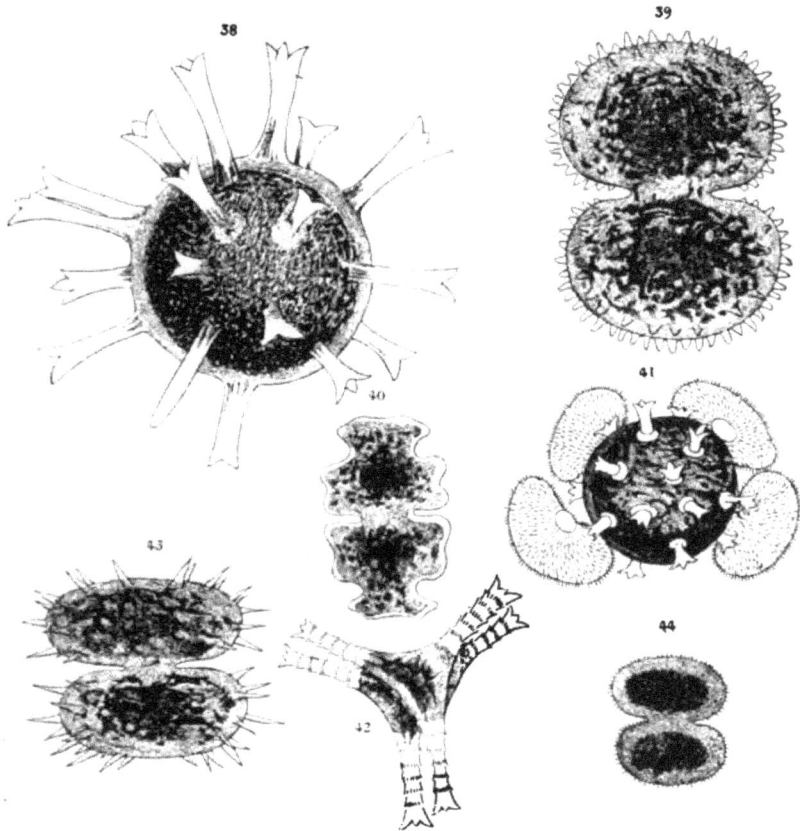

Fig. 38—44. Desmidieen.

58. Zygosperm von Micrasterias dendiculata. 39. Cosmarium Brebissonii. 40. Euastrum pectinatum. 41. Zygosperm von Staurastrum hirsutum. 42. Scytonema gracile. 43. Xanthidium aculeatum. 44. Staurastrum hirsutum.

ihnen die unheimliche Thätigkeit der Krankheitserzeugung zufällt, daß sie es sind, welche die schrecklichsten Epidemien bei ganzen Völkern, die schrecklichsten Krankheiten bei einzelnen bewirken. Doch ihre Thätigkeit, ihre Bedeutung für die Gesundheit des Menschen und der Tiere lasse ich beiseite, sie wird in dem Kapitel, welches die Gesundheitspflege behandelt, eingehende Beleuchtung finden, hier sei kurz ihre Natur geschildert. Sie bewohnen Flüssigkeiten, welche organische, fäulnisfähige Stoffe enthalten, von denen sie sich nähren und deren Fäulnis sie steigern. Selbst an Orten, wo nur geringe Feuchtigkeit sich findet, wie auf den Kassenscheinen, auf unseren Münzen, an den schmutzigen Stellen der Leihbibliotheksbücher haften diese winzigen Wesen in unzähligen Exemplaren, es folgt daraus auch schon ihre große und leichte Verbreitung. Die Mehr-

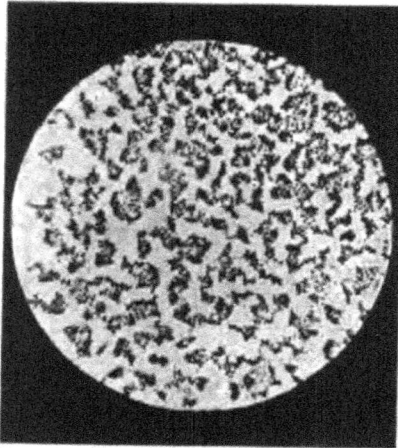

Fig. 45. **Rugelbakterien:**
Staphylococcus pyogenes. Reinkultur.

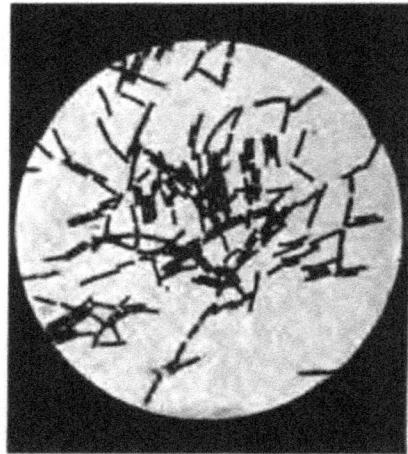

Fig. 46. **Stäbchenbakterien:**
Milzbrandbazillen.

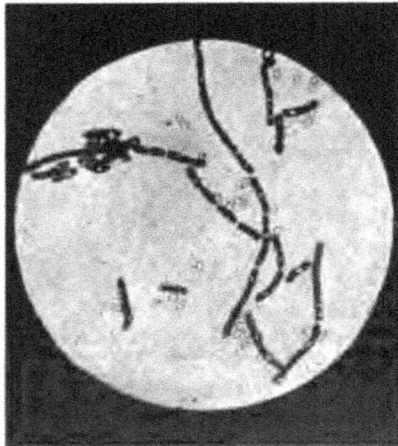

Fig. 47. **Fadenbakterien:**
Sporenhaltige Fäden des Heubacillus.

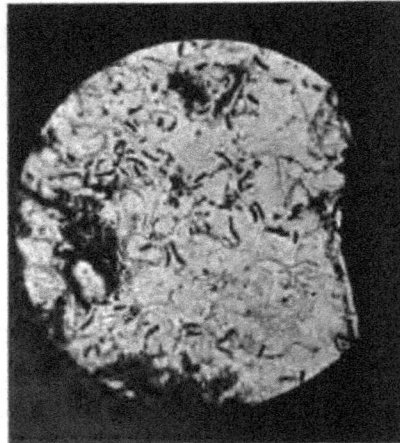

Fig. 48. **Schraubenbakterien:**
Mundschleim mit Spirillum denticola.

zahl besteht aus äußerst kleinen Zellen, an deren Haut und Inhalt gewöhnlich charakteristische Merkmale schwer aufzufinden sind, so daß man
ihre organische Natur vielfach auf Umwegen (Kulturen, Kapitel VII) dar-
legen muß. Wo sie sich finden, sind sie gewöhnlich zu zahllosen Individuen
versammelt. In ihren Formen und in ihrer Organisation wiederholen
sie verschiedene Arten der grünen Zellenwesen. Bei den gewöhnlich als
Bakterien bezeichneten Formen geht das Wachstum in der Längsrichtung

vor fich, und durch wiederholte Querteilung werden Glieder gebildet, die
entweder auseinander fallen oder fadenförmig vereinigt bleiben. Man
kann vier Gruppen unterscheiden. 1. Kugelbakterien mit rundlichen,
äußerst kleinen, auseinander fallenden Zellen, wie Staphylococcus pyogenes
(Fig. 45) fie darstellt, hierher gehören die Eitercoccen, Staphylococcen und
Streptococcen im Eiter der Knochen. 2. Stäbchenbakterien (Fig. 46),
deren auseinander fallende Glieder länglich, stabförmig und fehr klein find,
fie schwimmen in der Flüffigkeit umher; hierher gehört Bacterium termo,
der Milzbrandbacillus, der Cholerabacillus. Vereinigen fich folche Stäbchen
zu Fäden, fo entstehen 3. die Fadenbakterien. Sie erzeugen teils in
fich Sporen (vergl. Fig. 47), teils an ihren Enden. Die 4. Klasse bilden
die Schraubenbakterien, von denen in Fig. 48 Spirillen abgebildet find, die zu Tausenden in der Mundschleimhaut und in hohlen
Zähnen ihr Wesen treiben, ihre Verwandte ist die Spirochaete, die
Ursache des Typhus recurrens.

Alle die vielen Bakterienarten, und felbst die Hefepilze rechnen zu
den Urwesen, zu den einzelligen Gebilden, welche die Natur bevölkern.
Die bisher besprochenen Gestalten beansprucht der Pflanzenkenner gewöhnlich für sein Reich. Die Bakterien werden ihm jedoch von den
Zoologen streitig gemacht, und wir werden nun zu Formen gelangen, die
in gewisser Hinsicht mehr zu tierischen Äußerungen neigen, die ich aber
gleichwohl als Protisten behandle. Auf unsern Bildern (Fig. 49—66)
treten uns ganz eigenartige Gebilde entgegen, die vom Naturforscher
fofort als Infuforien bezeichnet werden würden. Die Geschichte von
der Entdeckung dieser winzigen Wesen ist eins der interessantesten Kapitel
aus dem Entwickelungsgange der Naturerkenntnis; ich muß es mir hier
aber verfagen, darauf einzugehen, nur die Herkunft des eigenartigen
Namens „Infuforien", d. h. „Aufgußtierchen", will ich etwas erläutern.
Im siebzehnten Jahrhundert wurden fie entdeckt; ihren Namen erhielten
fie aber erst im achtzehnten Jahrhundert, als unzählige ihres Geschlechts
in fogenannten Aufgüffen auf Klee, Gras, Heu aufgefunden wurden,
man glaubte fie dadurch erzeugt. Ehrenberg beschrieb fie fehr genau,
brachte aber Gestalten unter fie, die nicht das Geringste mit einem einzelligen Tiere, mit einem Protisten zu thun haben, feine Behauptung von
der vollkommenen Organisation dieser Lebewesen hat nur Geltung von
einer Gruppe fehr kleiner Würmer, die mit jenen Zellleibern zusammen
vorkommen, der Rädertiere; — doch davon f. u. Leider vermag das
beste Bild, die feinste Zeichnung keinen richtigen Begriff von dieser viel-
gestaltigen Welt im Wassertropfen zu geben; die Hauptfache, das Leben
geht ihnen ab, und das bildet den großen Reiz beim Studium der niedlichen Gestalten.

Da bemerkt man Hunderte von kleinen punktförmigen Wesen, die fich
lebhaft, gleichsam spielend im Wasser herumtummeln; ein feines wasserhelles hin und her schnellendes Schwänzchen scheint die Bewegung zu
leiten. Aber von diesen Monaden gehen 10000 Stück auf einen
Zentimeter, also eine Billion in ein Kästchen von einem Kubikzentimeter, in einen Liter 1000 Billionen! — das ist eine sechzehnstellige Zahl.

Wer Lust dazu hat, mag die Rechnung anstellen, wieviele solcher Lebewesen in einem Regenfaß im Juli wimmeln mögen. Das sind Liliputaner.
Man würde sie kaum beachten neben ihren im Verhältnis zu ihnen riesi-
gen Vettern, wenn deren Bewegung, deren Thätigkeit sie uns nicht immer
wieder in Unmassen vor das Gesichtsfeld führte. Die größeren Formen
besitzen Fäden, welche rasch hin und her schwingen, oder Fortsätze, welche
die Liliputaner fassen und ihrem Körper einverleiben. Von einem Munde,
einem Magen oder Darm kann bei einzelligen Wesen selbstverständlich
nicht die Rede sein, doch spricht man vom Munde bei Infusorien. Es
ist das aber weiter nichts als eine Vertiefung im Protoplasmaleibe, der
von Wimpern oder Geißelfäden umstellt ist, eine Vertiefung, die den Ort
der Nahrungsaufnahme darstellt. Auch Blasen finden sich im schleimigen
Leibe, die sich vergrößern, an die Oberfläche der Zelle treten und hier
nach außen platzen; — sie haben wohl die Aufgabe, unnütze Stoffe
                          hinauszubefördern.

Fig. 49 und 50.
Schalenformen von Amöben.
Difflugia proteiformis und Difflugia
oblonga.

Da gibt es nun Protisten, die aus weiter
nichts bestehen, als aus einem Klümpchen von
Protoplasma mit einem Kerne. Man nennt
sie Amöben. Sie strecken Fortsätze aus nach
allen Seiten, teils zum Fang der Nahrung,
teils um sich kriechend fortzubewegen.

Interessant ist es, die Vermehrung dieser
niedrigsten Wesen zu beobachten, denn sie
bildet die Grundlage der Vermehrung alles
Lebendigen. Sie geschieht durch Zellteilung,
die schon oben berührt wurde. In Fig. 14 ist der Vorgang dargestellt, wie er sich an einer Amöbe vollzieht; das Bild bedarf keiner
Erläuterung.

Die meisten Formen aber begnügen sich nicht mit nackten Zellen-
leibern; sie sind ja auch wenig günstig für ihre Erhaltung, da sie gegen
Angriffe von Feinden so gut wie gar nicht geschützt sind; darum scheiden
die meisten eine Hülle aus: sei es nun, daß dieselbe aus Stoffen genommen wird, welche unverdaulich (Sekrete des Protoplasmaleibes) waren,
dann wird dieselbe gleichmäßig, sei es auch, daß in derselben kleine Keimchen,
Teile von Pflanzen, winzige Steinchen u. s. w. abgelagert werden, dann
wird sie ungleichmäßig, — für letzteren Fall geben Difflugia proteiformis (Fig. 49) und Difflugia oblonga (Fig. 50) Beispiele. Man
sieht an beiden Exemplaren, wie die Fortsätze des im Innern hausenden
Protoplasmaleibes zu einer Hauptöffnung der Schale herausgestreckt
werden können.

Äußerst zierlich sehen andre infusorienartige Geschöpfe aus, die statt
der stumpfen Protoplasmafortsätze der Amöben spitz gestaltete aussenden,
welche wie Stacheln aussehen und untereinander sich verästeln und verzweigen, man nennt sie Wurzelfüßer, Rhizopoden (Fig. 51), und
Fig. 52 mag uns eine Vorstellung von einem solchen Wesen geben, das
durch äußerst feine Poren seiner Kalkschale unzählige feine Fäden steckt
und eben eine Schiffchenalge gepackt hat, die Rotalia veneta. Unter

diesen winzigen Wesen spielen eine große Rolle die Arten, die zum Schutze ihres Weichkörpers Kalk- oder Kieselschalen aussondern, welche sich häufig in Kammern gliedern, ähnlich den Ammonshörnern; sind die Wände durchbohrt, so nennt man sie Perforata, sie bilden eine Abteilung der Foraminiferen. Die Schalen dieser Tiere treten in Unmengen auf, so daß sie ganze Gebirge zusammensetzen können (vgl. Seite 46 ff.).

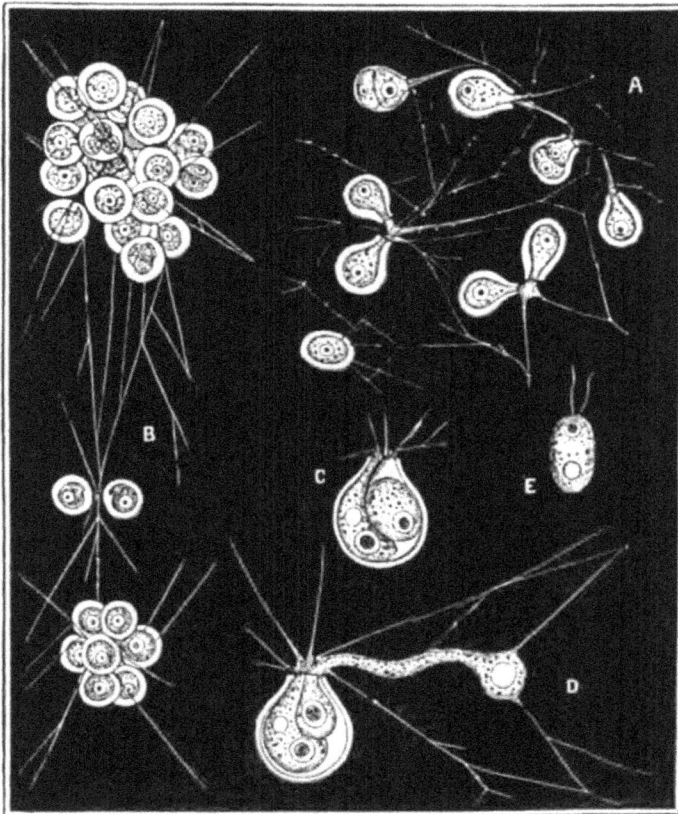

Fig. 51. **Rhizopoden.**

A Eine Kolonie im Stadium der Teilung; die Individuen sind durch Protoplasmafäden noch verbunden. B Eine Kolonie in zusammengeballtem Zustande, durch Teilung entstanden. C D Bildung und Austritt von Schwärmsporen. E freie Spore. (Nach Dallinger, Carpenter.)

Noch viel reicher aber sind die Formen, welche die Radiolarien unserm Auge bieten, so zart und zierlich sind sie gebaut, so wunderbar fein und nach geometrischen Gesetzen ihre Kalk- oder Kieselnadeln ange-ordnet, daß der beste Arbeiter in Filigranen sich daran vollendete Muster absehen kann. Es sind Einzelwesen, aus je einer Zelle gebildet, welche das Süß-, befonders aber das Salzwaffer zu Milliarden und aber Milliarden bevölkern, welche auf dem Grunde des Meeres Schichten bilden, ja unter Umständen Felfen und Gebirge zufammenzufeßen im ftande find.

fig. 52. Rotalia veneta.

Unfre beiden Abbildungen mögen die Zierlichkeit ihres Baues ins rechte Licht feßen, es find: eine Haliomma (fig. 53) und eine Actinometra

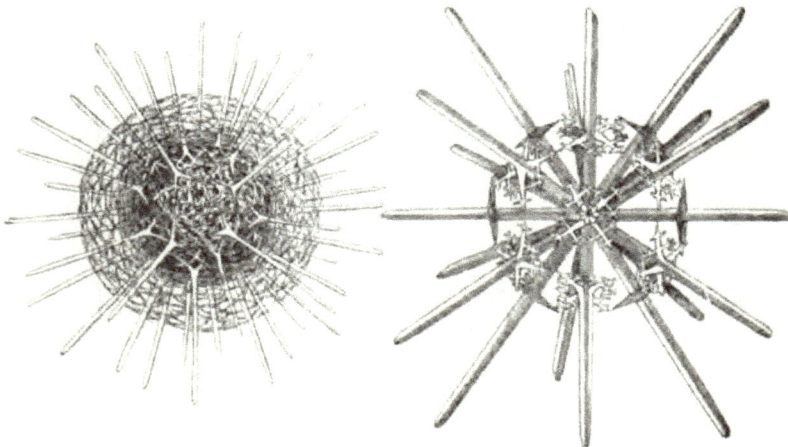

fig. 53 u. 54. Radiolarien.

(fig. 54). Ich bemerke dazu, daß die Formenmannigfaltigkeit diefer winzigen Wefen fo ungeheuer ift, daß bereits in wenigen Jahren große Atlanten über ihre Erforfchung entworfen find mit mehreren taufend Abbildungen — ob diefelben den hundertften Teil der Formen enthalten?

Ob man einzelne der angeführten Formen, wie die Radiolarien, als einzellig betrachten muß, sei hier dahingestellt. Die Wissenschaft wird darüber endgültig zu entscheiden haben, ob die Kammerung mit einer Kolonienbildung im Zusammenhang steht.

Bald koloniebildend, bald einzeln treten die folgenden Infusorien auf. Unter ihnen haben die Glockentierchen (Fig. 55) miteinander gemein, daß sie entweder während ihres ganzen Lebens, oder doch längere Zeit hindurch, gleich den Polypen, an andre Gegenstände, und zwar in den meisten Fällen an Wasserpflanzen, angeheftet und so nur einer beschränkten Bewegung fähig sind. Die Glockentiere haben ihren Namen von der eigentümlichen Gestalt ihres Körpers erhalten. Dieser erscheint nämlich unter der Form eines zarten, aus weicher, durchsichtiger Substanz bestehenden Glöckchens oder eines trompetenförmigen Röhrchens und ist an seiner weiten Mund-

öffnung — einer Stelle am Eingang der Glocke oder Röhre, an welcher die Nahrungsaufnahme stattfindet — mit einem zierlichen Kranze feiner Fangwimpern eingefaßt, welche in beständig zitternder Bewegung begriffen sind, so daß die Tierchen unter dem Mikroskope einen ungemein schönen Anblick darbieten. Dazu kommt noch ein den ganzen Körper gleichmäßig überziehender kurzer Flimmerbesatz. Verweilen wir einen Augenblick bei den wichtigsten und zugleich den am häufigsten vorkommenden Formen der Glockentierchen. Nr. I ist eine Kolonie des Trom-

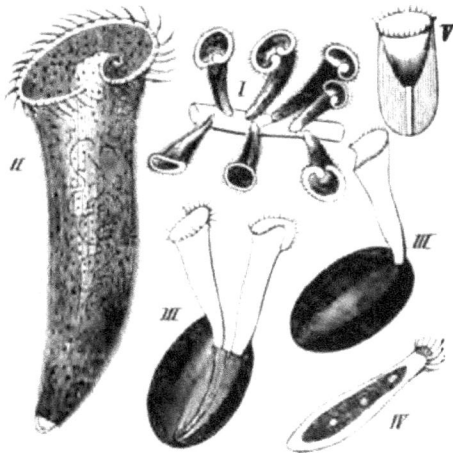

Fig. 55. Glockentierchen.

petentierchens (Stentor polymorphus), II ein einzelnes, bedeutend vergrößertes Exemplar davon. Dieses zierliche Geschöpf lebt in stehenden Gewässern, besonders in Sümpfen und in von Wasser durchtränkten Torfmooren, woselbst es an den Stengeln und Blättern der unter das Wasser getauchten Pflanzen gruppenweise beisammensitzt. Es ist bald blau, bald braun, bald blutrot gefärbt. Die Torfmoore erscheinen von diesem Miniaturpolyp oft dunkel und die Stengel von Wasserpflanzen rot gefärbt, in so ungeheurer Menge tritt derselbe auf. Nr. III stellt zwei Scheidentierchen (Vaginicola decumbens) dar, wovon das eine in Teilung begriffen ist. Das Scheidentierchen hat seinen Namen davon erhalten, daß sein eigentlicher Körper in einem scheidenartigen Panzer oder Gehäuse steckt. Dieser Panzer besteht aus einer ziemlich festen Masse und ist undurchsichtig, von ockergelber Farbe. Aus einer Spalte desselben streckt das kleine Wesen den außerordentlich zarten, durchsichtig weißen Hals mit der trompetenförmigen, zierlich bewimperten Kopfscheibe hervor. Ein andres von einem Gehäuse teilweise umschlossenes Glockentierchen ist das bei Nr. V abgebildete Schellentierchen (Tintinnus inquilinus). Das Gehäuse dieses Geschöpfchens hat eine wasserhelle, das eigentliche glockenförmige Tier eine ockergelbe Farbe. Nr. IV endlich stellt ein Individuum des grünlichen, oft in großer Menge in gallertartigen Kugeln an Wasserpflanzen angehefteten Trichtertierchens (Ophrydium versatile) dar.

So schön die bisher erläuterten Formen der Glockentierchen sind, so können sie sich doch nicht mit dem reizenden Maiblumentierchen (Vorticella convallaria, Fig. 56) messen, welches die höchste Stufe in dieser Familie der Infusorien einzunehmen scheint. Das Maiblumentierchen, so genannt nach der an die Maiblümchen oder Zauken (Convallaria majalis) erinnernden Gestalt seines Körpers, lebt gesellig auf Wasserpflanzen und

Fig. 56. Maiblumentierchen.

kleinen Wassertieren, an welche es mittels eines überaus zarten Stieles, den es in schraubenförmiger Windung zu verkürzen und mit der größten Leichtigkeit und Schnelligkeit wieder auszustrecken vermag, angeheftet ist. Der sonst ziemlich helle und durchsichtige Körper enthält gewöhnlich eine Anzahl rundlicher Speiseballen (Ehrenbergs Magen). Auch bei diesen Protisten läßt sich die Fütterung mit Karminkörnchen gut beobachten. Es ist ein überraschendes Bild, welches sich dem Auge des Beschauers enthüllt, das nichts gemein hat mit dem widerlichen Eindruck, den das Gebaren der Raubtiere bei der Fütterung in einer Menagerie hervorruft. Die Pfeile, welche bei VI in unsrer Abbildung eingezeichnet sind, sollen die Strömung der Körnchen in den Mund hinein andeuten.

Die Vermehrung geschieht vorzugsweise durch Teilung, die das Köpfchen der Länge nach spaltet, so daß der Stiel dann zwei Tiere trägt (VIII). In neuester Zeit hat man die interessante Entdeckung gemacht, daß dieses Tier, welches oft in seichten, während des Sommers austrocknenden Gewässern lebt, auch dann nicht zu Grunde geht, wenn das Wasser verdunstet. Es umgibt sich dann mit einem Schleim, der es vom Tode rettet, und es erwartet nun in schlafähnlichem Zustande regungslos die Wiederkehr des Wassers. Die gleiche Erscheinung findet sich auch bei zahlreichen andern Infusorien. Überhaupt besitzen dieselben ein ungemein zähes Leben. Sie werden weder durch Kälte noch durch gewöhnliche Hitzgrade getötet, ja viele behalten selbst, wenn sie vollkommen eintrocknen, die Fähigkeit, wieder aufzuleben, sobald sie befeuchtet werden. Man kennt Infusorien, welche noch nach zweijährigem Verharren im ausgetrockneten Zustande wieder aufleben und sich fortpflanzen, sobald sie mit Wasser übergossen werden (vergl. oben: Aufgußtierchen). Diese Lebenszähigkeit erklärt das unvermutete, oft wunderbar erscheinende Auftreten der Infusorien in Regenpfützen, Wasserfässern, Dachrinnen, Blumengläsern und allen Pflanzenaufgüssen. Die ausgetrockneten Leiber und Keime der Infusorien können nämlich wegen ihres überaus geringen Gewichtes von jedem Luftzuge leicht fortgerissen und überall hin verstreut werden. Sie bleiben dann an Pflanzen und Tieren und überhaupt an allen möglichen Gegenständen haften und verharren daselbst so lange im Zustande der Ruhe, bis hinzutretende hinreichende Feuchtigkeit ihnen das Leben wiedergibt.

Das wunderbarste aller Infusionstierchen ist jedoch die Leuchtmonade (Noctiluca miliaris, fig. 57 u. 58), die das Meerleuchten bei ruhiger See

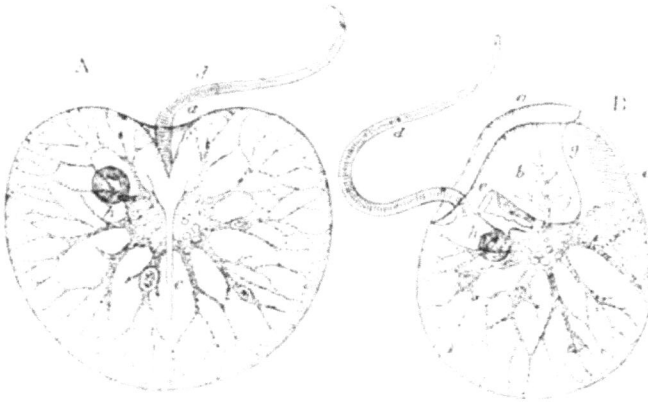

fig. 57 u. 58. Leuchtmonade.
Noctiluca miliaris. A. Rückenansicht. B. Seitenansicht. a. Mundöffnung. d. Geißel. h. Kern.

am Abend verursacht. Das gallertartige, durchsichtige Tierchen verbreitet nämlich, solange es lebt und wenn es berührt wird oder sich heftig bewegt, bei Nacht einen Phosphorglanz. Dieselbe Eigenschaft besitzen noch mehrere andre Infusorien, sowie zahlreiche, nicht zu den Infusorien gehörende größere Seetiere; allein die Leuchtmonade ist jedenfalls bei jenem prächtigen Phänomen am meisten beteiligt. Der englische Kapitän Scoresby schöpfte einst in einem Trinkbecher leuchtendes Seewasser an den Küsten von Grönland und fand bei der mikroskopischen Untersuchung eine so erstaunliche Menge von Leuchtmonaden, daß er die Gesamtzahl der in dem Becher befindlichen Individuen dieser Infusorien auf 150 Millionen berechnete! Welche Unzahl muß da bei einer meilenweit leuchtenden Meeresfläche beteiligt sein! Das Leuchten des Meeres ist ein so überaus prächtiges und erhabenes Schauspiel, daß, wer es einmal gesehen hat, gewiß gern die Seekrankheit riskiert, um sich wieder daran zu ergötzen. Lassen wir hier Herrn Professor Willkomm das Wort. Derselbe schreibt:

„Ich habe es mehrmals gesehen, doch nie so schön wie bei einer nächt-
lichen Fahrt auf einem englischen Dampfer durch die Meerenge von
Gibraltar im Dezember 1845. Es war eine wunderschöne Nacht, so
warm wie bei uns im Juni. Kein Wölkchen trübte das durchsichtige
Schwarzblau des Himmels, an welchem Millionen Sterne mit noch viel
hellerem und glänzenderem Lichte, als an einem reinen nordischen Winter-
himmel, strahlten; kein Lüftchen kräuselte die spiegelglatte Fläche des
herrlichen Golfs und der Meerenge; kurz, alles vereinigte sich, um den
Leuchtmonaden zu gestatten, sich aus den Tiefen des Meeres zu erheben
und sich in den oberen Schichten des Wassers in unzählbaren Scharen
zu sammeln. Solange unser Schiff ruhig vor Anker lag, war wenig
von dieser unsichtbaren Tierwelt zu bemerken. Nur wenn ein Tau, ein
Ruder oder irgend ein andrer fester Körper ins Wasser fiel, zuckte
momentan ein blitzähnliches Leuchten durch die dunkle Flut. Kaum aber
griffen die Räder des Dampfers in die Wogen, so entfaltete sich ein un-
beschreiblich prachtvolles Schauspiel vor unsern Blicken, dessen Reiz sich
in dem Maße steigerte, als sich das Schiff vom Lande entfernte. Die
breite Furche, welche der pfeilschnell fortschießende Dampfer in die glatte
Fläche der nachtschwarzen See grub, glich einem Strome elektrischen,
silberglänzenden Feuers und ließ sich rückwärts bis in weite Ferne verfolgen. Einen viel prachtvolleren, ja einen geradezu märchenhaften Anblick gewährten aber die nächsten Umgebungen des Schiffes. Da, wo
der Kiel des Vorderteiles die Salzflut zerteilte, brachen mächtige Garben
phosphoreszierenden Feuers aus der dunklen Tiefe empor, erhoben sich
in tausend Strahlen über die Oberfläche und fielen in zahllosen silber-
weißen Lichtbüscheln wieder auf dieselbe hernieder. Wo aber die mächtigen Räder das Wasser zu silberweißem Schaum zermalmten, da schienen
die glitzernden Wogen sich in lauter Brillanten aufzulösen, denn ein
jeder der Millionen Tropfen, welche von den Rädern in die Luft geschleudert wurden und dann wieder als feiner Regen auf die Oberfläche
des Meeres zurückfielen, glich einem geschliffenen Diamanten, indem er
mit farbigem Glanze durch die nächtliche Dämmerung leuchtete. Blau-
weiße und rötliche Flammen zuckten fortwährend mit veränderlichem
Lichte im ganzen Umkreise des Schiffes durch die durcheinander ge-
schüttelten Wogen, deren jede mit einem strahlenden Lichtdiadem gekrönt
erschien, und soweit das Wasser die Seiten des Schiffes benetzte, zeigte
sich dasselbe von einem breiten, silberglänzenden Reif umgeben. Bis
gegen Mitternacht, bis tief in die Meerenge hinein, währte dieses pracht-
volle, unaufhörlich wechselnde Wasserfeuerwerk; selbst das helle Licht
des Vollmondes, der einige Stunden nach unsrer Abfahrt aus dem Meere
emportauchte, vermochte diesen Glanz nicht völlig zu verlöschen.“

Bevor ich die Wunderwelt des Wassers verlasse, muß ich einiger
Tierformen gedenken, die sich immer in Gesellschaft dieser einzelligen Wesen
einfinden und ihnen an Lebenszähigkeit kaum etwas nachgeben, das
sind die Rädertiere (Rotatoria, Fig. 59—66), die, früher zu den Infusorien gezählt, sich als Würmer erwiesen haben. Ihren Namen haben
sie von einem radförmigen, mit langen Wimpern besetzten Organe er-

halten, das sich am Kopfende ihres Körpers befindet und gleichzeitig zur
Fortbewegung und zur Herbeischaffung der Beute dient, welche aus
Infuforien besteht.

Der Körper der Rädertierchen ist wasserhell durchsichtig, weshalb
die Eingeweide, das Nerven- und Gefäßsystem sehr deutlich durch seine
zarte Hülle hindurchschimmern. Er hat eine sehr verschiedene Gestalt,
verschmälert sich jedoch stets gegen das Schwanzende hin, welches oft
gabelförmig gespalten ist. Manche Rädertiere besitzen auch einen wirklichen, ziemlich langen, gegliederten Schwanz. Das Kopfende pflegt
immer sehr breit zu sein und trägt eine weite, trichterförmige Höhle, in
deren Grunde sich der Rachen und dahinter der mit Zähnen bewaffnete
Schlundkopf befinden. Wo dasselbe eine einfache Bildung hat, da kann

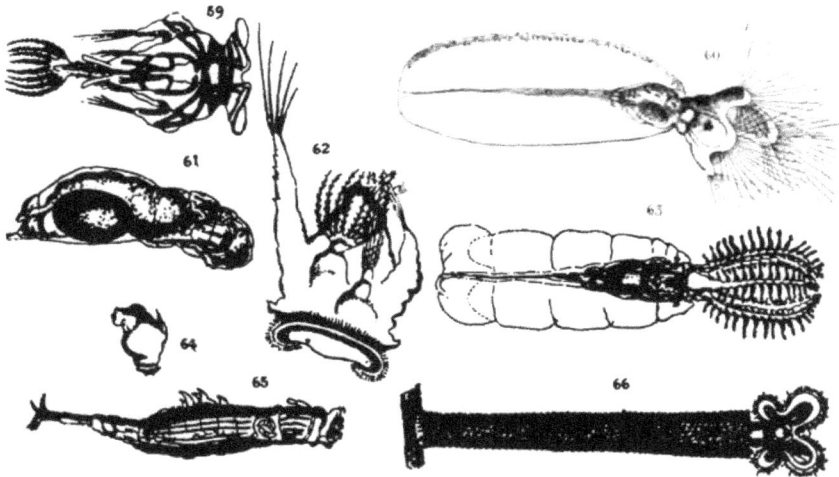

fig. 59—66. Rädertiere.

59. Floscularia canpanulata. 60. Stephanoceros Eichhornii. 61. Melicerta ringens. 62 u. 63. Penium
digitus. 64. Spirotaenia condensata. 65. Docidium baculum. 66. Gonatozygon Brebissonii.

es mit seinem Flimmerbesatze ebenso, wie der Strudelapparat der Vorti-
celle, nach innen eingezogen werden, so daß das vordere Körperende
dann abgerundet erscheint. Die Rädertierchen sind teils nackt, teils von
einem mehr oder minder festen Panzer umkleidet. Sie sind getrennten
Geschlechtes, nicht Zwitter, legen Eier oder gebären lebendige Junge
und leben in stehenden süßen Gewässern, besonders in schlammigen
Gräben, Sümpfen und Teichen, wo sie bald im Schlamme, bald an
Wasserpflanzen sitzen, und von Zeit zu Zeit auf Nahrungserwerb ausgehend, das Wasser in schneller Bewegung durchschwärmen.

Gar manches würde Süß- und Seewasser uns noch zeigen können;
genauere Bekanntschaft vermag das Buch aber nicht zu vermitteln, soll
es auch nicht; dazu führt nur eingehenderes Studium, sei es des Lieb-
habers, sei es des Gelehrten.

Das Leben im Boden und in der Luft.

An die kleinen Wesen, die unfre Gewäffer bevölkern, möchte ich die anfchließen, welche im Erdboden oder in der feuchten Luft ihr Dafein friften. Bakterien find überall vorhanden, wo Feuchtigkeit ift und die atmofphärifche Luft Zutritt hat. Aber außer diefen noch lebenden ein- zelligen Wefen lagern Milliarden und Abermilliarden, ja unzählbare Billionen unter unfern Füßen, zwar nicht mehr lebendig, aber in ihrer Form und Eigenart vollkommen erhalten, zu Stein geworden.

Mancher wird fchon eine Fußreife durch Thüringen gemacht, das Saalethal und Jena kennen gelernt haben. Dort find ihm wohl in der Nähe der an den Thalgehängen befindlichen Steinbrüche und Kalköfen Steine zu Geficht gekommen, die er auf den erften Blick als aus lauter verfteinerten, d. h. in Kalkfpat umgewandelten Mufcheln zufammengefetzt erkannte. In jener Gegend befinden fich nämlich mächtige Ablagerungen des Mufchelkalkes, d. h. eines Kalkes, der entweder ganz und gar oder wenigftens zum großen Teil aus Schalen vorweltlicher Mufcheln befteht, die mit Kalk verkittet und felbft zu folchem umgewandelt find. Eine andre Form von Mufchelkalk bildet fich noch gegenwärtig an allen Meeresküften auf demfelben Wege. Durch die Einwirkung des Seewaffers wird der in den frifchen Mufchelfchalen enthaltene tierifche Leim nach und nach ausgezogen und die Mufchelanhäufung endlich in feftes Kalk- geftein verwandelt. So fteht z. B. Cadiz auf einer Felfenzunge, welche gänzlich aus übereinander gehäuften Auftern- und Pilgermufchelfchalen befteht, und aus demfelben Geftein find auch die Häufer jener Stadt er- baut. Andre Kalkarten find Anhäufungen verfteinerter Schneckenhäufer oder Korallen.

Zum größten Teil aber beteiligt fich die mikrofkopifche Tier- und Pflanzenwelt des Waffers an dem Schichtenbau des Erdbodens. Nur die unzählbare Menge der mikrofkopifchen Gefchöpfe und ihre fabel- hafte Vermehrungsweife können diefe im erften Augenblick vielleicht un- glaublich erfcheinende Thatfache erklären; denn wenn fchon eine einzige Diatomee binnen wenigen Wochen eine Nachkommenfchaft von Millionen Individuen haben kann, welche Maffen folcher Gefchöpfe müffen im Umkreife der ganzen Erde während des Verlaufs vieler Myriaden von Jahren entftanden fein! Es werden natürlich bloß diejenigen mikro- fkopifchen Tiere und Pflanzen als Boden- und Gefteinfchichten bildende auftreten können und aufgetreten fein, welche einen unzerftörbaren aus Kiefelfäure oder Kalk beftehenden Panzer befitzen: dazu kommen noch die mikrofkopifch kleinen Skelettftücke größerer Tiere, der Schwämme und Stachelhäuter. Mit dem Mikrofkop in der Hand hat Ehrenberg ge- funden, daß das Leben im kleinften Raume, d. h. die mikrofkopifche Pflanzen- und Tierwelt, keineswegs auf die Gegenwart befchränkt ift, fondern daß es in längft verklungenen Zeiten in ungleich großartigerem Maßftabe entwickelt war als heutzutage. Unausgefetzte Forfchungen haben uns in den Stand gefetzt, unwiderleglich zu beweifen, daß in allen Gegenden der Erde mächtige Ablagerungen von erdiger und fteinartiger

Beschaffenheit, ungeheure Felsmassen, ja ganze große Gebirgszüge, mit einem Worte: ein bedeutender Teil der gesamten Erdrinde lediglich aus übereinander gehäuften Panzern von Diatomeen und Infusorien und namentlich aus den Kalkgehäusen von Foraminiferen — d. h. Kalkpanzern mit feinen Poren — bestehen. Aus jener unendlichen Formenmannigfaltigkeit, die von Tag zu Tag steigt, will ich dem Leser einige Bilder vorführen, die ihm wenigstens einen Begriff von der Wunderwelt geben mögen, die den toten Stein, den verachteten Staub, der seine Füße deckt, erfüllt.

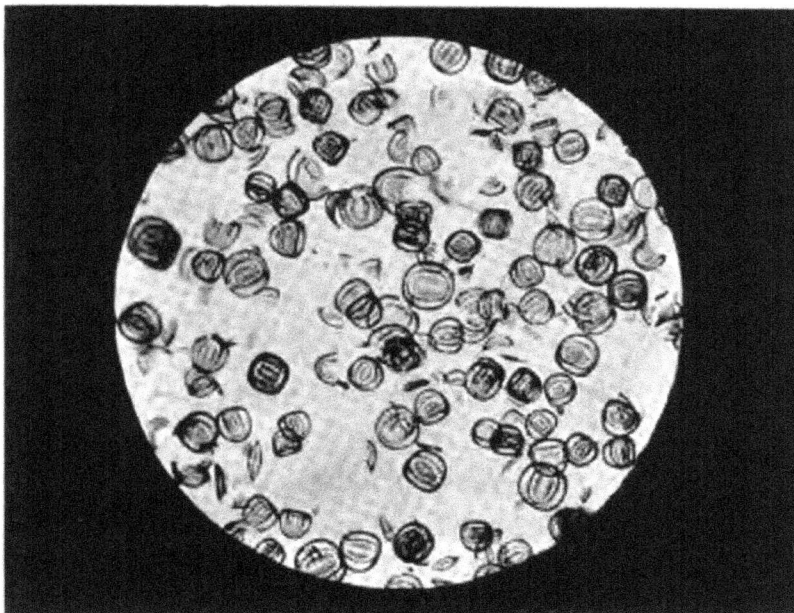

Fig. 67. Kieselgur von Franzensbad.
Nach einer Mikrophotographie von Dr. Burstert & Fürstenberg.

Es war im Jahre 1836, als Ehrenberg von dem Porzellanfabrik-besitzer Fischer zu Franzensbad in Böhmen gebeten wurde, die sogenannte Kieselgur, d. h. den scheinbar aus feinem Kieselsand bestehenden Schlamm, welcher in der Gegend jenes berühmten Bades ausgedehnte Lager und einzelne Klumpen im Torfe bildet, zu untersuchen.

Ehrenberg folgte dem Wunsche und entdeckte zu seinem nicht geringen Erstaunen, daß diese Kieselgur lediglich aus den Panzern von Diatomeen, welche zum Teil noch jetzt in den Gewässern jenes Moores und in den Franzensbader Quellen lebend gefunden werden, zusammengesetzt sei.   Die Hauptrolle spielt das Krummschild (Campylodiscus Clypeus).   Darunter sind zahlreiche Panzer verschiedener Arten von Pinnularia, Navicula und Gallionella gemengt.   Fig. 67 stellt ein Stäubchen der Franzensbader Kieselgur dar.

Auch in der Gegend von Eger kommen Ablagerungen von Kieselgur vor. Diese sind aber anders zusammengesetzt; sie bestehen vorzugsweise aus Panzern von Navicula-Arten, während ihr die Krummschilder
fehlen.

Die Entdeckung, daß die Kieselgur von Franzensbad aus fossilen
Diatomeenpanzern bestehe, veranlaßte weitere mikroskopische Untersuchungen über die Zusammensetzung der Erd- und Gesteinsschichten. Die
Aufmerksamkeit wandte sich ähnlichen feinen, lockeren Ablagerungen zu,
welche teils bereits bekannt waren, teils infolge der Ehrenbergschen
Entdeckung bekannt wurden, und man fand dieselben ausnahmslos aus
fossilen Diatomeen zusammengesetzt.

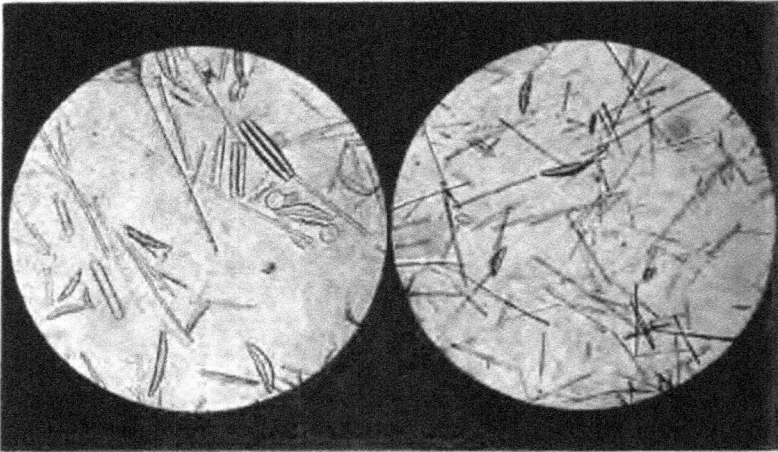

Fig. 68. Bergmehl von Santafiora.   Fig. 69. Bergmehl von Ebsdorf.
Nach Mikrophotographien von Dr. Burstert & Fürstenberg.

Zu diesen Ablagerungen gehören fast alle unter dem Namen
Kieselgur und Bergmehl bekannten Erden.

Die Bergmehle sind lockere, staub- oder mehlartige Erden von
weißer oder weißgrauer Farbe, welche lediglich aus Diatomeenpanzern
bestehen. Solche Ablagerungen hat man in verschiedenen Gegenden der
Erde aufgefunden, und manche besitzen eine bedeutende Ausdehnung
und Mächtigkeit. In Europa sind die berühmtesten Bergmehllager die
von Lappland, von Degernä und Lollhagysyön in Schweden, von Ebsdorf (vgl. Fig. 69) in der Lüneburger Heide und von Santafiora in
Toscana (Fig. 68).

Kleinere Lager finden sich in Griechenland, Ungarn, Böhmen, Frankreich 2c. Sehr reich an Diatomeen ist besonders der Boden, auf dem
unsre Reichshauptstadt steht, die Umgegend von Berlin. Dasselbe hat an
manchen Stellen bis 33 Meter Mächtigkeit, sieht aus wie ein schwammiges,

filbergraues Thonlager und besteht zu zwei Drittteilen aus den Panzern
von nicht weniger als 90 verschiedenen Diatomeen- und Infusorienarten.
Beigemengt sind denselben 41 verschiedene Formen verkieselter Teile von
Landpflanzen und Pilzen, sowie Körnchen von Fichtenblütenstaub.

Die runden Scheiben gehören verschiedenen Arten der Gattung
Gallionella, die spindelförmigen, etwas gekrümmten Stäbe der Gattung
Cocconema, die kahnförmigen, quergestreiften Körper der Gattung Pinnu-
laria, die quadratischen, hier und da zu Bändern verbundenen der Gattung

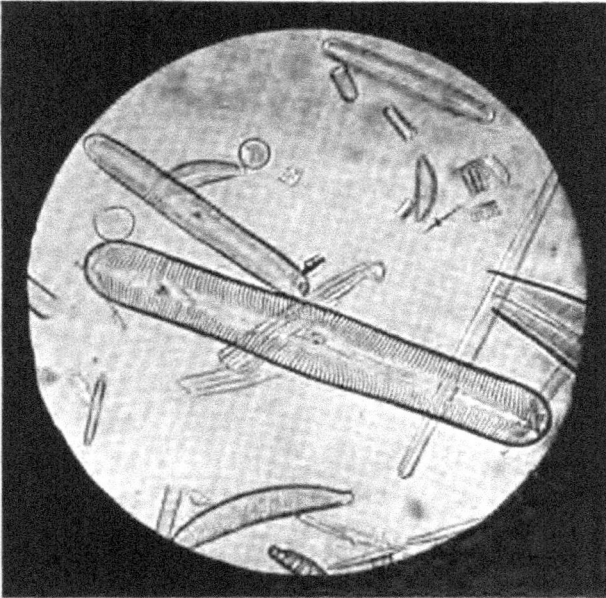

Fig. 70. Diatomeenerde von Berlin (1000fach vergrößert).
Nach einer Mikrophotographie von Dr. Burkert & Fürstenberg.

Diatoma an.   Die in den obersten Schichten enthaltenen Diatomeen leben
fast alle noch; man kann daher wirklich sagen, daß ein Teil von Berlin
über lebenden Wesen erbaut ist.

Werfen wir noch einen Blick auf die Bodenverhältnisse Innerafrikas.
Der Mehrzahl der Leser wird bekannt sein, daß sich an einer der tiefsten
Stellen im Herzen Afrikas, in dem Flachlande von Bornu, ein großer
See, der Tsad genannt, ausbreitet; ob er ein Süßwasser- oder ein
Salzsee sei, war bis vor kurzem nicht entschieden.   Die mikroskopische
Untersuchung des Tsadschlammes ergab nun, da in diesem Schlamme eine
große Anzahl von nur in süßem Wasser lebenden Diatomeen und andern
mikroskopischen Süßwassergeschöpfen enthalten war (vgl. Fig. 71), daß der

Tsadsee ein Süßwassersee sei. So war es dem Mikroskope vorbehalten, einen wichtigen geographischen Zweifel zu lösen.

Ein ebenso mannigfaltiges Bild bietet Fig. 72, welche einige Gestalten aus dem Staube der Ebene von Kuka in Bornu darstellt, den Dr. Vogel einst an Ehrenberg sandte; der Leser wird einige alte Bekannte wiederfinden.

Im Bilde herrschen die Eunotien und die Kieselpanzer von Kapseltierchen [Arcella; eine der Difflugia, Fig. 49 u. 50, nahestehende Form mit flacher, schildkrötenähnlicher Schale] (3, 4, 14, 15) vor. Echt afrikanische Diatomeen sind Amphora libyca (8), Cocconema lanceolatum (10) und Cocconema Arcus (11). Eine ähnliche Zusammensetzung hatte der Sand aus einem 15 Meter tiefen Brunnen bei Kuka.

Fig. 71.
Das kleinste Leben im Tsadsee.

Fig. 72.
Organische Lebewesen im Staube von Kuka.

Aber auch feste Gesteine sind von den mikroskopischen Bewohnern der Gewässer nach und nach aufgebaut worden. Unter denselben schließen sich die sogenannten Polier- und Saugschiefer und die Mergelgesteine wegen ihrer geringen Härte zunächst an die weichen Erden und Thone an. So ist der Polierschiefer von Bilin in Böhmen weiter nichts als eine Anhäufung von Panzern der Gallionella distans, einer überaus zierlichen Diatomee, deren als kreisrunde, elegant gemusterte Scheiben ausgebildete Individuen zu stabförmigen Kolonien vereinigt zu sein pflegen (vgl. Fig. 73). Diese Diatomee ist zugleich so klein, daß nach einer mit größter Umsicht angestellten Schätzung in einem einzigen Kubikzoll jenes Schiefers nicht weniger als 41 000 Millionen solcher Gallionellenpanzer enthalten sind! Auch die in den Braunkohlenflözen vorkommenden Thon- und Sandlager, ja die Braunkohlen selbst, sind nach Ehrenberg reich an Diatomeen- und Infusorienpanzern, desgleichen sind die erdigen Mergel solche Anhäufungen von Panzern von Süßwasserdiatomeen und

-Infuforien; dagegen beftehen die wirklichen Mergelgefteine aus lauter Meerestieren und Meerespflanzen in verfteinerter Form (vgl. Fig. 74).

Aus dem Schlamme, welcher fich auf dem Grunde des Meeres anfammelt, find die meiften gefchichteten Gefteine hervorgegangen. Am Grunde des Meeres find ungeheure Maffen von Panzern und Schalen mikrofkopifcher Gefchöpfe angehäuft. Die abgelagerten Schlamm- und Sandfchichten bergen unzählbare Mengen von Reften zahlreicher Diato-meen, Infuforien und andrer mikrofkopifcher Gefchöpfe. Einen Beweis dafür liefert Fig. 75, die eine Probe des Grundfchlammes aus dem Süd-lichen Eismeere aus einer Tiefe von 3660 Meter darftellt. Welch wunderbar zierliche Formen enthält diefes Bild! Vor allen fällt die große runde, wie eine ftrahlende Sonne ausfehende Scheibe (12) in die

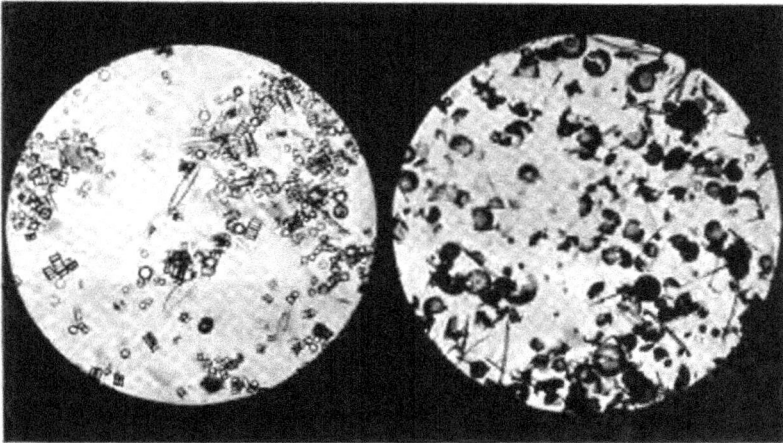

Fig. 73. Polterfchiefer von Bilin.   Fig. 74. Mergelfchiefer von Oran.
Nach Mikrophotographien von Dr. Burftert & Fürftenberg.

Augen, die man fogleich für eine Gallionella erkennen wird. Sie führt den Beinamen „Sonne" (Gallionella Sol), den fie ficherlich verdient. Zu ihren Seiten bemerkt man vier kleinere runde Scheiben von verfchiedener Größe und Geftaltung. 4 und 7 find zwei Arten von Coscinodiscus, 5 ift Discoplea Rotula, 19 Symbolophora Pentas.

Der unter den letzteren befindliche trichterförmige Körper (17) ift Rhizosolemia Calyptra, die darunter liegende runde Scheibe (3) wieder ein Coscinodiscus, und der lineale Körper rechts von beiden (14) Gram-matophora turgens. Die Mitte des Bildes nimmt ein viereckiges, faft wie ein Ofenthürchen ausfehendes Schild ein, Anaulus scalaris (1), welches in 2 von der Kante gefehen erfcheint. Der feltfam geformte, dunkle, über 1 liegende Körper (15) ift Hemiaulus antarcticus. Darunter liegt ein wie eine Lanzenfpitze geformter Körper, Rhizosolemia Ornithoglossa (18). Am allerzierlichften ift aber die große, kaum zur Hälfte fichtbare

4*

Scheibe (6) gebildet, die den wohlverdienten Beinamen „das Rad"
(Discoplea Rota) führt. Unter ihr ragt eine durch sie hindurchschimmernde

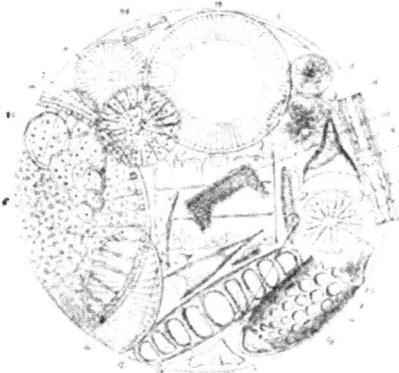

Fig. 75.
Organismen vom Meeresgrunde.

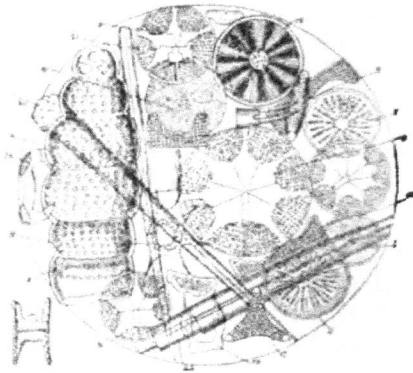

Fig. 76.
Organismen aus dem Eise des Südpolarmeeres.

ovale Scheibe hervor (16), Raphioleis fasciolata, während auf ihr ein
eigentümlicher Körper liegt, welcher aus übereinander gelegten Blasen

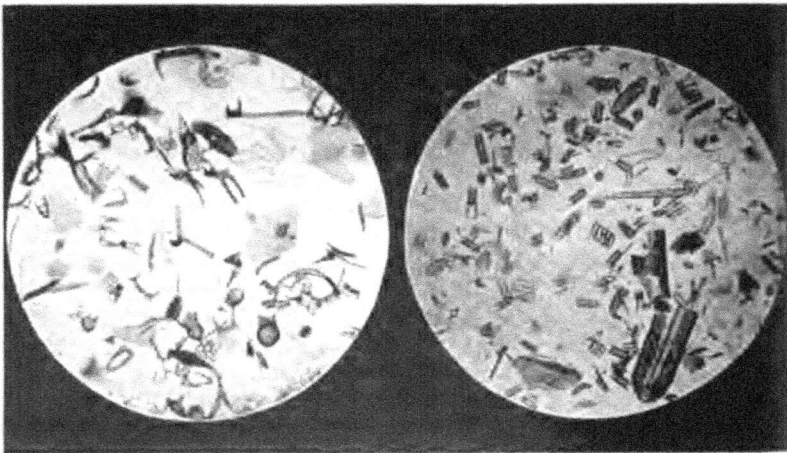

Fig. 77. Tripel von Puertomonte.　　　　　Fig. 78. Mergel von Barbados.
Nach Mikrophotographien von Dr. Burstert & Fürstenberg.

zu bestehen scheint. Dieser seltsame Körper gehört nicht mehr zur Gruppe
der Diatomeen, sondern zu einer Abteilung der Foraminiferen; denn er
besteht nicht aus Kieselerde, sondern aus Kalk.

Faſt noch zierlicher ſind die auf dem mikroſkopiſchen Bilde Fig. 76 befindlichen Formen, welche aus dem Eis des Südlichen Polarmeeres ſtammen. Ganz beſonders iſt dies aber mit jenen, bloß dem Südlichen Polarmeere eignen, dünnen, flachen Eismaſſen der Fall, welchen die See- fahrer zur Unterſcheidung von den großen, für die Schiffe ſo gefährlichen Eisbergen den Scherznamen „Pfannkucheneis“ gegeben haben. Der- gleichen Eis ſieht oft ganz braun aus, indem es unzählbare Mengen von Diatomeen enthält. Wie im Schlamme des Südpolarmeeres, ſo herrſchen auch hier die ſcheibenartigen, runden Formen vor. Von den neun in Fig. 76 enthaltenen Formen dieſer Art gehören 1 bis 4 der Gattung Asteromphalus, 5 bis 7 der Gattung Coscinodiscus, 12 der Gattung Halionyx, 16 der Gattung Symbolophora an. Nächſt dieſen runden Scheiben fallen beſonders die drei langen, ſpindelförmigen Stäbe 20, 21 und 22, und die aus dicken, bauchigen Gliedern zuſammengeſetzte

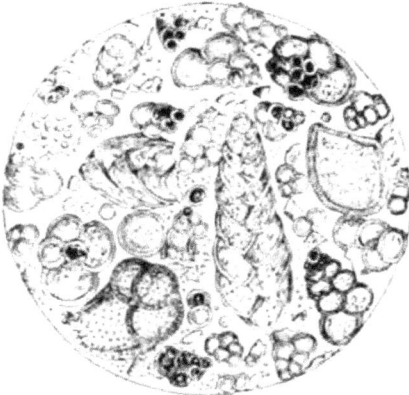

Fig. 79. Kalkfelſen des Antilibanon.

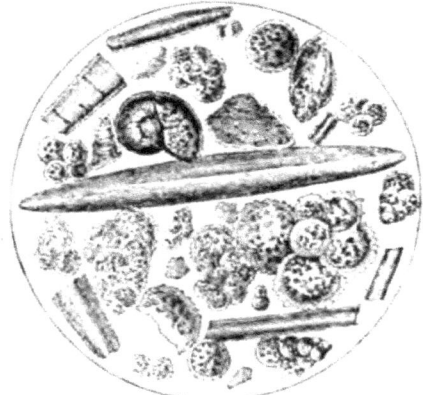

Fig. 80. Kreide von Gravesend.

Kolonie 11 in die Augen. Erſtere ſind verſchiedene Arten der Gattung Spongiolithis, letztere beſteht aus aneinander gereihten Individuen von Gallionella pileata. Der zierliche, ſiebenzackige Stern (8) iſt Dictyocha septenaria, das Dreieck (17) Triceratium pilosum.

Andre Zuſammenſetzungen aus Diatomeen ꝛc. ſcheint die Mehrzahl der Tripel- und Mergelfelſen aufzuweiſen, die Tripelfelſen von Puertomonte (Fig. 77) und der Mergel von Barbados (Fig. 78) mögen als Beiſpiele genügen; die letztere erinnert einigermaßen an den Polier- ſchiefer von Bilin.

Auch viele Kalkgeſteine beſtehen aus Reſten organiſcher Formen, deren Kitt der Kalk bildet; ganz beſonders iſt hier die Kreideformation hervorzuheben; allein ſie hat eine weſentlich andre Zuſammenſetzung als die des Mergels. Wir finden viel mehr Schalen von vielkammrigen Foraminiferen, worüber ein Blick auf Fig. 79 und 80 uns belehrt, von denen erſtere ein Stückchen Kalkfelſen vom Antilibanon, letztere ein

Stückchen Kreide von Gravesend darstellt. Die großen Kalkfelsen
Irlands, Englands, Rügens, Schwedens, der dänischen Inseln, welche
unsre Schreibkreide liefern, sind aus nichts anderm gebaut, als aus unzähligen Foraminiferenschalen. Und selbst in den äußerst harten Feuerstein-
knollen der Kreidegebirge, die aus Kieselerde bestehen, sind viele Diatomeen-
und Desmidieenschalen eingeschlossen.

Schon dies wenige wird davon überzeugen, welch bedeutenden Anteil
das mikroskopische Leben an dem Schichtenbau der Erde genommen hat.
In der That würde die Erde mächtige Gebirge, der Mensch eine Menge
der wichtigsten Gesteine und Erdarten entbehren, wäre die mikroskopische
Pflanzen- und Tierwelt in früheren Perioden der Erde nicht in so unge-

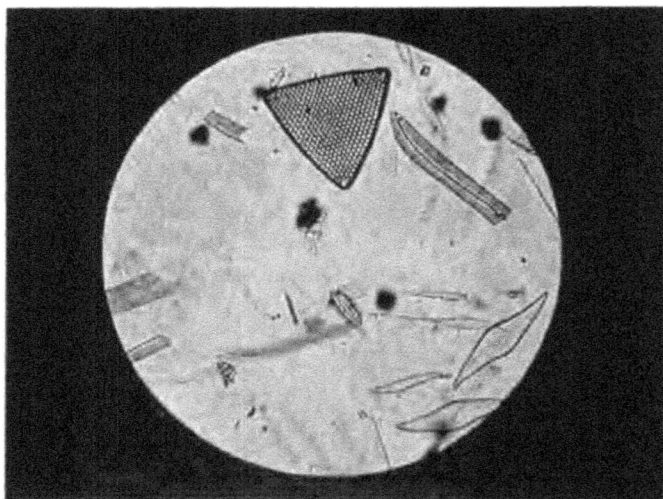

fig. 81. Diatomeen aus dem Watt von Husum.
Nach einer Mikrophotographie von Dr. Burkert & fürstenberg.

heurem Maßstabe thätig gewesen. Ich erinnere an die vielfach technische
Verwendung, welche allein die verschiedenen Varietäten der gemeinen
Kreide finden, an die unschätzbare Wichtigkeit der zur Kreideformation
gehörenden Kalke und Sandsteine (z. B. des Plänerkalks und Quadersand-
steins in Sachsen und Böhmen) als Baumaterialien, an die Nützlichkeit
des Polierschiefers und Tripels u. s. w. Vorzüglich eignet sich Diatomeenerde zur Herstellung von Glas und Steingut. Fabroni benutzte
zuerst (1791) das toscanische Bergmehl von Santa fiora zur Bereitung
von schwimmenden Ziegeln, die mehr als viermal leichter sind, als die
gewöhnlichen Ziegel, einen starken Hitzegrad ertragen und sich nicht
ziehen. Ähnliche Ziegel ließ Ehrenberg aus der Berliner Diatomeenerde
bereiten. Mit einem Zusatz von 5—10 Prozent Thon gebrannt, saugen
diese Ziegel das Wasser nur mäßig ein und sind von der festigkeit

eines guten weißen Mauersteins. Hat der Stein aber die Glühhitze sechs
Stunden ausgehalten, so ist seine Festigkeit größer als die des Granits;
ein solcher Stein saugt auch kein Wasser mehr ein. Auch zur Darstellung eines der furchtbarsten Zerstörungsmittel der Neuzeit müssen jene
winzigen Organismen der Vorwelt und Jetztzeit, die sonst an der Erd-
kruste bauen, beitragen; Alfred Nobel gewann 1867 durch Vermengung
des Nitroglycerins mit Diatomeenerde das Dynamit.

Viele der Erden und Gesteine, welche die Oberfläche unsres Planeten
bedecken, enthalten aber nicht bloß tote Reste vergangener Geschlechter
aus uralter Zeit, sondern noch lebendige Wesen oder doch Organismen,
die erst im Begriff sind, vom Organismus rückwärts wieder zur anorganischen Welt zu wandern. Thon, Lehm, Sand, alle Kulturerden, Garten- und Ackerboden verdanken ihre Entstehung hauptsächlich
der Arbeit des Wassers, der Zertrümmerung; es ist leicht begreiflich, wie
bei dieser Thätigkeit auch lebende Wesen, die sich im Wasser aufhalten,
zwischen die zerbröckelten und zerriebenen Teilchen geraten müssen und
— solange Feuchtigkeit vorhanden ist — sich vermehren, weiterleben
werden. Die Ackererden, Thone, Lehme und Sande aller Weltteile sind
schon nach den Spuren des Lebens, und besonders solchen mikroskopischen
Lebens, durchsucht worden; fast alle enthalten Diatomeen- oder Infusorien-
panzer oder beides. Es hat sich herausgestellt, daß man die Fruchtbarkeit einer Bodenart schon zum Teil nach dem Gehalte an organischen
Resten beurteilen kann, und der Leser wird sich darüber nicht wundern; —
muß doch die Pflanze solche Stoffe sich selbst am besten und schnellsten
assimilieren können, die schon einmal den Lauf durch die verändernde
Thätigkeit des Protoplasmas vollendet haben. Bestehen doch die Bergmehle Lapplands und Sibiriens und die eßbaren Erden der Tungusen,
Ottomaken u. s. w., die aus den ältesten Nachrichten bekannten Brot-
steine der Chinesen, welche in der Not als Nahrungsmittel dienen, aus
Diatomeen.

Ärmer als die Kulturerden pflegen Thon, Lehm und Sand an
Resten des mikroskopischen Lebens zu sein. So besteht der feine Flugsand
vom Rehberge bei Berlin bloß aus Quarz- und Feldspatteilen ohne alle
Beimengung weder von organischen Resten, noch von Glimmer oder Kalk.
Ein solcher Sand ist keiner Kultur fähig. Ebenso wenig eignet sich der
goldführende Sand in Kalifornien zum Ackerbau. Derselbe ist bloß
aus kristallinischen schwarzen Magneteisenteilchen, aus kleinen sechsseitigen
Kristallprismen von verschiedener Farbe (Quarz) und vielen feinen Gold-
schüppchen zusammengesetzt. Dagegen enthalten alle thonigen Sande
neben Sand- und Thonteilchen immer noch einzelne Reste von Diatomeen,
Infusorien und andern mikroskopischen Geschöpfen.

Besonders reich an solchen Resten ist der Guano. Man wird sich davon
an dem beigedruckten Holzschnitt (Fig. 82) überzeugen, welcher eine Probe
des peruanischen Guanos darstellt. In derselben sind nicht weniger als acht
verschiedene Formen von Diatomeenpanzern enthalten, von denen die drei
runden Scheiben den Gattungen Actinoptychus (1), Aulacodiscus (2) und
Coscinodiscus (3) angehören, der vierzackige Körper (4) eine Dictyocha

abnormis, der eigentümlich gezeichnete tafelförmige Körper (5) eine Grammatophora oceanica, der stabförmige Körper (7) ein Lithostylidium ist. Da der Guano lediglich aus Vogelmist besteht, so könnte das Vorkommen so zahlreicher Diatomeenpanzer darin vielleicht unerklärlich erscheinen. Aber gerade die Entstehungsweise des Guanos erklärt dessen Reichtum an organischen Resten. Ich brauche bloß an unsre Gänse zu erinnern, welche, wie jedermann weiß, begierig Sand fressen, um sofort das Vorkommen zahlreicher Diatomeenpanzer im Guano begreiflich zu machen. Wahrscheinlich fressen die Vögel, denen der Guano seine Entstehung verdankt, außer ihrer eigentlichen Nahrung Erdarten, welche reich an Diatomeenpanzern sind, vielleicht gar bloß aus solchen bestehen, und da diese Panzer der auflösenden Einwirkung des Magensaftes widerstehen, so müssen sie natürlich mit dem Kot entleert werden. In der That stimmen die

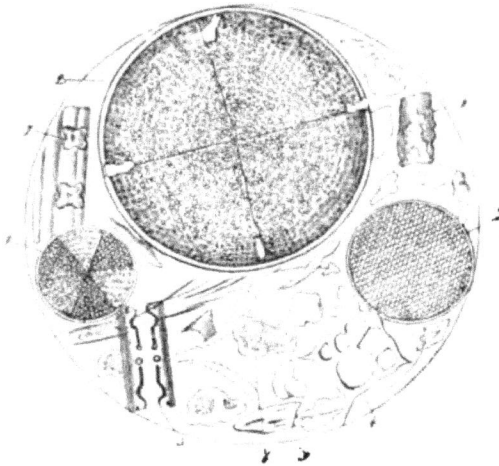

Fig. 82. Guano.

im peruanischen Guano aufgefundenen Diatomeen mit denjenigen vollkommen überein, welche auf Inseln längs der Küste von Peru in sandigthonigen Ablagerungen in großer Menge vorkommen. Der Peruguano findet sich vorzüglich auf den zu Peru gehörigen Chincha-Inseln.

*   *   *

Obwohl die Luft keinem der mikroskopischen Tiere oder Gewächse als bleibender Aufenthalt dienen kann, so wird sie doch sehr häufig der Träger des mikroskopischen Lebens. Es wurde bereits angedeutet, daß die eingetrockneten Leiber von Bakterien und Infusorien, welche als feiner grauer Staub auf dem ehemaligen Grunde verdunsteter Pfützen, Lachen und Teiche liegen, durch den Wind emporgehoben und oft über weite Länderstrecken fortgeführt und verstreut werden, wo sie zu neuem Leben erwachen, wenn sie mit Wasser in Berührung kommen; die schnelle Verbreitung gewisser Epidemien (Influenza) dürfte darauf zurückzuführen sein. Nicht selten mögen solche Infusorien bereits lebend aus der Luft herabfallen, denn gewiß rühren die Infusorien, welche man fast in allen Regenpfützen entdeckt, nicht immer von daselbst vorhanden gewesenen eingetrockneten Infusorienleibern her, sondern von solchen, welche, in den Regentropfen eingeschlossen, aus der Luft herabgerissen wurden. Ganz dasselbe kommt auch mit den Diatomeen vor. So hat Dr. Rabenhorst in Dresden mehr als einmal beobachtet, daß das Wasser, welches aus aufgefangenen Schneeflocken entstanden war, von Diatomeen, und zwar von lebenden, wimmelte. Darunter waren Arten, welche um Dresden herum nicht vor- kommen, sondern aus weiter Ferne stammten.

Nicht selten findet man noch ganz andre, teils organische, teils an- organische Beimengungen darin, als Pilzspuren, Blütenstaub, mikroskopisch kleine Algen, Kristalle u. s. w. Bisweilen fallen dergleichen mikroskopische Körper in solcher Menge nieder, daß man sie als „Regen" oder „Schnee" bezeichnet, je nachdem diese Niederschläge im Sommer oder Winter, bei Wärme oder Kälte geschehen. Solche Niederschläge eigentümlicher Art sind die mit dem Namen Schwefelregen, Samenregen, Blutregen, Staubregen, Aschenregen, roter Schnee u. s. w. bezeichneten Er- scheinungen, von denen manche, wie der Schwefel- und Blutregen, dem Aberglauben reiche Nahrung gewährten.

Es ist bis in die letzten Tage der Wissenschaft vorbehalten gewesen, über manche Fragen der mikroskopischen Untersuchung der Luft sich mit Kopfschütteln begnügen zu können; und doch ist die Luft nicht so rein, wie sie uns erscheint.

Wenn der Vesuv seine Thätigkeit mit Aschenauswurf in kräftiger Weise beginnt, dann wird der Himmel dunkel, stündlich muß die Asche von den platten Dächern der Häuser gekehrt werden, sonst würden die- selben brechen.

Als der fürchterliche Ausbruch des Krakatoa an der Sundastraße stattfand, da wurden im Schnee in Belgien Auswürflinge davon wieder- gefunden; sie hatten die Reise durch die Luft gemacht.

Der Staub von der Wüste Gobi wandert gar nicht selten bis nach Peking, verdunkelt den Tag.

Am interessantesten dürften aber die neuesten Untersuchungen über die Bildung des Nebels sein. Es hat sich herausgestellt, daß jedes der Wasserdampfbläschen im Nebel sich um einen festen Kern, ein Staub- körnchen ballt. Wie viele Milliarden Staubteilchen mögen da die Luft großer Städte, wie London, Leipzig, München 2c. füllen, wo die Sonne durch die Nebelhülle oft tagelang kaum zu sehen ist.

Und welche Bedeutung gewinnt dadurch die Gesundheitspflege mit ihrem Bestreben, die Rauchabgabe der Öfen zu beschränken oder un- möglich zu machen!

Gar manchem werden auch schon die zierlichen Sternchen aufgefallen sein, in denen sich feine Schneeflocken auf dem Rockärmel niederzulassen pflegen. Ein jedes Schneeplättchen bildet einen in sich abgeschlossenen

Körper, einen Kristall oder vielmehr eine Anzahl derselben, die sich zu bestimmten Figuren anordnen (vergl. Fig. 83). Gelingt es, wenn auch nur auf kurze Zeit, ein solches Sternchen unter das Mikroskop zu bringen, so beobachtet man schon bei schwacher Vergrößerung, daß sich hier lauter winzige, sechsseitige Doppelpyramiden und Prismen zusammengefunden haben, welche das Licht in wundersamer Weise reflektieren, für den Mineralogen aber folgt daraus der Schluß: daß das Wasser im hexagonalen (sechseckig) System kristallisiert. Wenn nun auch der Vorgang des Kristallisierens beim Wasser schwer zu beobachten ist, weil dazu gerade

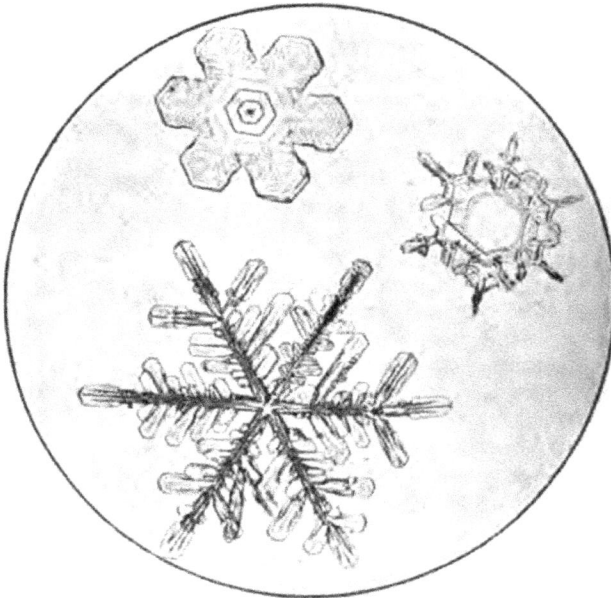

Fig. 83. Schneekristalle.
Photographische Aufnahme in 20facher linearer Vergrößerung von Dr. R. Neuhauß in Berlin.

eine Temperatur von 0⁰ C. erforderlich ist, so gibt es doch Stoffe, welche sich aus heißen Flüssigkeiten beim Abkühlen in Kristallform ausscheiden, so das Sublimat.

Der Anblick, den der Kristallisationsprozeß unter dem Mikroskop darbietet, läßt sich nicht beschreiben, ist aber überaus schön und imponierend. Man sieht anfangs nichts als ein wasserhelles, vollkommen ruhiges Gesichtsfeld. Urplötzlich fängt dieses Gesichtsfeld an sich zu beleben, indem von allen Seiten her wasserhelle Körperchen blitzschnell nach bestimmten Punkten zusammenschießen und sich daselbst zu kleinen Kristallen vereinigen, welche sich nun fort und fort vergrößern und bisweilen ihre Gestalt wie die Figuren in einem Kaleidoskop unaufhörlich verändern, bis sie ihre völlige Ausbildung und die ihnen von der Natur vorgeschriebene Form erreicht haben.

Sehr niedlich nehmen ſich auch die Kriſtalle des oxalſauren Kalkes unter der Linſe aus, ein Salz, welches vielfach in Pflanzen auftritt, deren Blätter unſern Gaumen als Salat kitzeln (Lactuca). Wenn ſich dasſelbe niederſchlägt, bildet es zunächſt ſehr kleine Pünktchen und Kügelchen, die ſich nach einiger Zeit vergrößern und gruppenweiſe vereinigen. In Aus‐ ſcheidungen aus dem menſchlichen Körper ſchlägt ſich der oxalſaure Kalk aber in Oktaedern nieder. Andre Formen zeigt er in Pflanzen, ſo nimmt er in den Zellen des Piſangs Nadelform an. Andre Formen finden ſich als Kriſtallbüſchel desſelben Stoffes im Opuntien‐Kaktus. Auch in

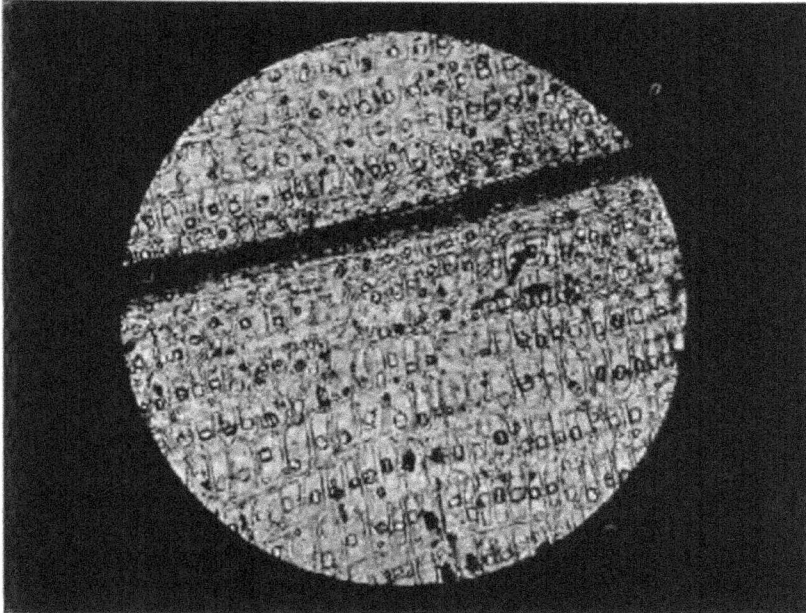

Fig. 84. Kriſtalle von oxalſaurem Kalk aus Zwiebelſchale (Allium).

den Zellen der Tradescantia, einer beliebten Ampelpflanze, ſowie in den Schalen der Zwiebeln (Allium) finden ſich Kriſtalle von oxalſaurem Kalk (vergl. Fig. 84).

Die phosphorſaure Ammoniakbittererde, die ſich oft in tieriſchen Subſtanzen vorfindet, nimmt unter gewöhnlichen Verhältniſſen die Formen an, welche Fig. 85 darſtellt; befindet ſie ſich aber in faulenden tieriſchen Körpern und verliert dabei einen Teil ihres Phosphor‐ gehaltes, ſo kriſtalliſiert ſie in Geſtalt reizender gefiederter Plättchen, ähn‐ lich den Schneeflocken.

Doch kehren wir zur Atmoſphäre zurück.

Wenn es längere Zeit nicht geregnet hat, ſo iſt das zuerſt herab‐ fallende Regenwaſſer gewöhnlich durch den in der Atmoſphäre ſchweben‐

den Staub verunreinigt. Wo nun infolge großer Trockenheit und Hitze
sehr viel Staub durch die Winde von der Oberfläche der Erde weg-
gehoben und in die Luft verstreut worden ist, da kann es geschehen, daß
bei eintretendem Regen anstatt Wassertropfen förmliche Staub- oder
Schlammflocken herabfallen. Auch kann unter Umständen die von der
Atmosphäre getragene Staubmasse unmittelbar, ohne Regen, auf die Erde
herabfallen, dann nämlich, wenn in den oberen Luftschichten plötzlich ein
nach der Oberfläche der Erde gerichteter Wind entsteht oder, wie es
wohl der häufigere Fall ist, die über einer Gegend schwebende Staubmasse
von Windstößen umgeschüttelt und mit Ungestüm weiter getrieben wird.
Auf solche Weise entstehen die sogenannten Staub-, Sand- und Schlammregen; in den Umgebungen des Mittelländischen Meeres, besonders an
der Südküste von Spanien, der Westküste von Portugal und an der West-
und Nordküste von Afrika vergeht wohl kein Jahr, ohne daß wiederholt
Staubregen einträte, und zwar bisweilen in solcher Menge, daß die
Vegetation darunter leidet.

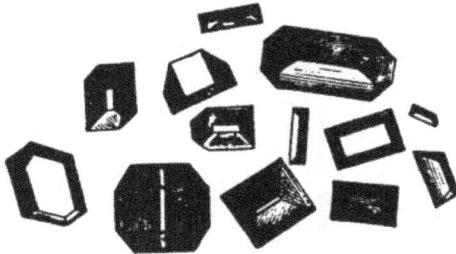

Fig. 85. Kristalle von phosphorsaurer Ammoniakbittererde.

Es ist nun nachgewiesen, daß jene Staubregen an den genannten
Küsten durch die oberen Strömungen des Anti-Passatwindes veranlaßt
werden, welche staubartige Teilchen aus Südamerika über den Atlantischen
Ozean herüberführen. Aber wie in aller Welt — höre ich den geehrten
Leser fragen — ist es möglich, dies nachzuweisen? —

Einfach durch die mikroskopische Untersuchung des Staubes, der in
Westafrika oder an den Südküsten Europas niedergefallen ist. In demselben finden sich wohlerhaltene Exemplare und Bruchstücke von Diatomeen
und Infusorien, welche fast bloß Reste von mikroskopischen Geschöpfen
waren, welche teils lebend, teils fossil bisher einzig und allein in Südamerika beobachtet worden sind. Folglich mußten jene Staubmassen aus
Südamerika, vermutlich aus den dürren, staubigen Steppen in den ungeheuren Ebenen der Llanos von Venezuela oder der Pampas von
Buenos-Ayres, nach Afrika und Europa herübergekommen sein.

Die rechte Hälfte unsres Bildes (Fig. 86) stellt Staub dar, welcher 1846
zu Lyon, die linke Hälfte solchen, welcher zu Genua gefallen ist. Nicht selten
ist der Passatstaub dunkel, schwärzlich-bräunlich oder rötlich, ja ganz rot
gefärbt. Wird solcher Staub von herabfallendem Regen aus der Luft
auf die Erde herniedergerissen, so müssen natürlicherweise auch die

Wassertropfen oder im Winter die Schneeflocken dieselbe Farbe annehmen. Auf diese Weise entstehen die unter dem Namen Blutregen und roter Schnee bekannten und in früherer Zeit sowie noch jetzt von unwissenden und abergläubischen Menschen und Völkern gefürchteten Erscheinungen, welche hier und da, besonders in den am Mittelländischen Meer gelegenen Ländern, nicht selten beobachtet werden. So beruht der rote Schnee, welcher wiederholt in Oberitalien, Istrien, Frankreich, selbst in den Niederlanden, und zwar fallend beobachtet worden ist, ohne Zweifel auf rot gefärbtem Passatstaube (vgl. auch S. 34).

Ähnliche Erscheinungen, wie die bisher betrachteten Staubregen, sind die bei vulkanischen Ausbrüchen so häufig eintretenden, ja fast niemals

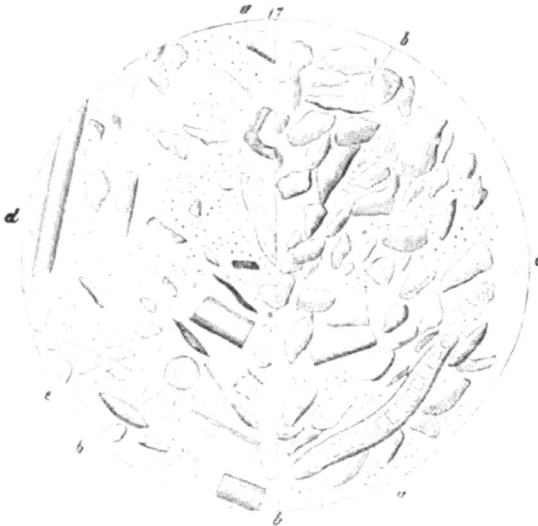

Fig. 86. Passatstaub.

ausbleibenden Aschen- und Schlammregen, welche schon oft die furchtbarsten Verheerungen angerichtet, ja den Untergang ganzer Städte herbeigeführt haben. Ich muß hier bemerken, daß der Name „Aschenregen" eigentlich ein unrichtiger ist, indem die Vulkane niemals wirkliche Asche, sondern immer bloß einen ascheähnlichen Staub auswerfen. Dieser Staub, welcher bisweilen wirklich eine aschgraue Farbe besitzt, ebenso häufig aber auch rotbraun, schwärzlich, bläulich, ja blendend weiß wie Knochenasche aussieht, ist nichts andres, als das Produkt der Zertrümmerung und Zermalmung großer Gesteinsmassen, welche im Innern des Vulkans bei der Eröffnung des Kraterkanals zersprengt und aus den Eingeweiden der Erde gerissen wurden, aber auch größerer und kleinerer Lavaklumpen, welche während des Ausbruchs aus dem Krater in die Luft emporgeschleudert werden, wieder in den Krater zurückfallen und hier an den

Felsenwänden zerschellen. Diese Ursprungsweise der sogenannten vulkanischen Asche erklärt eine Thatsache, welche im ersten Augenblick jedermann im höchsten Grade auffallend, ja geradezu unmöglich erscheinen
muß. Man fand nämlich in allen vulkanischen Aschen und Schlamm-
ablagerungen, die zu Gebote standen, bei der mikroskopischen Untersuchung eine Menge von teils wohlerhaltenen, teils zertrümmerten Diatomeenpanzern und Resten andrer mikroskopischer Geschöpfe. Wer sich mit
eignen Augen davon überzeugen will, werfe einen Blick auf Fig. 87,
welche eine Probe vulkanischer Asche von dem am 2. September 1845
erfolgten Ausbruche des Hekla auf Island nach Ehrenberg darstellt.

Fig. 87. Vulkanische Asche vom Hekla.

Die in der oberen Hälfte des Bildes befindliche Massenansicht zeigt
Obsidiansplitter, Glassplitter, die nicht selten kleine Kristalle einschließen
und Bimssteinsplitter, daneben aber auch Diatomeenpanzer und Pflanzen-
abdrücke. In der unteren Hälfte des Bildes sind die wichtigsten von
den in jener Asche enthaltenen Diatomeenformen zusammengestellt. Wir
finden da Navicula (Abbildung 1—3), Pinnularia (5—9 u. 25), Eunotia
(Abbildung 11—16), Gomphonema (Abbildung 9 u. 10), eine Cocconeis
(Abbildung 18), eine Tabellaria (Abbildung 21 u. 22), eine Fragillaria
(Abbildung 23), die bekannte Gallionella distans, welche den Polierschiefer
von Bilin bildet (Abbildung 24), eine Synedra (Abbildung 26) u. s. w.
Ähnliches beobachtete Ehrenberg bei der Asche des Vesuvs, welche im
Jahre 70 nach Christi Geburt die Städte Herculaneum, Pompeji und

Stabiä verschüttete, sowie an vulkanischem Schlamme aus Südamerika und Java. Das Rätselhafte dieser Erscheinung, das Vorhandensein mikroskopischer Geschöpfe in den Auswürflingen feuerspeiender Berge löst sich, wenn man bedenkt, daß jene Auswürflinge durch die Zermalmung von oft in großer Tiefe befindlichen Gesteinsmassen entstehen, welche aus Ablagerungen organischer Produkte entstanden waren.

Bevor ich jedoch die einzelligen Lebewesen verlasse und zu den zusammengesetzten Formen übergehe, muß ich auf eine Gestalt in der Protistenwelt zu sprechen kommen, die sehr wohl geeignet ist, eine Brücke, zwischen den Ein- und Vielzellenwesen zu schlagen. Diese Gestalt zeigt

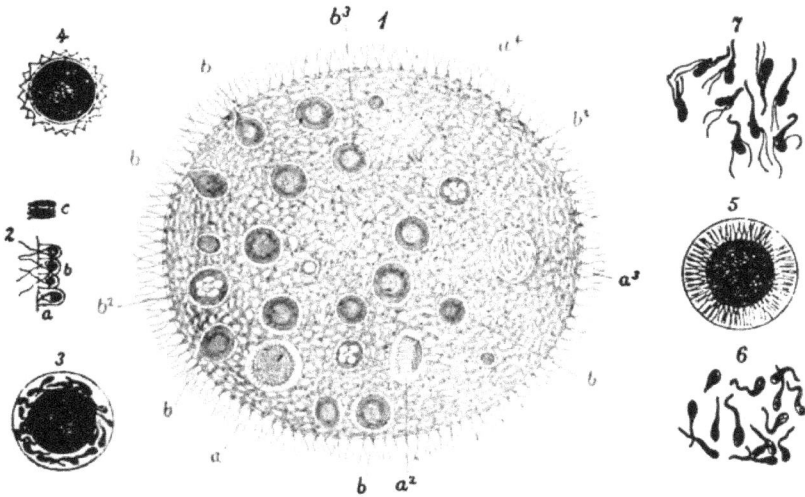

Fig. 88. Volvox globator.

1 Kolonie, a männliche Zellen, b weibliche Zellen (in verschiedenen Stadien). 2 mehrere geschlechtslose Zellen, a steril, b teilungsfähig. 3 weibliche Zelle, von männlichen umschwärmt. 4 Spore. 5, 6, 7 männliche Zellen (Spermatozoen) in verschiedenen Entwickelungsstadien.

uns Volvox globator (Fig. 88), ein Kugeltierchen, von andern als Kugelalge bezeichnet — der Streit der Tierliebhaber gegen die Pflanzenliebhaber.

Wenn man dieses Wesen kurz charakterisieren will, so kann man sagen: es ist eine Kolonie von Zellen und zwar in der Hauptsache von zweierlei Zellen, die zusammen eine lebhaft rotierende Kugel ausmachen. In einer zarten, wasserhellen kugelrunden Blase von $0{,}0077$ bis $0{,}077$ Millimeter Durchmesser befindet sich eine Anzahl kugeliger, lebhaft grün gefärbter Zellen, welche in eine farblose Gallerte eingebettet liegen Fig. $88_{1,\,2}$. Die vermeintliche Haut der Blase, welche bei schwacher Vergrößerung aus einem feinen Maschennetz zu bestehen scheint, ist aus sehr vielen kleinen, in Gallerte eingebetteten, dicht aneinander geschmiegten Zellen zusammengesetzt, welche an ihrem nach außen halsförmig vorgezogenen Ende zwei Wimpern tragen. Deshalb erscheint die Oberfläche der Kugel dicht mit feinen Wimpern bedeckt, welche durch ihr rasches Hin- und Herschwingen die ganze Kugel in rotierende Bewegung versetzen. Diese kleinen Zellen sind geschlechtslose Individuen Fig. 88_2; sie vermögen sich durch Teilung zu vermehren, wodurch die Kugel vergrößert wird. Dagegen sind die großen im Innern der Kugel eingeschlossenen Zellen geschlechtliche Individuen. Die männlichen, immer nur in geringer Anzahl vorhandenen enthalten Bündel von gelblichen Samentierchen (Fig. 88_1 a, a^2, a^3, $_{3, 5, 6, 7}$), während die viel häufigeren weiblichen Individuen (Fig. 88_1 b, b^2, b^3, $_{3, 4}$) wegen ihres Chlorophyllinhalts (Algen?) lebhaft grün gefärbt erscheinen. Die ebenfalls mit langen Cilien versehenen Samentierchen zersprengen endlich ihre Gallerthülle, umschwärmen (Fig. 88_3) hierauf in ganz ähnlicher Weise wie bei den Tangen die weiblichen, größeren Zellen und dringen in dieselben ein; sie befruchten sie, d. h. sie veranlassen dieselben sich lebhaft zu teilen und Sporen zu entwickeln. Diese (Fig. 88_4) sind grüne, von einer morgensternförmig stachligen, aber farblosen Schale umhüllte Kugeln.

Bemerkung: In Fig. 88 ist das Kugeltierchen dargestellt. Fig. 88_1 zeigt das ganze Kugeltierchen als eine geschlechtliche, hermaphroditische Kolonie von Zellen, und zwar im Zustand geschlechtlicher Fortpflanzung. 88_1 a ist ein Haufen männlicher Zellen, Schwärmzellen (Spermatozoen), a^2 zeigt einen solchen von der Seite; in a^3 ist der Haufen in Einzelindividuen zerfallen, die danach streben, die Kolonie zu verlassen. a^4 ist ein solcher teilweise entleerter Raum, in dem die männlichen Zellen entstanden. b stellt die größeren, flaschenförmigen weiblichen Zellen dar, b^2, b^3 deren Entwickelung bis zur Reife (Eizellen). 88_2 stellt einige der an der Fortpflanzung unbeteiligten Zellen dar, welche die Kugel in der Hauptsache zusammensetzen und durch Teilung sich vermehrend die Kugel vergrößern, durch ihre Wimperbewegung das Ganze bewegen. Fig. 88_3: Es sind Schwärmzellen in die Gallerthülle der Eizelle gedrungen, umschwärmen dieselbe, bis eine eindringt und die Eizelle zur Umbildung zur Spore 88_4 veranlaßt; aus dieser kann eine neue Kolonie hervorgehen. $88_{5, 6, 7}$ zeigen die männlichen Zellen in verschiedenen Entwickelungsstadien. Da die Fortpflanzungszelle (Spore) durch die Vereinigung zweier verschiedener Zellen gebildet wird, ist die Fortpflanzung eine geschlechtliche.

II. Kapitel.

Wie sich die Pflanzen bauen.

Wenn uns bisher die Pflanzen- und Tierwelt in ihren kleinsten und einfachsten, kaum erkennbaren Formen beschäftigt hat, so sollen uns die beiden folgenden Kapitel mit den Organismen der Welt, welche jedem Auge sichtbar ist, dem Pflanzen- und Tierreiche, bekannt machen. Aber nicht ihr Äußeres wollen wir untersuchen, ihr Inneres wollen wir kennen danach forschen, woraus sich die höheren Pflanzen und Tiere zusammensetzen, und wie sie sich bauen.

Die einfachste Antwort auf diese Frage würde lauten: Alle Organismen setzen sich aus Zellen zusammen und aus deren Erzeugnissen; aller Organismenbau hat in der Zelle seinen Ursprung. Das klingt sehr einfach. Aber der Leser wird es nötig haben, gar manchen Begriff umzugestalten, den er bisher vom „Leben" und den lebenden „Wesen" hatte; er wird mir zu manchem unscheinbaren Pflänzchen, zu manchem ekelhaften oder doch lästigen Tierchen folgen müssen, um die Behauptung zu verstehen — doch denke ich, daß die Frage: „Wie bauen sich Pflanzen, wie bauen sich Tiere?" Interesse genug fördern kann, um über manches kleine gedankliche Unbehagen, wie es Floh und Wanze, faulige Stoffe u. s. w. einzuflößen vermögen, wegzuhelfen.

Ich muß hier an etwas erinnern, was ich in Kap. I. S. 22 ff. bereits betont habe, das ist das Wesen der Zelle. Eine Zelle ist nichts andres, als ein lebendiger Protoplasmakörper, der meist von einer Haut umhüllt ist und in sich Stoffe aufzunehmen und aus sich wegzugeben vermag; sie ist das Elementarorgan alles Lebens.

Die einzelligen Wesen liegen hinter uns, aber wir werden trotzdem noch Gelegenheit genug haben, von Einzelzellen zu sprechen. Und dazu gibt uns die große Gruppe der Kryptogamen ganz besonders Veranlassung, welche alle die Pflanzen umfaßt, die keine offenen Blüten, keine Samen bilden, keinen Keim in den Fortpflanzungsgebilden enthalten, die Sporenpflanzen. Was Sporen sind, wird klar werden, wenn wir sie bei den einzelnen Arten, Gattungen u. s. w. kennen lernen, klarer, als das eine Definition auszuführen vermag.

Die Einführung in die Welt der Pflanzen mögen die Algen übernehmen; schließen sie sich doch auch am besten in ihren Formen und ihrer Lebensweise an die einfachen Wesen an, die wir bisher betrachteten.

Die Algen.

Es ist nicht ganz leicht, Klarheit über das Wesen der Algen zu gewinnen, könnte man ihnen doch mit gewissem Rechte auch die Oscillaria- und Nostocfäden zurechnen. Ich will darum auf einige Erscheinungen der Algenwelt aufmerksam machen, die der Leser bereits hundertmal bemerkt hat, ohne zu ahnen, daß er seine Blicke gleichgültig oder wohl gar mit Ekel über eine Welt zarter Gewächse von unvergleichlicher Schönheit und wunderbarer Lebensthätigkeit gleiten ließ. Man sehe einmal die vom Wasser triefende Welle eines Mühlrades an. Man wird sie mit gallertartigen Klumpen von durchsichtig grüner Farbe und mit schopf- und bartförmigen Massen eines feinen Fadengeflechts von derselben Farbe bedeckt finden. Es sind Kolonien von Algen. Um die Zeit, wenn die Frösche ihren Frühlings- ruf zu erheben beginnen, bemerkt man häufig, daß an der Oberfläche der bis dahin noch ganz reinen Teiche große, rundliche, aus Klumpen von gelblichgrünem Schlamm bestehende Flecken sichtbar werden. Es sind ebenfalls Kolonien von Algen. Im Sommer wird man Wassergräben, ja ganze Teiche mit wolkenförmigen Massen eines feinfädigen, grünen Gespinstes erfüllt sehen, sowie an den Steinen klarer Bäche Büschel und flutende Bärte von feinen, grünen, schlüpfrigen Fäden bemerken. Auch hier hat man Kolonien von Algen vor sich. Sollte jemand eine Reise nach einem Nordseebad, z. B. Helgoland, Wangeroge oder Norderney, ausgeführt haben, so werden ihm gewiß die wallartigen Massen von braunem Schlamm aufgefallen sein, welche längs des Strandes hinziehen. Es sind Anhäufungen von Meeralgen, welche die Wellen ans Land spülten, und hätte er sich durch den allerdings oft pestilenzialischen Geruch, den solcher ausgeworfener Meerschlamm sehr bald zu entwickeln beginnt, nicht abhalten lassen, solche Algenhaufen mit seinem Stocke aus- einander zu wühlen, so würde er Gewächse von wunderbarer Schönheit und überraschender Farbenpracht darin gefunden haben.

Die überwiegende Mehrheit der Algen bewohnt das Wasser, nur wenige wachsen an der Luft, an Baumstämmen und Felsen. Die Süß- wasseralgen finden sich besonders in Landseen, Teichen, Wasserbassins, Gräben, Trögen, im Stauwasser der Flüsse und Bäche, seltener in schnell- fließenden Gewässern oder in hellen Quellen und zeichnen sich fast alle durch eine prächtig grüne Farbe aus, denn ihre Zellen sind sehr reich an Pflanzengrün (Chlorophyll). Die Meeralgen, welche vielleicht mehr als zwei Dritteile der gesamten Algenvegetation ausmachen, haben im allgemeinen eine derbere Beschaffenheit als die Süßwasseralgen und bieten einen unglaublichen Formen- und Farbenreichtum. Ein reines Pflanzen- grün findet sich jedoch selten; dagegen kommen die prachtvollsten Nüancen von Rot, Violett und Braun vor. Bei ihnen ist nämlich das Chlorophyll, welches auch ihre Zellen enthalten, mehr oder weniger von verschiedenen Farbstoffen durchdrungen oder bedeckt, weshalb seine grüne Farbe gar nicht oder nur wenig zur Geltung kommen kann. Sowohl bei den Meer- als bei den Süßwasseralgen wechselt die Größe des Algenkörpers außer- ordentlich, doch sind im allgemeinen die Meeralgen größer als die Süß-

wasseralgen, ja unter den sogenannten Tangen, d. h. Meeralgen von
leder- oder knorpelartigem Gewebe, finden sich Arten, deren Körper
Hunderte von Metern lang wird. Dahin gehört der antarktische Riesen-
tang (Macrocystis pyrifera) im Südlichen Polarmeere, dessen Stamm eine
Länge von 500 Meter erreichen soll.

Die Algen, deren Name Wassergewächs bedeutet, sind eine überaus
artenreiche Gruppe des Pflanzenreichs. Ihr Leib bietet einen unglaublichen Formenreichtum und eine außerordentliche Verschiedenheit des inneren

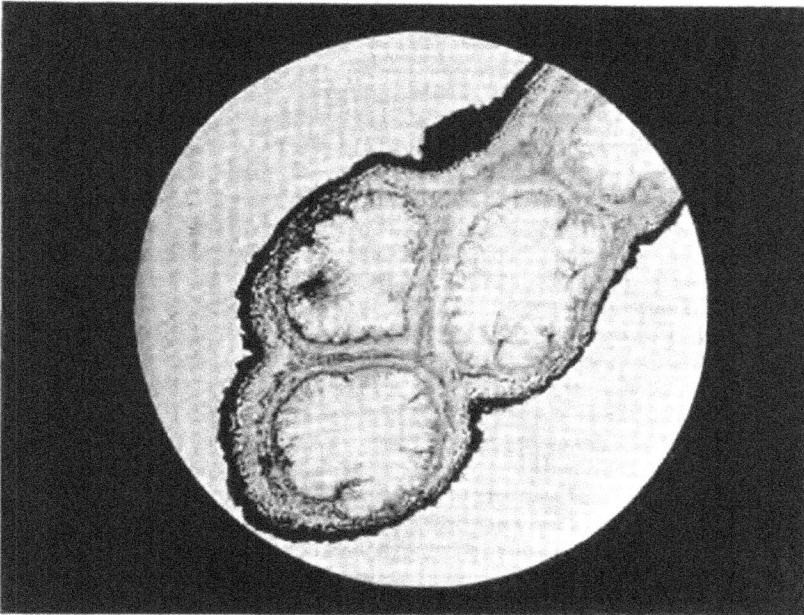

Fig. 89. Algenthallus.
Nach einer Mikrophotographie von Dr. Burstert & Fürstenberg.

Baues. Auf der niedrigsten Stufe der Entwickelung besteht der Algenkörper aus einer einzigen Zelle.

Im übrigen lassen die Algen drei Hauptorganisationsstufen erkennen.
Auf der niedrigsten besteht er aus linienförmig aneinander gereihten
Zellen, ist also eine Zellenreihe oder ein Faden Fig. 92, 93, 94;
auf der zweiten ist er aus flächenförmig aneinander gereihten Zellen
zusammengesetzt, folglich eine Zellenschicht oder eine Membran Fig. 90;
auf der dritten endlich sind die Zellen in allen Richtungen des Raumes
miteinander verbunden und bilden einen Zellenkörper Fig. 95, welcher
bald als verästelter Strauch, bald als ein Fächer, bald als ein gabelförmig oder federförmig zerteiltes dickes Laub u. s. w. erscheint. Der

einschichtige Algenkörper tritt gewöhnlich unter der Form eines dünnen,
gelappten oder gefälteten und krausen, bisweilen fächer- oder federförmig
zerteilten Laubes auf; der fadenförmige Algenkörper ist entweder einfach
oder verzweigt. Die mehrzelligen Algen schwimmen teils frei im Wasser,
teils sitzen sie mittels Haftfasern und Haftscheiben an Steinen, Muscheln
und andern ruhenden Gegenständen fest.

Die Haut der Algenzellen ist gewöhnlich wasserhell durchsichtig, der
Innenraum dagegen mit zahlreichen Farbstoffkügelchen und zwar bei fast
allen Süßwasseralgen, wie auch bei vielen Meeralgen, mit schön grünen
Farbkügelchen (Chlorophyllkörnern), bei der Mehrzahl der Meeralgen
mit olivbraunen, violetten, hell- und dunkelroten Körnchen erfüllt. Das
Chlorophyll unsrer Süßwasseralgen findet sich nicht bloß in Körnchen,
sondern auch in Form von zierlich gezackten Bändern, Streifen und
Sternen. So ist bei der Spirogyra, die in unsern Teichen und Gräben
lebt, eine jede der cylindrischen Zellen mit einem zierlichen, spiralförmig
gewundenen Chlorophyllbande ausgekleidet, weshalb diese Algen unter
dem Mikroskope einen reizenden Anblick gewähren. Das Chlorophyll
dient übrigens nicht bloß dazu, den Algen ihre Farbe zu geben, sondern
es spielt bei denselben, wie überhaupt bei allen chlorophyllhaltigen
Pflanzen, noch eine andre, überaus wichtige Rolle. Es dient dazu, die
aus dem Wasser oder Boden oder der Luft ausgesogenen Stoffe zu zerlegen. Bei manchen Algen spielen die Chlorophyllkörner die Rolle von
Zellen. Das merkwürdigste Beispiel dafür liefert das sogenannte Wassernetz (Hydrodictyon utriculare), die wunderbarste aller Süßwasseralgen,
welche hier und da in Wassergräben schwimmend gefunden wird und sich
mit unglaublicher Schnelligkeit vermehrt. Diese Alge besteht aus großen
cylindrischen Zellen, welche zu sechsseitigen Maschen verbunden sind, und
diese Maschen bilden zusammen ein rings geschlossenes, schlauchartiges
Netz, das wohl an eine halbe Elle lang wird. Jede einzelne Zelle ist
anfangs mit einer chlorophyllgrünen Schicht ausgekleidet. Bald zerfällt
dieselbe in einzelne kleine Körnchen, welche nun eine zitternde Bewegung
zeigen, die ungefähr eine halbe Stunde anhält. Hierauf gruppieren sich
dieselben netzförmig und dehnen sich nach zwei Seiten hin aus. So wird
binnen kurzer Zeit ein neues Netz en miniature fertig. Die Zahl der
in einer Mutterzelle sich bildenden Körnchen, welche sich in Zellen verwandeln, beträgt gewöhnlich 7000 bis 20000 Stück! Zu einer bestimmten Zeit enthält fast eine jede Zelle des alten Mutternetzes ein
kleines Tochternetz. Dieses zersprengt zuletzt durch seine fortgesetzte Ausdehnung die Mutterzelle, gelangt ins Freie und erreicht nun binnen kurzem
die Größe des alten Netzes. Die eigentümliche, im Pflanzenreich einzig
dastehende Vermehrungsweise dieser interessanten Alge, welche gewissermaßen lebendige Junge gebärt, erklärt es, daß ein Wassergraben oder
Teich, in den einige wenige Wassernetze gelegt sind, binnen acht Tagen
von dieser Alge vollgefüllt sein kann, denn die Entwickelung des Wasser-
netzes geht außerordentlich schnell vor sich.

Bei den niedrigsten Formen der einzelligen Lebewesen, welche sich wie
die Diatomeen und Protococcusarten vorzugsweise durch Teilung ihres

Körpers vermehren, kommt eine eigentliche Sporenbildung gar nicht oder nur selten vor. Bei den mehrzelligen Algen befinden sich die Sporen oder Brutzellen (Gonidien) entweder in einzelnen vor den übrigen Zellen nicht ausgezeichneten Zellen oder in eigentümlich gestalteten Zellen und in Organen, welche aus Zellgewebe bestehen. Die letzteren nennt man Früchte. Selten kommt es vor, daß Brutzellen nackt an der Außenseite des Algenkörpers sich befinden. Das ist der Fall bei der in Fig. 91 abgebildeten Froschlaichalge (Batrachospermum moniliforme). Diese höchst zierliche, in kalten, hellen Quellen, besonders Gebirgsquellen Deutsch-

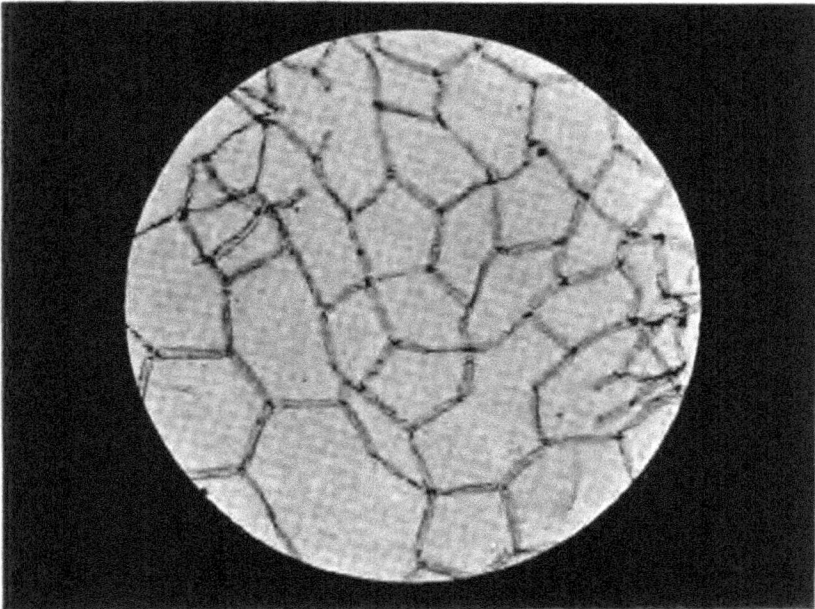

Fig. 90. Das „Wassernetz" (Hydrodictyon utriculare).
Nach einer Mikrophotographie von Dr. Burstert & Fürstenberg.

lands vorkommende und bald grün, bald violett gefärbte Alge erscheint dem bloßen Auge als eine vielfach verzweigte Reihe kleiner, halbdurchsichtiger Gallertkugeln Fig. 91a. Unter dem Mikroskop, wo diese Alge ein überaus schönes Bild gewährt, bemerkt man aber mit nicht geringem Erstaunen, daß diese Alge nicht aus aneinander gereihten Kugelzellen besteht, sondern daß sie einen aus vielen cylindrischen Zellen zusammengesetzten Stamm besitzt, welcher in kleinen Abständen mit dichten Quirlen von kleinen, verzweigten, aus länglichen, aneinander gereihten Zellen gebildeten Ästchen besetzt ist (Fig. 91 c). In diesen Astquirlen, welche dem un-bewaffneten Auge als Gallertkugeln erscheinen, bemerkt man hier und da dunkle rundliche Flecke (Fig. 91b), welche sich bei stärkerer Vergrößerung

als große kugelige Haufen länglich runder, grün gefärbter Zellen, als
Sporen, zu erkennen geben (Fig. 91 d).

In neuerer Zeit hat man sowohl das Entstehen, als auch das Hervorwachsen neuer Algenindividuen der Schwärmsporen aus den zur Ruhe
gesetzten beobachtet. Schacht, welcher sich lange Zeit mit Beobachtung
der Schwärmsporen beschäftigt hat, entwirft folgende anziehende Schilderung von der Entwickelung der Schwärmsporen von Ulothrix zonata,
einer in klaren Bächen wachsenden Fadenalge, von der Fig. 92 ein Stück
in vierhundertfacher Vergrößerung darstellt. „Wenn ich die eine oder
die andre noch nicht entleerte Zelle eines mit Schwärmsporen erfüllten
Fadens lange und aufmerksam betrachtete, sah ich die reifen Schwärmsporen sich nach der einen Seite der Zelle drängen, die Zellenwand dieser

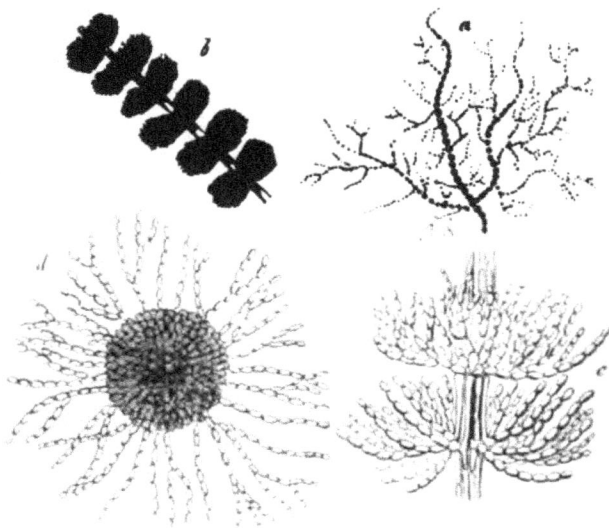

Fig. 91. Froschlaichalge.

Seite sich nach außen dehnen und, immer dünner und dünner werdend,
endlich platzen. Der ganze Inhalt, aus zehn bis dreißig und mehr
Schwärmsporen bestehend, trat in der Regel in Form eines maulbeerartigen
Haufens oder Kranzes aus der Mutterzelle hervor (Fig. 92a); seltener ent-
schlüpften die Zellen einzeln dem Risse der Mutterzelle; die miteinander,
wie es scheint, verklebten Schwärmsporen lagen meistens noch ein Weilchen
still, dann trennten sich plötzlich mehrere von ihnen, in rascher Bewegung
davoneilend, bisweilen ging auch die ganze Masse gleichzeitig nach allen
Seiten hin auseinander. Die Bewegung der Schwärmsporen war nach
dem Entschlüpfen am lebhaftesten, ihre Drehung erfolgte in der Regel
von rechts nach links, also, da das Mikroskop das Bild umkehrt, in der
Wirklichkeit von links nach rechts; die Sporen tanzten lustig nebeneinander
her (Fig. 92b). Wenn sich die Schwärmspore in ihrer Längenachse wage-

recht zeigte, so ging sie rasch und scheinbar willkürlich, bald nach rechts,
bald nach links steuernd, von der Stelle. Die Bewegung der Schwärmsporen dauerte nur kurze Zeit, selten länger als
eine halbe oder eine ganze Stunde; die Schwärmspore begann zu keimen. Sobald die Bewegung
abnahm, verlängerte sich die Spore, endlich
lag sie still. Nicht selten kehrte nach fünf oder
zehn Minuten eine zuckende, dem Drehen der
sogenannten Unruhen der Taschenuhren ähnliche
Bewegung zurück. Die Spore hatte eine längliche, oftmals schwach gekrümmte, bohnenförmige
Gestalt angenommen, der grüne Inhalt sich
meistens nach der einen Seite gezogen. Sechs
bis acht Stunden nach dem Entschlüpfen war
aus der anfangs runden, an einem Ende zugespitzten Spore ein kleiner länglicher Faden,
vier- bis sechsmal so lang als die Schwärmspore, geworden; das schmälere Ende dieses
Fadens bildete das Haftorgan (Fig. 92e). Sobald
die Keimung begann, waren die Wimpern verschwunden." (Fig. 92 c und d stellt eine Schwärmspore mit ihren Wimpern, d in tausendfacher
Vergrößerung dar.) Das Austreten der Schwärmsporen erfolgt gewöhnlich in den Morgenstunden;
ihr Herumschwärmen im Wasser dauert bisweilen kaum eine halbe Stunde, andere Male
viele Stunden, ja tagelang. Die Schwärmsporen

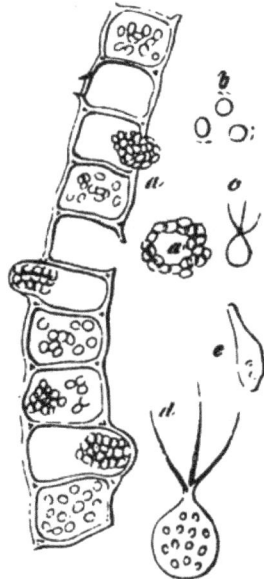

Fig. 92. **Schwärmsporen von** Ulothrix zonata.

entwickeln sich nur bei warmer Witterung; sie veranlassen, da sie immer
in großer Anzahl entstehen und sehr schnell keimen, die rasche Vermehrung
der mit solchen Sporen begabten Algen im Sommer.
Die Samen- oder Dauersporen dagegen dienen,
gleich den Sporen der Desmidieen, zur Erhaltung
der Art, indem sie den Winter über im Schlamme
ruhen und erst im Frühling keimen.

Zu den sich nur durch Schwärmsporen fortpflanzenden Algen gehört auch das sogenannte
Veilchenmoos (Chroolepus Jolithus), dem die beliebten „Veilchensteine" des Riesengebirges und
des Brockens ihren Geruch verdanken. Diese Alge,
welche um so interessanter ist, als sie an der Luft
und zwar auf Steinen (vorzüglich gern auf Glimmer-
schiefer) hoher, freier, nackter Bergkuppen wächst, stellt
sich dem bloßen Auge als ein unscheinbarer, samt-
artiger Überzug von rotbrauner Farbe dar (Fig. 93a).

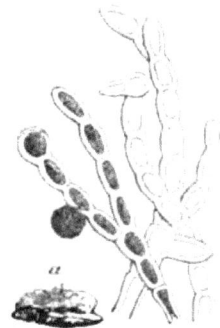

Fig. 93. **Veilchenmoos.**

Unter dem Mikroskop bemerkt man, daß dieser Samt aus kurzen, dicht
beisammenstehenden, feinen, wenig verzweigten Fäden besteht, welche aus
dickwandigen, länglichen, von Chlorophyll dicht erfüllten Zellen zusammen-

geſetzt ſind.   Fig. 93 zeigt ein Stückchen Veilchenmoos in zweihundert-
facher Linearvergrößerung.   Der linke Faden, bei welchem allein der
Zelleninhalt gezeichnet iſt, beſitzt ein ausgebildetes Sporangium an der
Seite, ein zweites iſt in der Endzelle des linken Aſtes in der Bildung
begriffen.

Eine ganz eigenartige Erſcheinung in der Pflanzenwelt kann man
bei der in dieſe Gruppe gehörigen Spirogyra, einer Schraubenalge,
beobachten.   Bei dieſer Form iſt das Chlorophyll in Bändern angeordnet,
welche ſpiralig gewunden je eine Zelle durchziehen, dergeſtalt, daß in

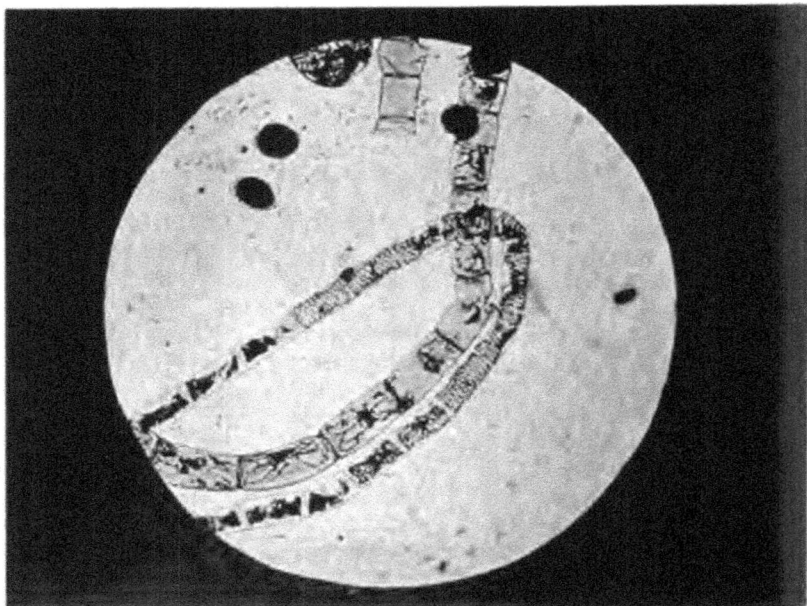

Fig. 94. Chlorophyll in Spirogyra.
Nach einer Mikrophotographie von Dr. Burſtert & Fürſtenberg.

ihnen die Kerne liegen.   Beobachtet man ſolche Fäden unter dem Mikroſkope, ſo ſieht man deutlich die breiten, ſpiraligen, grünen Streifen; das
Licht tritt von unten ein — die Chlorophyllbänder ſtellen ſich b r e i t
gegen das Licht. Nehmen wir jetzt das Präparat vom Mikroſkop und
legen es unter einen Pappkaſten, deſſen einer Seitendeckel geöffnet iſt, ſo
daß das Licht nur in der einen Richtung auf das Präparat fallen kann,
und zwar ſo, daß die Chlorophyllbänder nicht mehr von unten (reſp.
oben), ſondern von der Seite beleuchtet werden.   Wir laſſen das Präparat fünf Minuten in der Kammer liegen und bringen es wieder unter
unſer Inſtrument.   Merkwürdig! Die breiten Chlorophyllbänder ſind ver-
ſchwunden und an deren Stelle ſind ganz ſchmale Streifen getreten.   Wir

warten ein wenig. Der grüne Faden verbreitert sich, dreht sich, und bald
haben wir das ursprüngliche breite grüne Spiralband vor uns. Was ist
geschehen? Das Chlorophyllband hat sich mit seiner Breitseite dem Lichte
zugekehrt, durch Eigenbewegung und Bewegung des umgebenden Protoplasmas. Hieraus erhellt der Zusammenhang von Licht und Chlorophyll.
Welche Bedeutung das für die Pflanze hat, davon später.

Unter den Algen gibt es Formen, bei denen man von Früchten
spricht; und zwar solche mit einerlei und solche mit zweierlei Früchten.
Es sind Meeresbewohner, die sich durch schöne bunte, besonders rote

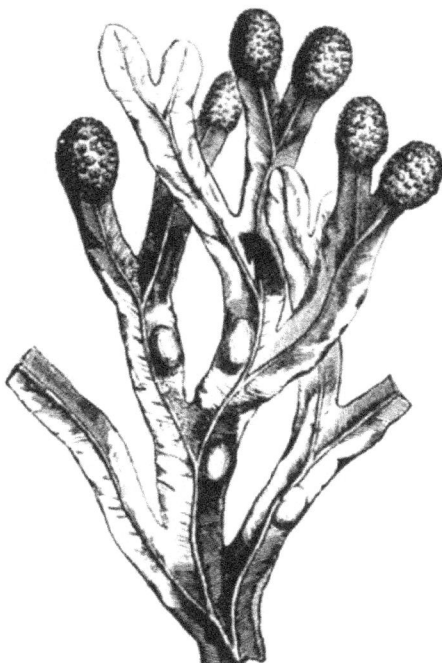

Fig 95. Der gemeine Blasentang (Fucus vesiculosus).

oder violette Färbung auszeichnen, und unter dem Mikroskop kunstvoll
aus den verschiedensten Zellenformen zusammengesetzt erscheinen; diese
Eigenschaften haben ihnen den Namen Blumentange (Florideen)
verschafft.   Die sogenannten Früchte dieser Blumentange sind als große
blasige Zellen ausgebildet, welche sich bald im Innern des Algenkörpers,
bald an dessen Außenfläche befinden und im letzteren Falle oft auf Stielen
stehen.   Die einen Früchte enthalten bloß vier große, die andern viele
kleine Sporen.

Sehr nahe stehen diesen Pflanzen die Seetange (im engeren Sinne)
die Fucoideen, auch Phäophyceen genannt.   Das sind große, zum Teil

riesige Meeresalgen, welche sich durch geschlechtlich erzeugte Sporen fortpflanzen. Sie erzeugen nämlich bewegliche, mit zwei Wimpern versehene,
kleinen Schwärmsporen ähnliche Spermatozoiden, durch welche die Eizellen

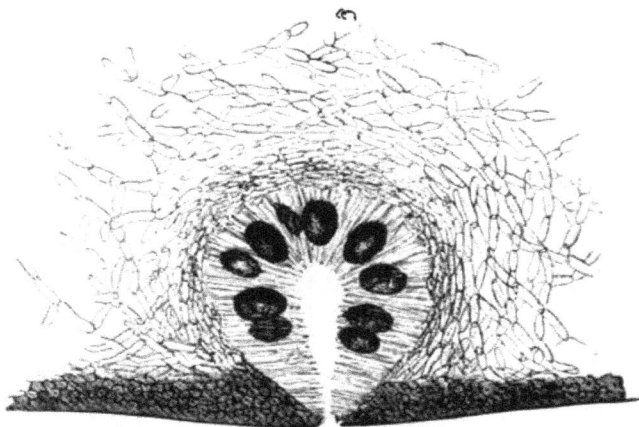

Fig. 96. Weibliche Konzeptakeln des gemeinen Blasentangs mit Sporen (im Querschnitt).

der weiblichen Organe befruchtet werden. Fig. 98 a — d erläutern
diesen höchst merkwürdigen Vorgang, welcher zuerst von dem Franzosen

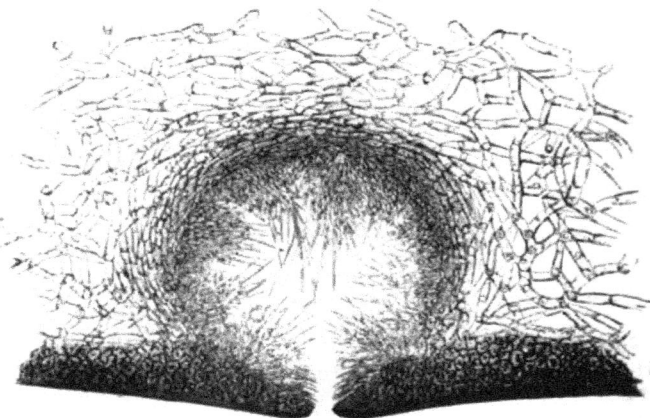

Fig. 97. Männliche Konzeptakeln des gemeinen Blasentanges mit Sporen (im Querschnitt).

Thuret genau beobachtet worden ist, bei Fucus vesiculosus, dem ge-
meinen Blasentang der Nord- und Ostsee (Fig. 95, natürliche Größe).
Dieser auch im Atlantischen und Mittelländischen Meere vorkommende
Tang bildet ein wiederholt gabelförmig geteiltes, mit einer Mittelrippe

versehenes Band von lederartiger Beschaffenheit und von olivenbrauner Farbe. Paarweise gestellte, mit Luft gefüllte Blasen, dazu bestimmt, den Körper im Wasser schwimmend zu erhalten, haben dem Tang seinen Namen gegeben. Die Geschlechtswerkzeuge befinden sich bei diesem Tange in kleinen, in die Rindenschicht eingesenkten Hohlräumen, deren Mündung in Form einer kleinen Warze über die Oberfläche des bandförmigen Körpers hervorragt. Fig. 96 zeigt einen solchen Behälter, und zwar einen weiblichen, senkrecht durchschnitten in fünfzigfacher Vergrößerung. Die blasenartigen Gebilde, welche zwischen den gegliederten Fäden (Haaren) stehen, sind weibliche Organe. In ähnlich geformten Behältern (Fig. 97 u. 99) befinden sich an vielfach verzweigten Haaren außerordentlich viele länglliche, von feinkörnigem Inhalt strotzende Bläschen: männliche Organe.

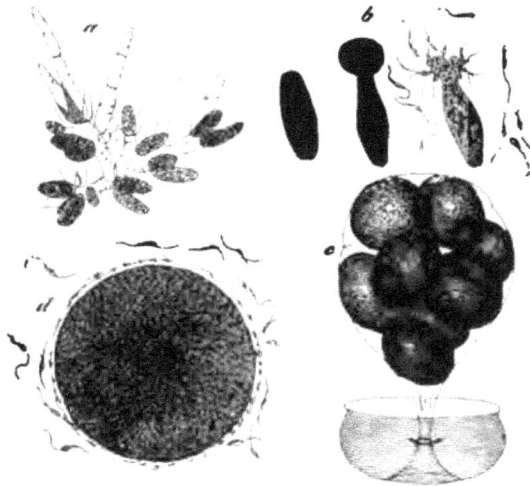

Fig. 98. Oosporenbildung beim gemeinen Blasentang.

Fig. 98a zeigt ein solches verzweigtes, männliche Organe tragendes Haar. In den Antheridien bilden sich die erwähnten Spermatozoiden, die ausschlüpfen und davonschwimmen (b, 330fach vergrößert). Vorher teilt sich der dunkelfarbige Inhalt der weiblichen Organe in mehrere Portionen, deren jede sich zu einer kugeligen Zelle gestaltet, worauf die äußere Haut des Organs platzt und sich becherartig zurückzieht, während die innere Haut als eine überaus zarte, birnförmige Blase die fertigen Kugelzellen (Eizellen oder Befruchtungskugeln) umgibt (c, 160fache Vergrößerung). Endlich reißt auch diese Hülle, und die Kugelzellen werden frei und aus dem Behälter entleert, vor dessen Mündung sich die Spermatozoiden mittlerweile in großer Menge angesammelt haben. Diese hängen sich nun an die Kugelzellen (d) an und versetzen dieselben allmählich in eine rotierende Bewegung, welche ungefähr eine halbe Stunde lang dauert.

Einzelne Spermatozoiden dringen durch die Haut der Kugelzellen ein, diese
werden befruchtet; sie umgeben sich mit einer Haut, worauf sie sich an
irgend einem Gegenstand festsetzen und sofort zu keimen beginnen. — Die
Tange besitzen, vermöge ihres derben, meist leder- oder knorpelartigen
Gewebes, eine längere Lebensdauer, ja manche, wie die Riesentange des
Südpolarmeeres, erreichen ein Alter von hunderten von Jahren.

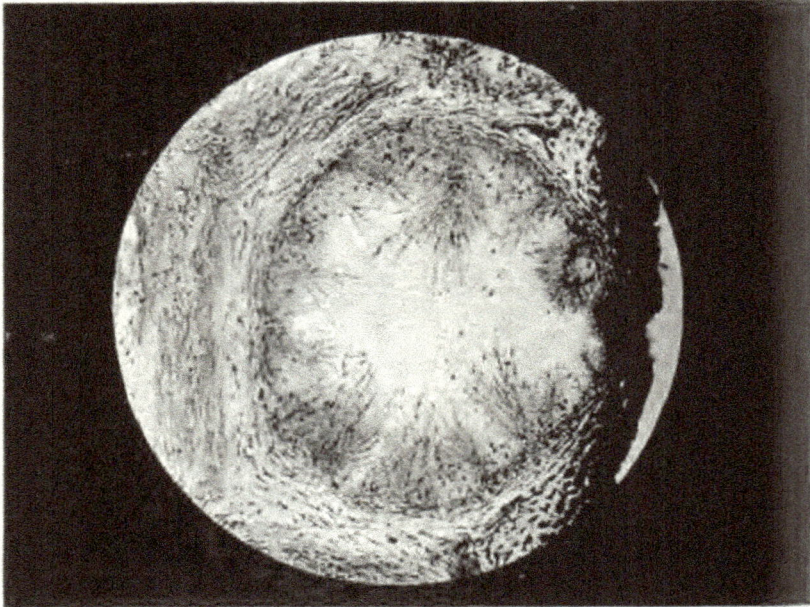

Fig. 99. Antheridien von Fucus vesiculosus.

Die Pilze.

Was Pilze sind, glaubt wohl ein jeder zu wissen. Dennoch würde
vielleicht der Leser die bei weitem größte Anzahl der wirklichen Pilze
nicht als solche anerkennen. Zu den Pilzen gehören nämlich keineswegs
bloß die Gewächse, welche man im gewöhnlichen Leben mit diesem Namen
zu belegen pflegt, d. h. die fleischigen Pilze oder Schwämme (die Hutpilze,
Morcheln, der Ziegenbart, die Trüffeln und Boviste), sondern eine Menge
kleiner, unscheinbarer, oft bloß durch das Mikroskop als Gewächse zu
erkennender Gebilde, welche dem unbewaffneten Auge bald als feine
Fasergeflechte, oder samtartige Überzüge, oder als Büschel von weißen,
rosenroten, grünlichen und schwärzlichen Härchen, bald als pulverige
Massen, bald als aus andern Pflanzen oder aus Tieren hervorbrechende
Pusteln und Warzen, als Flecken, Streifen u. s. w. von verschiedener, doch

meist brauner oder schwarzer Farbe erscheinen. Dergleichen Pilze sind der Schimmel, der sogenannte Brand und Rost des Getreides, der Meltau und unzählige andre, welche an kranken, verwelkenden, absterbenden oder bereits abgestorbenen und verwesenden Pflanzen und Tieren zur Entwickelung gelangen. Man wird im Herbst wenige welke oder gar abgefallene und verwesende Blätter oder verdorrte Pflanzenstengel finden, auf denen nicht wenigstens ein Pilz vorhanden wäre.

Gerade diese unscheinbaren, von dem Laien übersehenen und unbeachteten, bloß mit dem Mikroskope in ihrer Gestaltung deutlich zu erkennenden Pilzformen sollen uns hier beschäftigen, indem ihre zarten Körper

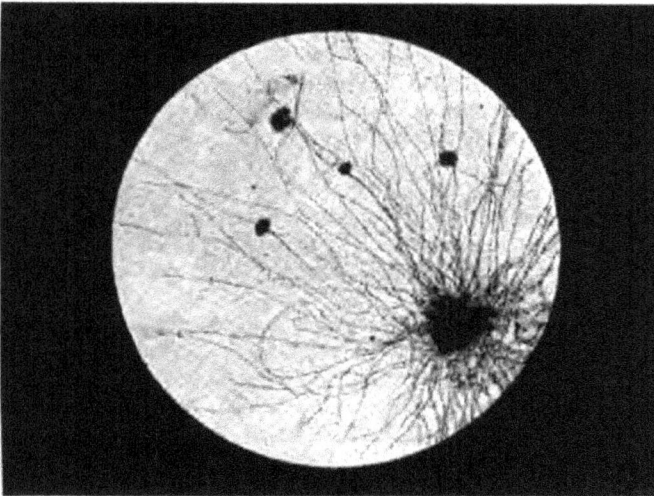

Fig. 100. Pilzmycelium.
Nach einer Mikrophotographie von Dr. Burkert & Fürstenberg.

eine unendliche Mannigfaltigkeit der Form darbieten und oft eine Schönheit besitzen, von welcher das bloße Auge keine Ahnung hat.

Dazu kommt, daß viele von den mikroskopischen Pilzen sehr schädliche Gewächse sind, da manche derselben große Verheerungen unter den Feld- und Gartenfrüchten verursachen, andre wieder gefährliche oder lästige Krankheitszustände bei Tieren und selbst beim Menschen hervorzurufen vermögen oder wenigstens als stetige Begleiter von gewissen Krankheitserscheinungen auftreten.

Das Erkennungszeichen eines jeden Pilzes ist das Auftreten eines Myceliums (vgl. Fig. 100). Darunter versteht man ein Gebilde, das sich hauptsächlich aus fadenförmigen Zellen und Zellreihen (Hyphen, Pilzfäden) zusammensetzt. Es entsteht aus den Keimschläuchen der Pilzsporen und entwickelt auf sich entweder direkt neue Sporen oder an besonders dazu aus-

gestalteten Zweigen, oft auch in besonderen Fruchtkörpern (Hutpilze). So sind
z. B. die Trüffeln, die Morcheln und alle Hutpilze die aus den Mycelien
der gekeimten Spore jener Pilze hervorgewachsenen Fruchtkörper. Gräbt
man einen Fliegenpilz sorgfältig und behutsam aus, so wird man an dem
kolbig verdickten Stielende eine Anzahl wurzelartiger, fleischiger Fasern
finden; sie sind die Reste des aus einer gekeimten Spore des Fliegenpilzes
entstandenen Myceliums, welches den mächtigen Fruchtkörper erzeugt hat.

Die Bildungsweise der Sporen und ihre Entwickelung haben den
Einteilungsgrund für die Pilze abgegeben; doch würde es zu weit führen,
darauf einzugehen. Interessanter ist ihre Lebensweise. Danach kann man
zwei Gruppen bilden: die erstere vegetiert in organischen Körpern, welche
in Zersetzung begriffen sind (Saprophyten, Fäulnisbewohner), die zweite
bewohnt lebende Pflanzen und Tiere (auch Menschen) und zieht aus ihnen
ihre Nahrung (Parasiten), und gerade diese stehen in Zusammenhang mit
einer Unzahl von Krankheiten, die vielfach recht ekelhafter Art sind: alle
jedoch sind sie in ihrer Ernährung auf organische (Pflanzen- oder Tier-)
Stoffe angewiesen, denn sie vermögen es nicht, wie die große Mehrheit
aller übrigen Gewächse, anorganische Nahrung aufzunehmen und solche
in Pflanzenstoffe umzubilden, weil sie kein Pflanzengrün (Chlorophyll)
besitzen, außerdem fehlt ihnen die Stärke (Stärkemehl). Dagegen zeichnen
sich die Pilze durch den reichen Stickstoffgehalt ihrer Zellen aus, eine
Eigenschaft, welche die Pilze den Tieren nähert und die eßbaren Pilze
zu einer sehr nahrhaften Speise macht.

Alle Pilze wirken chemisch zersetzend auf die Substanz ein, auf oder
in welcher sie wachsen; durch ihre chemische Thätigkeit führen sie die
Verwesung herbei. Manche Pilze, welche auf oder in pflanzlichen oder
tierischen Substanzen (z. B. Obst, eingemachten Früchten, Brot, Speisen
aller Art, Fleisch, Butter, Käse, Milch, Dünger, Exkrementen) wachsen,
bewirken wenigstens chemische Veränderungen in diesen Substanzen, welche,
je nachdem die Luft hinzutreten kann oder nicht, bald ebenfalls als Ver-
wesungs-, bald als Fäulnis- oder auch als Gärungsprozesse sich geltend
machen. Die nicht schmarotzenden Pilze sind also die Beförderer, ja die
Erreger der Verwesung und Fäulnis, und es ist als bewiesen anzusehen,
daß ohne das Hinzutreten, ohne die Einwirkung gewisser Pilze, kein toter
Pflanzen- oder Tierleib, keine pflanzliche oder tierische Substanz in Fäulnis
geraten oder der Verwesung anheimfallen kann. Die nicht schmarotzenden
Pilze spielen daher eine hochwichtige Rolle im Haushalte der Natur,
denn sie vermitteln das Zerfallen der Tier- und Pflanzenleichen in Humus
(Dammerde) und tragen zur Erhaltung, ja Vermehrung der Nährkraft
des Bodens bei. Hierbei beteiligen sich am meisten die kleineren, die fast
mikroskopischen Pilze, ganz besonders die sogenannten Schimmel. Von
diesem Gesichtspunkte aufgefaßt, erscheinen die Pilze auch als sehr nützliche Geschöpfe. Umgekehrt können sie aber auch gerade durch diese Eigenschaft lästig werden, wie der Hausschwamm (Merulius lacrimans), welcher
das Verfaulen feuchten Holzwerks in neuerbauten Häusern herbeiführt,
oder die Schimmel, welche sich auf Speisen, Obst und andern Dingen
ansiedeln und deren Verderben veranlassen. Und doch steht dieser schäd-

liche Einfluß einzelner Pilze, mag er den Menschen auch noch so empfindlich treffen, in keinem Verhältnis zu dem großen Nutzen, den die übrigen nicht schmarotzenden Pilze als Fäulnis- oder Verwesungserreger schaffen; und selbst die Schmarotzerpilze, so großen Schaden sie dem Menschen zufügen, haben eine wichtige Aufgabe im Haushalte der Natur zu erfüllen. Sie können, gleich den Schmarotzertieren, als Regulatoren für das Überhand-nehmen besonders fruchtbarer und geselliger Pflanzen- und Tierarten betrachtet werden.

Daß die Pilze und ihre Sporen nicht durch einen plötzlichen Schöpfungs-akt jetzt und zu jeder Zeit, an jedem Ort, aus nichts entstehen könnten, daran glaubt wohl niemand mehr, aber die Sporen sind fast überall. Die ungeheure Menge, die außerordentliche Kleinheit, das geringe Gewicht und die Lebenszähigkeit der Pilzsporen machen es erklärlich, daß sie durch den Wind überallhin gebracht werden, und daß wir von diesen in der Luft befindlichen Pilzsporen nichts bemerken, daß Pilzsporen oder deren Keimfäden selbst in Tiere und Pflanzen eindringen können, ohne daß ihre Anwesenheit mit bloßem Auge wahrgenommen werden kann. Für viele Schmarotzerpilze ist es jedoch direkt beobachtet worden. Da die Pilze zu ihrer Ernährung bestimmter organischer Stoffe bedürfen, so werden ihre Sporen begreiflicherweise nur da keimen können, wo sie jene Stoffe vor-finden (wenn sie gerade auf diejenigen Substanzen geraten, auf oder in denen allein sie zu vegetieren vermögen) und folglich auch unzählbare Millionen von Sporen zu Grunde gehen müssen. Aus diesem Grunde hat aber die Natur dafür Sorge getragen, daß es an Keimen nicht mangele; denn bezüglich massenhafter Entwickelung von Sporen thun es die Pilze allen übrigen Sporengewächsen zuvor. Hat der Leser einmal das Wüten des mit Recht gefürchteten Hausschwammes beobachtet, so wird er sich überzeugt haben, welche Unmassen von Sporen dieser Pilz zu ent-wickeln vermag. Aus solchen besteht nämlich das feine fleischrote Pulver, welches am Morgen Dielen, Tische und Stühle bedeckt und trotz unauf-hörlichen Abwischens und Ausfegens nicht verschwinden will. Unter be-günstigenden Umständen (z. B. bei reichlich vorhandener Nahrung und bei anhaltend feuchtem Wetter, welches das Keimen der Sporen be-schleunigt) vermögen sich daher auch die Pilze unglaublich rasch zu ver-mehren. Ebenso fabelhaft schnell, wie die Vermehrung, erfolgt auch das Wachsen vieler Pilze. Eines der auffallendsten Beispiele hierfür bietet der Riesenbovist (Bovista gigantea) dar. Der Fruchtkörper dieses in Weinbergen häufig vorkommenden Pilzes pflegt nämlich während einer warmen, feuchten Sommernacht aus dem Boden emporzuschießen und sich binnen acht bis zehn Stunden von der Größe einer Erbse bis zu der-jenigen eines Kinderkopfes auszudehnen. Nur die harten, holzigen, an Baumstämmen wachsenden Arten der Löcherpilze (Polyporus) und Wirr-pilze (Daedalea), von denen einige ein hundertjähriges, ja höheres Alter erreichen, wachsen sehr langsam; diese setzen aber auch wegen ihres sehr festen, holzigen Gewebes den zerstörenden Einflüssen der Luft, des Regens, der Hitze und Kälte großen Widerstand entgegen, während die meisten übrigen Pilze vergängliche Gebilde sind.

Doch machen wir jetzt die Bekanntschaft einzelner Repräsentanten, sie werden uns des Wunderbaren genug zeigen.

Da gibt's einen parasitischen Pilz, der die Kartoffelkrankheit verursacht, das ist der Kartoffelpilz (Peronospora infestans). Die Kartoffelkrankheit, welche in Deutschland zuerst im Jahre 1843 weit verbreitet auftrat, offenbart sich durch mißfarbige Flecke an den Blättern, die bald bräunlich und zuletzt dunkelbraun bis schwarz werden. Die mikroskopische Untersuchung zeigt, daß die Ränder dieser Flecke mit äußerst zarten, feinen Schimmelfäden bedeckt sind, welche meist in drei Zweige

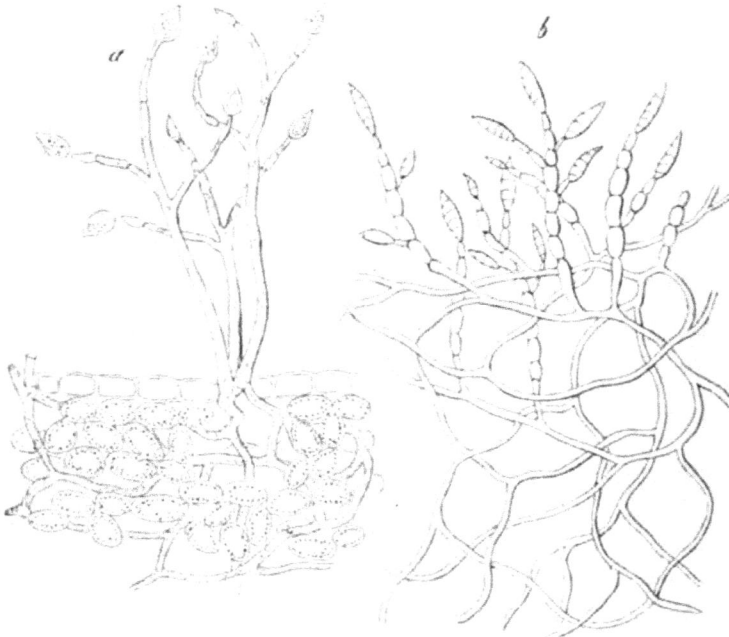

Fig. 101. Kartoffelschimmel (Peronospora infestans).

geteilt erscheinen und an ihren Enden zitronenförmige Sporen tragen (Fig. 101a u. b). Diese Zweige pflegen aus den Spaltöffnungen (f. unten) der Blattoberhaut hervorgewachsen zu sein und zwar gewöhnlich je drei aus einer Spaltöffnung. Sie sind nichts andres als Verlängerungen eines vielfach verzweigten Myceliums, das im Innern der Blätter, Äste und Stengel der Kartoffelpflanze wuchert und das Absterben, Braunwerden und Verwesen der Zellen, mit denen es in Berührung kommt, veranlaßt — jedoch erst um die Zeit, wo die Sporen gebildet werden. Man hat lange geglaubt, und viele Leute glauben noch heute, daß dieser Kartoffelkrautpilz erst infolge einer Erkrankung der Kartoffelpflanze entstehe. Der wahre Sachverhalt ist aber folgender: Die zitronenförmigen Sporen des

Kartoffelkrautschimmels Fig. 101a öffnen sich unter dem Einfluß von Feuchtigkeit (Tau, Regen) an der Spitze und entlassen Schwärmsporen, welche sich
mittels ihrer beiden langen Wimpern eine Zeitlang im Wasser lebhaft
bewegen, hierauf sich auf der Oberfläche des Blattes oder Stengels festsetzen und einen Keimschlauch treiben, der mit seiner Spitze die Oberhaut
der Pflanze durchbricht und in deren innerem Gewebe das Mycelium
des Schimmels entwickelt (Fig. 101b). Bisweilen treiben auch die Sporen
selbst unmittelbar einen Keimschlauch, der sich in das Mycelium verwandelt. Dies geschieht besonders häufig an der Oberfläche der Kartoffel-

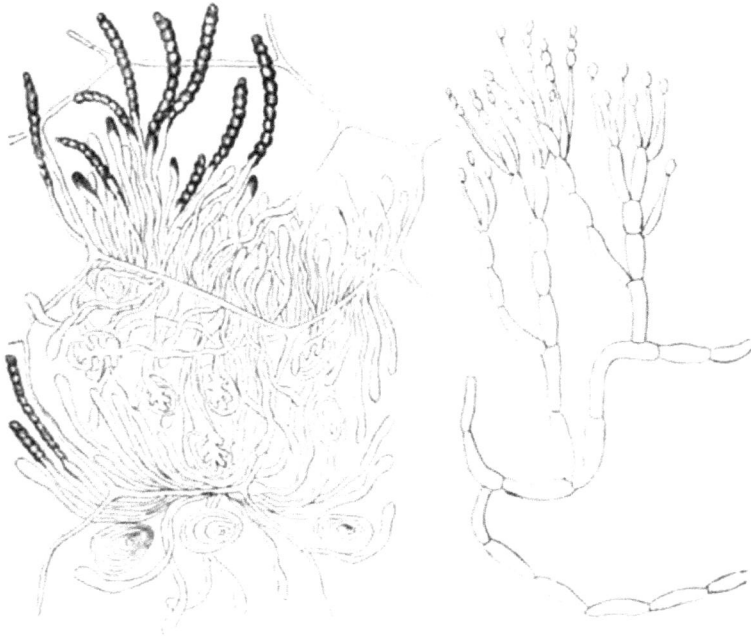

Fig. 102. Kartoffelschimmel.

knollen. In der Regel nämlich werden die Knollen dadurch krank, daß
die Sporen, welche von den mit den Schimmelräschen der Peronospora
besetzten Blättern abfallen, in den Boden und mit dem einsickernden
Regenwasser bis zu den Knollen geraten, an deren Oberfläche sie dann
keimen Fig. 102. Bei der ungemeinen Leichtigkeit dieser Sporen und der fabelhaften Menge derselben — ein von dem Schimmel befallenes Stengelstück von
zwei Zentimeter Länge vermag bis 15 000, ein Stückchen Kartoffelblatt
von einem Quadratmillimeter Größe über 3000 Sporen zu entwickeln! —
ist es leicht möglich, daß die Sporen durch den Wind überallhin verstreut
werden und daß eine einzige kranke Kartoffelpflanze ein ganzes Feld, ja
eine ganze Gegend anzustecken vermag (vgl. auch Fig. 103). Die Sporen

pflanzen aber den Pilz nicht von einem Jahre zum andern fort, denn
sie gehen durch die Winterkälte zu Grunde. Vielmehr wird der Pilz
durch das in den Knollen überwinternde Mycelium vom Herbst bis zum
folgenden Frühlinge erhalten. Nicht immer nämlich faulen die erkrankten
Knollen. Wenn bald nach der Ansteckung trockene Witterung eintritt
oder die infizierten Knollen schnell geerntet und trocken gehalten werden,
so schreitet die Krankheit nicht fort, das in den Knollen steckende Mycelium entwickelt sich nicht weiter, die erkrankte Stelle umgibt sich wohl
auch mit einer Korkschicht. Man kann aber aus solchen partiell erkrankten
Knollen, die sogar ganz gesund aussehen können, zu jederzeit des Winters
die Fruchtträger der Peronospora hervortreiben, wenn man die Knollen
angefeuchtet unter einer Glasglocke einer Temperatur von 19—25° C.
aussetzt. Das überwinternde Mycelium wächst im Frühling in die aus
der Knolle hervorkommende Pflanze hinein (wenn die Knolle in den
Boden gelegt wird) und mit derselben fort, ohne ihr zu schaden —
bis gegen die Zeit der Kartoffelblüte, wo sich dann plötzlich aus den
bis in die Blätter gedrungenen
Myceliumfäden die Frucht-
träger entwickeln; die Kraut-
fäule beginnt. Es ist nämlich
festgestellt, daß der in der
Pflanze steckende Pilz ihr erst
zur Zeit seiner Fruchterzeugung
nachteilig wird, eine Erscheinung, die man auch bei
andern parasitischen Pilzen beobachtet hat. Da durch an-
haltende Trockenheit oder durch

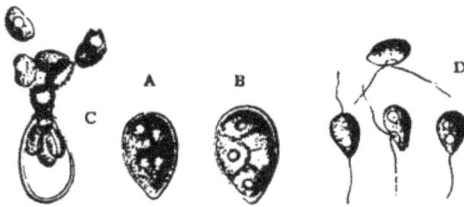

Fig. 103. Entwickelung der Sporen des Kartoffelpilzes.
A Die einfache Spore. B Teilung derselben in polyedrige
Stücke. C Austreten der letzteren. D Verwandlung in
Zoosporen (Schwärmsporen).

große Hitze sowohl die Sporen als das in den Knollen steckende Mycelium
vernichtet (d. h. ihrer Lebensfähigkeit beraubt) werden, so dürfte ein vor-
sichtiges Dörren der Saatkartoffeln, welches das etwa darin steckende
Mycelium tötet, ohne die Keimfähigkeit der Augen (Knospen) zu beein-
trächtigen, das sicherste Vorbeugungsmittel gegen die Krankheit sein.
Schließlich sei noch erwähnt, daß es wahrscheinlich ist, daß der Kartoffelpilz
aus Südamerika — der bekannten Heimat der Kartoffelpflanze — stammt
und irgend einmal zufällig mit kranken Knollen von dort oder aus Nordamerika nach Europa verschleppt worden sein mag; denn schon zur Zeit
der Eroberung Perus durch die Spanier haben die dort damals bereits
im großen Maßstabe und seit Jahrhunderten kultivierten Kartoffeln in
nassen Jahren häufig an Kraut- und Knollenfäule gelitten. Dafür spricht
auch die interessante Thatsache, daß es nicht gelungen ist, durch Übertragung der Sporen des Kartoffelpilzes auf die heimischen Arten der
Gattung Solanum, zu welcher die Kartoffelpflanze (Solanum tuberosum)
gehört, ein Erkranken des Laubes herbeizuführen, wohl aber auf mit der
Kartoffelpflanze nahe verwandte südamerikanische Arten (z. B. bei dem
Liebesapfel, S. Lycopersicum), wo die aus den Schwärmsporen hervorgegangenen Keimschläuche in derselben Weise, wie auf den Kartoffel-

blättern, in die Blätter eindringen und in deren Innerem ein Mycelium entwickeln.

Nun erzeugt der Kartoffelpilz nur Sommersporen; andre thun noch ein übriges und bringen auch noch Dauer- oder Wintersporen zutage. Die Bildung dieser Dauersporen ist ein höchst merkwürdiger Vorgang. Fig. 104 zeigt denselben bei Peronospora Alsinearum. Aus einem Myceliumfaden sproßt ein kurzer Zweig hervor, welcher an seiner Spitze eine große, mit einer feinkörnigen Masse (Protoplasma s. unten) dicht angefüllten Kugelzelle entwickelt. Hierauf wächst entweder aus demselben oder aus einem benachbarten Myceliumfaden ein ähnlicher Zweig hervor, welcher eine längliche kleinere Zelle an seinem Ende bildet. Letztere (Fig. 104 a, I) legt sich an die große Kugelzelle an, worauf aus ihr ein schnabelförmiger Fortsatz hervorwächst, welcher die Wandung der Kugelzelle durchbricht (Fig. 104 II). Infolge davon zieht sich der größte Teil des Inhalts der Kugelzelle kugelig zusammen und umgibt sich mit einer zarten Haut, die sich später verdickt. Nachdem hierauf aus dem noch übrigen Inhalt der kugeligen Mutterzelle sich noch eine zweite, die Tochterkugel (Fig. 104 III) umhüllende Haut gebildet hat, ist die Dauerspore fertig, welche innerhalb der wässerigen Flüssigkeit der Mutterzelle hängt und schließlich durch Auflösung der Haut der Mutterzelle frei wird. Der geschilderte Vorgang ist ein Zeugungsprozeß. Die kugelige Mutterzelle (Oogonium) muß als eine weibliche, die kleinere längliche als eine

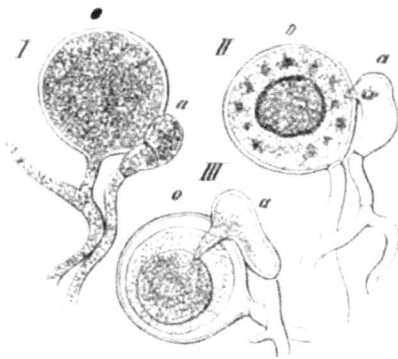

Fig. 104. Bildung von Oosporen von Peronospora Alsinearum.

männliche Zelle (Antheridium) betrachtet werden. Durch das Hineinwachsen des schnabelförmigen Fortsatzes des Antheridium wird die weibliche Zelle befähigt, ihren Inhalt zu einer keimfähigen Dauerspore umzubilden. Die auf solche Weise entstandenen Dauersporen werden Oosporen (Eisporen) genannt. Noch sei bemerkt, daß sich bei den betreffenden Peronospora-Arten die Oogonien nur innerhalb des Gewebes der Nährpflanze an dem hier schmarotzenden Mycelium entwickeln, niemals an Mycelzweigen, welche durch die Oberhaut der Nährpflanze hervorgetreten sind.

Ich will nun noch die unter Fig. 105 abgebildeten Schimmel erläutern. a ist der gemeine Brotschimmel (Aspergillus glaucus), b der gemeine Pinselschimmel (Penicillium crustaceum), vielfach auf verderbenden Fruchtsäften zu finden, c stellt den Erdährenschimmel dar, häufig auf schattigem, nassem Boden, d den Knaulschimmel (Botrytis vulgaris) von faulen Früchten und e eine häufig an Tannenstämmen vorkommende Schimmelart (Acremonium verticillatum).

Eine zierliche Gestalt besitzen die beiden auf dem Holzschnitt
fig. 106 dargestellten Schimmel, welche kleinen Bäumchen gleichen. Der
eine (a), in der Wissenschaft Acrostalagmus cinnabarinus genannt,
findet sich sehr häufig im Winter auf verfaulenden Kartoffeln, wo er
anfangs zinnoberrote, später ziegelrot werdende Häufchen bildet; der
andre (f), Brachycladium penicillatum genannt, wächst im Herbst in
großer Menge in rasenförmigen Kolonien auf abgestorbenen Pflanzen-
stengeln (g), z. B. auf den Stengeln des Mohns, der Malven und solchen
des Schöllkrauts. Bei beiden Arten sind sowohl die Fäden des Myceliums, als diejenigen, welche die Sporen erzeugen und tragen, aus aneinander gereihten Zellen zusammengesetzt. Die Sporen bilden sich bei

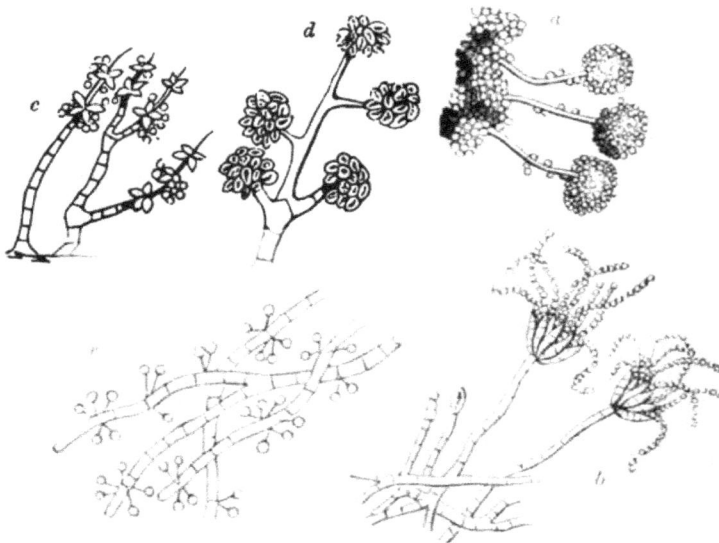

fig. 106. Brotschimmel, Pinselschimmel u. s. w.

dem roten Kartoffelpilze in kleinen, mit Schleim erfüllten, kugelförmigen
Blasen, welche sich an der Spitze der Endästchen des Sporenträgers entwickeln (b). Die Spitze eines jeden Ästchens endet nämlich mit einem
halbrunden Wärzchen (c), welches in die Kugel hineinragt. Aus diesen
Wärzchen entspringen Zellen, die sich zu Sporen ausdehnen (d). Der
Schimmel e gehört zu denjenigen Pilzen, welche mehrzellige Sporen besitzen. Eine jede der an den Enden und Seiten der Äste sitzenden, spindelförmigen Sporen besteht nämlich aus vier von einer gemeinschaftlichen
Hülle, der Mutterzelle, umschlossenen Zellen, so daß es aussieht, als wäre
ihr Inneres durch Querscheidewände in vier Fächer geteilt (h).

Ein höchst zierlicher Schimmelpilz ist endlich der genabelte Netzpilz
(Dictydium umbilicatum), den fig. 107 stark vergrößert darstellt. Derselbe erscheint im Winter nicht selten auf verrottetem Holze truppweise

als ein höchstens ein Millimeter hohes Pilzchen (a). Sein sehr feinfädiges Mycelium durchzieht das Holz, auf dem er wächst; sein über dessen Oberfläche emporragender Sporenträger ist ein mehrzelliger, fester, dunkelgefärbter Stiel, welcher sich nach oben allmählich zu einem kleinen hängenden, am Scheitel nabelförmig eingedrückten Köpfchen erweitert. Die Haut dieses Köpfchens besteht aus parallelen Zellenreihen, welche wie Stäbe eines Regenschirmes ausgespannt sind. Die im Innern des Köpfchens befindlichen, sehr zahlreichen Sporen werden nach erlangter Reife durch das Aufspringen des Köpfchens entleert und bedecken nun die ganze Umgebung des Pilzes als ein feines, rotbraunes Pulver.

Die Hautpilze sind lauter Schmarotzerpilze, sie verursachen den „Brand" und „Rost" des Getreides.

Ich darf als bekannt voraussetzen, daß die Landwirte mit dem Namen „Brand" eine Krankheit des Getreides bezeichnen, welche vor

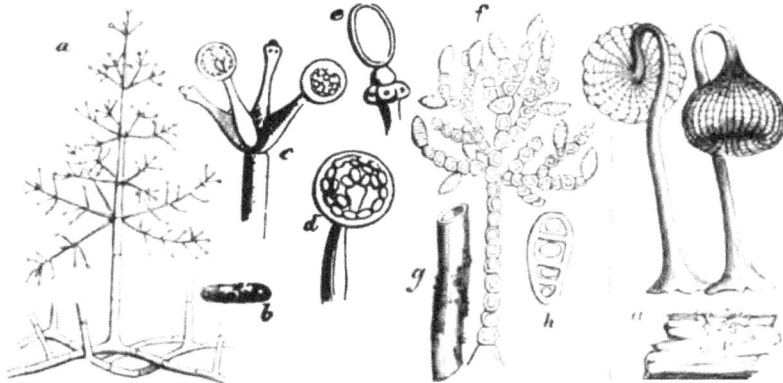

Fig. 106. Baumartiger Schimmel.   Fig. 107. Genabelter Netzpilz.

und während der Blütezeit meist unter der Form eines trockenen, dunkelbraunen oder schwarzen Pulvers erscheint, das zwischen den Blütenspelzen hervorquillt und zuletzt die ganze Ähre oder Rispe überzieht. Schüttelt man dieses Pulver ab, so bemerkt man, daß die Blütenteile gänzlich zerstört und bloß noch die Spelzen, zwischen denen die Blüten saßen, vorhanden sind. Dieser Brand, Flugbrand oder Rußbrand genannt, welcher am häufigsten bei Hafer und Gerste, seltener bei Weizen beobachtet wird, besteht aus den Sporen eines Brandpilzes (Ustilago Carbo). Zwischen den Sporen, von denen jede einen Kern erkennen läßt, bemerkt man unter dem Mikroskope feine Fäden, welche dem ursprünglich im Innern der befallenen Blütenteile verborgenen Mycelium angehören. Alle Brandpilze nämlich haben ein im Innern ihrer Nährpflanze eingeschlossenes Mycelium, während die Sporenhaufen nach Durchbrechung der Oberhaut der Nährpflanze an der Oberfläche erscheinen. Eine andre Art des Brandes kommt beim Weizen vor, der Schmier- oder Steinbrand, auch Stinkbrand, Tilletia caries, Faulbrand und Faulweizen genannt. Dieser im

Fruchtknoten der jungen Weizenblüte sich entwickelnde Brand, durch welchen das Innere des wachsenden Weizenkorns gänzlich zerstört wird, bildet zuletzt ein stinkendes (nach Heringslake riechendes), schmieriges, schwarzviolettes Pulver, welches das Innere des Korns anstatt des Mehles erfüllt. Unter dem Mikroskope Fig. 108—110 sieht man (bei 3—400facher Vergrößerung), daß jenes Pulver aus den Myceliumfäden und Sporen eines Brandpilzes (Tilletia Caries) besteht, und daß die Sporen aus zwei in-

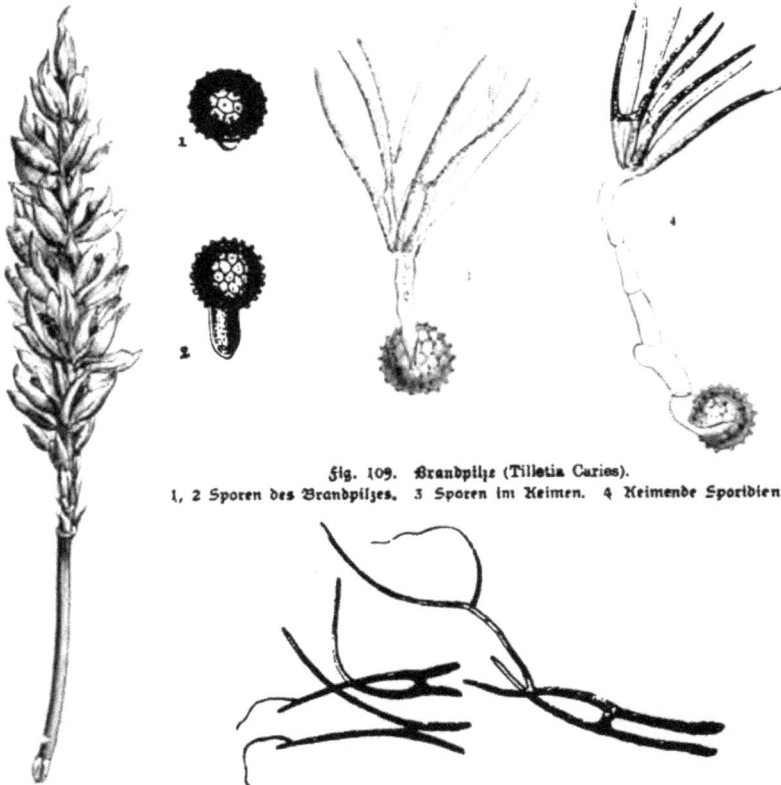

Fig. 109. Brandpilze (Tilletia Caries).
1, 2 Sporen des Brandpilzes. 3 Sporen im Keimen. 4 Keimende Sporidien.

Fig. 108. Weizenbrand.   Fig. 110. Keimende Sporidien von Tilletia Caries.

einander geschachtelten Häuten zusammengesetzt sind, von denen die äußere ungemein zart, von scheinbar zelligem Bau und bräunlich gefärbt, die innere dickwandig und weiß ist. Ein andrer Brandpilz zerstört die Blüten des Hirse (Ustilago destruens), noch ein andrer (U. Maydis) die Körner der Maiskolben, namentlich in den südeuropäischen Ländern, wo dieser Pilz oft große Verheerungen anrichtet.

Es wäre hier am Orte, die Bakterien zu besprechen, doch mögen diese im Kapitel über Gesundheitspflege ihren Platz finden.

In Bezug auf die Entstehung ihrer Zellen läßt sich im Vergleich mit der Sporenbildung der genannten Formen eine Gruppe einzelliger Organismen anschließen, die durch zeitweiligen fadenartigen Zusammenhang einen gewissen Übergang zu den höheren, den zusammengesetzten Pflanzen und Tieren bilden. Sie werden oft zu den Pilzen gezählt, aber auch mit dem Schimmel auf eine Stufe gestellt — wir wollen sie als Hefepilze bezeichnen oder als Gärungspilze, Saccharomyceten; sie sind es, die durch ihre Thätigkeit dem Menschen hohe Genüsse verschaffen; denn ohne sie gäb's weder Bier noch Wein; sie sind es also, die des Menschen Herz erfreuen und darum sicher einiges Interesse wert.

Es hat sich gezeigt, daß sie durch einige Schimmelarten gebildet werden können, sobald deren Vermehrungszellen (Sporen) unter Bedeckung gärungsfähiger Flüssigkeiten keimen. Fig. 111 gibt ein Bild von guter Bierhefe, Fig. 112 zeigt verschiedene Stadien von Hefezellen und -Arten. Alle Hefezellen vermehren sich durch Sprossung, indem aus der zuerst gebildeten Zelle (Mutterzelle) eine neue Zelle (Tochterzelle) hervorwächst, welche sich sehr bald durch Abschnürung von der Mutterzelle abtrennt und selbständig wird. Sehr häufig legen sich die Hefezellen, welche bei ihrem ersten Auftreten immer eine äußerst zarte Haut und einen schleimigförmigen Inhalt besitzen,

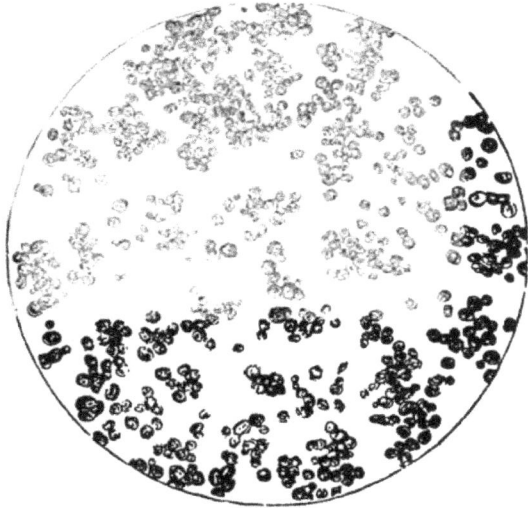

Fig. 111. Gute Bieroberhefe.

zu perlschnurförmigen Fäden oder Reihen aneinander (Fig. 112 II Bieroberhefe, III Essigoberhefe, IV Milchhefe). Jede Hefe besteht also lediglich aus Pilzzellen (Hefezellen), was man beim Essen von „Hefegebäck" wohl schwerlich ahnt. Was sollten Brauer und Bäcker wohl anfangen, wenn sich keine Hefen zu bilden vermöchten!

Aber nicht alle Gärungspilze verdienen die Achtung und Dankbarkeit der Menschen; es gibt auch solche, welche sehr lästig werden, indem sie durch ihre Bildung das Verderben andrer, für den Menschen wichtiger Flüssigkeiten herbeiführen. Dahin gehören diejenigen Gärungspilze, welche das Verderben des Himbeersirups und Fliederwassers, das Sauerwerden der Milch u. s. w. verursachen. Nach Professor Hallier treten von Schimmelpilzen erzeugte Zellen, wenn dieselben in gärungsfähige Flüssigkeiten geraten, nicht unmittelbar als Hefezellen auf, sondern entlassen vielmehr eine

Menge sehr kleiner Körnchen (Fig. 113a), welche meist mit eigentümlicher Bewegung begabt sind, Kernhefe (Micrococcus). Ist die Flüssigkeit zucker-haltig (z. B. Bierwürze), so blähen sich diese Körnchen auf, wobei sie ihre Bewegung verlieren, und verwandeln sich in Bläschen, welche sich durch Sprossung vermehren (Fig. 113b), es ist Sproßhefe (eigentliche Hefe, z. B. Bierhefe) entstanden, welche stark geistige Gärung erzeugt. War da-gegen die Flüssigkeit sauer oder zur Säure-bildung geneigt, so verwandelt sich die Kernhefe durch Streckung der Körn-chen in Gliederhefe (Fig. 113c), welche saure Gärung veran-laßt (Essighefe). Jede dieser Hefeformen soll in die andre über-gehen können, wenn der durch sie hervor-

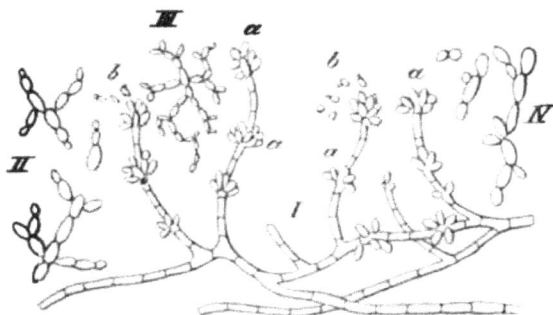

Fig. 112. Hefenerzeugung und Hefenarten.

gerufene chemische Prozeß sich ändert. So soll bei der Biergärung aus der Kernhefe der hereingeratenen Pilzsporen zuerst Sproßhefe (Cryptococcus oder Saccharomyces cerevisiae) entstehen. Ist der Prozeß der geistigen Gärung beendet und läßt man das Bier an der Luft stehen, so soll sich die Sproßhefe in Gliederhefe umbilden und dadurch das Sauerwerden des Bieres veranlassen. Bei noch längerem Stehenlassen des Bieres an der Luft sollen sodann die Gliederhefezellen kugelrund und durchsichtig werden und Kerne entlassen, welche neue Kernhefe bilden, worauf das saure Bier in Fäulnis übergeht. Wenn nämlich die Kernhefe sich nicht in eine der beiden andern Hefen-formen umzugestalten vermag, so soll sie stets Fäulnis veranlassen. In der That wimmeln alle faulenden Substanzen von solchen beweglichen Micrococcuskörnchen. Daß nun diese Gärungsprozesse, zumal die saure und faulige Gärung, wenn sie im

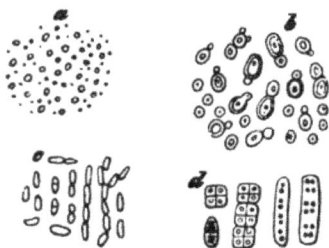

Fig. 113. Hefeformen.

Darmkanal von Tieren und Menschen infolge des zufälligen Genusses vieler hefeerzeugender Pilzsporen stattfinden, Krankheiten erzeugen müssen, ist selbstverständlich.

In Stengeln, Blattscheiden und Blüten findet sich der Roggen-brand (Polycystis occulta), welcher bisweilen auf Roggenfeldern auftritt und eigentümliche Drehungen des Stengels und der Blattscheiden veranlaßt.

Der Rost, Fig. 114, 115, 116, welcher unter der Form pulveriger Fleck-chen und Striche von gelblicher, rostroter und schwarzbrauner Farbe an den Blättern, Halmen und Spelzen der Getreidepflanzen und sonstiger Gräser

sowie an den Blättern und Zweigen vieler andrer Pflanzen (z. B. der
Hülsenfrüchte, der Rosensträucher, der Obstbäume) auftritt und Kränkeln
derselben, unter Umständen das Eingehen herbeiführt, besteht aus verschiedenen parasitischen Pilzen, die unter der Oberhaut der von ihnen
befallenen Pflanzen ihren Sitz haben und zuletzt die Oberhaut durchbrechen,
um ihre Sporen auszustreuen. Die bei den Getreidearten vorkommenden
Rostpilze gehören der Gattung Puccinia an. Die Arten dieser Gattung
erscheinen zuerst als längliche, etwas erhabene Fleckchen von weißlicher
Farbe an grünen Halmen, Blattscheiden, Blättern und Spelzen, welche
nichts andres als Auftreibungen der Oberhaut durch den darunter sich
entwickelnden Pilz sind. Unter jedem solchen Flecken befindet sich nämlich

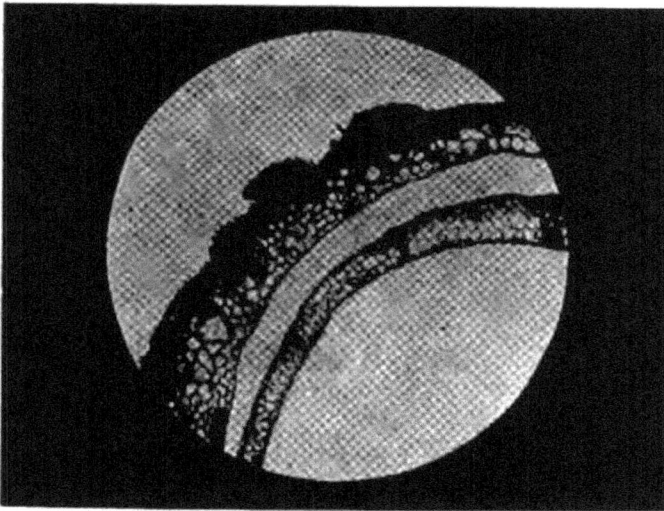

Fig. 114. Der Getreiderost (Puccinia graminis).
Nach einer Mikrophotographie von Dr. Burstert & Fürstenberg.

ein Häufchen feiner, durcheinander gewirrter Fäden, das Mycelium des
in der Entwickelung begriffenen Pilzes. Später färben sich diese Fleck-
chen gelb, und bald bricht aus ihnen eine Menge gestielter Sporen von
rostgelber Farbe hervor (Fig. 115a), welche nun pulverige Häufchen auf
der Oberfläche der Pflanze bilden. Während des Sommers vermehren
sich diese „Rosthäufchen" außerordentlich, besonders wenn die Witterung
feucht ist. Endlich, gegen Ende des Sommers oder im Herbst, färben
sich die Häufchen, Striche und Flocken braunschwarz, und die mikroskopische Untersuchung zeigt, daß sie nun aus ganz anders geformten, doch
ebenfalls gestielten Sporen zusammengesetzt sind, nämlich aus zweizelligen
Sporen von brauner Farbe (Fig. 115a). Diese Sporen gehören der
Gattung Puccinia an; mit ihrer Bildung schließt der Entwickelungsgang
des betreffenden Rostpilzes für das laufende Jahr ab.

Die Entwickelungsgeschichte dieser Getreiderostpilze ist überaus eigentümlich und wunderbar. Die Pucciniasporen überwintern und keimen im nächsten Frühlinge. Dann tritt aus einer, in der äußeren dickwandigen Haut jeder der beiden Zellen vorhandenen Öffnung ein zarter Schlauch hervor, welcher sich später verzweigt, indem er zarte Stielchen treibt (Fig. 115 b). Die Stielchen entwickeln an ihrer Spitze kugelige Sporen zweiter Ordnung, welche, sobald sie reif geworden sind, abfallen und keimen, wenn die dazu nötige Feuchtigkeit und Wärme auf sie einwirkt. Geraten dergleichen Sporidien auf ein Exemplar einer Pflanze, in welcher der Pilz sich weiter zu entwickeln vermag, so dringen ihre Keimfäden in das unter der Oberhaut gelegene Zellengewebe ein, indem sie die nach außen gekehrte Wandung der Oberhautzellen gewaltsam durchbohren (Fig. 115 c). Der eingedrungene Keimfaden, dessen draußen gebliebener Teil schnell zusammenschrumpft und vergeht, entwickelt nun im Innern der Nährpflanze ein Mycelium, welches bloß einen sehr geringen Raum einnimmt und rasch ein eigentümlich gestaltetes Sporenlager erzeugt. Dieses durchbricht gewaltsam die Oberhaut der Nährpflanze und erscheint nun als ein becherförmiger Körper von meist lebhaft rostgelber Farbe. Diese Form ist unter dem Namen Becherrost längst bekannt gewesen und für eine eigne Pilzgattung (Aecidium) gehalten worden. Die Innenfläche der Äcidien ist mit dicht nebeneinander stehenden Stielchen besetzt, welche Ketten von kugeligen oder eckigen,

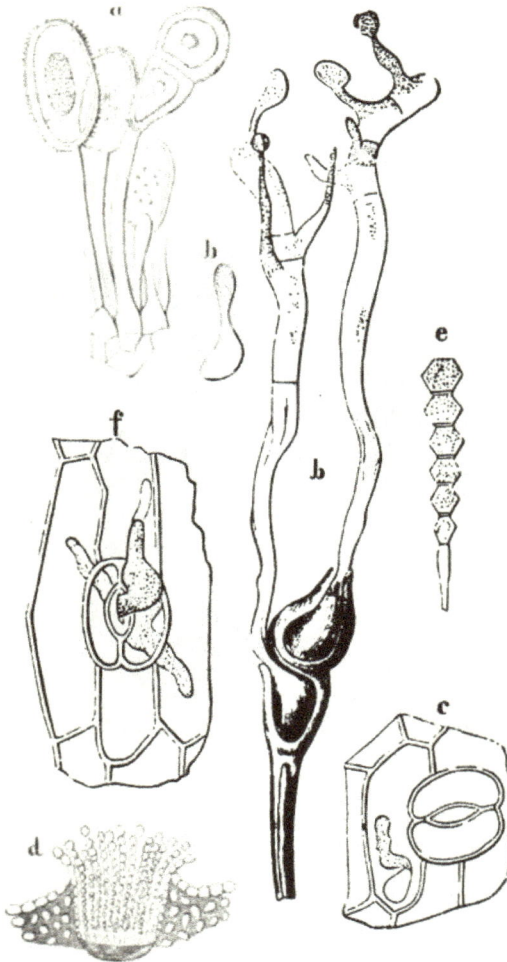

Fig. 115. Rostpilze.

gewöhnlich rostgelben Sporen tragen (Fig. 115 d, e). Auch die Äcidium-sporen keimen sofort, nachdem sie reif geworden und auf die betreffende Nährpflanze geraten sind; ihre Keimfäden dringen stets durch eine Spaltöffnung in die betreffende Nährpflanze ein. Hier entwickeln sich dieselben zu einem ebenfalls nur einen beschränkten Raum einnehmenden Mycelium, welches alsbald eine neue Fruktifikationsform erzeugt, die man im gewöhnlichen Leben als den eigentlichen Rost zu betrachten pflegt und welche in der Wissenschaft als vermeintlich eigne Pilzgattung den Namen Uredo erhalten hat. Ihr sich unter der Oberhaut der

Fig. 116. Berberitzen-Rostpilz (Aecidium Berberidis).
Nach einer Mikrophotographie von Dr. Burstert & Fürstenberg.

Nährpflanze entwickelndes Sporenlager ist ein aus dicht verfilzten Myceliumfäden bestehendes Polster, das auf seiner ganzen nach außen gekehrten Fläche fadenförmige Stielchen treibt, deren jedes eine einzige längliche oder runde Spore abschnürt (Fig. 115 a). Die Uredosporen keimen in ähnlicher Weise wie die Äcidiensporen; auch ihre Keimschläuche dringen nur durch die Spaltöffnungen in das Innere der Nährpflanze ein (Fig. 115 f), wo sie ein kleines Mycelium entwickeln, das nach sechs bis zehn Tagen ein neues Fruchtlager und zwar dieselbe Fruktifikationsform (Uredo) erzeugt. Dieser Vorgang wiederholt sich den ganzen Sommer hindurch. Durch die Uredosporen wird daher der Rost während des Sommers rasch und weit verbreitet. Gegen das Ende der Vegetationsperiode der betreffenden Nährpflanze erzeugen endlich dieselben Fruchtlager, welche bisher Uredosporen bildeten, die ebenfalls gestielten, dickwandigen, braunen, zweizelligen Pucciniasporen, welche überwintern. — Die Rostpilze der Gattung Puccinia bringen folglich dreierlei Fruchtformen hervor: 1. Aecidium, Fig. 116, 2. Uredo, 3. Puccinia, Fig. 114. Das Merk= würdigste hierbei ist aber die Thatsache, daß diese drei ganz verschiedenen Fruchtformen nicht auf einer, sondern auf zwei spezifisch ganz verschiedenen Nährpflanzen vorkommen. So haben die zahlreichen Beobachtungen und Ein= impfungsversuche von Tu= lasne, Kühn und De Bary ergeben, daß die Äcidien des gemeinen Streifenrosts des Weizens und andrer Gräser sich nur auf den Blättern des Sauerdorns (Berberis vulgaris) finden, während die aus deren Sporen hervorgegangene Uredoform (Uredo linearis) und die zuletzt daraus ent= stehenden Pucciniasporen (Puccinia graminis) nur auf dem Weizen und andern Gräsern zu leben vermögen. Es ist folglich an der alten, oft verspotteten Behaup= tung mancher Landwirte, daß der Sauerdorn den Weizen rostig mache und deshalb in der Nähe der Weizenfelder nicht geduld= det werden dürfe, etwas Wahres.

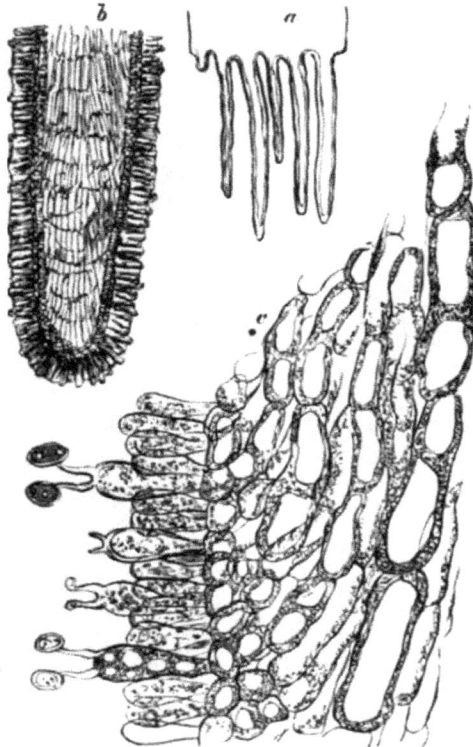

Fig. 117. Sporenbildung zwischen den Blättern des Champignons (Agaricus campestris).

Der Leser wird nun fragen, wo bleiben denn die Pilze, die wir immer als solche bezeichnet haben? Sie bilden eine Gruppe, die Basidio= myceten.

Das Mycelium kriecht in Form zarter weißer Fadengeflechte zwischen Laub= oder Nadelblattresten hin, und der Teil, welcher gewöhnlich als Pilz bezeichnet wird, ist nichts andres als der Fruchtkörper oder Frucht= träger, d. h. er hat die Aufgabe, Sporen zu bilden. Man glaubte diese Fruchtkörper für geschlechtlich entstandene Sporenfrüchte halten zu müssen; indessen haben sorgfältige Untersuchungen gezeigt, daß sie einfach durch Auswachsen einzelner Teile des Myceliums hervorgehen. Die Art der

Sporenbildung wird auch sofort zeigen, wie nahe sie den Rostpilzen stehen, trotz äußerer Unähnlichkeit. Das Sporenlager, welches sich an einem Teil der Oberfläche oder auch im Innern des Fruchtkörpers befindet (Herrenpilz), besteht aus sporenabschnürenden Basidien, d. h. Sporenträgern, vgl. Fig. 117c. Dahin gehören alle unsre als Leckerbissen bekannten eßbaren Pilze, Steinpilz, Champignon, Reizker, Gelbhähnchen, aber auch die gefürchteten Giftschwämme, wie der Fliegenpilz, der Satanspilz, auch der Hausschwamm u. s. w.

Fig. 117 zeigt bei a einige senkrecht der Quere nach durchschnittene Blätter vom Hute des Champignons (Agaricus campestris) schwach vergrößert, bei b den Durchschnitt einer solchen Lamelle stärker vergrößert, wo die Lagerschicht bereits deutlich zu sehen ist, bei c ein kleines Stückchen des Lagers und des angrenzenden inneren Gewebes in 550facher Vergrößerung. Die keulenförmigen Schlauchzellen, welche die Spore entwickeln, sind die Basidien (Träger), die dazwischen stehenden kürzeren werden Saftschläuche (Paraphysen) genannt.

Manchen Feinschmecker wird es interessieren, den Bau der Trüffeln kennen zulernen. Diese besitzen ein weit umherkriechendes Mycelium, welches zahlreiche Fruchtkörper von sehr verschiedener Größe und Gestalt erzeugt (Fig. 118). Die Trüffeln sind schwarzbraun und äußerlich überall

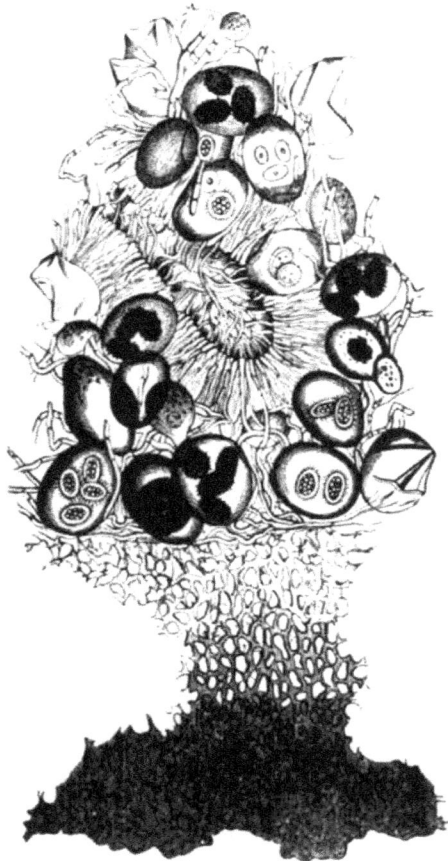

Fig. 118. Bau der Trüffel.

mit warzenförmigen Hervorragungen besetzt. Auf dem Durchschnitte sehen sie ebenfalls braun aus, allein die braune Masse ist von weißen oder gelblichen, sich vielfach verästelnden Linien durchzogen. Die weißen Linien oder Streifen rühren von mit Luft erfüllten Höhlungen oder Kanälen her, welche das dunkel gefärbte Gewebe durchziehen und von kleinen, parallel nebeneinander liegenden, wasserhellen Fadenzellen umgeben sind (Fig. 118). Dazwischen befinden sich die blasenförmigen Sporen-schläuche — mit den eigenartig gestalteten Sporen — welche an dem Ende von fadenförmigen Zellenreihen zur Entwickelung gelangen, die aus dem braunen Zellgewebe der äußeren Schicht nach dem lockeren Innern zu wachsen.

Die Trüffeln brauchen fette Lauberde unter Gebüsch und finden sich besonders häufig in Frankreich (im Distrikt Périgord), und Italien; weniger häufig werden Trüffeln in Böhmen gefunden. Zur selben Gattung, den Schlauchpilzen gesellen sich die Meltaupilze (Erysiphe), die in Form mehlartiger Häufchen an der Oberfläche der Pflanzen als Überzug auf-treten. Ihrem Erscheinen folgen Erkranken und Absterben der befallenen Pflanzenteile; unter Umständen können ganze Felder der verderblichen

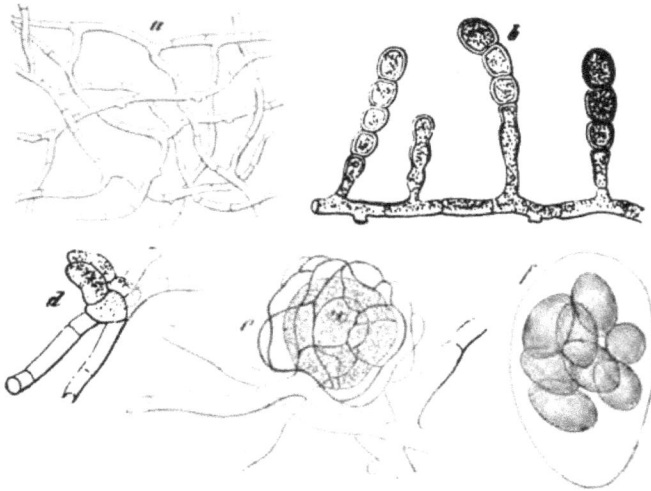

Fig. 119. Meltau.

Wirkung dieser Schmarotzer zum Opfer fallen. (Tabak zeigt oft helle Flecken, die durch die Wirkung der Meltaupilze entstanden sind.)

Die Entwickelungsgeschichte dieser verderblichen Pilze ist sehr interessant. Abweichend von den geschilderten Schmarotzerpilzen haftet das aus ge-gliederten und verzweigten Fäden bestehende Mycelium des Meltau-schimmels (Fig. 119a) an der Oberfläche der befallenen Pflanze, indem es sich mittels einzelner warzenartiger Auswüchse (Fig. 119b) an dieselbe befestigt. Wahrscheinlich dienen jene Warzen als Saugorgane, durch welche die Säfte aus der Nährpflanze ausgesogen werden. Aus dem netzartigen Gewebe des Myceliums wachsen bald zahlreiche keulenförmige, mit einem krümlichen Schleim erfüllte Schläuche, die sich rasch in Reihen kugeliger Zellen verwandeln (Fig. 119b). Letztere, sogenannte Conidien, vermögen sofort zu keimen und neue Mycelien zu entwickeln; durch sie vermehren sich daher die Meltaupilze während des Sommers bei günstiger (d. h. feuchtwarmer) Witterung unglaublich rasch. Später, gegen das Ende der Vegetationsperiode, bilden sich auch Sporenkapseln. Diese sind das Produkt einer geschlechtlichen Zeugung. An der Kreuzungsstelle zweier Myceliumfäden bilden sich Anschwellungen, jeder treibt eine kurze, aufrechte Aussackung (Fig. 119 d). Die vom unteren Faden entsprungene, sich oval gestaltende wird zur Eizelle, die aus dem oberen Faden hervorgewachsene, kleiner bleibende, mehr walzenförmige, legt sich an erstere an und befruchtet dieselbe hierdurch, weshalb sie als männliches Organ betrachtet werden muß. Es wachsen nun unterhalb der befruchteten Eizelle aus deren Tragfaden acht bis neun stumpfe Schläuche hervor, welche, fest aneinander geschmiegt, die Eizelle überwachsen, über deren Scheitel zusammenstoßen und sich durch Querteilung in Reihen von Zellen verwandeln (Fig. 119 e). So entsteht die äußere zellige Wandung der Sporenkapsel. Die Eizelle wird mittlerweile größer, bildet im Zentrum eine neue Zelle und in deren Umgebung eine Anzahl kleinerer, welche zur inneren Wandung des Perithecium werden. Die zentrale Zelle dehnt sich hierauf entweder unmittelbar zu einem einzigen Sporenschlauch aus oder erzeugt durch Teilung mehrere Sporenschläuche, welche sich blasig gestalten und meist acht längliche, einzellige, farblose, in zähen Schleim eingebettete Sporen enthalten (Fig. 119 f). Die äußere Kapselwand treibt bei vielen Meltauformen haarförmige Auswüchse (Fig. 120) und färbt sich immer braun.

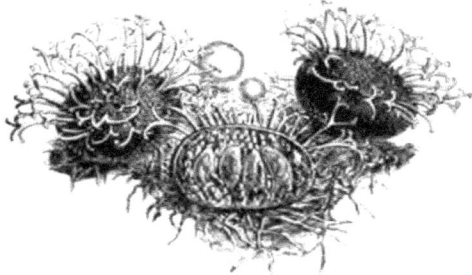

Fig. 120. Sporenkapseln des Meltaupilzes (Erysiphe).

Deshalb erscheinen die meltauartigen Überzüge auf der Oberfläche der befallenen Pflanzen nach der Ausbildung der Sporenfrüchte wie mit schwarzen Punkten oder Knötchen besät. Endlich platzt die Wandung, und die Sporenschläuche quellen aus dem Risse hervor, worauf sie die Sporen entlassen. Letztere überwintern und erzeugen im nächsten Frühlinge auf solchen saftigen Pflanzenteilen neue Mycelien. Vom Meltau haben zwar fast alle Pflanzen, selbst Bäume, zu leiden, insbesondere aber die Hülsenfrüchte (Erbsen, Wicken, Linsen, Puffbohnen, Luzerne, Klee), die Gurken, Kürbisse, Melonen, der Flachs und die Kardendistel. Wegen des meist plötzlichen Auftretens dieses gefährlichen Schmarotzerpilzes glaubt der Unkundige, er sei aus der Luft auf die Pflanzen herabgefallen; daher der Name Meltau.

Mit dem gemeinen Meltau nahe verwandt ist der Traubenpilz (Erysiphe Tuckeri, früher Oidium Tuckeri), die Ursache der berüchtigten Traubenkrankheit, welche in den fünfziger und noch in den ersten sechziger Jahren furchtbare Verwüstungen in den Weinbergen und Weingärten des westlichen und südlichen Europas, auch in Südtirol und Ungarn,

besonders aber auf Madeira, wo fast sämtliche Weinberge durch sie total
vernichtet wurden, angerichtet hat und daher gleich der Kartoffelkrankheit
als eine wahre Geißel jener weinproduzierenden Länder aufgetreten ist.

Der Pilz wurde 1845 in den Treibhäusern zu Margath in England
durch den Gärtner Tucker entdeckt. Das Mycelium dieses Pilzes pflegt
zunächst an Blättern und Reben zu erscheinen, wo es in der Regel wenig
Schaden anrichtet. Bald zeigt es sich aber auch an den Beeren, welche
einseitig stark zusammengezogen werden, infolge davon aufplatzen, so daß
die Körner heraustreten und dann rasch vertrocknen oder — bei nassem
Wetter — verfaulen. Die Myceliumfäden sind nämlich mit großen gelappten Haftorganen versehen (Fig. 121 h). Diese färben sich bald braun
und rufen auch in den von ihnen bedeckten Zellen der Beere oder der
Blätter und Reben eine braune Färbung hervor, weshalb sich an den
Beeren u. s. w. braune Flecken bilden. Gewöhnlich werden die Beeren
ergriffen, die noch jung sind, solche mit zarter Schale und sehr saftigem

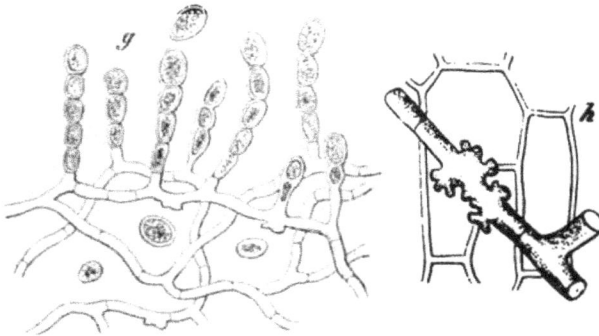

Fig. 121. Traubenpilz.

Fleische vorzugsweise und rascher, als solche mit dicker Schale und festem
Fleische. Ganz wie der gemeine Meltau treibt auch der Traubenpilz aus
seinem Mycelium zahlreiche aufrechte Schläuche, welche sich in Reihen von
Conidien verwandeln (Fig. 121 g), durch die sich auch dieser Parasit während
des Sommers sehr rasch zu vermehren und weit zu verbreiten vermag.

Aus dem großen Heere der Kernpilze will ich noch den Mutterkornpilz (Claviceps purpurea) hervorheben und genauer schildern. Man
hat das schmutzig violett gefärbte Mutterkorn, welches giftige Eigenschaften besitzt und zu medizinischen Zwecken benutzt wird, lange Zeit für
eine Entartung der Körner des Roggens und der übrigen Gräser gehalten, obgleich schon sehr frühzeitig erkannt worden ist, daß die Mutterkornbildung von Pilzen begleitet sei. Ja, der ältere De Candolle er-
klärte das Mutterkorn selbst für einen Pilz. Lange Zeit wußte man aber
nicht, wohin das Mutterkorn zu stellen sei; dies wurde im Jahre 1851
von dem französischen Pilzforscher Tulasne entschieden. Derselbe sprach
die Vermutung aus, daß die Keimschläuche der Clavicepssporen in
die Roggenähren eindringen und hier die Bildung des Mutterkorns

veranlaſſen möchten. Dieſe Vermutung iſt beſtätigt worden (1863), indem
es gelang, durch Übertragung von Clavicepsſporen in Roggenähren die
Mutterkornbildung künſtlich hervorzurufen. Der Vorläufer der Mutter-
kornbildung iſt die unter dem Namen Honigtau des Roggens den
Landwirten längſt bekannte, aber oft überſehene Erſcheinung. Um die
Zeit der Roggenblüte dringt nämlich aus manchen Ähren eine klebrige,

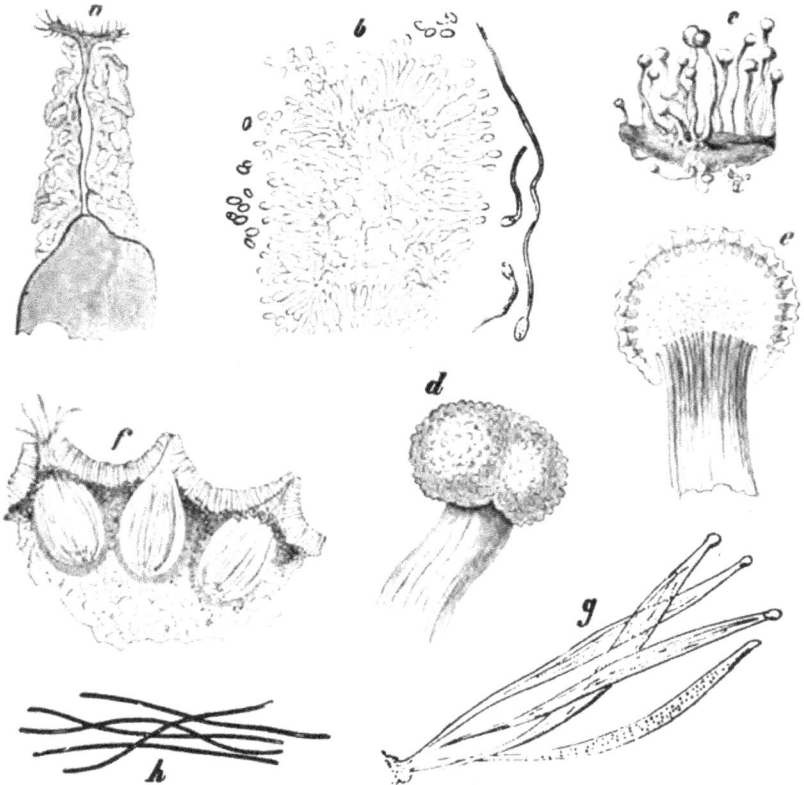

Fig. 122. Mutterkornpilze.

widerlich ſüße, übelriechende Flüſſigkeit hervor und bildet an der Ähre
Tropfen, läuft wohl auch am Halme herab. Dieſelbe wimmelt von länglichen Pilzzellen und iſt eine Ausſchwitzung aus dem Mycelium des in
der Ähre bereits vorhandenen Pilzes, welcher als ein weißer Schimmel-
überzug des Fruchtknotens der Roggenblüte erſcheint. Man hat dieſen
Pilz ſchon lange gekannt und ihn für einen eigentümlichen Schimmel
gehalten. Er beſteht aus eng verflochtenen Fadenzellen, deren Endzweige
an der Oberfläche der Schimmelſchicht in aufrechter Stellung dicht neben-

einander ſtehen, zarte Stielchen (Baſidien) bildend, welche jene länglichen
Zellen abſchnüren, die ſich oft maſſenhaft in dem ſogenannten Honigtau
finden. fig. 122 b zeigt ein kleines Stückchen des Schimmels nebſt iſolierten
und keimenden Styloſporen oder Conidien. Jene länglichen Zellen vermögen nämlich zu keimen und die Sphacelia zu vermehren und zu verbreiten. Dabei mögen ſowohl der Wind, welcher die Conidien fortweht,
als Inſekten, welche den ſüßen Honigtau lecken und ſpäter andre Ähren
beſuchen, eine vermittelnde Rolle ſpielen.

Die Sphacelia hat das Beſtreben, ſich aufwärts auszubreiten. Sie
bildet unter gleichzeitiger Zerſtörung des eigentlichen Roggenkornes allmählich einen die Länge der Blütenſpelzen überragenden, ſchmutzigweißen,
weichen, ſchmierigen Körper, deſſen Oberfläche dicht mit Baſidien beſetzt
erſcheint (fig. 122 a). Allmählich verändern ſich die dieſen Pilzkörper
zuſammenſetzenden Myceliumfäden und zwar von der Baſis des Körpers
an. Sie ſcheiden ſich nämlich in kurze Glieder und bilden, indem die
äußeren eine erſt rötliche, dann violette färbung annehmen, eine von
dem weißen Innern ſcharf abgegrenzte Rindenſchicht. So entſteht aus
der Sphacelia allmählich das eigentliche Mutterkorn, das Sclerotium
(fig. 122 a). Das an deſſen Spitze gewöhnlich vorhandene bräunliche,
leicht ablösbare Mützchen iſt der letzte Reſt der nach oben gedrängten
Sphacelia. Als Sclerotium verharrt nun der Mutterkornpilz unverändert
bis zum nächſten Jahre. Zur Reifezeit des Roggens fallen die Mutter-
körner aus den Ähren heraus und können ſo auf und in den Boden
geraten. Sehr viele gehen gewiß immer durch Verweſung zu Grunde,
wenn ſich Schimmelpilze auf ihnen anſiedeln. Unter günſtigen Verhältniſſen bricht aber aus ſolchen im Boden liegenden Mutterkörnern nach
durchſchnittlich hundert Tagen die Claviceps purpurea in Menge hervor
(fig. 122 c). Jedes der zierlichen Pilzchen, deren Hut gelblich gefärbt
iſt, während der Stiel eine violettrote farbe beſitzt, iſt ein beſonderer
fruchtkörper, indem unter jedem der zuletzt durchbohrten Wärzchen, mit
welchen die Oberfläche des Hutes bedeckt iſt (fig. 122 d), ſich ein flaſchen-
förmiger Hohlraum mit einer großen Anzahl langer Sporenſchläuche befindet (fig. 122 e, f), von denen ein jeder acht außerordentlich dünne
und zarte fadenförmige Sporen enthält (fig. 122 g, h).

Indem die Schläuche ſich zuletzt an ihrer Spitze öffnen, vermögen
die Sporen aus ihnen zu entweichen, worauf ſie durch die in der Warze
befindliche Öffnung des flaſchenförmigen Behälters ins freie gelangen.
Beim Keimen treiben dieſe Sporen äußerſt feine fäden, welche wahrſcheinlich in die blühenden Roggenähren eindringen.

*　　*　　*

Mitten hinein in die Schlauchpilze gehört nun eine Pflanzenform,
die ihnen kaum ähnlich ſieht und den Naturforſchern viel Kopfzerbrechen
verurſacht hat, bevor es ihnen gelang, die Natur derſelben zu entdecken:
das ſind die flechten (Lichenes).

Vielleicht iſt nicht recht bekannt, was „flechten" ſind. Die Volks-
ſprache kennt wenigſtens dieſes Wort als Benennung einer Pflanzen-

gruppe bis jetzt noch nicht und versteht unter „Flechten" entweder etwas Geflochtenes oder jene häßliche Hautkrankheit, welche schon so manches schöne Gesicht verunstaltet hat. In der That ist die Ähnlichkeit, welche gewisse Arten derjenigen Sporenpflanzen, die in der Wissenschaft „Flechten" genannt werden, in ihrer äußeren Erscheinung mit dem gleichnamigen Hautübel haben, die Ursache gewesen, daß man jene ganze Pflanzenklasse mit dem Namen dieser Krankheit belegt hat.

Jeder hat gewiß schon oft die dotter- bis orangegelben Flecken ge-sehen, welche die Stämme aller älteren Bäume bisweilen in großer

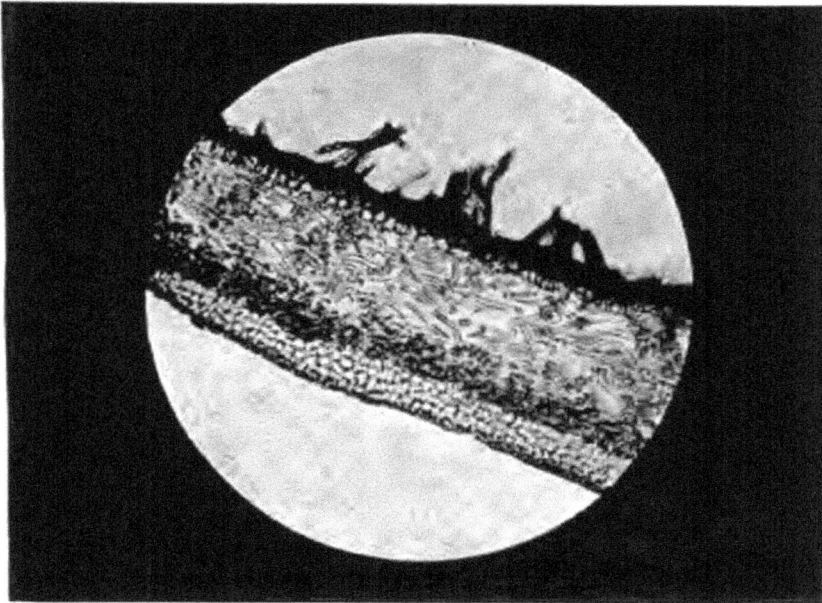

Fig. 123. Flechtenlager von Sticta fuliginosa.
Nach einer Mikrophotographie von Dr. Burstert & Fürstenberg.

Menge bedecken, aber fast immer bloß an einer Seite, nämlich an der-jenigen, welche den feuchten Luftströmungen am meisten und häufigsten ausgesetzt ist, d. h. bei uns an der Nord- und Westseite. Hat man sich einmal die Mühe genommen, diese Flecken näher zu untersuchen, so wird man bemerkt haben, daß dieselben von einem der Rinde fest aufgedrückten, rundlichen, am Rande zierlich gelappten, sonst faltigen oder runzeligen Laube herrühren, auf dessen Oberfläche in der Mitte sich zahlreiche kleine zierliche Schüsselchen befanden. Dieses Gebilde ist eine Flechte, und zwar die gemeine Wandflechte (Physcia parietina), eine der allergemeinsten und über die ganze Erde verbreiteten Flechten, die man in unsern Gegen-den namentlich an den Stämmen der italienischen Pappeln in ungeheurer Menge finden wird. Fig. 124 stellt diese wegen ihrer schönen gelben Farbe

7*

sich schon von fern ankündigende Flechte in natürlicher Größe dar. Man
wird vielleicht an demselben Stamme, den diese schöne Flechte bewohnt,
noch mehrere andre ganz ähnlich gestaltete Gebilde, nur von andrer
Farbe und andrer Zerteilung des Laubes, gewahren, und noch andre
kann man an Felswänden, an Mauern, Planken, Zäunen, auf Schindel-,
Stroh- und Ziegeldächern finden. Alle diese Gebilde sind Flechten, und
zwar Laubflechten, so genannt, weil ihr Körper in Form eines gelappten Laubes ausgebildet ist. Wer kennt ferner nicht das isländische
Moos (Cetraria islandica), welches schon so manchem Brustkranken Erleichterung und Heilung verschafft hat? Auch dieses ist eine Flechte, aber
eine Strauchflechte. So nennt man nämlich diejenigen Flechten, deren
Körper unter der Form eines kleinen aufrechten, vielfach verästelten

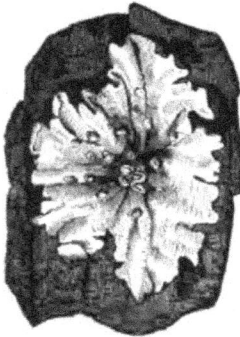

Fig. 124. Wandflechte.

Fig. 125. Renntierflechte.

Strauches erscheint. Fig. 125 zeigt uns eine andre Strauchflechte, und
zwar eine der gemeinsten, die man überall auf Heideboden, in der Ebene
wie auf den Gebirgen, finden kann. Es ist das bekannte Renntiermoos
(Cladonia rangiferina), eine Flechte, die ihren Namen deshalb erhalten
hat, weil sie in den Polargegenden den Renntieren, jenen so überaus
nützlichen Geschöpfen, welche den Bewohnern der Polarzone unentbehrlich
sind, vorzugsweise als Nahrung dient. Zu derselben Gattung gehören die
zierlichen grünlichgrauen Becher, welche der Leser gewiß schon oft auf
alten Lehmmauern bemerkt haben wird, sowie die korallenartigen, weißgrauen, oft mit kleinen, oberseits graugrünen Blättchen besetzten Zwerg-
sträuchlein, deren Gipfelästchen sich ebenfalls becher- oder trompetenförmig
erweitern und am Rande mit bald braunen, bald schön roten Köpfchen
besetzt sind, Flechten, welche besonders auf feuchter Erde in Gebirgs-
gegenden häufig wachsen und von den Bewohnern des Riesengebirges,
des Harzes, der Sächsischen Schweiz, des böhmisch-lausitzischen und andrer
Gebirge Deutschlands nebst Preißelbeerzweigen vorzüglich gern zur Ver-

zierung der sogenannten „Mooskränze" benutzt zu werden pflegen, die der Hauptsache nach meist aus der Renntierflechte gemacht sind. Endlich werden dem geehrten Leser auch die weißgrauen ehrwürdigen Bärte, welche von den Ästen alter Fichten und Tannen, besonders in Berg- wäldern, herabhängen und jene Bäume oft in höchst malerischer und phantastischer Weise schmücken, gewiß nicht entgangen sein. Auch diese rühren von einer Flechte, einer Bartflechte, her. So nennt man näm- lich Flechten mit strauchartig verzweigtem Körper, deren Stämme und Äste fadenförmig sind und so wenig Festigkeit besitzen, daß sie sich selbst aufrecht nicht erhalten können, sondern herab- hängen. Fig. 126 stellt ein Stückchen der ge- meinen Bartflechte (Usnea barbata) vor, die man in allen Wäl- dern, besonders Nadel- wäldern, finden kann und auch oft an Obstbäumen bemerken wird.

Um den Bau der Flechten zu verstehen, muß man sich an die Hyphen der echten Pilze erinnern. Diese sind vorhanden und bilden ein Gewebe, d. h. sie flechten sich durcheinander, und so entsteht der Thallus, die Scheibe. Die grüne Farbe rührt aber von Algen her, welche zwi- schen den Pilzfäden

Fig. 126. Bartflechte.

leben; die Algen sind die Nährpflanzen, die Fäden die Schmarotzer, beide helfen sich aber gegenseitig: denn die Algen geben Sauerstoff ab, die Pilze nehmen ihn auf; die Pilze geben Kohlensäure ab, welche die Algen in ihrem Innern zerlegen, assimilieren; so leben beide zusammen, jedes abhängig vom andern.

Eigenartig ist die lange Lebensdauer und Lebensfähigkeit der Flechten. Das beruht darauf, daß ihre Zellen aus einem viel weniger vergänglichen Stoffe als die Pilze bestehen und die Fähigkeit besitzen, selbst nachdem sie bereits aus Mangel an Feuchtigkeit gänzlich vertrocknet sind und jahre- lang in diesem Zustande verharrt haben, wieder fortzuleben und ihre Lebensthätigkeit fortzusetzen, sobald sie mit Wasser in Berührung kommen. Dieses saugen nämlich die zusammengefallenen Flechtenzellen begierig auf

und dehnen sich infolge davon aus, um ihre ursprüngliche Form wieder
anzunehmen. Daher erscheint die Flechtenvegetation während des Sommers,
besonders in solchen Gegenden der Erde, wo es in dieser Jahreszeit nicht
regnet, wie tot, indem der Flechtenleib zusammengeschrumpft und oft so
ausgetrocknet ist, daß er sich zu Staub zerreiben läßt; allein der erste
Regen erweckt sie wieder aus ihrem Scheintode zu neuem, freudigem
Leben. Weil die Flechten gänzlich auf die Feuchtigkeit der Luft angewiesen sind, so vegetieren sie im Winter, in den Tropenzonen während
der Regenzeiten am kräftigsten. Die Mehrzahl derselben erreicht ein

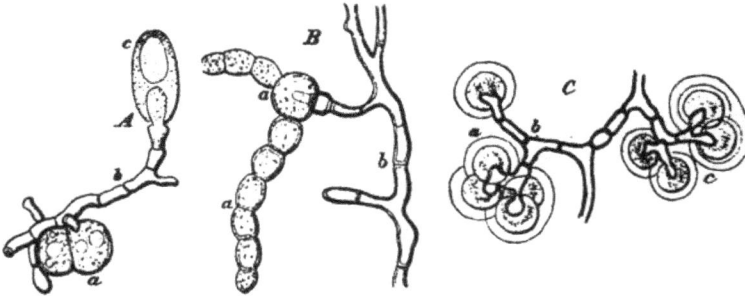

Fig. 127. Algen, welche wie Conidien von Flechten erscheinen.

A. Physcia parietina, a Conidien, b Hyphen, den Pilzfäden entsprechend, c Keimspore im
Innern (Protococcus viridis).

B. Physma chalaganum tritt mit dem Pilzfaden b in einen Nostocfaden a ein.

C. Synalissa symphorea, a Conidien (Gloeocapsa), b Thallus, aus Hyphen bestehend.

hohes Alter, ja das Alter mancher auf Felsen (namentlich auf sogenannten erratischen Blöcken) wachsenden Krustenflechten mag Jahrtausende betragen.

Die Moose.

Eine Schilderung der Moose könnte ich mir ersparen. Wer kennt
sie nicht, die zierlichen Pflänzchen, welche in weichen Polstern Baum-
stämme und Felsen, Strohdächer und Lehmmauern, den Boden der
Wälder und die schwankende Oberfläche der braunen Moore bedecken?
Da fällt mir aber ein, daß man im Alltagsleben gar vieles „Moos"
nennt, was kein Moos ist, dagegen andres, was wirklich zu den Moosen
gehört, nicht als solches anerkennen will. Der Laie zählt sämtliche
Strauch- und Bartflechten zu den Moosen, daher die Benennungen
Isländisches Moos, Renntiermoos, Bartmoos u. s. w. Der Laie versteht
eben unter „Moos" alle kleinen, in Büscheln oder Polstern wachsenden
Pflanzen, an denen er keine Blüten wahrnehmen kann. Demgemäß
rechnet er zu den Moosen außer jenen Flechten und Algen auch noch
verschiedene Bärlappe, und früher zählte man hierzu selbst Samenpflanzen, wenn sie klein waren, büschelförmig wuchsen und zufälligerweise
nicht blühten oder sehr kleine, unscheinbare Blüten besaßen.

Die Moose sind jedoch der Mehrzahl nach mit Blättern begabte Sporengewächse. Da aber die Natur niemals Sprünge macht, sondern die verschiedenen Abteilungen des Pflanzenreiches durch Mittelbildungen verknüpft sind, so gibt es auch eine Anzahl Moose, deren Körper nicht als ein beblätterter Stengel, sondern in Form eines gelappten Laubes ausgebildet erscheint. Auch jene Moose, bei deren Körper sich die Formen der Laubflechten und der häutigen Tange wiederholen, unterscheiden sich von diesen durch eine viel höhere innere Organisation ihres Körpers, durch das Vorhandensein eines doppelten Geschlechtsapparats, dessen Thätigkeit die Frucht erzeugt, welche in ihrem Innern die Sporen entwickelt. Die Frucht der Moose ist nämlich eine viel vollkommenere Bildung als das, was man bei den Algen, Flechten und Pilzen mit „Frucht" benennt. Sie besteht aus einer anfangs geschlossenen Hülle von

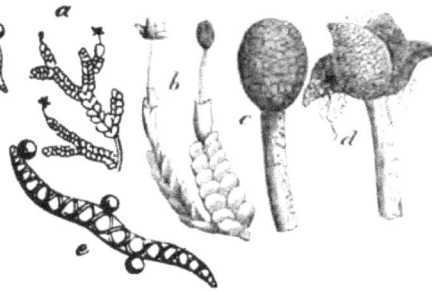

Fig. 128. Laubartiges Lebermoos. Fig. 129. Beblättertes Lebermoos.

Zellgewebe, welche sich nach der Reife der Sporen in bestimmter Weise öffnet und oft eine große Ähnlichkeit mit Kapselfrüchten der Samen-pflanzen hat.

Die Moose zerfallen in Lebermoose und Laubmoose. Die Leber-moose sind meist sehr zart gebaut und zierlich gestaltet, nicht selten bilden sie kleine Pflänzchen von schön grüner, wohl auch rötlicher und blaugrüner Farbe, welche an feuchten, schattigen Orten, an triefenden Felswänden, an Wasserfällen, an schattigen Baumstämmen, an feuchten, schattigen Erdabhängen u. s. w. büschelförmig beisammen wachsen. Einige finden sich auch in klaren Quellen und rasch fließenden Gebirgsbächen, noch andre frei schwimmend in stehenden Gewässern. Sie unterscheiden sich von den Laubmoosen, die man vorzugsweise „Moose" zu nennen pflegt, dadurch, daß ihre Frucht nicht mit einer mützen- oder kappenförmigen Hülle bedeckt ist, sowie dadurch, daß sich im Innern ihrer Frucht eigen-tümliche elastische Schlauchzellen, sogenannte „Schleudern", befinden, welche beim Öffnen der Frucht das Ausstreuen der Sporen bewirken. Solche Organe finden sich in der Frucht der Laubmoose niemals.

Fig. 128 stellt ein solches laubartiges Lebermoos in natürlicher Größe
dar, daneben bei a die aufgesprungene Fruchtkapsel mit ihren Schleuder·
büscheln an den Spitzen der Klappen, bei b eine einzelne Schleuder mit vier
daran haftenden Sporen. Es ist der fettblätterige Ohnnerv (Aneura
pinguis), ein an quelligen Orten zwischen nassen Moospolstern häufig vor·
kommendes Lebermoos mit fettem, dunkelgrünem, leicht zerbrechlichem Laube.
Die Fruchtstiele sind, wie bei allen Lebermoosen, sehr zart und wasserhell,
die Kapseln violettbraun, die Schleudern gelblich. Diese lassen in ihrem
Innern deutlich ein schraubenförmig gewundenes Band erkennen, welches
sich auch in den Schleudern fast aller übrigen Lebermoose findet. Die
Kapsel der Lebermoose besteht aus vieleckigen, dickwandigen, mit einem

Fig. 130 u. 131. Zweige von Lebermoosen.
Nach Mikrophotographien von Dr. Burstert & Fürstenberg.
Ptilidium ciliare.   Radula complanata.

braun gefärbten Inhalt erfüllten Zellen und ist anfangs kugelig oder
länglichrund (Fig. 129 c). Sie öffnet sich bei den meisten Lebermoosen,
indem sie sich am Scheitel in vier gleich große Klappen spaltet, die
sich sodann kreuzförmig ausbreiten. Der Fruchtstiel besteht aus äußerst
zartwandigen, mit farblosem Saft erfüllten, langgestreckten Zellen
(Fig. 129 d).

Einen ungemein großen Formenreichtum bieten die Blätter dar. Sie
stehen immer in zwei Reihen am Stengel und an den Ästen (Fig. 129 a, b).
Die Lebermoosblätter sind aber nicht immer ganzrandig (Fig. 131), sondern
sehr häufig gezähnt (Fig. 130) oder in spitze Zacken und Lappen zer·
schnitten. Immer aber bestehen sie aus einer einzigen Schicht großer,
zartwandiger, viereckiger, inwendig mit zahlreichen Chlorophyllkörnern
erfüllter Zellen. Die ganzrandigen sind häufig am Rande von einer
Reihe sehr großer, ziemlich viereckiger Zellen eingefaßt (vgl. Fig. 131).
Wegen der bedeutenden Größe, der wunderbaren Regelmäßigkeit und der

außerordentlichen Zartheit der Zellen bieten die Lebermoosblätter unter
dem Mikroskope einen überraschend schönen Anblick dar, wovon sich der
Leser durch einen Blick auf Fig. 130 u. 131 (Ptilidium ciliare und Radula
complanata) überzeugen wird. Weil die Lebermoosblätter bloß aus einer
einzigen Schicht von Zellen bestehen und letztere so äußerst zarte Wände
besitzen, trocknen sie sehr schnell aus, sobald sie den Sonnenstrahlen ausgesetzt oder längere Zeit nicht befeuchtet werden. Sie schrumpfen dann
zusammen, nehmen eine dunkle Farbe an und bewirken dadurch, daß die
ganze Lebermoospflanze wie verdorrt und tot aussieht. Allein das ist
bloß Scheintod; denn sobald ein solches verdorrtes Lebermoos wieder
befeuchtet wird, dehnen sich die Zellen der Blätter wieder aus, und in

Fig. 132 u. 133. Zweige von Laubmoosen.
Nach Mikrophotographien von Dr. Burstert & Fürstenberg.
Hypnum felicinum.   Sphagnum acutifolium.

wenigen Minuten haben die zarten Blätter sowohl ihre ursprüngliche
Gestalt und Farbe, als auch ihre Lebensthätigkeit wieder erlangt.

Die Laubmoose besitzen einen beblätterten Stengel, der bald
einfach, bald in Äste zerteilt ist. Dieser Stengel verlängert sich durch
Spitzenwachstum, entweder nur eine Zeitlang oder unaufhörlich, in welchem
Falle er von hinten (unten) her ungefähr in demselben Maße abstirbt,
als er sich an der Spitze durch Neubildungen verlängert. Dieselbe Wachs-
tumsweise zeigen auch die beblätterten Lebermoose. Von diesen unterscheiden sich die Laubmoose teils durch die viel derberen, dickeren, dabei
aber ungleich einförmigeren Blätter, welche im feuchten Zustande meist
nach allen Seiten hin gewendet, im trocknen häufig sichelförmig gekrümmt
und oft nach einer Seite gerichtet, seltener dagegen zweireihig ausgebreitet
sind, teils durch den festen, meist gelb- oder rotbraun gefärbten Fruchtstiel
und durch ihre Kapsel, welche in der Regel die Gestalt einer Büchse
besitzt, indem sie sich mittels eines runden Deckels öffnet und während

ihrer Ausbildung ganz oder zum Teil von einer kegelförmig gestalteten Mütze (calyptra) verhüllt zu sein pflegt. Letztere fehlt bloß den Torf-moosen (der Gattung Sphagnum), die überhaupt viele Eigentümlichkeiten darbieten und sich unmittelbar an die beblätterten Lebermoose anschließen.

Im allgemeinen sind die Laubmoose größer als die beblätterten Lebermoose, ja im südlichen Südamerika gibt es sogenannte „baumartige Moose", deren aufrechter, unter baumartiger Form auftretender Körper eine Höhe von ca. 1 Meter erreicht. Schon bei uns wächst auf moorigen Waldwiesen, auf Gebirgshalden und an quelligen Orten ein Moos häufig, dessen ebenfalls aufrechter Stengel 28 Zentimeter lang wird. Es ist das durch seine mit langen gelbbräunlichen Haaren dicht besetzte Mütze ausgezeichnete „goldene Frauenhaar" (Polytrichum commune), welches wie fast alle Moose, gesellig wächst und oft große Rasen bildet, die wegen der dicht nebeneinander stehenden, geraden und mit Blätterquirlen besetzten Stämmchen wie ein Nadelholz en miniature aussehen.

Trotz der ungemein großen Menge von Laubmoosen — in Deutsch-land allein gibt es gegen 600 verschiedene Arten — zeigt die Organisa-tion des Körpers der Laubmoose doch eine große Übereinstimmung. Mit Ausnahme der Torfmoose sind Stengel, Äste, Blätter, Blüten und Früchte bei allen Laubmoosen wie nach einem Modell gemacht. Aus diesem Grunde genügt es, einige wenige mikroskopische Blicke in das Innere des Laubmooskörpers zu thun, um eine klare Vorstellung von dessen Bau zu gewinnen. Und zwar wollen wir in nachstehendem unser Augenmerk auf das Innere der Blätter, Blüten und Früchte richten. Das wird die Leser davon überzeugen, daß selbst das kleinste, das unscheinbarste Moos unsrer Beachtung wert ist, indem es aus einem Zellenbau von wunderbarer Regelmäßigkeit und Schönheit besteht.

Wir wenden uns zunächst zu den Blättern der Laubmoose. Diese sind in der Regel schmal, lanzett- oder pfriemförmig, spitz, oft in eine feine, weißgefärbte Haarspitze auslaufend, am Grunde in eine den Stengel um-fassende Scheide ausgedehnt und entweder mit einem Kiel, d. h. einer auf der Rückseite des Blattes hervortretenden Linie, wohl auch bisweilen mit zwei bis drei solchen Linien versehen, oder kiellos. In letzterem Falle besteht das Blatt überall bloß aus einer einzigen Schicht von Zellen, wo es da-gegen einen Kiel besitzt, da wird letzterer aus einem Bündel übereinander liegender kleiner, gestreckter Zellen gebildet. Dieser Kiel oder Nerv, wie man jenes Bündel von langgedehnten Zellen wohl auch nennt, erstreckt sich oft über die Spitze des Blattes hinaus und bildet dann einen haar-förmigen Anhang. Bisweilen ist dieser Auswuchs des Kiels als ein zierlich gezähnter Stiel ausgebildet, wie bei den Blättern vieler Arten der schönen Gattung Barbula, welche außerdem durch die kleinen vier-eckigen, dickwandigen Zellen ausgezeichnet sind, aus denen ihr Gewebe besteht. Ganz eigentümlich ist die Bildung der Torfmoosblätter. Sie bestehen zwar ebenfalls bloß aus einer einzigen Zellenschicht, allein diese ist aus zweierlei ganz verschiedenen Zellen, nämlich aus sehr großen und aus sehr kleinen Zellen, zusammengesetzt. Letztere bilden ein förmliches Netz, während die großen einzeln liegen und die Maschen des Netzes

einnehmen. Die großen Zellen sind außerdem inwendig mit einem Spiral-
bande ausgekleidet und haben durchbrochene Wandungen, indem sich hier
und da große runde Löcher in der Zellenwand befinden. Kiele kommen
bei diesen Blättern niemals vor. Auch enthalten die Torfmoosblätter
wenig Chlorophyll (was sich sonst in den Blättern der Laubmoose ebenso
häufig findet, wie in denen der Lebermoose), indem nur die kleinen netzförmig verbundenen Zellen einzelne Chlorophyllkörner enthalten. Aus
diesem Grunde haben die Torfmoose immer eine bleiche, gelbliche oder
hellbräunliche, wohl auch rote Farbe, und daher kommt die braune oder
fahle Farbe jener Moore, deren Oberfläche mit einer dichten Decke von
Torfmoosen überzogen ist. Ganz ähnliche Faserzellen, wie die oben geschilderten der Blätter, bilden auch die äußerste oder Hautschicht der Torf-
moosstengel. Diese großen, zartwandigen, durchlöcherten Zellen befähigen
die Torfmoose in hohem Grade, sich mit Wasser anzufüllen und dasselbe
festzuhalten, weshalb ein Torfmoospolster einem Schwamme gleicht. Es
ist daher kein Wunder, daß, wo sich Torfmoose ansiedeln, nach und nach
Versumpfungen entstehen. Die von unten her absterbenden, im Wasser
nur langsam verkohlenden Stengel dieser Moose tragen zur Torfbildung
nicht wenig bei; der „Stechtorf" besteht größtenteils aus verkohlten Torf-
moosstengeln.

Alle Moose sind, wie ich oben bemerkt habe, im Besitz eines doppelten
Geschlechtsapparates, durch dessen Zusammenwirken die Frucht erzeugt wird.
Man nennt diesen Apparat die Blüte der Moose, allerdings nur, weil er
dieselbe Bestimmung hat, wie die Blüte der Samenpflanzen. Freilich fehlen
der Moosblüte in der Regel die bunten Blätter und Hüllen, die wir an
vielen Blumen der Samenpflanzen bewundern, auch sind die Teile der
Moosblüte von mikroskopischer Kleinheit. Die wesentlichen Teile sind die
sogenannten Antheridien und Archegonien. Antheridien, männliche
Organe, nennt man bei den Moosen kleine, bald kugelige, bald eiförmige,
bald keulenförmige oder längliche, sitzende oder gestielte, inwendig hohle
Körper, deren Wand aus zartem Zellgewebe besteht und deren Inneres
eine Menge kleiner Zellen einschließt, in deren jeder sich ein schraubenförmig aufgerollter Faden befindet (vgl. Fig. 134). Diese Fäden werden
Schwärmfäden genannt, weil sie, nach dem Aufplatzen des Antheridiums
und ins Wasser gelangt, gleich den Schwärmsporen der Algen eine Zeitlang lustig darin umherschwimmen. Sie sind auch vollkommen identisch
mit den oben geschilderten Spermatozoiden der Tange und Algen, weshalb
man sie auch gegenwärtig mit demselben Namen belegt.

Die Archegonien, weibliche Organe, sind flaschenförmige, ebenfalls
aus zartem Zellgewebe gebildete Organe, an denen man den unteren
kugelig oder eiförmig angeschwollenen Teil, den Bauchteil, und den oberen,
stielartigen Teil, den Hals oder Griffel des Archegoniums, unterscheidet.
Letzteren durchzieht ein enger Kanal, der auf eine große, im Bauchteile
befindliche Keimzelle zuläuft (vgl. Fig. 135). Dieser Kanal endet an der
Spitze des Griffels meist mit einer trichterförmigen Öffnung. Außer den
Antheridien und Archegonien finden sich in den Moosblüten gegliederte
Fäden, Zellenreihen, welche zwischen den eigentlichen Geschlechtsorganen

stehen. Man nennt sie Saftfäden (Paraphysen). Fig. 136 stellt verschiedene Blüten von Laubmoosen dar. Die Blüte a enthält Archegonien und Antheridien, getrennt voneinander durch Paraphysen und umgeben von breiten, zarten Blättern, bei b ist ein solches Hüllblatt mit vier Antheridien abgebildet. Man nennt eine solche Blüte eine Zwitterblüte. Fig. c dagegen zeigt eine weibliche, bloß aus einem einzigen Archegonium bestehende, und eine männliche, bloß Antheridien enthaltende Blüte. Beide sind durch Hüllblätter getrennt. Fig. d stellt ein befruchtetes Archegonium dar, dessen Bauchteil bedeutend angeschwollen, dessen Griffel im Verwelken begriffen ist. Die Lebermoose besitzen nur eingeschlechtige Blüten. Die männlichen liegen bei den beblätterten Lebermoosen unter einem Blatte,

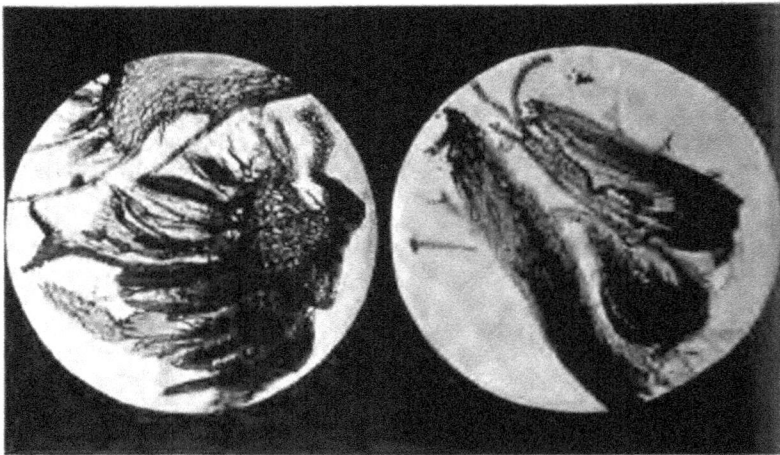

Fig. 134. Antheridien von Polytrichum.　　Fig. 135. Archegonien von Polytrichum.
Nach Photographien von Dr. Burstert & Fürstenberg.

bei den laubigen in Vertiefungen der oberen Fläche des Laubes; die weiblichen Blüten dagegen befinden sich im Innern großer taschen- oder röhrenförmiger Blattorgane, welche meist an der Spitze der Äste und Stengel zur Entwickelung gelangen und nach der Ausbildung der Frucht den Fruchtstiel an der Basis als lockere bauchige Scheide umgeben. Die Blüten der Laubmoose stehen bald am Gipfel des Stengels und der Äste, bald an deren Seite zwischen den Blättern und sind gewöhnlich von eigentümlich geformten Blättern umgeben.

　　Während die Blütenteile aller Laubmoose fast ganz gleichmäßig gebildet sind, bietet die Frucht eine ungemein große Mannigfaltigkeit sowohl hinsichtlich ihrer äußeren Form, als ihres inneren Baues. Bei den unvollkommensten Laubmoosen erscheint sie als eine rings geschlossene Hohlkugel, die an ihrem Scheitel in eine kurze stumpfe Spitze ausgezogen ist, auf welcher die Mütze (calyptra) hängt (Fig. 137 b, e). Letztere ist immer die obere Hälfte des Archegoniums, in welchem die Frucht entsteht, indem jene von der rasch sich ausdehnenden Frucht abgerissen und emporgehoben wird. Nur bei den Torfmoosen (Sphagnum) verhält es sich anders. Hier bildet sich die Frucht innerhalb des Archegoniumbauches vollständig aus, worauf sie, noch vom Archegonium umschlossen, dadurch, daß die Spitze des kurzen Astes, welcher die Blüte trägt, sich rasch zu einem Stiel ausdehnt, emporgehoben wird. Erst jetzt platzt das Archegonium unregelmäßig auf, indem es durch die sich vergrößernde Frucht zersprengt wird. Der größte obere Teil des Arche-

goniums fällt dabei ab, der unterste bleibt noch eine Zeitlang in Form von kleinen Fetzen stehen, welche auch bald verschwinden. Die Frucht der Torfmoose ist daher stets nackt (mützenlos). Hierdurch ähneln die Torfmoose den Lebermoosen, welche ebenfalls immer eine nackte Frucht besitzen. Allein bei den Lebermoosen wird der Bauchteil des Archegoniums, in dem sich auch hier die Frucht bildet, von letzterer durchbrochen, worauf das zerspaltene Archegonium als ein scheidenartiger Körper die Basis des zarten Fruchtstiels umgibt. Bei den echten Laubmoosen ist der Stiel derb und immer braun, rot oder rotgelb gefärbt. Er ist hier zugleich eine Ausdehnung der Fruchtbasis.

Die Mütze tritt unter den verschiedenartigsten Formen auf und besteht in der Regel aus einer einzigen, seltener auch aus mehreren übereinander liegenden Schichten zarter Zellen (Fig. 137 b). An ihrer Spitze ist häufig noch der Griffel des Archegoniums zu erkennen. Die Wandung der eigentlichen Frucht besteht bei den „geschlossenfrüchtigen"

Fig. 136. Moosblüten.

Moosen ebenfalls bloß aus einer einzigen Schicht von Zellen (Fig. 137 c), bei den „deckelfrüchtigen" Moosen dagegen aus mehreren Schichten verschiedenartig geformter Zellen. Im Zentrum der Fruchthöhle befindet sich immer ein freistehender oder sich bis an die Decke erstreckender Zellenkörper, das „Mittelsäulchen" genannt (Fig. 137 c, e). Bei der großen Mehrzahl der Laubmoose hebt sich der oberste Teil der Frucht als ein runder Deckel ab. Man nennt daher die Frucht dieser Moose sehr richtig „Büchse", denn sie sieht in der That so aus, wie eine Apothekerbüchse, welche mit einem Deckel verschlossen ist. Das Deckelchen ist bald flach oder konvex, bald und häufiger in einen stumpfen Buckel oder in eine schnabelförmige und dann nicht selten auf die eine Seite

Fig. 137. Laubmoosfrüchte.

gebogene Spitze ausgezogen (Fig. 137 e), an welcher die Mütze, die in
diesem Falle gewöhnlich auf der einen Seite aufgeschlitzt ist, hängt
(Fig. 137 d). Das Deckelchen besteht meist auch bloß aus einer einzigen
Schicht von Zellen mit stark verdickten Wandungen (Fig. 137 i) und springt
von selbst ab, nachdem die Büchse völlig reif geworden ist. Dadurch
wird der „Mund" der Büchse, wie man deren Öffnung nennt, sichtbar.
Der Rand des Mundes ist aber selten ganz glatt, gewöhnlich ist er mit
einer Anzahl von spitzen Zacken versehen, welche man „Zähne" nennt
und welche zusammen den „Mundbesatz" bilden. Und zwar ist die Zahl
der Zähne bei jeder Moosgattung unveränderlich, die Grundzahl immer 4.

Der Mundbesatz besteht nämlich entweder aus 4, oder aus 8, oder aus 16, oder aus 32, oder aus 64 Zähnen. Viele Moose besitzen auch einen doppelten Mundbesatz, einen äußeren, aus stärkeren Zähnen zusammengesetzten und einen inneren, aus schwächeren Zähnen oder sogenannten „Wimpern" bestehenden. Beiderlei Organe treten unter höchst verschiedenartigen und zum Teil sehr merkwürdigen Formen auf und haben unter dem Mikroskope ein ungemein zierliches Aussehen. Die Zähne des äußeren Mundbesatzes sind immer sehr hygroskopisch, d. h. sie schlagen sich beim Austrocknen zurück und krümmen sich beim Feuchtwerden wieder über den Mund der Büchse. Fig. 137 f zeigt die stark vergrößerte Büchse eines sehr kleinen Mooses mit einem einfachen, aus 16 Zähnen bestehenden Mundbesatz, dessen Zähne zurückgebogen sind. Bei g erscheint derselbe Mundbesatz in feuchtem Zustande, die Mündung der Büchse schließend. Manchmal sind die Zähne und Wimpern des Mundbesatzes auch gänzlich unter sich verwachsen. So erscheint bei Buxbaumia der äußere Mundbesatz als eine zusammenhängende Krone, der innere als eine gefaltete und gedrehte Haut. In der Höhlung der Büchse befindet sich bei allen deckelfrüchtigen Moosen ein zartes Zellensäckchen, der „Sporensack" genannt, welches an der eigentlichen Büchsenwand nur locker anliegt und von dem Mittelsäulchen durchzogen ist (Fig. 137 e). In diesem Sacke entstehen die Sporen und bleiben auch bis zum Aufspringen der Kapsel darin verschlossen. Es ließe sich über den Bau der Laubmoosfrucht noch viel Interessantes mitteilen, allein der beschränkte Raum verbietet das. Ich bemerke daher bloß noch, daß in dem beigedruckten Holzschnitte Fig. 137 die Figuren a, b und c sich auf Phascum patens, d und e auf Gymnostomum curvirostre, f und g auf Weissia viridula, h auf Dicranum heteromallum und i auf Barbula rigida beziehen.

Hier sei darauf aufmerksam gemacht, daß aus der keimenden Spore der Laubmoose nicht sofort eine neue Moospflanze hervorgeht, sondern zunächst ein aus Zellenreihen bestehendes, vielfach sich verzweigendes Gebilde, welches man den Vorkeim (Protonema) der Laubmoose nennt. An diesem oft zehn bis fünfzehn Quadratzentimeter in Form eines verworrenen grünen kleinen Rasens bedeckenden Vorkeim bilden sich zahlreiche kleine Knospen (Zellenkörperchen), aus deren jeder sich eine Moospflanze entwickeln kann.

Die Farne.

Die große schöne Gruppe der Farne besteht zwar auch noch aus lauter Sporengewächsen, aber aus ungleich vollkommeneren, als die bisher geschilderten. Der Farnkörper ist nämlich ein viel mehr zusammengesetzter als selbst der Mooskörper, weil er außer gewöhnlichen Zellen, die unter den verschiedenartigsten Formen auftreten, auch sogenannte „Gefäße" enthält. Darunter versteht man lange Röhren, welche aus Reihen von cylindrischen, übereinander gestellten Zellen durch Zerstörung der die Hohlräume der einzelnen Zellen trennenden Querwände entstehen und zu Bündeln vereinigt zu sein pflegen. Diese „Gefäßbündel", welche wir weiter unten noch näher kennen lernen werden, verzweigen sich innerhalb

des Farnkörpers, besonders in dem Gewebe der Blätter, die man „Wedel"
nennt, auf das vielfachste, so daß sie ein förmliches Netz bilden. Von
einem eben solchen, oft noch viel feinmaschigeren Netz von Gefäßbündeln
sind auch die Blätter fast aller Samenpflanzen durchzogen, und überhaupt
fehlen die Gefäße und Gefäßbündel fast keiner einzigen Samenpflanze.
Ja, im Körper der höheren Samenpflanzen erscheinen die Gefäße noch
vollkommener ausgebildet. Alle Pflanzen, welche von Gefäßbündeln
durchzogen sind, nennt man „Gefäßpflanzen"; unter ihnen nehmen die
Farne die unterste Stufe ein. Diese treten in unsern Gegenden, wie
überhaupt in der ganzen gemäßigten Zone, bloß als Kräuter auf, weshalb man auch gewöhnlich von Farnkräutern reden hört. Dagegen
erscheint die Farnpflanze in der heißen Zone häufig als stattlicher Baum
von palmenartigem Wuchse, auf dessen schlankem, astlosem Stamme eine
stolze Krone von großen, fein zerteilten Wedeln thront. Auch unter
unsern Farnen gibt es einige, welche einen ganz ansehnlichen Stamm
besitzen, allein er bleibt immer unter dem Boden verborgen. Dahin gehören der gemeine Wurmfarn (Aspidium Felix mas) und der Deutsche
Straußfarn (Struthiopteris germanica). Der Farnstamm ist inwendig
von großen, auf dem Querschnitt meist halbmondförmig gestalteten Gefäßbündeln durchzogen. Mitunter erscheinen dieselben auf dem Querschnitt in einen Kreis gestellt, und zwar stets so, daß ihre konvexe Seite
dem innerhalb des Kreises befindlichen sehr breiten Marke, ihre konkave
Seite aber der Rinde zugekehrt ist.

Alles dies läßt sich mit bloßem Auge erkennen, nicht aber der Bau
der Gefäßbündel, des Markes und der Rinde. Ich will jedoch die geehrten Leser gleich einen Blick in das Gewebe der Wedel thun lassen,
weil dasselbe wegen seiner Regelmäßigkeit ein ungleich schöneres Bild
gewährt, als dasjenige des Stammes. Ich bemerke nur, daß die Gefäßbündel des Farnstammes bloß sogenannte Ring-, Spiral- und Treppengefäße enthalten (s. unten) und die Zellen, woraus die Rinde und der
mittelste Teil des Markes besteht, braun, die übrigen Zellen weiß gefärbt
sind. Letztere pflegen sehr reich an Stärkemehl (s. unten) zu sein.

Die Wedel bestehen bei unsern Farnkräutern, wie überhaupt bei der
Mehrzahl der Farne, aus mehreren übereinander liegenden Schichten verschieden geformter Zellen, gewöhnlich aus vier. Die obere und untere
Fläche eines jeden Wedels ist nämlich zunächst von einer Schicht platter,
breiter, tafelartiger Zellen, deren Seitenwände meist schlangenförmig hin und
her gebogen sind und zwischen denen sich hier und da sogenannte „Spaltöffnungen" (s. unten) befinden, überzogen, von einer sogenannten „Oberhaut" (Epidermis). Dazwischen liegen zwei Schichten anders geformter
Zellen, nämlich unmittelbar unter der Oberhaut der oberen (dem Himmel
zugekehrten) Fläche eine aus kurzen, cylindrischen, eng aneinander
schließenden, auf die Fläche des Wedels senkrecht gestellten Zellen bestehende Schicht und zwischen dieser und der unteren Oberhaut eine aus
kugeligen oder unregelmäßig geformten Zellen locker zusammengesetzte
Schicht. In letzterer verlaufen stets die Gefäßbündel, welche innerhalb
der Wedel sehr regelmäßig und oft sehr zierlich verästelt sind und dem

bloßen Auge (wie auch die Gefäßbündel in den Blättern der Samenpflanzen) als vertiefte oder erhabene, und wenn man den Wedel (oder
das Blatt) gegen das Licht hält, als durchsichtige helle Linien erscheinen.
Diese eigentümliche Zusammensetzung des Gewebes jener Farnwedel kann
man unter dem Mikroskope nur an zarten, senkrecht durch die Wedelfläche
geführten Schnitten erkennen, denn jene vier Zellenschichten bilden zusammen ein so dichtes Gewebe, daß ein abgeschnittenes Stückchen eines
Wedels unter dem Mikroskope als dunkler (opaker) Gegenstand erscheint
und die Beleuchtung von oben her höchstens noch den Bau der Oberhaut erkennen lassen würde.

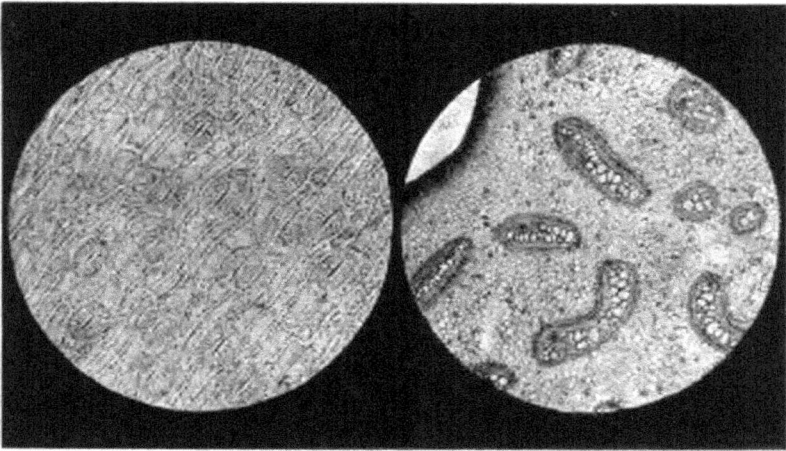

Fig. 138. Querschnitt durch einen Blattstiel   Fig. 139. Gezähnte Spaltöffnungen der Oberhaut
von Adlerfarn (Pteris aquilina).   von Schachtelhalm (Equisetum).

Anders verhält es sich bei den kleinen, zierlichen Farnkräutern aus
der Gruppe der sogenannten Hautfarne, Farnen, deren Mehrzahl auf
den Inseln der südlichen Halbkugel wächst, von denen jedoch einige
Arten auch in Europa, eine (Hymenophyllum thunbridgense) sogar hier
und da in Deutschland (z. B. in der Sächsischen Schweiz), gefunden werden.
Die Wedel dieser Farne bestehen nämlich gleich dem Körper vieler laub-
artigen Lebermoose bloß aus einer einzigen Schicht von Zellen,
in der die Gefäßbündel verlaufen, und da die Zellen immer höchst regelmäßig gestaltet und wegen ihrer außerordentlichen Zartheit sehr durchsichtig sind, so gewähren diese Wedel bei starker Vergrößerung einen
überraschend schönen Anblick, wofür fig. 140 einen Beweis ablegt, wo
bei a die Spitze eines Wedels des in Chile wachsenden Leptocionium
dicranotrichum, bei b ein Teil des Wedels von Hymenophyllum antarc-
ticum aus Neuholland abgebildet ist. Die dunklen Streifen im Zellgewebe beider Wedel sind die Gefäßbündel, die stachelförmigen Organe
auf dem Wedel von a Haare, welche meist aus zwei pfriemenförmigen

Ausdehnungen oder Ausstülpungen einzelner Zellen der Wedelsubstanz bestehen.

Einen sehr zierlichen Bau besitzen auch die Sporenkapseln oder Früchte der Farne. Wo aber befinden sich diese? — Jeder hat gewiß schon hundertmal die hellbraunen Punkte und Striche gesehen, welche sich an der unteren Fläche ausgewachsener Farnkrautwedel befinden und zusammen oft zierliche Muster bilden, Dinge, woran er bisher die Farnkräuter er-

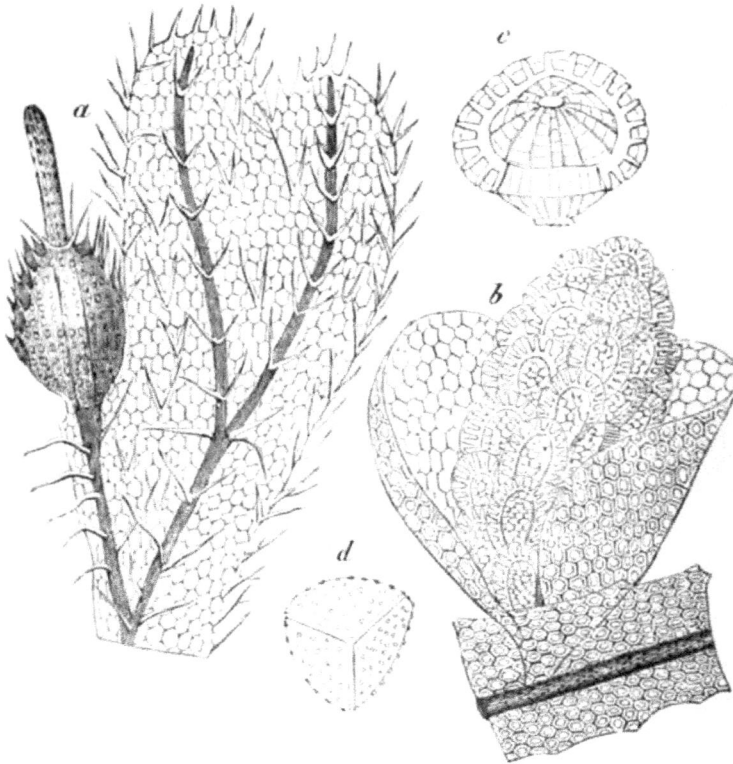

Fig. 140. Hautfarne.

kannte, und zwar mit Recht. Jene Punkte, Flecke und Striche sind weiter nichts als Gruppen von Sporenkapseln, sogenannte Fruchthäufchen (sori). Unter dem Rande des Schildes ragen die Sporenkapseln hervor. Letztere sind ungleich einfacher organisiert, auch viel kleiner als die Mooskapseln, aber doch nicht weniger zierlich und wunderbar. Bei der überwiegenden Mehrheit der Farne besteht die Wandung der Kapseln aus einer einzigen Schicht unregelmäßiger Zellen, und es ist eine jede Kapsel entweder ganz oder teilweise von einem höchst zierlichen, gegliederten Ringe umgeben, welcher von einer Reihe von Zellen gebildet wird, deren sich berührende Wände ungleich dicker als die übrigen sind. Ein solcher Schleier (Fig. 140 a und b) findet sich auch bei den Fruchthäufchen der meisten übrigen Farne. Unter den einheimischen besitzt der Wurmfarn den am auffälligsten gebildeten Schleier. Derselbe hat nämlich die Gestalt eines Schildes, welches den Fruchthaufen von oben her bedeckt. Davon hat auch die sehr große Farngattung, zu der das genannte Farnkraut gehört, den Namen Schildfarn (Aspidium) erhalten. Man sieht, daß der Schleier aus einer einzigen Schicht zarter Zellen besteht. Unter dem Rande des Schildes gucken einzelne Sporenkapseln hervor. Letztere

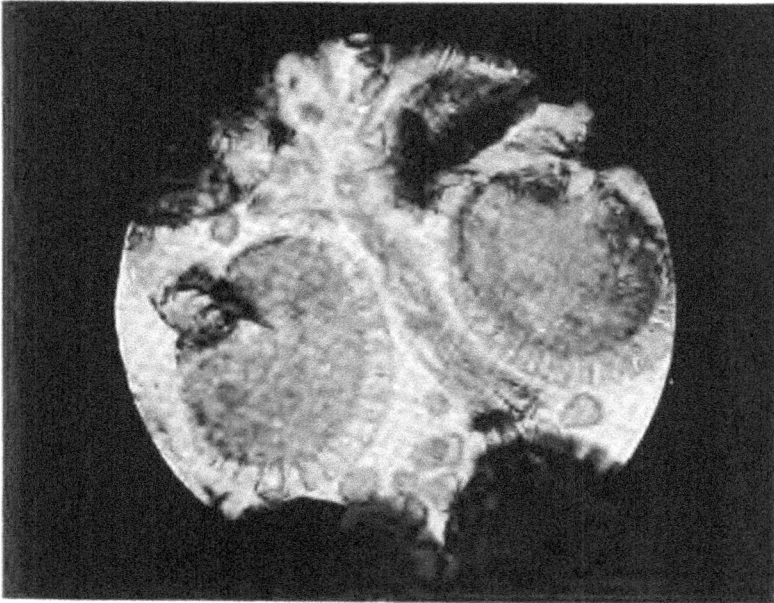

Fig. 141. Sporangienhäufchen (Pteris aquilina).
Nach einer Mikrophotographie von Dr. Burkert & Fürstenberg.

sind ungleich einfacher organisiert, auch viel kleiner als die Mooskapseln, aber doch nicht weniger zierlich und wunderbar. Bei der überwiegenden Mehrheit der Farne besteht die Wandung der Kapseln aus einer einzigen Schicht unregelmäßiger Zellen, und es ist eine jede Kapsel entweder ganz oder teilweise von einem höchst zierlichen, gegliederten Ringe umgeben, welcher von einer Reihe von Zellen gebildet wird, deren sich berührende Wände ungleich dicker als die übrigen sind. Die in der Kapsel enthaltenen, in reifem Zustande meist braunen Sporen besitzen eine sehr verschiedene Form und bestehen immer aus zwei ineinander geschachtelten Hüllen, von denen die äußere gewöhnlich mit körnigen oder stacheligen Hervorragungen besetzt zu sein pflegt. Bei den Hautfarnen sind die

Sporen auf der einen Seite abgerundet, auf der andern dreiseitig-pyra-
midal (Fig. 140 d), bei unfern und überhaupt bei den meisten übrigen
Farnen find fie gewöhnlich kugelig oder länglichrund.

　　Noch will ich auf eine Gattung von Organen aufmerksam machen,
welche den Farnen eigentümlich find, weil diefelben einen ungemein zierlichen Bau befitzen und wegen ihrer Kleinheit und Zartheit keine weitere
Präparation erfordern, fo daß fie fich für Anfänger zu mikroskopischen

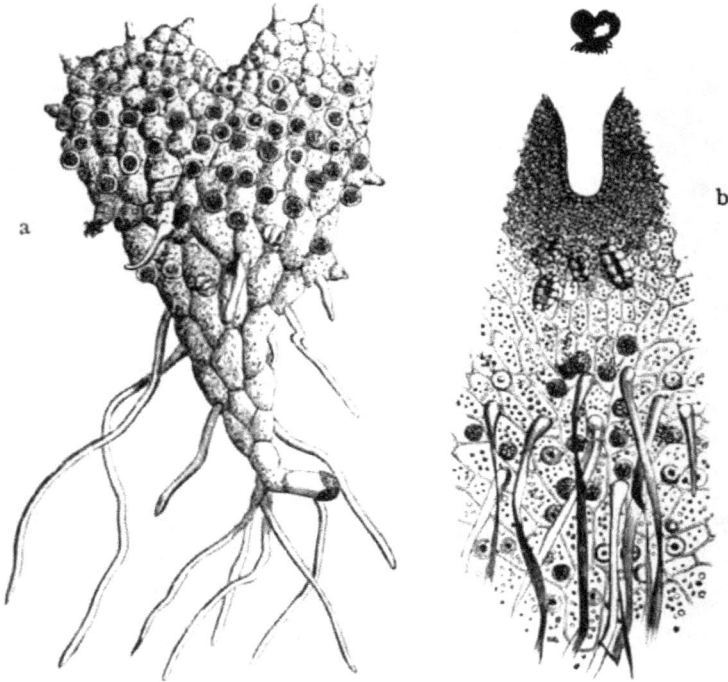

Fig. 142. a Vorkeim (Prothallium) von Scolopendrium mit Antheridien. — b Teil eines Vorkeims
von Pteris serrulata mit Antheridien und Archegonien.

Unterfuchungen ausnehmend eignen. Es find dies die fogenannten Spreu-
blättchen, kleine, trockene, bei der Berührung einen rafchelnden Ton
von fich gebende, hellbraun gefärbte Blättchen oder Schuppen, welche an
den Stielen der Wedel, oft auch an deren unterer Fläche ftehen und nicht
felten den Stiel und die untere Wedelfläche als ein brauner Filz gänzlich
überziehen.

　　Früher glaubte man, die Farne feien gefchlechtslos, und hielt diefelben
deshalb für unvollkommenere Pflanzen als die Moofe, obwohl man fich
geftehen mußte, daß fie hinfichtlich ihrer inneren Organifation weit höher
ftehen als jene. Erft der neueften Zeit war es vorbehalten, den Schleier

zu lüften, den die Natur über das Geschlechtsleben der Farne gebreitet hat. Die keimende Spore entwickelt nämlich nicht unmittelbar den Farn=körper, sondern, wie bei den Laubmoosen, zunächst eine provisorische, lediglich aus Zellen bestehende Bildung, einen Vorkeim. Derselbe ist jedoch ein Organ von ganz andrer Bedeutung, als der Vorkeim der Moose. Der Vorkeim der Farne ist schon äußerlich davon verschieden, er erscheint als ein zweilappiges, in der Mitte mehrschichtiges Laub aus=gebildet, welches an seiner unteren Fläche zahlreiche Wurzelhaare ent=wickelt. Aus diesem Vorkeim, den man lange schon kannte, weil er

keineswegs mikrosko=pisch klein ist, wächst nach langer Zeit der eigentliche Farnkör=per hervor. Im Jahre 1844 ent=deckte Professor Nä=geli in Zürich an der unteren, dem Boden aufgedrückten Fläche eines Farnvorkeims Antheridien, ein Jahr darauf der polnische Graf Leszczyc=Su=minsky an derselben Fläche Archegonien. Beiderlei Organe, die später bei allen üb=rigen Farnvorkeimen aufgefunden wurden, sind ganz ähnlich ge=staltet, wie bei den Moosen, nur viel kleiner. Während nun

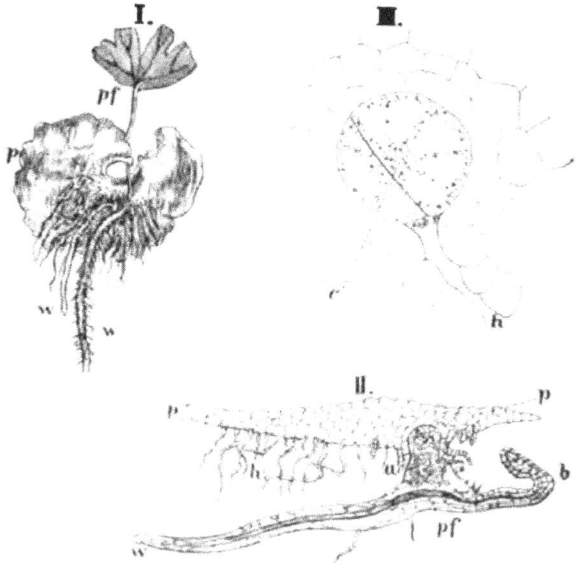

Fig. 143. Farnvorkeim und Archegonium.

bei den Moosen aus dem befruchteten Archegonium die Frucht entsteht, wächst bei den Farnen aus dem befruchteten Archegonium der Farnkörper hervor. Der Farnvorkeim ist also ein Gebilde von viel höherer Organi=sation und Bedeutung, weshalb es gerechtfertigt erscheint, daß er in der Wissenschaft mit einem besonderen Namen (prothallium) belegt wurde. Die Entdeckung der Geschlechtsorgane am Vorkeime der Farne ist eine der schönsten Errungenschaften, welche die Wissenschaft dem Mikroskope verdankt.

Fig. 142 zeigt bei a den Vorkeim der Hirschzunge, bei b einen Teil des Vorkeims eines Saumfarns, Fig. 143 bei I den Vorkeim (p) des Frauenhaarsterns (Adiantum Capillus Veneris) in natürlicher Größe, welcher bereits eine junge Farnpflanze (p f) entwickelt hat, (h) sind die Wurzel=haare des Vorkeims, w und w die erste und zweite Wurzel der jungen Pflanze, bei II einen senkrechten Durchschnitt durch einen jüngeren Vor=

keim desselben Farns schwach vergrößert, wo p wieder den Vorkeim selbst bezeichnet, an dessen unterem Rande man außer den Wurzelhaaren h mehrere Archegonien (a) bemerkt, während p f die Pflanze mit ihrem ersten Wedel (b) und der ersten Wurzel (w) ist. III ist ein befruchtetes Archegonium, im Längendurchschnitt gesehen, 800 mal vergrößert, bei dem man am Ende des Halskanals (h) noch Reste der eingedrungenen Schwärm-fäden (Spermatozoiden) bemerkt, durch welche die Eizelle befruchtet wurde, welche sich bereits in einen zweizelligen Keim (c) umgewandelt hat.

Schachtelhalme und Bärlappgewächse.

Die Schachtelhalme (Equisetaceae) und die Bärlappgewächse (Lycopodiaceae) werden meinen Lesern gewiß bekannt sein; ich brauche nur an jenes lästige und schwer ausrottbare Unkraut thon- oder mergel-haltiger Felder, den Pferde- oder Katzenzahn, in Norddeutschland Duwok genannt (Equisetum arvense), und an das gemeine Scheuerkraut (Equi-setum silvaticum), ferner an jene zierliche moosähnliche, weit umher-kriechende Pflanze unsrer Nadelwälder und Heiden zu erinnern, deren schlanke, meist paarweise gestellte Fruchtähren das Bärlapp- oder Hexen-mehl liefern, dessen man sich auch zur Herstellung der Theaterblitze (daher Blitzpulver!) bedient (Lycopodium clavatum). Ich will mich hier auf das Wichtigste und Interessanteste aus der Entwickelungsgeschichte dieser Gewächse und auf die Gestaltung ihrer Früchte und Sporen beschränken. Auch bei diesen Pflanzen entwickelt die keimende Spore zunächst einen Vorkeim (Prothallium), an dem entweder Antheridien und Archegonien oder nur letztere entstehen, worauf aus dem befruchteten Archegonium die neue Pflanze hervorwächst. Es verhalten sich also diese Pflanzen bezüg-lich ihrer Entwickelung ganz ähnlich wie die Farne.

Die Schachtelhalme tragen meist dunkel gefärbte Fruchtähren am Ende der Stengel, wohl auch der Äste. Jede solche Fruchtähre besteht aus übereinander gelegenen Quirlen von schildförmigen Schuppen, an deren inneren Flächen eine Anzahl von Säckchen sitzen, welche die Sporen enthalten. Letztere sind im reifen Zustande von zwei glatten Spiral-bändern umwunden (Fig. 144 IV), welche beim Platzen der Sporensäcke durch ihre plötzliche Streckung die Sporen fortschleudern und deshalb Schleudern genannt werden. Diese an die Schleudern der Lebermoose erinnernden Organe bilden sich aus der äußersten der drei Häute, von denen die Schachtelhalmspore anfänglich umhüllt ist. Die aus den keimen-den Sporen der Schachtelhalme hervorgehenden Prothallien unterscheiden sich von denen der Farne 1. durch geringere Größe, indem die größten (stets weibliche) höchstens ein Zentimeter Länge erreichen; 2. dadurch, daß sie zweihäusig sind, d. h. die einen nur Antheridien (männliche Vorkeime), die andern nur Archegonien (weibliche Vorkeime) entwickeln; 3. durch ihre unregelmäßig gelappte oder zerschlitzte Form (Fig. 144 I, II); 4. da-durch, daß sie die Antheridien (I a) und Archegonien (II a) am Rande tragen. Sehr eigentümlich sind endlich die Schwärmfäden oder Sperma-tozoiden gestaltet, wie Fig. 144 III lehrt.

Die Bärlappgewächse entwickeln Makro- und Mikrosporen, erstere
ein Prothallium, letztere Spermatozoiden; ihre Früchte sind — wie bei
den Farnen — ein Produkt der Blätter (nicht des Stengels), das Prothallium bleibt in der Makrospore eingeschlossen und tritt aus deren aufge-
platztem Scheitel nur in Form einer kleinen grünen Warze hervor. Die
den ausgebildeten Vorkeim enthaltende Makrospore der Lycopodiaceen
erinnert daher, namentlich nachdem bereits der in dem Bauche des Arche-

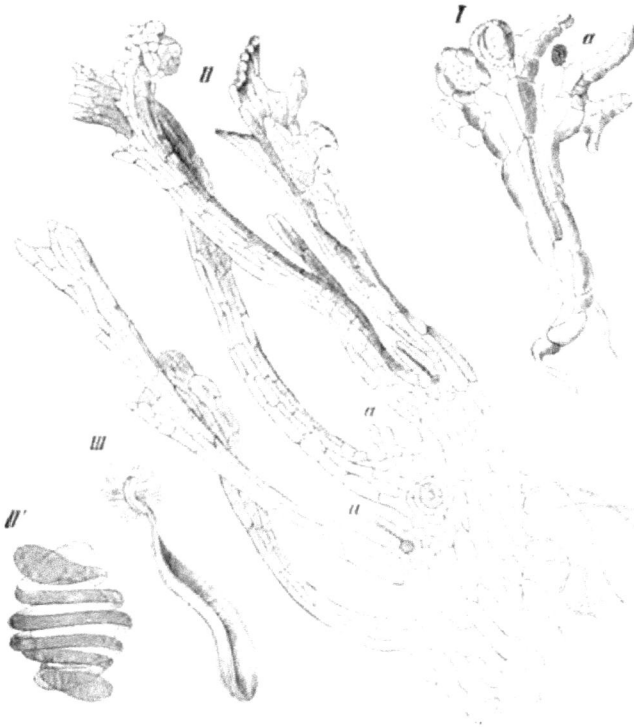

fig. 144. Vorkeim und Spore von Schachtelhalm (Equisetum).

goniums eingeschlossene Keim der neuen Pflanze gebildet worden ist, bereits sehr an den Samen der höheren Pflanzen, insbesondere an denjenigen der Nadelhölzer (vergl. unten).

Deshalb scheint es gerechtfertigt, die Lycopodiaceen an das Ende
der langen Reihe der Sporengewächse und zwischen diese und die Samenpflanzen (und zwar die Nadelhölzer) zu stellen, und das um so mehr, als
es in früheren Perioden der Erdgeschichte (in der Steinkohlenzeit) große, ja
kolossale Lycopodiaceenbäume (die Schuppenbäume, Lepidodendron) gegeben
hat, welche sowohl bezüglich ihrer Kronenausbildung als ihrer zapfenförmig
angeordneten Früchte gewissen Nadelhölzern ähnlich gewesen sein dürften.

Die Samenpflanzen.

Die Samenpflanzen besitzen im allgemeinen viel Übereinstimmendes sowohl in ihrer äußeren Gestaltung, als in ihrer inneren Organisation, daß eine besondere Schilderung der einzelnen Gruppen und Abteilungen nicht nötig ist. Um eine allgemeine Vorstellung von dem inneren Bau der Samenpflanzen zu gewinnen, genügt es, die verschiedenen Arten von Zellgeweben kennen zu lernen, aus denen der Pflanzenkörper fast in allen Abteilungen dieser Gewächse zusammengesetzt ist, sowie die Art und Weise, wie diese Gewebe in dem Pflanzenkörper verteilt sind. Da nun die Verschiedenheit jener Gewebe in einem verschiedenartigen Lebenszwecke, in einer verschiedenartigen Thätigkeit besteht, und darum in einer höchst abweichenden Gestaltung der Zellen zum Ausdruck kommt, also in der verschiedenartigen Entwickelungsweise der einzelnen Zellen, aus denen die Gewebe zusammengesetzt sind, so muß ich meine Leser zunächst mit der Zelle der höhern Pflanze, ihrer Bildungsweise und ihrem Leben näher bekannt machen.

Nach den neuesten, von Pringsheim, Nägeli, Hofmeister, Sachs u. a. unternommenen Forschungen besteht die jugendliche Pflanzenzelle aus einem soliden Körper von dichtschleimiger Beschaffenheit, sogenanntem Protoplasma, der von einer äußerst zarten Cellulosemembran umgeben ist, in dessen Zentrum der Zellkern, ein linsenförmiges Körperchen, eingebettet liegt (Fig. 145 I, junge Gewebezellen aus der Wurzel der Kaiserkrone, 550 fach vergrößert). In dem Maße, als die Zelle wächst, scheidet sich ein wässeriger Saft, der Zellsaft, aus dem Protoplasmakörper in Form von hellen Tropfen aus, welche später zusammenfließen. Hierdurch wird der solide Protoplasmakörper in einen der Cellulosehaut anliegenden, schleimig-gallertartigen Sack umgewandelt, der durch Protoplasmabalken mit dem ebenfalls von Protoplasma umgebenen, noch im Zentrum der Zelle suspendierten Zellkern verbunden ist (Fig. 145 II, ältere Gewebezellen derselben Wurzel, ebenso stark vergrößert). Bald nach der begonnenen Ausscheidung des Zellsaftes pflegt sich der Zellkern in die Masse des Protoplasmasackes zurückzuziehen: er wird „wandständig" (Fig. 145 III, Längsdurchschnitt durch eine ältere Zelle der Kaiserkronenwurzel). Bezüglich der weiteren Entwickelung der Zelle ist es von ganz entscheidendem Einflusse, ob der Protoplasmasack sich längere Zeit erhält oder bald verschwindet. Nur im ersten Falle vermag die Zelle sich noch weiter zu entwickeln, neue Stoffe von sehr verschiedener chemischer Zusammensetzung, unter Umständen auch neue Zellen (Tochterzellen) zu bilden, während sie im zweiten Falle (nach dem Verschwinden des Protoplasmas) einer weiteren Entwickelung nicht mehr fähig ist, indem sie dann nur noch aus der eigentlichen Zellhaut besteht und entweder mit wässerigem Saft oder mit Luft (Gasen) angefüllt erscheint. Dergleichen Zellen können der Pflanze nur noch durch die Steifheit, Festigkeit und andre physikalische Eigenschaften ihrer Haut Dienste leisten, an und für sich aber sind sie als tot zu betrachten. So besteht z. B. das völlig ausgebildete Holz (das „Kernholz") der Bäume nur aus einem Gerüst

oder Fachwerk steifer, mehr oder weniger harter Zellhäute. Der Protoplasmakörper der Zelle ist folglich ihr wichtigster Teil; von ihm, der
chemisch betrachtet, ein Gemenge verschiedener sogenannter Proteinstoffe
ist (daher aus Kohlenstoff, Wasserstoff, Sauerstoff und Stickstoff besteht,
außerdem etwas Schwefel, wohl auch Phosphor enthält), wird auch
die Cellulosehaut, die eigentliche feste Zellhaut, erzeugt, indem deren
Substanz (die nur aus Kohlenstoff, Wasserstoff und Sauerstoff zusammen-

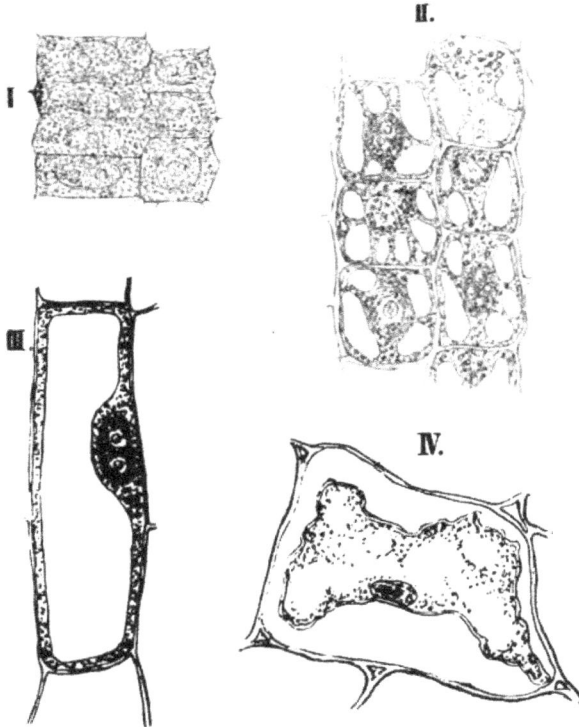

Fig. 145. Entwickelung und Struktur der Pflanzenzelle.

gesetzte Cellulose, auch pflanzlicher Faserstoff genannt), aus dem Protoplasma in Form unmeßbar kleiner Körperchen (Cellulosemolekülen) heraus-
tritt, die sich zu einer festen Haut vereinigen. Ebenso entsteht im Innern
des Protoplasmakörpers durch Zusammentreten von Protoplasmamole-
külen der Zellkern.

Da die Zellhaut vom Protoplasmakörper erzeugt, gewissermaßen
von demselben abgesondert wird, so muß der Protoplasmakörper eher
vorhanden sein als die Zellhaut, und daß dieses in der That der Fall
ist (woher auch der Name Protoplasma, d. h. Urbildungsstoff), beweist

die Entstehung, die Bildung neuer Zellen. Dieselbe kann nur im Innern einer bereits vorhandenen Zelle vor sich gehen, welche man eine Mutter= zelle nennt. Die Bildung der Tochterzellen erfolgt in sehr verschiedener Weise; wir wollen hier nur zwei Formen derselben näher betrachten, die sogenannte freie Zellenbildung und diejenige Tochterzellenbildung durch Teilung der Mutterzelle, welche bei der Erzeugung von Gewebezellen

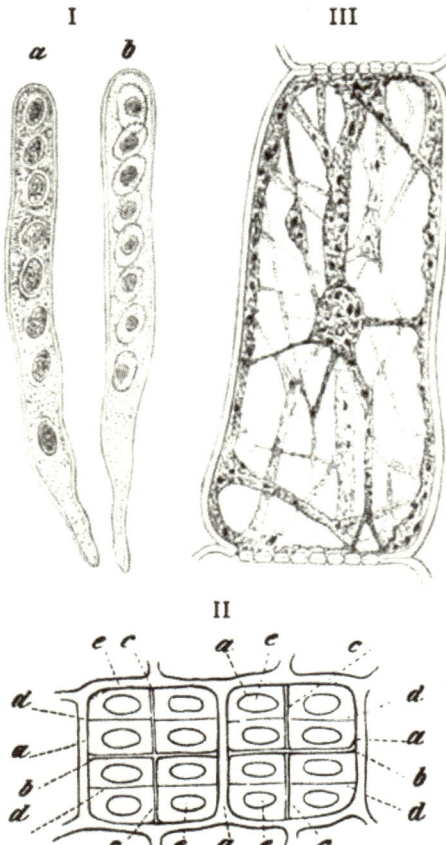

stattfindet. Bei der freien Zell= bildung entstehen im Proto= plasma der Mutterzelle zunächst so viele Zellenkerne, als Tochter= zellen gebildet werden sollen, worauf sich ein Teil des Proto= plasmas um diese Zellenkerne anhäuft und endlich ein jeder der abgesonderten Protoplasma= klumpen sich mit einer zarten Cellulosehaut umgibt. Zwischen den entstandenen Tochterzellen ist dann noch der Rest des Proto= plasmas der Mutterzelle vor= handen. Auf diese Weise ent= stehen z. B. die Sporen der Schlauchpilze und Flechten (Fig. 146 I, zwei Sporenschläuche eines Becherpilzes, Peziza, in 550facher Vergrößerung. a junge Schlauchzelle mit ent= standenen Zellenkernen, b ältere mit ausgebildeten Sporen) und die Keimzellen und ersten Endo= spermzellen im Keimsack der Samenpflanzen (s. unten). Bei der Entstehung der Gewebe= zellen, auf welcher die Bildung aller Teile des Körpers der Samenpflanzen, der Gefäß= sporenpflanzen, der Moose und auch vieler Algen beruht, son= dert sich das Protoplasma der Mutterzelle stets in zwei Häl= ten, nachdem zuvor gewöhnlich

Fig. 146. Bildung von Tochterzellen und Protoplasmaströmungen.

zwei Zellenkerne entstanden sind. Zwischen den beiden Protoplasma= portionen bildet sich, indem gleichzeitig aus allen Punkten der beiden einander zugekehrten Flächen der zwei Protoplasmaportionen Cellulose= moleküle heraustreten, eine Cellulosehaut (die Scheidewand), welche bei den nunmehr fertigen Tochterzellen gemeinschaftlich ist. Die Wandung jeder Tochterzelle besteht nun also aus der Hälfte der Mutterzellenwand und aus der neugebildeten Scheidewand. Indem die beiden Tochterzellen sich in derselben Weise wieder teilen (wobei sie natürlich zu Mutterzellen werden) und sich dieser Vorgang wiederholt, kann nach und nach eine ganze Menge zusammenhängender Zellen, ein Zellgewebe entstehen. Fig. 146 II, mag zur Erläuterung dieses Vorganges dienen. a ist die Wand von zwei verbundenen Urmutterzellen, b die bei der Teilung derselben entstandene Scheidewand, c die bei der Teilung der Tochterzellen, d die bei der Teilung der Enkelzellen gebildete Scheidewand. Die neuen Zellen wachsen nun, d. h. sie vergrößern sich durch Ausdehnung. Dabei gehen sowohl in ihrem Innern, als mit ihrer festen Wand mannigfache und zum Teil sehr merkwürdige Veränderungen vor. Fassen wir zunächst die Vorgänge im Innern der Zellen ins Auge.

Sehr bald, nachdem die Zelle fertig geworden ist, beginnt in ihrem Innern ein Strömen des Protoplasmas, welches vom Zellkern ausgeht, sich durch den Hohlraum der Zelle erstreckt und wieder zum Zellkern zurückkehrt. Und zwar ist es nicht ein einfacher Strom, vielmehr erscheint das Protoplasma in eine Menge kleiner Ströme geteilt, welche sich netzförmig miteinander vereinigen und ihre Lage jeden Augenblick verändern (Fig. 146 III). Dieses wunderbare Strömen des Protoplasmas, welches unter dem Mikroskope einen höchst interessanten Anblick gewährt, wird durch die Aufnahme von Wasser aus den benachbarten Zellen eingeleitet, infolgedessen im Mittelpunkte der jungen Zelle der schon erwähnte wässerige Zellsaft entsteht, welcher nun in das Protoplasma eindringt, dieses in einzelne Ströme sondert, es allmählich immer mehr verdrängt, bis er endlich nach dem Verschwinden des Protoplasmasackes den ganzen Zellenraum einnimmt. Wie kann aber Wasser in die Zelle kommen, wenn die Zellenmembran einen rings geschlossenen Raum bildet? Weil die Membran der Pflanzenzelle das merkwürdige Vermögen besitzt, Flüssigkeiten und Gase auf der einen Seite aufzusaugen, in sich aufzunehmen und auf der andern Seite unverändert wieder von sich zu geben, eine Eigenschaft, welche die Pflanzenzelle mit der Tierzelle gemein hat und durch welche der ununterbrochene, zur Ernährung und zum Wachstum des Pflanzen- und Tierkörpers unentbehrliche Stoffwechsel im Innern des Pflanzen- und Tierkörpers möglich wird.

Was aber wird aus dem Protoplasma? Mit voller Bestimmtheit läßt sich darauf nicht antworten; sicher ist jedoch, daß das Protoplasma teils zur Ernährung der Zellhaut, teils zur Bildung der verschiedenen körnigen Stoffe, die man in vielen erwachsenen Zellen findet, verwendet wird. Nach der Bildung des Zellsaftes entstehen nämlich im Innern der Zelle durch deren Lebensthätigkeit neue Stoffe, die je nach der Lage und Bestimmung des Gewebes, dem die Zelle angehört, verschieden sind, sowohl flüssige als feste. Unter letzteren verdienen besonders viererlei Stoffe eine Erwähnung, nämlich die Stärkemehlkörner, die Klebermehlkörner, die Pflanzengrün- oder Chlorophyllkörner und die Kristalle von Salzen.

Die schon wiederholt erwähnten Chlorophyllkörner, auf deren Vorhandensein die grüne Farbe so vieler Pflanzenteile beruht, bilden sich in den Zellen, wo wir sie finden, dadurch, daß die Protoplasmaschicht, welche solche Zellen in ihrer Jugend auskleidet, in vieleckige Stücke sich sondert, die sich hierauf allmählich abrunden, wobei sie sich gelb, zuletzt grün färben. Die Chlorophyllkörner entstehen also unmittelbar aus dem Protoplasma und müssen daher alle Bestandteile desselben enthalten, wozu noch der ihnen eigne, grüne, die Masse der Körner durchdringende Farbstoff kommt. Dieser grüne Farbstoff vermag sich nur unter dem Einflusse des Lichtes zu bilden; denn wir beobachten, daß, wenn wir beblätterte Pflanzen in einen dunklen Raum bringen, die vorher grünen Blätter bleich werden, ebenso daß, wenn wir Samen in einem finsteren Raume keimen lassen oder wenn Holzpflanzen, welche in finsteren Räumen, z. B. Kellern, überwintert wurden, im Frühjahr zu treiben anfangen, die Triebe und Blätter bleich, gelblichweiß gefärbt,

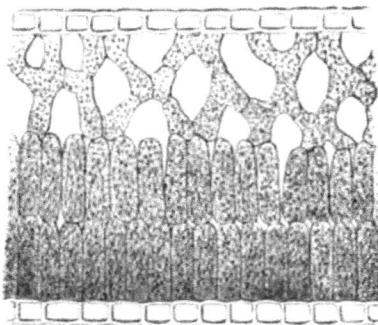

Fig. 147. Senkrecht geführter Durchschnitt durch ein Laubblatt.
Oben und unten die aus tafelförmigen leeren Zellen zusammengesetzte Oberhaut. Dazwischen drei Schichten von Grundgewebzellen, angefüllt mit Chlorophyllkörnern.

daß sie „vergeilt" oder, wie man sich jetzt in der Wissenschaft ausdrückt, „etioliert" sind. Dergleichen vergeilte oder etiolierte Pflanzen werden wieder grün, wenn man sie einer hellen Beleuchtung aussetzt, und untersucht man die vergeilten Blätter, so findet man in bestimmten Zellen gelbliche Körner, welche unter der Einwirkung des Lichtes grün werden, also Chlorophyllkörner sind, in denen das grüne Pigment noch nicht zur Entwickelung gekommen ist. Die Chlorophyllkörner liegen gewöhnlich der Innenwand der Zelle an und finden sich namentlich in dem Gewebe der Blätter sehr häufig (s. Fig. 147). Sie dienen nicht bloß dazu, wie man allen Ernstes lange Zeit angenommen hat, den Pflanzen die anmutige grüne Farbe zu verleihen, sondern haben eine sehr wichtige Rolle im Leben der Gewächse zu spielen. Sie vermögen nämlich die Kohlensäure, welche die Pflanze von außen, namentlich aus der Luft aufnimmt, zu zersetzen, und während sie den Sauerstoff dieser Säure abscheiden, welcher als Gas in die Luft entweicht, aus dem übrig bleibenden Kohlenstoff, sowie aus Wasserstoff und etwas Sauerstoff neue Pflanzensubstanz, und zwar zunächst Stärke zu erzeugen, wovon später noch weiter die Rede sein soll. Da nun das meiste Chlorophyll in den Blättern enthalten ist, so wird auch durch die Blätter das meiste Sauerstoffgas ausgeschieden werden müssen, und da die Luft für Tiere und Menschen desto angenehmer zu atmen und desto gesünder ist, je mehr Sauerstoff sie enthält, so erklärt es sich leicht, wie wichtig es in gesundheitspolizeilicher Hinsicht ist, in großen volkreichen Städten für Anpflanzung von Bäumen (Alleen, Promenaden, Parken) Sorge zu tragen, um damit die Luft zu verbessern, und wie zweckmäßig es ist, in Zimmern, zumal im Winter, oder in

Krankenstuben sogenannte Blattpflanzen zu kultivieren. Noch sei bemerkt, daß das Chlorophyll die Kohlensäure nur unter der Einwirkung des Lichtes zu zersetzen vermag, also nur am Tage. Am raschesten geht dieser chemische Prozeß im Sonnenschein vor sich. Ist die Beleuchtung zu stark oder zu gering, so tritt Wanderung der Chlorophyllkörner ein.

Diese Ortsveränderung der Chlorophyllkörner und ähnlicher Gebilde bei wechselnder Beleuchtung beruht auf einer Bewegung des Protoplasmas. An den einschichtigen Blättern der Moose und an Prothallien läßt sich leicht beobachten, daß bei mäßig starker Beleuchtung die Chlorophyllkörner sich an den Außenwänden, welche vom Lichte in ihrer Fläche getroffen werden, in einfacher Schicht lagern, sich bei Verdunkelung an die Seitenwände zurückziehen mittels deren die einzelnen Zellen aneinander grenzen (vergl. Spirogyra). Ähnlich verhalten sich die Chlorophyllkörner in den mehrschichtigen Blättern vieler höherer Pflanzen, wie z. B. im Thallus von Lemna (Fig. 148); hier entfernen sie sich bei Verdunkelung,

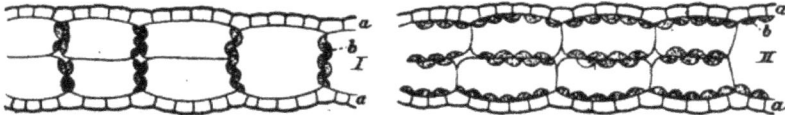

Fig. 148. Ortsveränderung der Chlorophyllkörner bei wechselnder Beleuchtung. Nach Stahl.
I Stellung bei starker Beleuchtung. II Stellung bei Verdunkelung.

aber auch bei intensiver Beleuchtung von den Außenwänden des Chlorophyllparenchyms. Darauf ist auch die Beobachtung zurückzuführen, daß viele Blätter bei intensiver Beleuchtung eine hellere Färbung annehmen.

Auf der Menge der Chlorophyllkörner in den Zellen und auf der Verteilung der chlorophyllhaltigen Zellen beruhen die so unendlich verschiedenen Nüancen von Grün bei den Pflanzen. So ist z. B. der so häufige Unterschied des Grüns zwischen der oberen und unteren Fläche der Blätter, wenn nämlich die obere Fläche dunkelgrün, die untere hellgrün gefärbt erscheint, darin begründet, daß die der oberen Fläche zunächst gelegenen Zellen des Blattgewebes nicht allein mehr Chlorophyll enthalten als die übrigen, sondern auch dicht aneinander gedrängt liegen, während die der unteren Blattfläche zugekehrten locker verbunden und durch große, lufterfüllte Intercellularräume getrennt sind (s. Fig. 147). —

Das Klebermehl, ein erst in neuester Zeit gehörig gewürdigter Stoff, findet sich in Form rundlicher, eckiger oder ganz unregelmäßiger Körner in den Zellen der meisten Samenkerne (manche Samen, z. B. die Lupinensamen, enthalten nur Klebermehl; viele, z. B. die Bohnen, Klebermehl und Stärkemehl nebeneinander; wenige, wie die Getreidekörner, fast nur Stärkemehl und äußerst weniges Klebermehl), außerdem in der Rinde, dem Mark und den Markstrahlen und in den Knospen der Bäume, sowie in den Knollen und ausdauernden Wurzeln von Pflanzen in Begleitung von Stärkemehl, jedoch in den Baumstämmen, Knollen und Wurzeln vorzugsweise während des Winters. Die Klebermehlkörner sind viel kleiner als die Stärkemehlkörner (s. Fig. 149, wo bei a ein feiner Schnitt durch den Kern einer Bohne in 200facher Linearvergrößerung abgebildet ist und die großen in den Zellen enthaltenen Körner Stärkemehlkörner sind, die kleinkörnige Masse dagegen, die bei b stärker vergrößert dargestellt ist, aus Klebermehl besteht), farblos oder gefärbt, dicht oder hohl, haben meist eine grubig vertiefte Oberfläche und enthalten nicht selten traubige Knollen oder kristallinische Körper oder haben selbst eine kristallartige Form. Die Klebermehlkörner unterscheiden sich außerdem vom Stärkemehl dadurch, daß sie sich in Wasser leicht auflösen und

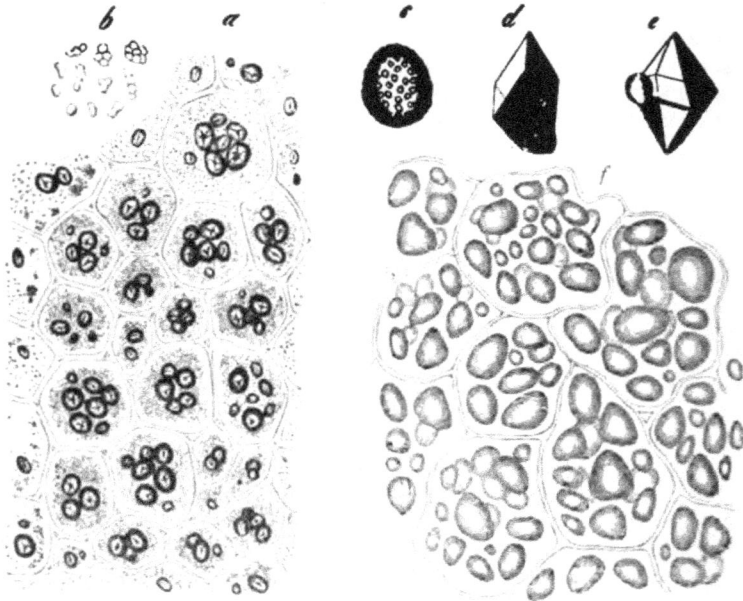

Fig. 149. Inneres einer Kartoffel und Bohne; Klebermehlkörner.

durch Jod nicht blau, sondern gelb gefärbt werden. Ihre Masse enthält, da sie aus den Bestandteilen des Protoplasmas besteht, sozusagen verdichtetes ausgetrocknetes Protoplasma ist, stets mehr oder weniger Stickstoff. Aus letzterem Umstande erklärt es sich, weshalb die sogenannten Hülsenfrüchte (Bohnen, Erbsen, Puffbohnen, Linsen, Wicken) eine viel nahrhaftere Speise für Menschen und Tiere abgeben, als Sago, Reis, Graupen, Hafergrütze, Gries und andre aus Getreidekörnern gemachte Nahrungsmittel. Die Samen der Hülsenfrüchte enthalten nämlich immer sehr viel Klebermehl, während in den Getreidekörnern, wie schon bemerkt wurde, sich äußerst wenig von diesem nährenden Stoff findet.

Aber nicht allein für den Menschen ist das Klebermehl ein hochwichtiger Stoff; eine viel bedeutendere Rolle spielt dasselbe im Leben der

Pflanze selbst, im Verein mit dem Stärkemehl oder mit fetten Ölen (Pflanzenfetten). Das in den Zellen der Samenkerne aufgespeicherte Kleber- und Stärkemehl (die ölhaltigen Samen, z. B. der Raps, enthalten anstatt des letzteren fettes Öl) ist nämlich dazu bestimmt, bei der Keimung dem sich entwickelnden Keime zur Nahrung zu dienen, was so lange fortgesetzt werden muß, bis sich die Keimpflanze vollständig bewurzelt und ausgebildete Blätter getrieben hat. Eine ganz ähnliche Rolle spielen das Stärke- und Klebermehl, welches man vom Herbst bis zum Frühling in den Wurzeln und Stämmen der Bäume und in den Wurzeln, Knollen und Zwiebeln aller ausdauernden (perennierenden) Kräuter und Gräser findet. Dieses Stärke- und Klebermehl, welches während des Sommers durch die Lebens- thätigkeit der Zellen, in denen man es im Winter findet, produziert wird, ist zur Ernährung der in den Knospen schlummernden Triebe und Blätter während der Entfaltung der Knospen im Frühlinge bestimmt (also für eine folgende Vegetationsperiode „reserviert", weshalb man jene Sub- stanzen auch „Reservestoffe" genannt hat), und wird deshalb vor dem Ausbruch des Laubes, wenn, wie man zu sagen pflegt, „der Saft in die Bäume tritt", durch den aufwärts steigenden Saft aufgelöst, zersetzt und in ernährenden Saft umgewandelt und in dieser Form den in den Knospen eingeschlossenen Organen zugeführt. Die Entfaltung der Knospen im Früh- linge und die Bildung neuer Triebe würde folglich ohne Stärke- und Klebermehl ebensowenig möglich sein, als das Keimen der Samen. Durch die Aufspeicherung dieser Nährstoffe im Samen, in den Wurzeln, Stämmen, Knollen u. s. w. sorgt also die Pflanze teils für ihre eigne Zukunft, teils für ihre Nachkommenschaft, um mich dieses Ausdrucks zu bedienen — ein neuer Beweis dafür, wie weise in der Natur für jedes Geschöpf gesorgt ist.

Die wiederholt erwähnten und ihrer Bestimmung nach schon be- sprochenen Stärke- oder Stärkemehlkörner kommen bei allen assimi- lierenden Pflanzen noch viel häufiger vor, als die Klebermehlkörner. Man findet sie vorzüglich in den Zellen der Knollen (z. B. der Kartoffel), Zwiebeln, fleischiger Wurzeln und Früchte, in vielen Samenkernen (z. B. in Getreidekörnern, wo der Mehlkörper, welcher beim Mahlen das Mehl liefert, lediglich aus stärkemehlhaltigen Zellen besteht), aber auch in den Zellen des Markes, in vielen Zellen der Rinde und selbst des Holzes der Bäume und ihrer Wurzeln (wenigstens während des Winters) und vieler andrer Pflanzen. Wir wissen bereits, daß die Stärke durch die Thätigkeit der Chlorophyllkörner in deren Innern gebildet und daß während der Nacht ein Teil der am Tage erzeugten Stärke wieder ver- flüssigt und aus den Chlorophyllkörnern ausgeschieden wird. Diese gelöste Stärke wandert von Zelle zu Zelle, wobei häufig kleine Stärkekörner gebildet und wieder aufgelöst werden, bis sie endlich, soweit sie nicht etwa in Zucker und andre Substanzen umgesetzt wird, in jenen Zellen der Samen, Rinde, Knollen u. s. w. sich in körniger Form für längere Zeit, d. h. als Reservestoff ausscheidet. Bloß diese Stärkekörner wollen wir hier genauer ins Auge fassen. Dieselben besitzen eine sehr verschiedene Form, wie die in Fig. 150 gegebene Musterkarte beweist, welche doch nur einige wenige, wenn auch besonders charakteristische Formen von Stärkekörnern enthält. Es sind bei diesen Stärkekörnern im allgemeinen zwei Hauptformen zu unterscheiden, nämlich einfache und zusammengesetzte Stärkekörner. Die einfachen sind bald rundlich, bald unregelmäßig eckig, bald stabförmig oder muschelförmig, bestehen aber fast immer aus mehreren oder vielen, gleich den Schalen einer Zwiebel über- und umeinander gelagerten, sich gegenseitig umschließenden Schichten, deren Grenzlinien unter dem Mikroskope als sehr feine Linien erscheinen, weshalb jedes rundliche Stärkekorn wie eine mit konzentrischen Kreisen bedeckte Scheibe aussieht. Und zwar pflegt der innerste Kreis (die innerste Schicht, welche man den „Kern" nennt) viel häufiger exzentrisch als wirklich im Zentrum zu liegen (Fig. 150 d, Stärkekörner aus der Kartoffel). Die zusammengesetzten Stärkekörner bestehen aus einer bestimmten oder unbestimmten Anzahl

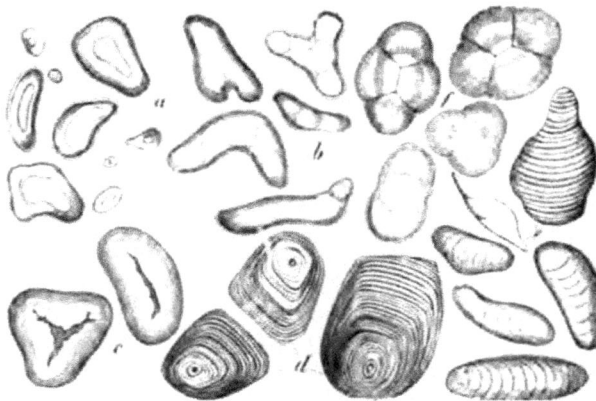

Fig. 150. Stärkekörner.

miteinander verbundener Körnchen. Fig. 150 zeigt bei f zusammengesetzte Stärkekörner aus der Sassaparillwurzel (a, b, c sind Formen von einfachen Stärkekörnern aus dem Kern der Bohne, von denen die bei c abgebildeten eine sprungartige Zentralhöhle zeigen, e solche aus der Galgantwurzel), Fig. 150 b aus vielen Körnchen zusammengesetzte, welche im Gemenge mit einfachen, den Inhalt der Zellen im Mehlkörper des Maiskorns bilden.

Die zusammengesetzten Stärkekörner lassen fast niemals eine Schicht erkennen, häufig aber in jedem Körnchen eine Zentralhöhle. Die Stärkekörner enthalten keinen Stickstoff, sondern bestehen bloß aus Kohlen-, Wasser- und Sauerstoff (die chemische Zusammensetzung des Stärkemehls ist gleich der der Cellulose, beide haben die chemische Formel: $C_6H_{10}O_5$). Ihr Mehl ist daher weniger nahrhaft als mit Kleie vermengtes (sogenanntes Schwarzmehl), denn die Kleie, d. h. die Bruchstücke der Haut der Getreidekörner, enthält in ihren Zellen Aleuron oder Klebermehl. Die als Reservestoff ausgeschiedenen Stärkekörner bilden entweder den ausschließlichen Inhalt der betreffenden Zellen oder sind mit Klebermehl vergesellschaftet. So sehen wir auf Fig. 149 bei a einen Schnitt aus

einem Bohnenkern, dessen Zellen Stärkekörner und Aleuron enthalten, bei
149 f einen Schnitt aus der Kartoffelknolle, wo die Zellen nur mit Stärkekörnern angefüllt sind (beide Objekte in 200facher Linearvergrößerung).
Fig. 151 zeigt bei a einige Zellen aus dem Innern einer sehr mehlreichen
Kartoffel, bei b dergleichen aus dem Mehlkörper des Mais, viel stärker
vergrößert. Noch verdient bemerkt zu werden, daß alle Stärkekörner,
wenn sie mit Jodlösung zusammengebracht werden, fast augenblicklich eine
schöne azurblaue Färbung annehmen, weshalb mit Jodlösung behandelte
stärkemehlhaltige Zellen unter dem Mikroskope einen sehr schönen Anblick
gewähren. Daß durch dieses einfache Verfahren die Frage, ob eine
Pflanzenzelle oder ein Pflanzengewebe Stärkemehl enthält oder nicht,

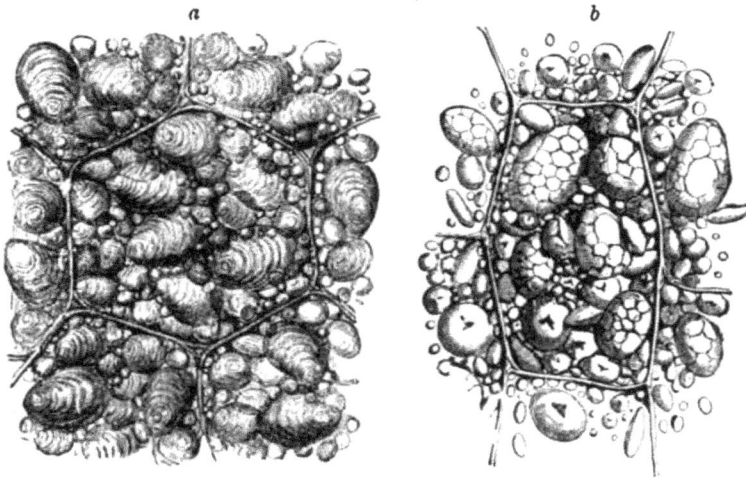

Fig. 151. Kartoffel- und Maiszellen.

sofort entschieden werden kann, ist einleuchtend. Durch Behandlung der
Chlorophyllkörner mit Jod läßt sich daher mit Sicherheit ermitteln, ob
und inwieweit dieselben in ihrem Innern Stärke gebildet haben. So
werden z. B. die Chlorophyllkörner in den Zellen der Fichtennadeln im
Mai durch Jod bis auf eine schmale, grün bleibende Zone (die äußere
Schicht) intensiv blau gefärbt.

Die kristallisierten Gebilde, denen wir in den Pflanzenzellen
begegnen, zerfallen in Kristalloide oder in kristallähnliche Gebilde aus
Pflanzensubstanz und in Kristalle mit anorganischer Basis. Zu ersteren
gehören die bald in Aleuronkörnern, bald zwischen solche gemengt (z. B.
in den Zellen der Samenkörner der Lupinen) vorkommenden Kristall-
gebilde, welche aus verdichtetem Protoplasma bestehen und, da letzteres
ein Gemenge von Proteïnstoffen ist, Proteïnkristalle genannt werden,
ferner die hin und wieder gefundenen Farbstoffkristalle und die sogenannten Sphärokristalle des Inulins. Fig. 152 zeigt bei d und e zwei
Proteïnkristalle aus der Lupine. Die Sphärokristalle des Inulins kommen

in lebenden Pflanzen nicht vor, sondern erzeugen sich nur, wenn man Pflanzenteile mit inulinhaltigen Zellen lange Zeit in Alkohol liegen läßt. Das Inulin ist nämlich ein in knolligen Wurzeln von Pflanzen aus der Familie der Kompositen (z. B. in den Knollen der Georgine und der knolligen Sonnenrose oder Topinamburpflanze) vorkommender Stoff, welcher das hier fehlende Stärkemehl zu ersetzen scheint, sich aber nur in Zellen- saft gelöst findet. Bei lange Zeit anhaltender Einwirkung von Alkohol scheidet sich dieser Stoff in kugeligen Massen von kristallinischem Gefüge aus. Alle Kristalloide stimmen darin überein, daß sie im Wasser auf- quellen, ohne deshalb ihre Form zu verändern. Dadurch unterscheiden sie sich, abgesehen von ihrer chemischen Zusammensetzung, von den echten Kristallen (Kristallen anorganischer Substanzen), welche nicht aufzuquellen vermögen.

Die in lebenden Pflanzen vorkommenden echten Kristalle zerfallen in solche, welche in Essig- säure löslich sind, und in solche, welche durch diese Säure nicht gelöst werden. Zu ersteren gehören die Kristalle von schwefelsaurem Kalk (Gips), welche als an beiden Enden schief ab- gestutzte Säulen auftreten und häufig paarweise verbunden sind (Zwillingskristalle), zu letzteren die Kristalle des oxalsauren Kalks, die häufigsten von allen. Diese erscheinen gewöhnlich als so- genannte „Raphiden“, d. h. als an beiden Enden zugespitzte Nadeln, seltener als schwalbenschwanz- ähnliche Gebilde, oder zu kleinen Drusen und Sphärokristallen vereinigt. Nicht gar selten kommen auch zu Drusen vereinigte Quadrat- oktoëder von oxalsaurem Kalk vor. Fig. 152 zeigt einen Schnitt aus der Meerzwiebel (Scilla maritima L.), mit zu Bündeln und Drusen ver- einigten Nadeln von oxalsaurem Kalk von sehr verschiedener Größe. Kristalle oxalsauren Kalks

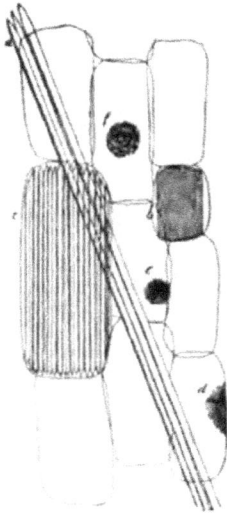

Fig. 152.
Kristalle in Pflanzenzellen.

findet man besonders im Zellgewebe saftiger Pflanzenteile (z. B. in den Zwiebeln und Blättern der Zwiebelgewächse), andre Kristalle namentlich im Gewebe der Rinde und des Markes vieler Pflanzen. Alle Kristalle und Kristalloide sind natürlich außerordentlich klein.

Während die Bildung neuer Stoffe, welche so lange dauert, als eine die Innenwandung der Zelle auskleidende Protoplasmaschicht (ein sogenannter Primordialschlauch) vorhanden ist, im Innern der Zelle vor sich geht, erleidet auch deren Wandung merkwürdige Umgestaltungen. Denn während anfangs die Zellenwand dadurch wächst, daß aus dem Protoplasmasacke fortwährend neue Moleküle von Zellstoff an jedem Punkte in sie eingelagert werden, erfolgt später die Einlagerung solcher neuen aus dem Protoplasma austretenden Zellstoffmoleküle nur an be- stimmten Stellen der Innenfläche der Zellwand. Infolge davon muß die Verdickung der Zellwand eine ungleichmäßige werden, denn zwischen den sich verdickenden Stellen bleiben Punkte, Flecken, ja größere Räume übrig, welche gar nicht verdickt werden und daher auch noch später bloß von der ursprünglich gebildeten (primären) dünnen Membran der Zellwand geschlossen erscheinen.   Die Verdickung der Zellwand kann eine regelmäßige und eine unregelmäßige sein.   Im ersten Falle erscheint die Zellwand auf ihrer inneren Fläche mit verschiedenartig geformten, nach dem Innern der Zelle vorspringenden Buckeln, Leisten und andern Erhabenheiten besetzt; im zweiten Falle sehen wir die Verdickungsmasse bald als ein die Innenwand der Zelle auskleidendes, schraubenförmig gewundenes

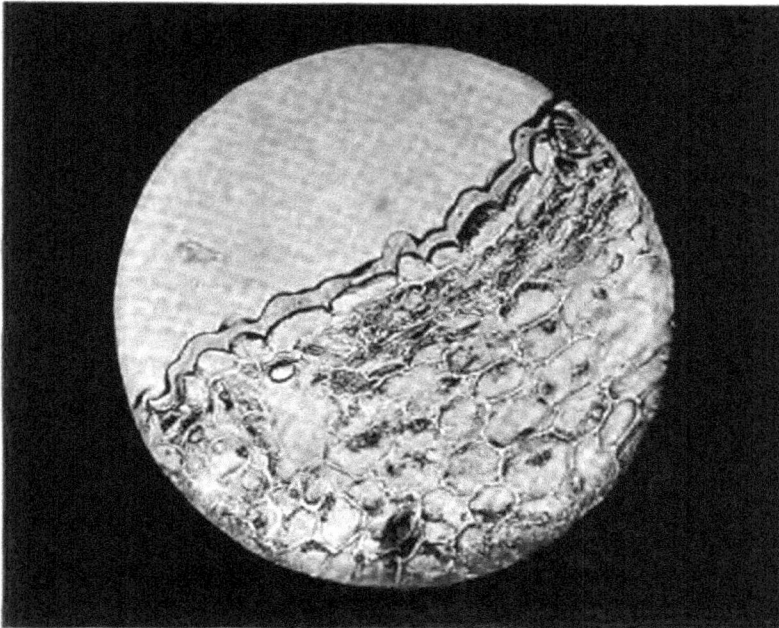

Fig. 153. Zellen mit verdickter Wand (Querschnitt durch einen Stengel von Viscum).
Nach einer Mikrophotographie von Dr. Burstert & Fürstenberg.

Band, oder als eine spiralig verlaufende Faser, oder in Form von quergestellten Ringen, oder als eine siebartig, netzförmig oder spaltenförmig durchlöcherte Schicht u. s. w. ausgebildet.   Da nun die primäre Zellenmembran, durch welche die Löcher, Spalten oder andre Lücken in der Verdickungsmasse nach außen hin geschlossen werden, immer sehr zart und dünn und deshalb ganz durchsichtig ist, so schimmern, wenn man eine solche Zelle unter dem Mikroskope betrachtet, die Formen (die Skulpturen) der Verdickungsmasse hindurch, und es erscheinen die Löcher, Spalten u. s. w. in der letzteren, weil sie nach außen bloß durch die wasserhelle, daher in der Flächenansicht nicht wahrnehmbare primäre Zellenmembran verschlossen sind, als Löcher, Spalten u. s. w. in der ganzen Zellenwand.   In der That

9*

hat man sich lange durch das mikroskopische Bild täuschen lassen und jene Lücken in der Verdickungsmasse für wirkliche Löcher, Spalten u. s. w. der Zellwand gehalten. Aus jener Zeit stammt der noch immer in Lehrbüchern und andern botanischen Schriften auftauchende Name poröse (durchlöcherte) Zellen, worunter man die mit siebartig durchlöcherter Verdickungsmasse begabten Zellen verstand. Mohl hat für solche Zellen den Namen getüpfelte (gefleckte) in die Wissenschaft eingeführt. Übrigens kommen Zellen mit wirklichen Löchern in ihrer Wandung ebenfalls vor, z. B. die Faserzellen in den Blättern der Torfmoose. Die mit ring- oder schraubenförmigen Fasern oder Bändern ausgekleideten Zellen hat man sehr bezeichnend Ringfaser- oder Spiralfaserzellen genannt. Fig. 160 zeigt Ring- und Fig. 161 Spiralfaserzellen, erstere aus dem Gewebe des Mais, letztere aus dem des Wegerich; Fig. 154 u. 155 stellen Steinzellen aus der Zimt- und Chinarinde dar (vgl. auch Fig. 168). In getüpfelten Zellen mit sehr stark verdickter Wand, wie z. B. in denjenigen der Haselnußschale, erscheinen die Lücken in der Verdickungsmasse als enge oder auch weitere röhrenförmige Gänge ausgebildet, welche sich bisweilen sogar verzweigen und vom Innenraum jeder Zelle aus bis an die primäre Zellenmembran sich erstrecken. Man nennt solche Gänge Tüpfelkanäle. Wo zwei getüpfelte Zellen aneinander grenzen, da pflegen die Tüpfelkanäle der einen Zelle auf diejenigen der anliegenden zuzulaufen: die Tüpfelkanäle beider Zellen „korrespondieren" miteinander, wie man sagt. Der Zweck dieser auf den ersten Blick wunderbaren und rätselhaften Erscheinung — denn daß dieses „Korrespondieren" nicht ein bloßes Spiel des Zufalls sein kann, versteht sich von selbst, da die Natur nichts zwecklos thut — erklärt sich leicht, wenn wir an den in der lebenden Pflanze zwischen den Zellen stattfindenden Austausch von Flüssigkeiten und Gasen denken. Es liegt auf der Hand, daß bei einer starken Verdickung der Zellwand, wenn die Verdickungsmasse eine kontinuierliche Schicht bildete, es schwer, ja unmöglich sein würde, daß Flüssigkeiten und Gase die Zellwände noch zu durchdringen vermöchten, zumal wenn, wie sehr häufig (z. B. in den Zellen des Holzes und der Nußschale, der Zimt- und Chinarinde) die Verdickungsmasse verholzt oder steinig wird. Da aber bei der Verdickung der Zellwand Lücken übrig bleiben, welche nach außen hin bloß durch die zarte primäre, für Flüssigkeiten und Gase leicht durchdringbare Zellenmembran geschlossen sind, so kann auch noch zwischen Zellen mit sehr stark verdickten Wandungen ein solcher Austausch von Flüssigkeiten und Gasen leicht stattfinden. Daß aber dieser Austausch nur dann möglich sein kann, wenn die Tüpfelkanäle in der Verdickungsmasse korrespondieren, versteht sich von selbst, der Austausch findet Erleichterung durch eine feine Haut, welche die beiden gegenüberliegenden Tüpfel trennt, es findet Diosmose statt.

　　Die Verdickung selbst kann keinen andern Zweck haben, als der Zellwand mehr Festigkeit und Steifigkeit zu verleihen. In der That finden wir die am stärksten verdickten Zellen vorzugsweise in Geweben von großer Festigkeit und Härte, wie im Holze und namentlich in den steinharten Schalen der Nüsse, der Kirsch-, Pfirsich-, Aprikosen-, Pflaumenkerne und andrer Kerne von „Steinfrüchten", in dem horn- oder knochenharten

Sameneiweiß vieler Palmen u. f. w., aus dem man die festen Steinnuß-
knöpfe dreht. So hat die Natur durch eine ebenso einfache als sinnreiche
Einrichtung möglich zu machen gewußt, einem Zellgewebe einen bedeutenden Grad von Härte und Festigkeit zu geben und dasselbe doch auch
gleichzeitig für den Austausch von Flüssigkeiten und Gasen (für den Stoffwechsel) zu befähigen. Noch darf nicht unerwähnt bleiben, daß die
Verdickungsmasse der Zellwand keine homogene (gleichartige) ist, sondern
aus übereinander liegenden Schichten von verschiedener Beschaffenheit
besteht. Besonders Zellen mit stark verdickten Wandungen, wie z. B. die
Bastfasern, lassen einen solchen Schichtenbau ihrer Wand auf Querschnitten oft sehr deutlich erkennen. Man hat bei solchen Zellen schon bis

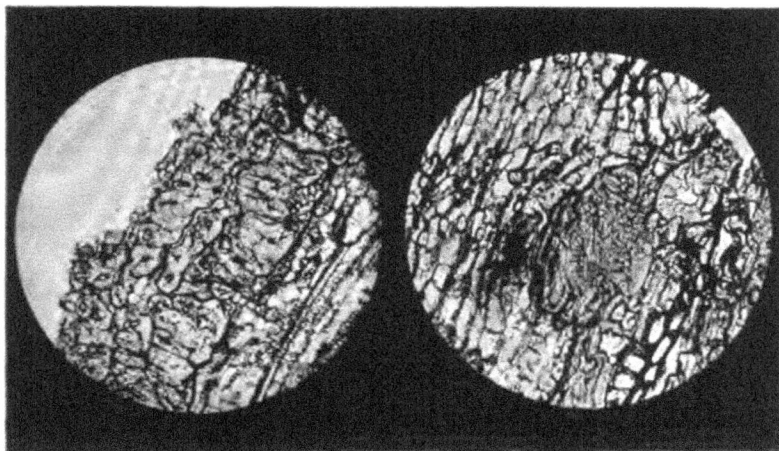

Fig. 164. Steinzellen der Bimrinde.   Fig. 165. Steinzellen der Chinarinde.
Nach Mikrophotographien von Dr. Burkert & Fürstenberg.

fünfzig und mehr übereinander liegende Schichten oder Schalen gezählt,
so z. B. bei Bastzellen in dem Stamm der Wachsblume (Hoya carnosa).
Der konzentrisch-schalige Bau der verdickten Zellwand, welcher durch
Behandlung mit Ätzkali noch deutlicher gemacht werden kann, beruht
nicht, wie man früher annahm, auf einer periodisch erfolgenden Ab-
lagerung von neuem Zellstoff auf die Innenfläche der Zellwand, sondern
darauf, daß sich nach oder auch schon während der Verdickung derselben
innerhalb der Verdickungsmasse wasserärmere und wasserreichere Schichten
ausbilden. Denn die Zellwand ist stets von Wasser durchdrungen oder
vielmehr sie besteht, wie Nägeli bewiesen hat, aus Zellstoffmolekülen,
welche von Wasserhüllen umgeben sind.

Während der Ausbildung der Zelle ändert sich nun aber auch ihre
äußere Form. Durch den Druck nämlich, den die gleichzeitig entstandenen
Zellen infolge der Ausdehnung ihrer Membran aufeinander gegenseitig

ausüben, muß die ursprüngliche Gestalt der Zelle bedeutend verändert
werden. Je nachdem nun die Zellen vom Anfange an sich mehr oder
weniger innig berührten, je nachdem die Ausdehnung ihrer Haut nach
allen Seiten oder bloß nach zwei Seiten hin erfolgt, und je nachdem sie
an allen oder bloß an einzelnen Punkten der Zelle vor sich geht, werden
höchst verschiedene Formen von Zellen und Zellgewebe entstehen.

So führen uns Fig. 156 u. 157 Cylinderzellen vor, auf dem Querschnitt rund, auf dem Längsschnitt gestreckt erscheinend; die Abbildungen
entsprechen Verhältnissen bei der Sonnenrose (Helianthus); Fig. 159 zeigt
vieleckige, polyedrische Zellen mit Flächen, die durch seitlichen Druck ab-
geplattet sind; das Bild bietet einen Querschnitt wie durch das Mark

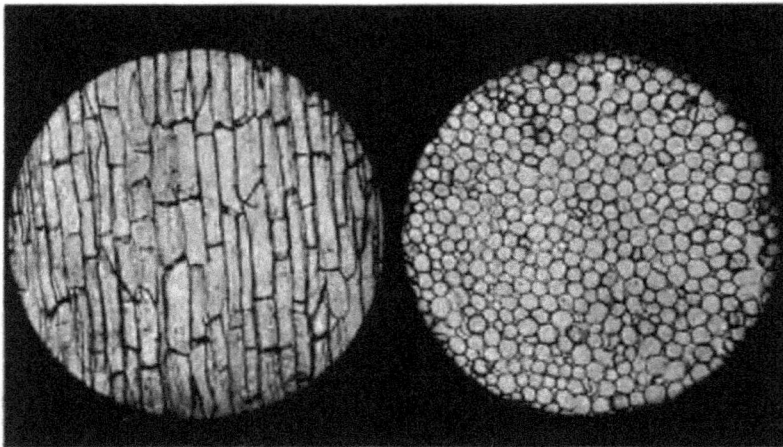

Längsschnitt.   Querschnitt.
Fig. 156 u. 157. Cylinderförmige Zellen aus dem Mark von Helianthus.
Nach Mikrophotographien von Dr. Burkert & Fürstenberg.

des Holunders (Sambucus). Durch ungleichmäßige, bloß an einzelnen
Stellen der Zellenmembran erfolgende Ausdehnung der letzteren können
unter Umständen sternförmig oder ganz unregelmäßig verzweigte Zellen
entstehen. Sehr regelmäßig sternförmiges Zellgewebe findet sich in den
Scheidewänden, welche die hohlen Stengel der Binsen und andrer Wasserpflanzen inwendig in Fächer abteilen. Fig. 158 stellt ein Stückchen eines
so gebildeten Gewebes von einer Juncusart dar. Mit diesem wirklich
sternförmigen Zellgewebe darf das sternförmig erscheinende Gewebe nicht
verwechselt werden, aus dem bisweilen harte Samenkerne bestehen, wie
z. B. das schon genannte Eiweißgewebe aus dem elfenbeinartigen Samenkern von Phytelephas, einem palmenartigen Gewächs Südamerikas, bei
welchem eckige, sehr dickwandige Zellen mit von der Zellenhöhle strahlen-
artig auslaufenden Tüpfelkanälen vorhanden sind.

Eine besondere Form von Zellen oder richtiger Zellenvereinen sind
die bereits oben erwähnten Gefäße. Da sie aus Reihen übereinander

gestellter Zellen entstehen, so müssen ihre Wandungen ganz denselben Bau besitzen, wie die Wände der ursprünglichen Zellen, und da letztere entweder Ring- oder Spiralfaser- oder getüpfelte Zellen sind, so muß es auch Ring-, Spiral- und getüpfelte Gefäße geben. In Fig. 160—166 sind die am häufigsten vorkommenden Formen der Gefäße abgebildet. Fig. 160 zeigt zwei Ringgefäße aus dem Stengel des Mais (Zea Maïs), Fig. 161 eine Musterkarte engerer und weiterer Spiralgefäße aus dem Gewebe einer Wegerichart (Plantago) und Fig. 162 stellt sogenannte Treppengefäße aus dem Blattstiel eines Farnkrautes (Adlerfarn, Pteris aquilina) dar. Bei den letzten Gefäßformen ist die Entstehung aus Zellenreihen deutlich zu erkennen. Auch sind in den rosenkranzförmigen und

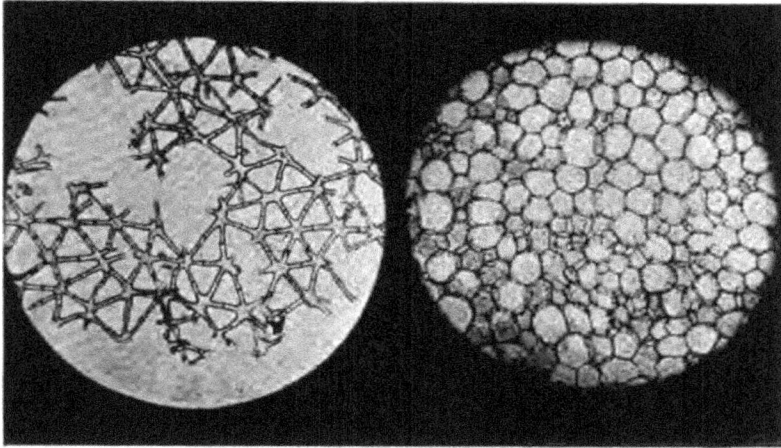

Fig. 158. Sternförmige Zellen aus Binse. Fig. 159. Polyedrische Zellen aus Holunder. (Querschnitt.)
Nach Mikrophotographien von Dr. Burkert & Fürstenberg.

punktierten, wie überhaupt in den getüpfelten Gefäßen nicht selten einzelne der ursprünglichen Scheidewände teilweise erhalten, indem die gewöhnlich schief gestellten Scheidewände entweder bloß von einer Öffnung mit oder ohne Zwischenhaut (bei den eigentlichen getüpfelten Gefäßen) oder von leiterförmig gestellten Spalten (bei den Treppengefäßen) durchbrochen sind.

Die Gefäße kommen niemals einzeln, sondern immer zu Bündeln vereinigt, im Pflanzenkörper vor. Auch bestehen diese Gefäßbündel in der Regel nicht bloß aus Gefäßen, sondern es nehmen auch noch andre einfache Zellen an deren Bildung teil. Es sind das die Holz-, Bast- und die sogenannten Cambiumzellen. Letztere sind gestreckte, cylindrische aber äußerst zartwandige Zellen, welche bald mit wagerechten, bald mit schiefen Grundflächen reihenweise übereinander stehen und in dem völlig ausgebildeten Gefäßbündel oft gar nicht mehr angetroffen werden. Wohl aber besteht jedes Gefäßbündel anfangs bloß aus solchen Cambiumzellen. Um die Entwickelung der Gefäßbündel und deren weitere Ausbildung zu verstehen,

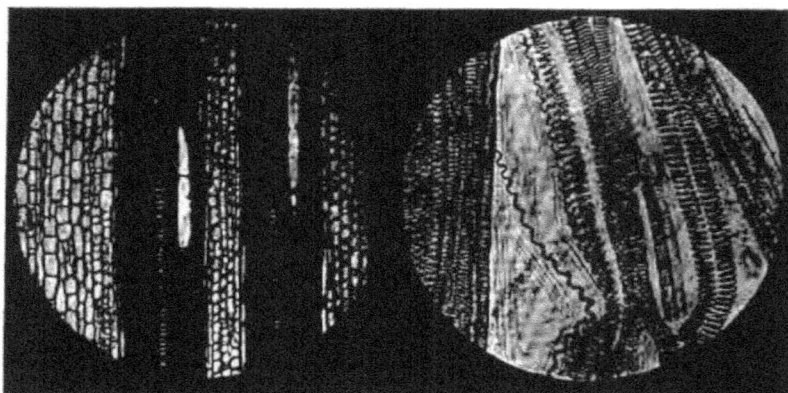

160   161

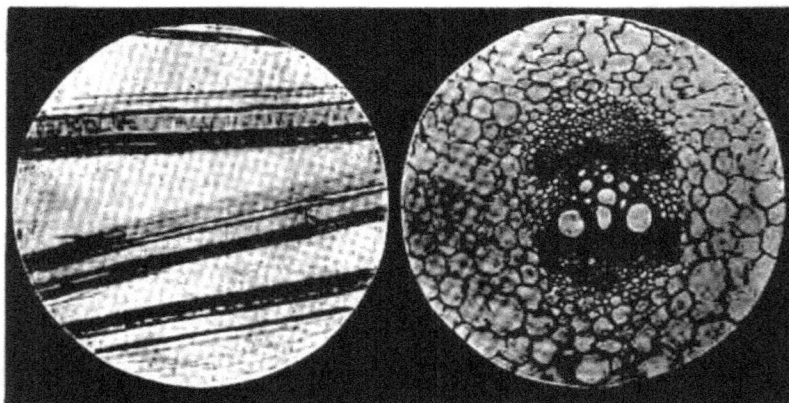

162   163

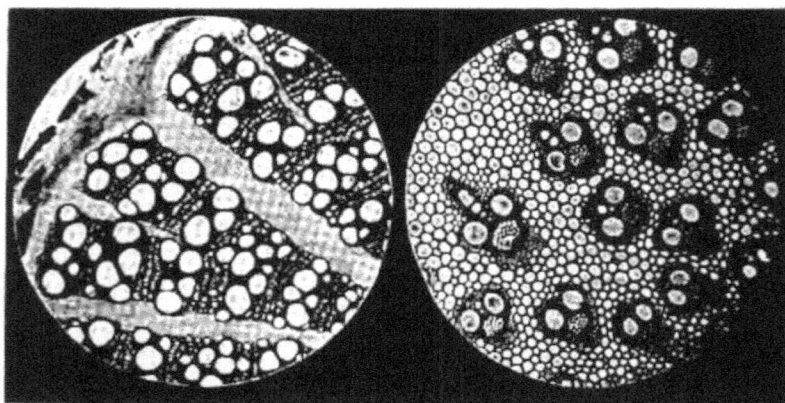

164   165

Fig. 160—165. Gefäße und Gefäßbündel.
Nach Mikrophotographien von Dr. Burdett & Fürstenberg.
160 Ringgefäße von Mais (Zea). 161 Spiralgefäße von Wegerich (Plantago). 162. Treppengefäße aus
einem Blattstiel von Farn (Pteris). 163 Bikollaterales Gefäßbündel von Kürbis (Cucurbita). 164. Gefäßbündel von Osterluzei (Aristolochia Sipho). 165 Gefäßbündel des Spanischen Rohrs (Arundo donax).

müssen wir einen ganz jungen Pflanzenteil, z. B. das Ende einer jungen
Wurzel, zum Gegenstand einer mikroskopischen Untersuchung machen. Ein
solcher jugendlicher Pflanzenteil ist bloß aus einer Art von Zellen, und
zwar aus äußerst kleinen und zartwandigen, dicht zusammengedrängten,
von Protoplasma strotzenden und einen großen Kern enthaltenden Zellen
zusammengesetzt. Man hat dergleichen Gewebe, weil aus demselben die
verschiedenartigsten Zellen- und Gewebsformen hervorgehen können,
Urgewebe (früher Urparenchym), oder, weil seine Zellen stets teilungsfähig sind, d. h. durch Teilung ihres Inhalts Tochterzellen zu bilden vermögen, Meristem (Teilungsgewebe, auch wohl Urmeristem) genannt.
Ein solcher aus Meristem zusammengesetzter Pflanzenteil verändert aber
sehr bald seine Struktur, indem sich die äußerste Schicht der Meristemzellen durch eine der Oberfläche des Pflanzenteils parallel erfolgende Ausdehnung ihrer Zellen in eine Zellenhaut (Hautgewebe, Oberhaut) verwandelt, während im Innern des Pflanzenteils eine oder viele Partien
von Meristemzellen durch Längenausdehnung sich in den Pflanzenteil seiner
Länge nach durchziehende Stränge von gestreckten, zartwandigen Zellen
umgestalten. Das sind Cambiumzellen, und die aus ihnen bestehenden
Stränge die Grundlagen, die Anfänge ebensovieler Gefäßbündel. Das
Meristem des jungen Pflanzenteils hat also begonnen, sich an bestimmten
Stellen in aus bestimmt geformten Zellen bestehende und mit bestimmten
Funktionen betraute Gewebe umzugestalten oder (wie man jetzt in der
Wissenschaft zu sagen pflegt) zu „differenzieren": es hat die Differen-
zierung der Gewebe begonnen. In den entstandenen Cambiumsträngen
verwandeln sich nun einzelne Reihen übereinander stehender Zellen in
Gefäße, während andre Cambiumzellen sich in Holz-, noch andre sich in
Bastzellen umbilden, noch andre unter Umständen unverändert bleiben.
Das fertige Gefäßbündel erscheint daher in der Regel aus Gefäßen, Holz-
und Bastzellen, außerdem wohl noch aus unverändert gebliebenen Cambiumzellen zusammengesetzt, von denen letztere allein im stande sind, neues
Holz und neuen Bast zu bilden. Weil die meisten fertigen Gefäßbündel
nicht bloß aus Gefäßen, sondern zugleich aus Holz- und Bastzellen bestehen,
und letztere oft eine faserförmige Gestalt zu besitzen pflegen, so hat Nägeli
für die Gefäßbündel den Namen Fibrovasalstränge vorgeschlagen, doch
wollen wir uns hier auch fernerhin des alten längst eingebürgerten Namens
Gefäßbündel für jene Gebilde bedienen. Die Gefäßbündel verzweigen
sich vielfältig, besonders in den Blättern, und bilden in jeder Gefäß-
pflanze ein zusammenhängendes System (Gefäßsystem), welches den Körper
der Pflanzen von den untersten Wurzelspitzen bis zu den höchsten Blättern
durchzieht. In dieser Hinsicht haben die Gefäßbündel eine gewisse Ähnlichkeit mit den Blutgefäßen des Tierkörpers, und diese Ähnlichkeit ist die
Ursache gewesen, daß man jene zelligen Röhren im Pflanzengewebe „Gefäße" genannt, ja sogar für gleichbedeutend mit den Adern der Tiere
gehalten hat, indem man glaubte, daß sie den Nahrungsstoff fortleiteten.
Neuere Forschungen haben diese Annahme als falsch bewiesen; denn man
fand, daß die Gefäße bloß in ihrer Jugend Saft führen, später aber
sehr bald mit Luft erfüllt sind. Wohl aber hat sich aus jenen Forschungen

ergeben, daß, wenn nicht die Gefäße, so doch die Gefäßbündel eine ganz ähnliche Rolle im Pflanzenkörper spielen, wie die Adern im Tierkörper, daß sie nämlich den Nahrungssaft von den Wurzeln bis in die Blätter leiten, wo er durch die Berührung mit der von außen eingedrungenen Luft eine ähnliche Umwandlung erleidet, wie das Blut der Tiere und des Menschen in den Lungen. Wie dies möglich ist, soll der geehrte Leser bald hören.

Mit den Gefäßen dürfen nicht die sogenannten Milchgefäße (Fig. 166) verwechselt werden. Es sind dies einfache oder vielfach verzweigte (Fig. 166) dünnwandige Röhren, welche eine meist milchweiße, seltener gelb oder rot gefärbte Flüssigkeit enthalten und bei vielen Pflanzen vorzüglich in der Rinde gefunden werden. Jedes Milchgefäß bildet einen in sich abgeschlossenen Raum. Die einzelnen Milchgefäße stehen also nicht miteinander in Verbindung und können daher auch nicht den Milchsaft durch den Pflanzenkörper leiten. Fig. 166 zeigt ein bloßgelegtes Milchsaftgefäß aus dem Stengel des Schöllkrauts.

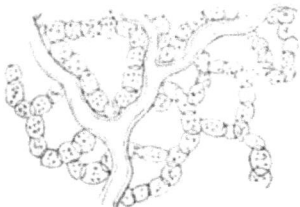

Fig. 166. Milchsaftgefäße.

Die eigentlichen Bastzellen, d. h. diejenigen Zellen, welche den zu technischen Zwecken verwendeten Bast, z. B. den Lindenbast, zusammensetzen, kommen bündelweise vereinigt vor und pflegen als lange, oft sehr lange, dickwandige, aber dennoch biegsame, an beiden Enden fein zugespitzte Schläuche mit von einzelnen Tüpfelkanälen durchbrochenen Verdickungsschichten ausgebildet zu sein (s. Fig. 167). Zu diesen Bastzellen gehören auch die langen, biegsamen, zum Weben tauglichen Fasern des Flachses, des Hanfes, der Nessel und andrer Pflanzen; es läßt sich also die Reinheit und Echtheit aus diesen Fasern gesponnener und gewebter Waren unter dem Mikroskope prüfen. Dagegen ist die Baumwollenfaser keine Bastzelle, sondern ein Haargebilde (s. unten). Die hier beschriebenen Bastzellen, welche bei den Pflanzen, in denen sie — und zwar stets in der Rinde — vorkommen, eine Zeitlang zur Fortleitung des in den Blättern bereiteten Bildungssaftes zu dienen scheinen, sind aber keineswegs die einzigen Zellenformen des Bastgewebes. Im Gegenteil besteht das Bastgewebe der meisten Pflanzen nicht aus solchen dickwandigen Bastfasern, sondern aus dünnwandigen Zellen von sehr verschiedener Form, unter denen besonders die sogenannten Cambiformzellen, langgestreckte dünnwandige Schläuche, eine hervorragende Rolle spielen. Neben diesen, welche dem Bastgewebe niemals zu fehlen scheinen, treten oft auch sogenannte Siebröhren auf, worunter man lange, gefäßähnliche Röhren versteht, welche aus Zellenreihen mit siebartig durchbrochenen Scheidewänden und oft auch mit großen sieb- oder netzförmig gestalteten Tüpfeln auf ihren Seitenflächen bestehen. Alle diese Elemente des Bastgewebes entstehen aus Cambiumzellen.

Die Holzzellen, welche, wie oben bemerkt, sehr häufig an der Bildung der Gefäßbündel teilnehmen und den Hauptbestandteil des

Holzes unfrer Bäume ausmachen, bei den Nadelbäumen fogar das Holz faft lediglich zufammenfeßen, find langgeftrecte, ecige, dicwandige, fteife und harte Zellen, welche an beiden Enden fpiß zulaufen und daher, wo fie zu Geweben vereinigt find, wie ineinander gefeilt ausfehen. (Fig. 168 teilweife bemerkbar.)

Doch gibt es auch Holzzellen, welche mit horizontal geftellten End-flächen übereinander ftehen und daher im Längsdurchfchnitt als ver-längerte Viereche erfcheinen, fogenannte Holzparenchymzellen. Die Ver-dickungsfchichten der Holzzellen befißen faft immer Tüpfelkanäle, weshalb die Holzzellen von der Fläche aus getüpfelt erfcheinen.

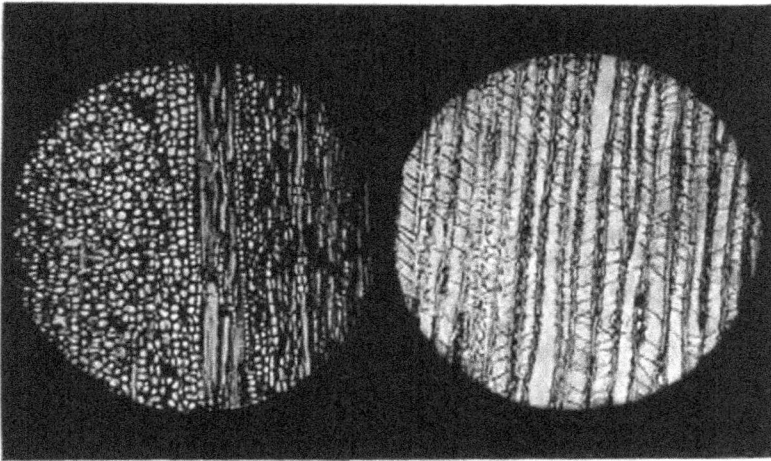

Fig. 167. Geftreifte Baftzellen aus der Rinde   Fig. 168. Holzzellen mit Spiralband von Taxus
des Oleanders (Nerium).   (Tangentialfchnitt).
Nach Mikrophotographien von Dr. Burftert & Fürftenberg.

Die Holzzellen entftehen aus Cambiumzellen und haben die Be-ftimmung, dem Pflanzenkörper die ihm nötige Feftigkeit und Steifigkeit zu geben. Sie bilden gewiffermaßen das Skelett, den Knochenbau der Pflanze. Sie führen in der Jugend Saft, später Luft. Die Holzparenchymzellen dienen gleichzeitig als Behälter für Referveftoffe und zwar befonders für Stärkemehl. Übrigens finden fich Holzzellen nicht allein in den Stämmen, Äften, Wurzeln und andern holzigen Teilen der Bäume und Sträucher, fondern auch in allen krautigen Pflanzen als Beftandteile der Gefäßbündel. (Bei holzigem Kohlrabi ift felbft dem unbewaffneten Auge die Vermehrung der Holzzellen auffällig.)

Nachdem in einem fich entwicelnden Pflanzenteile die Cam-biumftränge, welche fich in Gefäßbündel umwandeln, ausgebildet worden find, entfteht aus dem zwifchen denfelben und dem Hautgewebe befindlichen Teilungsgewebe ebenfalls ein aus beftimmt geformten und beftimmten

Verrichtungen des Pflanzenlebens dienenden Zellen zusammengesetztes Gewebe, welches **Parenchym** oder **Grundgewebe** genannt wird. Aus
solchem Gewebe sind die Rinde, das Mark, das Innere der Blätter, die
Hauptmasse fleischiger Früchte und Wurzeln, der Knollen und Zwiebeln,
der Samenkerne u. a. m. zusammengesetzt, seine Zellen sind höchst verschiedenartig gestaltet und bald dünn-, bald dickwandig, in letzterem Falle
stets getüpfelt, doch niemals mit Tüpfelräumen versehen. Als Beispiel
ihrer verschiedenen Formen können die in Fig. 153 und 163 (die um das
Gefäßbündel herumliegenden) abgebildeten Zellen, welche sämtlich dem
Grundgewebe angehören, dienen. Die Zellen des Grundgewebes sind die
eigentlichen chemischen Laboratorien der Pflanzen, in denen sie die verschiedenen Stoffe, welche sowohl als Baumaterial der Zellenwand dienen
(Zellstoff, Holz- und Korkstoff), als auch die Nähr- und Reservestoffe
(Zucker, Stärke, Aleuron, Fette) sowie Ausscheidungsstoffe (ätherische Öle,
Harz, Gummi, Wachs, Säuren u. s. w.) und Chlorophyll erzeugen. Durch

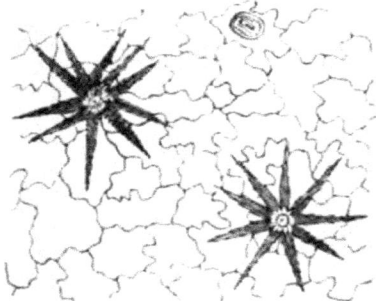

sie wird daher vorzugsweise die
Ernährung der Pflanze bewirkt.

Den Zellen des Grundgewebes
nahe verwandt sind die Zellen der
Oberhaut (Epidermis). So nennt
man eine dünne, oft nur einfache
Zellenschicht, welche gleich einer
Haut alle jungen, grün gefärbten
Pflanzenteile überzieht und den Zweck
hat, das darunter liegende weichere
Zellgewebe gegen den zerstörenden
Einfluß des Regens und der Luft
zu schützen. Die Oberhaut besteht
immer aus abgeplatteten, mehr

Fig. 169. Oberhaut mit Sternhaaren.

breiten als hohen Zellen, welche fast überall dicht aneinander schließen,
und nur hier und da durch kleine Lücken, sogenannte Zwischen-
zellen- oder Intercellulargänge, getrennt sind. Solche Gänge
finden sich sehr häufig im Parenchym und in der Mehrzahl der Gewebe, und zwar bilden die Intercellulargänge, die sich hier und da zu
größeren Höhlungen erweitern oder in von Zellgewebe umgebene Hohlräume münden, ein zusammenhängendes System von Röhren und Höhlen,
welches gleich dem Gefäßbündelsystem den ganzen Pflanzenkörper durchzieht. Nach außen hin ist die Wand der Oberhautzellen gewöhnlich stark
verdickt, die Seitenwände dagegen sind dünn und verlaufen bald gerade,
bald in zierlichen Schlangenlinien (Fig. 169). Das Merkwürdigste an
der Oberhaut sind die Spaltöffnungen. Jeder Intercellulargang der
Oberhaut ist nämlich nach außen durch zwei (selten mehrere) halbmond-
förmige, mit ihren konkaven Rändern einander zugekehrte Zellen geschlossen, welche sich beliebig zusammenziehen und ausdehnen können. Im
ersten Falle öffnen, im zweiten Falle schließen sie den Intercellulargang.
Unter letzterem liegt stets ein hohler, von Parenchymzellen umgebener
Raum, in welchen zahlreiche Intercellulargänge aus dem Innern münden

(s. Fig. 170). Man nennt diesen ganz seltsamen Apparat eine Spaltöffnung und jene Höhle die Atemhöhle, und zwar aus folgenden
Gründen. Die durch die Spaltöffnung eindringende Luft gelangt in die
Atemhöhle, von wo aus sie sich vermittelst der Intercellulargänge durch
das ganze Gewebe oder einen ganzen Pflanzenteil (z. B. ein Blatt) verbreitet und in die Grundgewebezellen übertritt, wo sie (wenigstens doch die
Kohlensäure der Luft) durch die Thätigkeit des Chlorophylls (s. oben) in
ihre beiden Bestandteile zerlegt wird. Der Kohlenstoff der Kohlensäure
wird nun zur Bildung kohlenstoffreicher Pflanzensubstanzen, zunächst von
Stärke verwendet (also ist der Apparat im eigentlichen Sinne für Nahrungsaufnahme thätig), der freigewordene Sauerstoff dagegen auf demselben
Wege, d. h. durch die Intercellulargänge und die Spaltöffnungen, wieder
aus der Pflanze entfernt und an die Luft abgegeben. Wir wissen bereits, daß die Bildung der Stärke in den Chlorophyllkörnern, d. h. daß
die Zerlegung der Kohlensäure in Kohlen- und Sauerstoff und die Ver-
arbeitung des Kohlenstoffes zu Stärke nur unter dem Einflusse des Lichtes
möglich ist, also nur am Tage geschehen kann. Daher findet die Ausscheidung von Sauerstoffgas durch die grün gefärbten Pflanzenteile nur
am Tage statt, ebenso die Aufnahme
von Kohlensäure aus der durch die
Spaltöffnungen eindringenden Luft. Im
Dunkeln, d. h. bei Nacht, ändert sich
der Gasaustausch zwischen der Atmosphäre und der Luft innerhalb der Pflanzen: es wird von den grünen Pflanzenteilen Sauerstoffgas aufgenommen und

Fig. 170. Oberhaut mit Spaltöffnung.

Kohlensäure ausgeschieden, doch geschieht dieser Austausch in viel geringerem Maße als am Tage, weshalb im allgemeinen die Pflanzen viel
mehr Kohlensäure aufnehmen und verarbeiten als ausscheiden und viel
mehr Sauerstoffgas an die Luft abgeben, als derselben entziehen. Eben
deshalb vermögen sie, wie bereits oben bei Besprechung des Chlorophylls
angegeben worden ist, zur Verbesserung der Luft wesentlich beizutragen.
Diese fortwährend stattfindende Aufnahme und Ausscheidung gasförmiger
Stoffe bildet den sogenannten Atmungsprozeß der Pflanzen, und Versuche haben ergeben, daß ohne denselben die Pflanzen ebensowenig leben
können, als die Tiere.

Da die Blätter die meisten Spaltöffnungen besitzen, so versteht es
sich von selbst, daß durch sie der Atmungsprozeß vorzugsweise unterhalten
wird. Hier in den Blättern kommen die Gase der durch die Spaltöffnungen aufgenommenen Luft mit dem in den vielfach verzweigten
Gefäßbündeln strömenden wässerigen Saft, den die Wurzeln aufgesaugt
haben, in Berührung. Infolge davon wird jener noch rohe Saft in eine
für die Ernährung der Pflanze taugliche Flüssigkeit verwandelt, erfährt
also eine ähnliche Verwandlung, wie das Blut in den Lungen der Tiere.
Aus diesem Grunde verdienen die Blätter die „Lungen der Pflanzen"
genannt zu werden (mit Bezug auf die Nahrungsaufnahme, aber auch
als „Magen"). Der Bildungssaft kehrt aus den Blättern durch die

Rinde wieder bis in die Wurzeln zurück und verbreitet sich zugleich durch die Markstrahlen nach dem Innern des Pflanzenkörpers. Die Abbildung Fig. 170 stellt ein Stückchen Oberhaut eines Blattes im senkrechten Durchschnitt dar. Nach unten gekehrt sind die Oberhautzellen, welche bei allen monokotylen Pflanzen in der Längsrichtung des Pflanzenteils gestreckt erscheinen; in der Mitte unten zeigt sich eine Atemhöhle, von den Schließzellen und nach dem Innern des Blattes von Grundgewebe begrenzt.

Die Oberhaut ist an ihrer Außenfläche noch von einem ganz dünnen, wasserdichten Häutchen (der sogenannten Cuticula) überzogen, welches von ihren Zellen ausgeschieden wird, und außerdem sehr oft mit Haaren, Stacheln, Höckern, Warzen und andern Anhängseln besetzt, die bald aus einer einzigen, bald aus vielen Zellen bestehen, bisweilen auch unmittelbare Ausdehnungen einzelner Epidermiszellen sind. Diese Anhangsgebilde der Oberhaut sind meist überaus zierlich und bieten dem Anfänger im Mikroskopieren eine Menge der interessantesten Objekte ohne alle mühsame Präparation dar. Figurentafel 171 zeigt dreizehn verschiedene Haargebilde in mehr oder weniger starken Vergrößerungen. Abbildung a bis e sind einzellige Haare, d. h. nur von einer Zelle gebildet, f bis n aus mehreren oder vielen Zellen bestehende. a ist ein Stückchen Oberhaut mit zwei einzelligen Haaren, welche nichts andres als einzelne nach außen hin verlängerte Oberhautzellen sind, wie solche ungemein häufig vorkommen. b ist ein einzelliges oben höckeriges (varicöses) Haar aus dem Schlunde der Blumenkrone des Stiefmütterchens (Viola tricolor). c zeigt ein regelmäßig wiederholt gabelteiliges einzelliges Haar, d ein solches Haar mit kopfförmig angeschwollenem Ende, welches über und über mit kleinen Papillen, gleichsam wie mit zarten Perlen besetzt ist (von den Blütenstielen des Großen Löwenmauls, Antirrhinum majus). In e zeigt sich ein vielfach aber unregelmäßig verzweigtes Haar der Alternanthera brasiliensis, f ist ein mehrzelliges Haar vom Stengel der Weißen Taubnessel (Lamium album), g ein zusammengesetztes Gabelhaar eines Tanacetum, h ein Brennhaar der Gemeinen Nessel (Urtica dioica). Diese Brennhaare oder Brennborsten sind sehr interessante Gebilde. Das eigentliche, nur von einer Zelle gebildete Haar, in dessen Innerm unsre Abbildung einen Zellkern mit Protoplasmaströmung zeigt, steckt mit seiner zwiebelig verdickten Basis in einem kleinen, der Oberhaut aufsitzenden Zellenkörper, dessen Zellen den brennendscharfen Saft in den Innenraum des Haares absondern. Letzteres ist an seiner zwar kolbigen aber dennoch schneidend scharfen Spitze ungemein spröde und zerbrechlich, weshalb eine leise Berührung genügt, um die Spitze abzubrechen, worauf die scharfe Flüssigkeit als ein mikroskopisch kleines Tröpfchen in die ebenfalls mikroskopische Stichwunde der Haut eindringt. Daß diese Flüssigkeit überaus konzentriert und giftig sein muß, beweist die Thatsache, daß ein so winziges Tröpfchen einen so bedeutenden Schmerz und sogar mit Entzündung verbundene Anschwellung der Haut hervorzubringen vermag. i ist ein gegliedertes Haar von den Blättern des Helianthemum pilosum, m ein ästiges zusammengesetztes Haar aus dem Filzüberzug der Königskerze (Verbascum Thapsus). k und l sind Köpfchen- oder Drüsenhaare, und

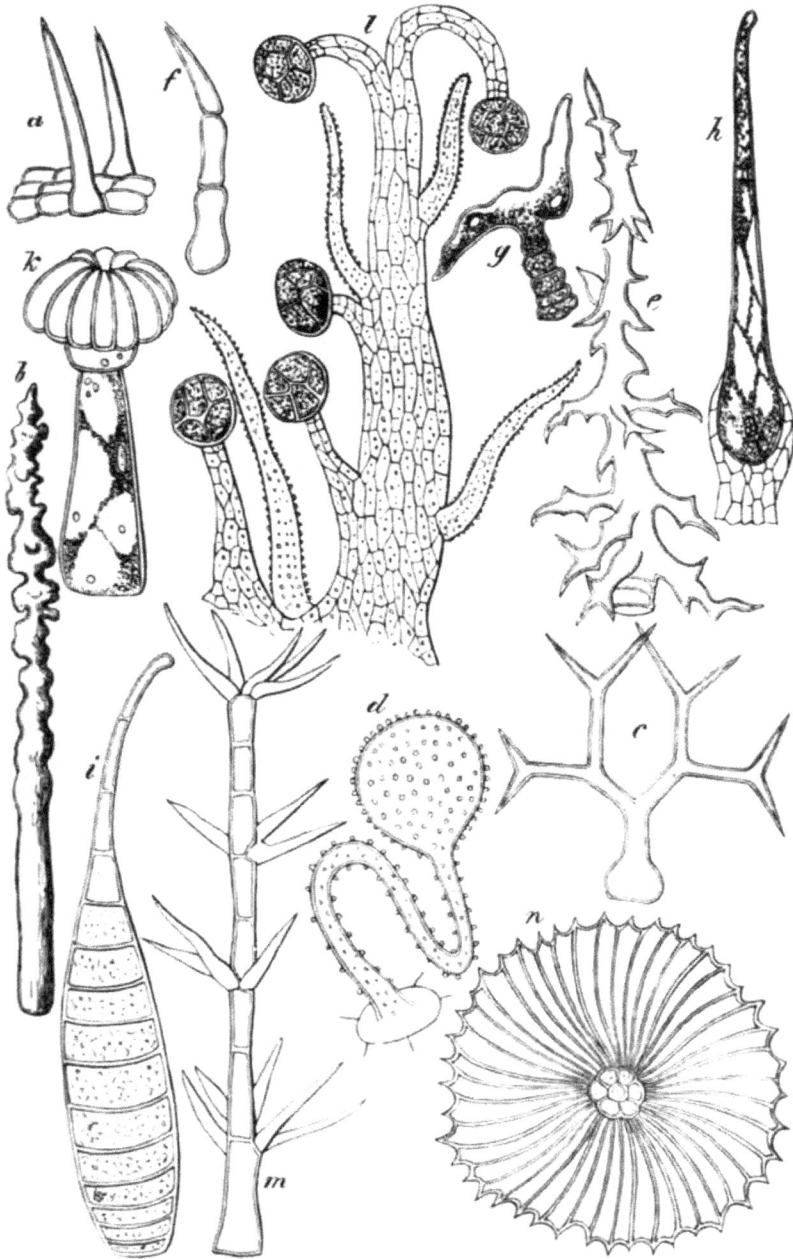

Fig. 171. **Haargebilde.**

zwar ist k ein einfaches Drüsenhaar von den Blütenstielen des Gemeinen
Hanfs (Cannabis sativa), l ein verzweigtes, aus einer großen Anzahl von
Zellen zusammengesetztes Drüsenhaar des Stachelbeerstrauchs (Ribes gros-
sularia). Bei letzterem sind die nicht köpfchentragenden Zweige wie bei
d mit perlenartigen Papillen besetzt, bei beiden die aus sehr verschiedenen
Zellen zusammengesetzten Köpfchen die eigentlichen absondernden Organe
(die Drüsenapparate). Durch solche Drüsenhaare werden nämlich gewöhnlich ätherische Öle nach außen abgesondert. Aus wunderbaren und
sehr zierlichen Haargebilden bestehen endlich die silberglänzenden Überzüge an den Blättern der Ölweide (Elaeagnus angustifolia), des Helianthemum squamatum in Südeuropa und verschiedener andrer Pflanzen.

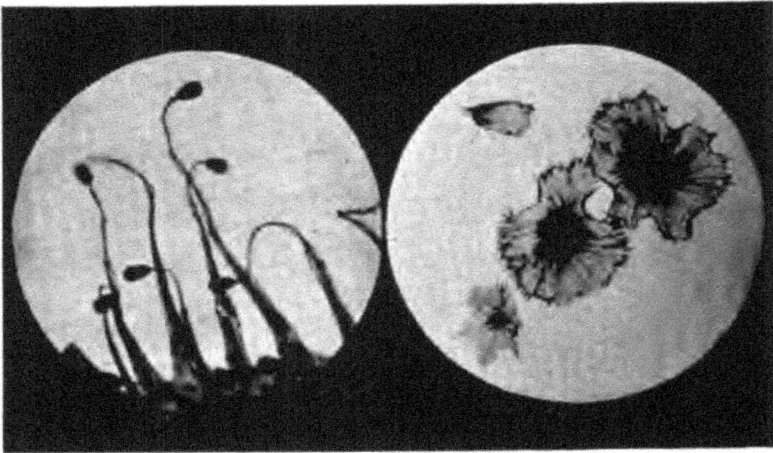

Fig. 172. Drüsenhaare von Sonnentau   Fig. 173. Sternförmige Haare (Blattschuppen)
(Drosera longifolia).   der Ölweide (Elaeagnus).
Nach Mikrophotographien von Dr. Burstert & Fürstenberg.

Dieselben sind nämlich aus rundlichen, in der Mitte der unteren Fläche
angehefteten, radial gestreiften farblosen Scheiben zusammengesetzt, welche
dicht aneinander grenzen, ja mit ihren ausgezackten Rändern ineinander
eingreifen. Abbildung n zeigt eine solche Scheibe („Weichschuppe") von
den Blättern der Ölweide. Bei dem Sanddorn (Hippophoë rhamnoides)
kommen auch braun gefärbte und noch zierlicher gestaltete Weichschuppen
vor. Alle diese Schuppen sind vielzellig zusammengesetzte Haargebilde.
Jeder Strahl der Scheibe besteht nämlich aus einer engen langgestreckten
Zelle, und die ganze Scheibe ruht auf einer Zelle, welche ihr als Stiel
oder Träger dient und ihrerseits der Oberhaut eingefügt ist. Viel
häufiger als die Weichschuppen sind die Sternhaare, die bald zerstreut,
bald zu dichtem Filz vereinigt vorkommen. Fig. 173 zeigt zwei solche
Sternhaare. Bei vielen Pflanzen, wie bei den Gräsern, Schachtelhalmen u. a., enthält die Oberhaut eine bedeutende Menge kleiner

Schüppchen von Kieselerde, die nicht selten an der Oberfläche der Epidermis zu kristallartigen Gruppen vereinigt sind. Fig. 176 zeigt bei 1 die strich- und klumpenförmigen Anhäufungen von Kieselerde an der Schale eines Weizenkorns, bei 2 die sternförmigen Kieselschüppchengruppen von der Oberhaut der Blätter einer fremden Grasart (Pharus cristatus). Wo die Oberhaut einen solchen Kieselüberzug besitzt, da fühlt sie sich rauh an, wie dies stets bei den Gräsern und Schachtelhalmen der Fall ist. Der Polierschachtelhalm hat eine von Kieselschuppen starrende Oberhaut und erhält dadurch seine schätzenswerte Eigenschaft, dem Tischler beim Polieren des Holzes dienen zu können.

An den Stengeln und Ästen der Bäume und Sträucher ist die Oberhaut

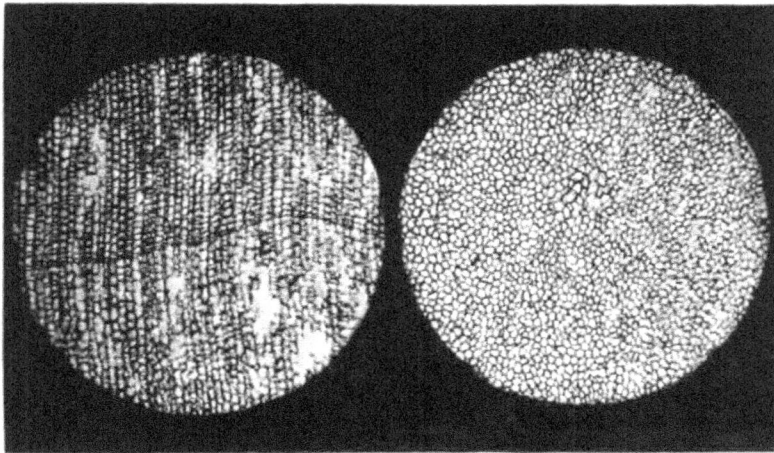

Querschnitt.   Längsschnitt.

Fig. 174 u. 175.   Korkzellen der Korkeiche (Quercus suber).
Nach Mikrophotographien von Dr. Burstert & Fürstenberg.

eine vergängliche, vorübergehende Bildung. Sie wird hier sehr bald durch den Kork ersetzt, dessen Zellen sich im Innern der Oberhautzellen oder in den unmittelbar unter der Oberhaut gelegenen Rindenparenchymzellen bilden. Durch die Korkzellen, deren Wandung aus einem eigentümlichen, elastisch biegsamen Stoff besteht, werden die Oberhautzellen sehr bald zersprengt und zerstört, und endlich ist die Rinde, anstatt mit einer Epi- dermis, mit einer Korkschicht überzogen. Eine derartige Korkschicht fehlt an keinem unsrer Bäume und Sträucher, selbst die glatteste Baumrinde, wie die der Kirschbäume und Birken, besitzt eine dünne Korkschicht. Bei andern Bäumen ist dieselbe bekanntlich stärker entwickelt, ja bei der in Südeuropa einheimischen Korkeiche, vgl. Fig. 174 und 175, welche den in den Handel kommenden Kork liefert, erreicht die Korkschicht, die sich alle fünf bis sechs Jahre von selbst abstößt, eine Stärke von 14—15 cm. Das Korkgewebe besteht immer aus tafelförmigen, dicht aneinander schließenden Zellen und hat offenbar die Bestimmung, die Verdunstung von Wasser durch die Rinde hindurch zu verhindern, indem Kork bekanntlich kein Wasser durchläßt. Eine Verdunstung des Wassers während des Emporsteigens des wässerigen Rohsaftes im Stamme würde aber den Bäumen sehr schädlich sein. Außerdem sind die Korkzellen dazu bestimmt, die Wunden des Pflanzenkörpers zu heilen, denn alle vernarbten Wunden zeigen sich mit einer Korkschicht bedeckt. Von dünnen Korkschichten rühren auch die rauhen, braunen Flecke her, die man so häufig auf der Schale von Äpfeln, Birnen und an anderm Obste bemerkt.

Diese verschiedenen Arten von Zellen und Zellgeweben, welche ich in vorstehendem zu schildern gesucht habe, sind nun aber nicht bei allen Samenpflanzen auf gleiche Weise durch den Pflanzenkörper verteilt. Besonders zeigt der Bau des Holzes, der Rinde und der Blätter eine große Verschiedenheit. Das Holz wird nämlich nicht immer bloß durch die oben

Fig. 176. Kieselschuppen der Oberhaut.

geschilderten, verschiedenartigen Holzzellen gebildet, sondern sehr häufig zugleich durch verholzte Gefäße und selbst durch Bastzellen. So besteht das Holz aller unsrer Laubbäume aus Holzzellen, Gefäßen und Markstrahlzellen, d. h. aus verholztem Grundgewebe — ferner das Holz der Palmen aus Gefäßen, verholztem Bast- und Grundgewebe. Lediglich aus Holzzellen und Markstrahlzellen ist nur das Holz der Nadelbäume zusammengesetzt, und zwar nur vom zweiten Lebensjahre an, denn im ersten Jahre finden wir den Holzring (die sogenannte „Markscheide") teilweise aus Spiralgefäßen gebildet. Vom zweiten Jahre an besteht aber das Holz, abgesehen von den Markstrahlen und (bei vielen Nadelhölzern) von den harzabsondernden Holzparenchymzellen, lediglich aus Tracheiden (vergl. Fig. 177—182, 184, 185).

In den genannten Abbildungen wird durch Radialschnitte stets der Längsverlauf der Holzzellen dargestellt (Fig. 177 und 179), auf den Querschnitten dagegen der Querschnitt der Holzzellen (Fig. 178, 180, 181, 182). In Fig. 179 stellen die kammartig ineinandergreifenden langgestreckten Zellen Tracheiden dar; die quergestreiften Stellen bei Fig. 177 u. 179 weisen auf

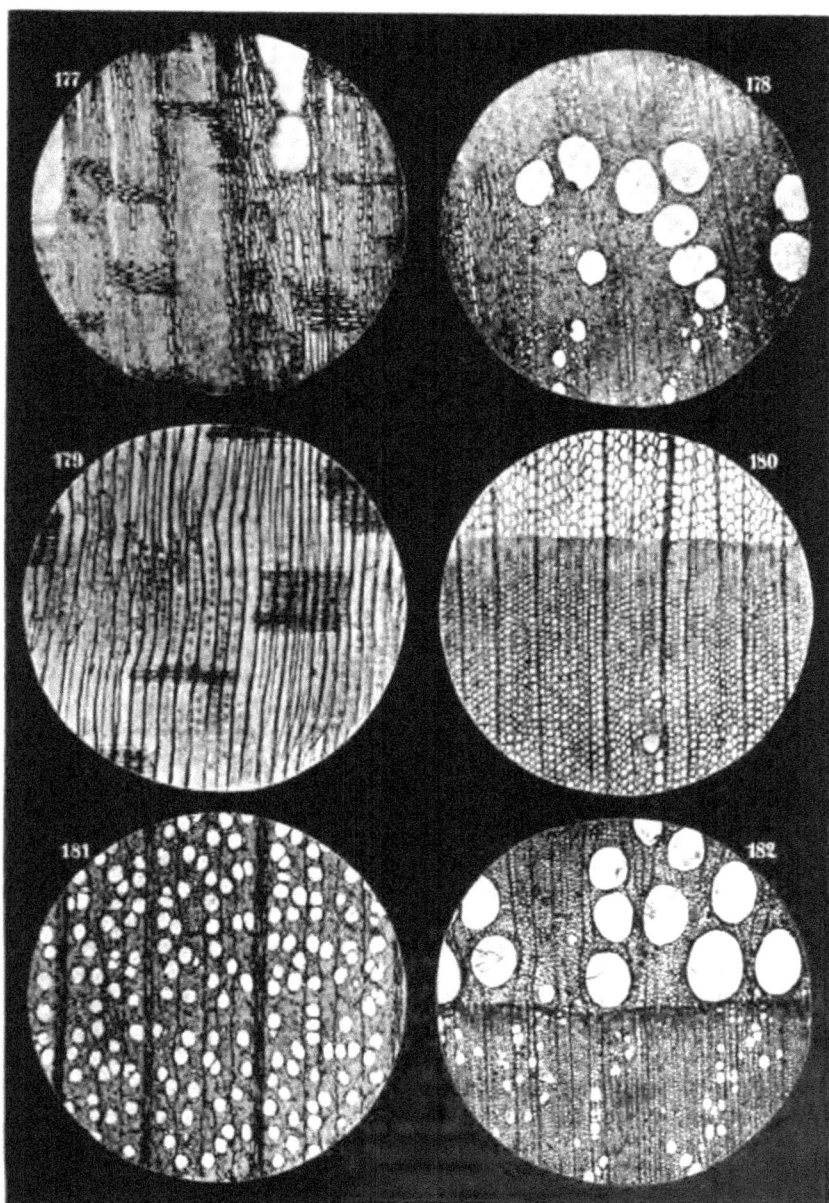

Fig. 177—182. Verschiedene Holzarten unter dem Mikroskop.
Nach Mikrophotographien von Dr. Burstert & Fürstenberg.

177. Holz der Steineiche (Radiallängsschnitt). 178. Holz der Steineiche (Querschnitt). 179. Holz der Lärche (Radialschnitt). 180. Holz der Lärche (Querschnitt). 181. Holz der Buche (Querschnitt). 182. Holz der echten Kastanie (Querschnitt).

10*

Markstrahlen hin (vergl. auch Fig. 187 RM). Bei den Querschnitten ist zu beachten, daß die kleinmaschigen Teile Herbstholz, die großmaschigen Frühlingsholz zeigen. Die verschiedene Dichtigkeit der Zellen bedingt die verschiedene Festigkeit und Härte sowohl der Holzteile als verschiedener Holzarten.

Das Holz der Weißbuche (Carpinus betulus), von dem uns Fig. 181 einen Querschnitt zeigt, macht sich durch seine teilweise viel dichter als bei der Lärche gestellten Zellen sofort als eins unsrer besseren, festeren und zäheren Nutzhölzer kenntlich. Fig. 177 und 178 zeigen das feste dichte Eichenholz (Quercus robur) im Längs- und im Querschnitte. Wir sehen hier zwar auch eine Anzahl weite Zellen (Gefäße) auftreten, ähnlich wie im Holze der Weißbuche, die Mehrzahl der Zellen aber ist desto dichter gestellt und ihre Wände sind auffallend verdickt. Dadurch gewinnt das Eichenholz gleichzeitig an Festigkeit und spezifischer Schwere; in Fig. 177 treten deutlich quergestreifte Flecken, Markstrahlen hervor, die sich beim polierten Eichenholz als die sogenannten Spiegelflecken selbst dem unbewaffneten Auge offenbaren.

Mit der verschiedenen Zusammensetzung ist auch eine verschiedene Anordnungsweise der einzelnen Bestandteile des Holzkörpers verbunden. Bei allen unsern Bäumen, Laub- wie Nadelbäumen, erscheint der Holzkörper auf dem Querschnitt aus konzentrischen Ringen zusammengesetzt, welche das in der Mitte des Stammes gelegene Mark umschließen. Auswendig wird der Holzkörper von der Rinde umgeben, welche von ihm durch eine dünne, im Frühling oft grün gefärbte und schleimige Schicht

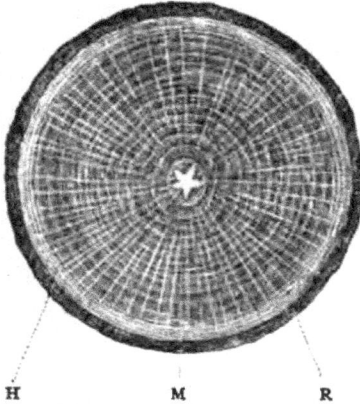

Fig. 183. Querschnitt eines Eichenstammes von achtzehn Jahren (verkleinert).

getrennt ist. Letztere besteht aus jungen Cambiumzellen und bildet den sogenannten Cambium- oder Verdickungsring, welcher während des Sommers nach innen zu fortwährend neue Holz-, nach außen hin neue Rindensubstanz absetzt und folglich sowohl den Holz- als den Rindenkörper ununterbrochen verdickt, ersteren jedoch in viel höherem Maße als letzteren. Die Ringe des Holzkörpers, unter dem Namen Jahresringe allgemein bekannt, weil in der Regel jedes Jahr, d. h. in den gemäßigten Zonen, ein solcher Ring entsteht, rühren davon her, daß das junge Holz, welches im Frühling, wenn der Baum nach der Winterruhe zu neuem Leben erwacht, gebildet wird, viel weitere und dünnwandigere Zellen besitzt als das späterhin sich entwickelnde. Die engen dickwandigen Zellen des vorjährigen Holzringes müssen sich folglich scharf von den weiteren dünnwandigen Zellen des neuen Ringes unterscheiden (vgl. Fig. 180).

Bei unsern Laubbäumen bemerkt man nun oft schon mit bloßen Augen, daß feine Striche strahlenförmig von der Markröhre aus sich durch den Holzkörper, durch alle Jahresringe hindurch, bis zur Rinde erstrecken (Fig. 183).

Diese bestehen aus verholztem Grundgewebe und werden Markstrahlen und zwar große Markstrahlen genannt, zum Unterschiede von den kleinen, welche sich in den zwischen den großen Markstrahlen befindlichen Holzportionen hinziehen und sich nur aus dem Holzkörper bis zur Rinde erstrecken. Die zwischen den großen Markstrahlen befindlichen Holzportionen sind Gefäßbündel, welche abwechselnd aus Gefäßen, Holz- und Cambiumzellen bestehen. Die Rinde dieser Bäume ist aus in mehrere Schichten geordneten Parenchymzellen und aus Bastbündeln, welche an den Gefäßbündeln liegen und zu ihnen gehören, zusammengesetzt, wie Fig. 186, welche einen vergrößerten Querschnitt durch einen einjährigen Ahornzweig darstellt, lehrt. Wir sehen hier zwischen der breiten Rinde und dem noch einfachen Holzringe, welcher das weite großzellige Mark einschließt, eine weiße kreisförmige Zone. Das ist der Cambium- oder Verdickungsring, welcher die sämtlichen in einen Kreis gestellten und durch große Markstrahlen getrennten Gefäßbündel, aus denen der Holzring zusammengesetzt ist, durchzieht und jedes Gefäßbündel in eine größere innere Portion (den Holzteil) und in eine kleinere äußere (den Bastteil)

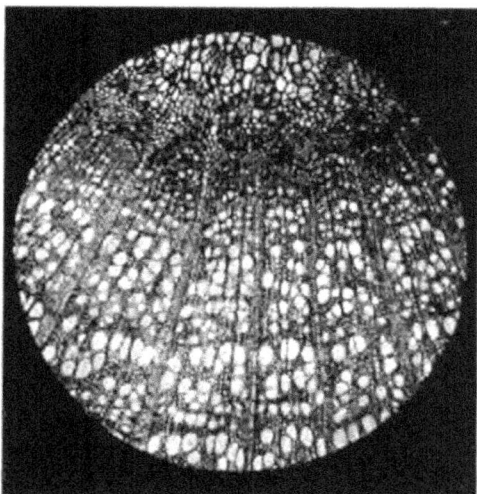

Fig. 184. Markstrahlzellen des Ephen (Hedera helix).
Nach einer Mikrophotographie von Dr. Burfiert & Fürstenberg.

Fig. 185 Harzgänge der Kiefer.
Nach einer Mikrophotographie von Dr. Burfiert & Fürstenberg.

scheidet. Die zu den Gefäßbündeln gehörigen Bastteile erscheinen in dem dunklen Rindengewebe als helle, dem Cambiumringe parallele Streifen.

Ähnlich sind das Holz und die Rinde aller Laubbäume gebaut. Bei den Nadelbäumen befinden sich an der Stelle der Gefäßbündel ganz ähnlich gestaltete Bündel von Holzzellen, welche jedoch fest aneinander schließen

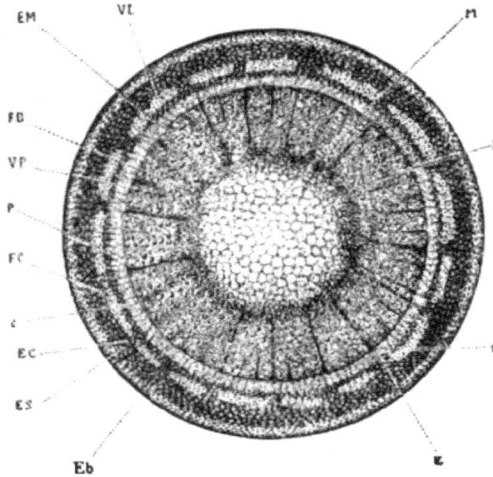

fig. 186. Querschnitt durch einen einjährigen Ahornzweig.

und bloß von zahlreichen kleinen Markstrahlen RM, fig. 187 durchbrochen sind. — Große Markstrahlen gibt es also im Holzkörper dieser Bäume nicht. Die Markstrahlen selbst erscheinen ihrer Länge nach senk-

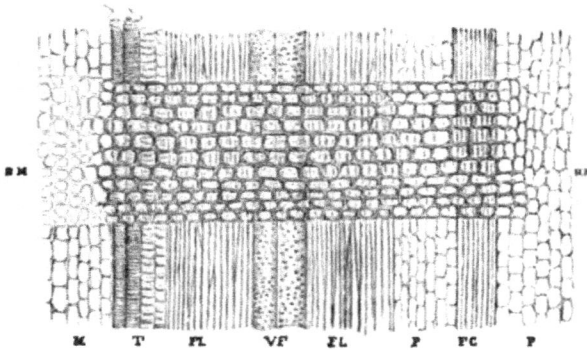

fig. 187. Längsschnitt durch Ahornholz.

recht durchschnitten bei Laub- und Nadelhölzern als Streifen von mauerförmigem Zellgewebe, welche sich mit den (im aufrechten Stamme) senkrecht gestellten Gefäßen, Tracheiden u. s. w. rechtwinkelig kreuzen, also horizontal sich durch die Holzmasse erstrecken (fig. 187 Längsschnitt durch Ahornholz, wo RM ein Markstrahl ist).

Einen ganz andern Bau
läßt der Holzkörper und die
Rinde der Palmen und ver-
wandter Bäume der heißen
Zone erkennen. Der Holz-
körper dieser Bäume erscheint
nämlich auf dem Querschnitt
aus lauter dicken, harten,
biegsamen Holzfasern zu-
sammengesetzt, welche unter
der Rinde gewöhnlich dicht
nebeneinander liegen, gegen
die Mitte des Stammes hin
dagegen durch locker ver-
bundene, meist stärkemehlhaltige Parenchymzellen getrennt sind. Ein wirkliches
Mark, eine Markröhre, fehlt
gänzlich (Fig. 188). Die Holzfasern sind nichts andres, als
Gefäßbündel, von denen ein
jedes aus verholzten Bastzellen, sowie aus Gefäßen
zusammengesetzt ist. Die
dunklen im Mark regellos
verstreuten Stellen deuten
die Anordnung der Gefäß-
bündel an. Die Rinde be-
steht bei den Palmen bald
aus Parenchymzellen, bald
aus übereinander liegenden
Schichten von netzförmig
verflochtenen Bastzellen und
Bastbündeln.

Einen ähnlichen Bau,
wie beim Stamme unsrer
Bäume einerseits und der
Palmen anderseits, findet
man auch bei den Stengeln
aller krautartigen Pflanzen
in den beiden großen Ab-
teilungen, welche durch unsre
Laubbäume und durch die
Palmen repräsentiert werden.

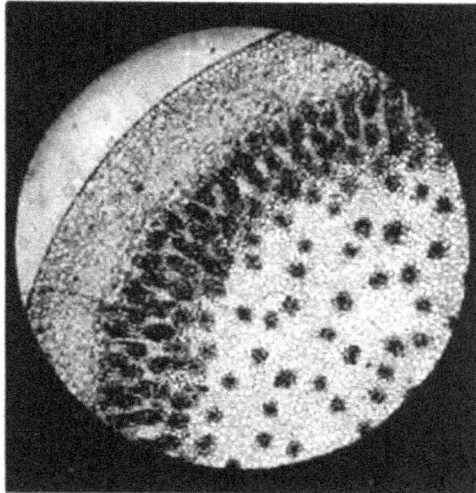

Fig. 188. Monokotyledoner Stamm.
Querschnitt (Dracaena congerens).

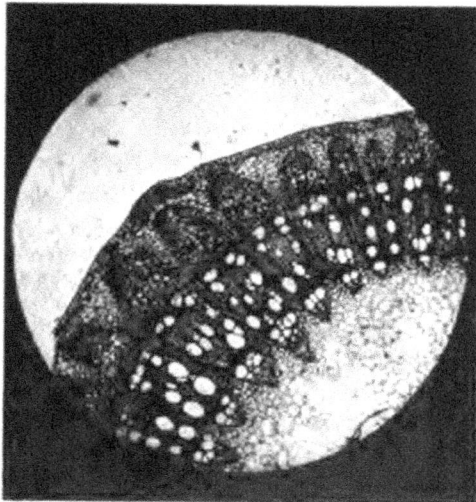

Fig. 189. Dikotyledoner Stamm.
Querschnitt (Weinstock).

Die gesamten Samenpflanzen zerfallen nämlich in zwei Abteilungen, je
nachdem der in ihrem Samen eingeschlossene Keim zwei gegenständige
Keimblätter (Samenlappen, Kotyledonen) oder nur eins trägt, welches

ihn dann mehr oder weniger mantelförmig umhüllt. Die mit zwei Keimblättern begabten nennt man Dikotyledonen, die mit einem Keim-
blatte versehenen Monokotyledonen. Zu ersteren gehören außer allen
unsern Bäumen und Sträuchern die meisten Stauden und Kräuter, die
uns umgeben; zu letzteren außer den Palmen und andern baumartigen
Gewächsen der heißen Zone sämtliche Gräser, Riedgräser, lilienartige
Pflanzen, Orchideen u. s. w. Im einjährigen Dikotyledonenstengel sind
die Gefäßbündel in einen durch große breite Markstrahlen durchbrochenen
Kreis gestellt (Fig. 189), im einjährigen Monokotyledonenstengel zerstreut
angeordnet (Fig. 188).

Beiläufig sei hier bemerkt, daß in der heißen Zone der Holzkörper
selbst der ältesten Dikotyledonenbäume keine Jahrringe erkennen läßt,
wenigstens nicht deutlich, weil dort die Bäume das ganze Jahr grünen,
ihre Lebensthätigkeit nicht unterbrochen wird und daher das Holz ganz
oder ziemlich gleichmäßig anwächst; merkwürdig ist auch, daß die Zahl
der baumförmigen Monokotyle-
donen nach dem Äquator hin
zunimmt.

Schließlich wollen die Leser
noch auf Fig. 190 einen Blick
werfen, welche ein sehr kleines
Stück eines senkrecht gegen die
Fläche geführten Durchschnitts
eines Laubblattes stark vergrößert
zeigt. Wir gewahren an demselben eine obere und eine untere,
aus tafelförmigen leeren Zellen
zusammengesetzte Oberhaut und
dazwischen drei Schichten von mit

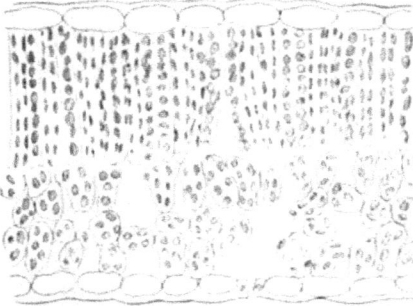

Fig. 190. Querschnitt durch ein Eichenblatt.

Chlorophyllkörnern ausgefüllten Grundgewebezellen, von denen die beiden
oberen (der oberen Blattfläche zugekehrten) Schichten aus senkrecht gestellten, gestreckten, dicht aneinander liegenden Zellen bestehen, während
sich in der untersten, aus locker· verbundenen Zellen gebildeten Schicht
große lufterfüllte Intercellularräume bemerklich machen.

Diese Intercellularräume stehen mit den Spaltöffnungen der unteren
Oberhaut in Verbindung. Letztere sind in der Zeichnung nicht angegeben, ebensowenig, daß die das Blatt durchziehenden Gefäßbündel-
verzweigungen in dieser lockeren Gewebeschicht verlaufen. Einen ähnlichen Bau haben alle flächenförmigen Blätter der dikotylen Gewächse.

Die Fortpflanzung der Gewächse.

Noch bleibt mir übrig, über die wichtigste Äußerung des Pflanzenlebens, nämlich die Erzeugung eines lebensfähigen Keimes, zu sprechen,
da die Vorgänge, welche diesem Akte vorausgehen, rein mikroskopischer
Natur sind.

Ich habe schon bemerkt, daß von einem wirklichen Keime (Embryo) bloß bei den Samenpflanzen die Rede sein kann, da die Fortpflanzungszelle der Sporengewächse, die Spore, in ihrem Innern nur mit einer formlosen Flüssigkeit erfüllt ist, keineswegs aber eine Anlage zu einer neuen Pflanze enthält. Nichtsdestoweniger findet bei allen vollkommeneren Sporenpflanzen, nämlich bei den Gefäßsporenpflanzen und bei den Moosen, ja auch bei der Mehrzahl der Algen, Flechten und Pilze ein Vorgang statt, der ziemlich gleichbedeutend mit der Erzeugung des Keimes der Samenpflanzen ist, nämlich bei den Moosen und vielen Algen, Flechten und Pilzen die Bildung des Sporen erzeugenden Apparates oder der Frucht, bei den Gefäßsporenpflanzen (Farnen, Schachtelhalmen u. s. w.)

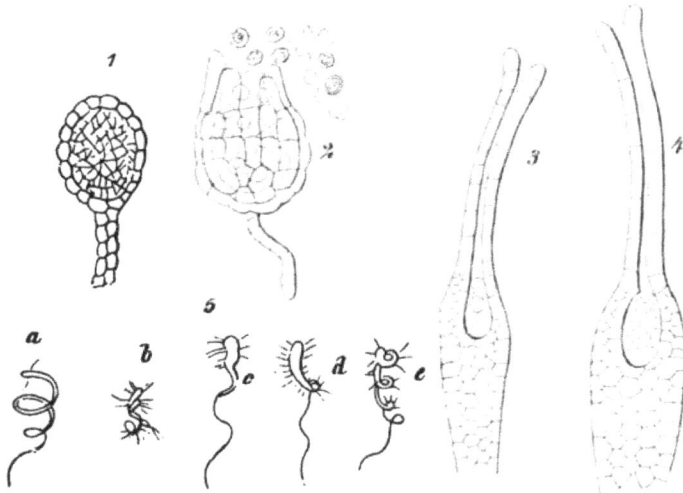

Fig. 191. Geschlechtsorgane und Schwärmfäden der höheren Sporenpflanzen.

die Bildung der Knospe des Vorkeimes, aus welcher der eigentliche Pflanzenkörper hervorgeht. Beide Vorgänge sind wie die Bildung des Keimes der Samenpflanzen das Ergebnis einer geschlechtlichen Zeugung oder der Befruchtung eines sogenannten weiblichen Organs durch ein männliches. Als weibliches Organ betrachtet man bei den Samenpflanzen das Pflanzenei oder die Samenknospe, bei den höheren Sporenpflanzen das bereits S. 107 geschilderte Archegonium, als männliches bei den Samenpflanzen den Staubbeutel, bei den vollkommeneren Sporenpflanzen das Antheridium.

Von den Geschlechtsorganen der Pilze, Flechten und andern niederen Kryptogamen und von den Vorgängen der Befruchtung bei jenen Gewächsen ist bereits hinreichend die Rede gewesen. Es bleibt daher nur übrig, Blicke in die Vorgänge des Zeugungsprozesses bei den Gefäßsporenpflanzen zu thun.

Wir haben nämlich a. a. O. bereits gesehen, daß die Befruchtung des Archegoniums oder richtiger der im Bauchteil desselben enthaltenen Keimzelle durch die Schwärmfäden der Antheridien vollzogen wird, und ich will daher hier bloß noch eine bildliche Erläuterung dieses Vorganges einschalten. Fig. 191 zeigt bei Abb. 1 ein reifes, bei 2 ein aufspringendes und die Schwärmfäden enthaltenden Bläschen ausleerendes Antheridium eines Lebermooses, bei 3 ein fertiges, zur Befruchtung bereites, bei 4 ein soeben befruchtetes Archegonium derselben Pflanze, wo die ursprünglich einfache Keimzelle sich bereits in zwei Zellen gespalten hat. Bei 5 sind Schwärmfäden verschiedener Sporenpflanzen in achthundertfacher Linearvergrößerung abgebildet, bei a ein Schwärmfaden eines Laubmooses, bei b der eines Farnkrautes, bei c, d und e Schwärmfäden von Schachtelhalmen. Diese seltsamen, mit schwingenden Wimpern begabten Gebilde ähneln auffallend den sogenannten Samentierchen in der befruchtenden Flüssigkeit oder dem Samen männlicher Tiere, weshalb manche Botaniker sie auch mit demselben Namen belegt haben. In der That haben jene Samentierchen ganz dieselbe Bestimmung wie die Schwärmfäden, nämlich das tierische Ei zur weiteren Entwickelung, zur Entwickelung eines Embryos oder jungen Tieres anzuregen, mit andern Worten es zu „befruchten".

Auf ganz andre Art geschieht der Akt der Befruchtung bei den Samenpflanzen. Ehe ich denselben schildern kann, ist es nötig, eine kurze Beschreibung von dem gewöhnlichen Bau der Blüte vorauszuschicken, da ja diese die Geschlechtsorgane enthält. An derselben unterscheidet man die Blütenhüllen und die Geschlechtsorgane. Die Blütenhüllen bestehen aus dem Kelche und der Blumenkrone; ersterer ist die äußere, letztere die innere Blütenhülle. Die Geschlechtsorgane nehmen immer die Mitte der Blumen ein, und zwar umgeben die männlichen, die Staubgefäße, die weiblichen oder das weibliche, die Pistille oder das Pistill. Sehr häufig ist bloß ein Pistill vorhanden wie in Fig. 192, welche bei Abb. 1 eine von der unteren Seite gesehene und bei 2 eine der Länge nach durchschnittene Blume des Sonnenröschens (Helianthemum vulgare) in natürlicher Größe darstellt.

a ist hier der Kelch, b die Blumenkrone, d das Pistill und c sind die Staubgefäße. Letztere bestehen aus dem Träger oder Staubfaden (Fig. 192, Abb. 3 b) und dem Staubbeutel (3 a), der im Innern den Blütenstaub (Pollen) enthält, welchen er entleert, indem er der Länge nach aufreißt. Das Pistill besteht aus dem Fruchtknoten (4 a), welcher im Innern hohl ist und daselbst die Eichen oder Samenknospen trägt (5 a), aus dem Griffel (4 b) und der Narbe (4 c). Letztere ist an ihrer Oberfläche mit zarten blasigen Zellen besetzt, welche eine klebrige zuckerhaltige Flüssigkeit, die Narbenfeuchtigkeit, aussondern. Die Eichen sind keineswegs so einfach, wie sie aussehen, sondern sehr zusammengesetzte Gebilde. Fig. 192, Abb. 6, stellt ein solches im Längsschnitt schwach vergrößert dar. Dasselbe besteht aus dem Eikern (a) und den Eihäuten (b), welche am Grunde des Eies mit dem Eikern verwachsen, an der Spitze des Eies, über der sogenannten Kernwarze (c), von einem runden Loche, dem Eimunde (d), durchbohrt sind. Im Innern des Eikernes, welcher, wie überhaupt das ganze Eichen, bloß aus Parenchymzellen besteht, befindet sich eine große blasige, mit einer schleimigen Flüssigkeit erfüllte Zelle, der Keimsack (e). Nachdem die Staubbeutel reif geworden sind, öffnen sie sich auf verschiedene Weise und entleeren den Blütenstaub, der immer in so großer Menge vorhanden ist,

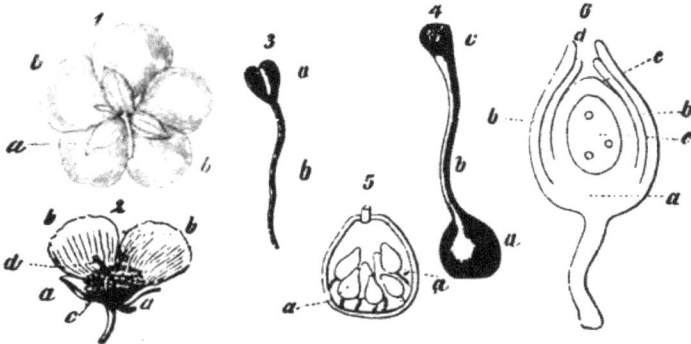

Fig. 192. Blüte und Blütenteile der Samenpflanzen.

daß einige Körnchen sicher auf die Narbe des Pistills gelangen. Sehr häufig wird die Übertragung des Pollens auf die Narbe durch Insekten oder auch durch den Wind vermittelt; ja neueren Untersuchungen zufolge scheint Selbstbefruchtung, d. h. Übertragung des Pollens derselben Blüte auf die Narbe, meist nicht hinzureichen, um keimfähigen Samen zu bilden. —

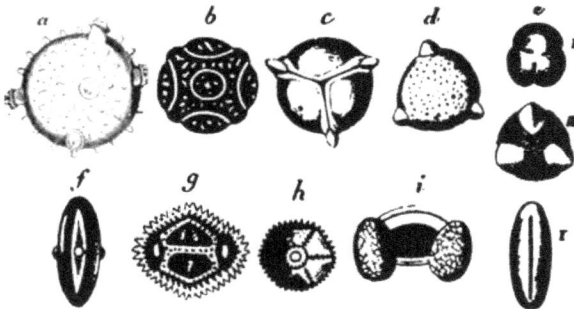

Fig. 193. Pollenkörner.

Der Blütenstaub erscheint dem bloßen Auge, wie schon sein Name andeutet, als ein feiner mehlartiger Staub von verschiedener, doch meist gelber Farbe. Unter dem Mikroskope betrachtet, gewahrt man aber, daß derselbe aus einzelnen, bald kugeligen, bald eckigen Zellen besteht, die oft eine sehr merkwürdige Gestaltung besitzen, wie man aus Fig. 193 ersehen kann, wo eine kleine Musterkarte verschiedener Blütenstaubkörnchen ab-gebildet ist. a ist ein Staubkorn vom Kürbis, b von der Passionsblume, c von Cuphea procumbens, d von der Weberkarde, e von der dreifarbigen Gartenwinde, f vom Wasserweiderich, g von der Golddistel, (Scolymus), h von der Zichorie, i von der Kiefer. Letzteres (und überhaupt diejenigen aller Nadelhölzer) unterscheidet sich von den Pollenkörnern der übrigen Pflanzen dadurch, daß es aus mehreren Zellen zusammengesetzt ist. Bei den Kiefern und verwandten Nadelholzbäumen hat jedes Pollenkorn überdies zwei seitliche Blasen von scheinbar zelligem Bau, welche bei der Verbreitung des Pollens durch den Wind als Flugorgane dienen. Diese Blasen bedingen das sonderbare Ansehen des Kiefernpollens.

Dagegen rühren die seltsamen Auswüchse, Leisten, Stacheln u. s. w. andrer Pollenkörner von der äußeren Haut her, welche die innere, viel zartere Haut, die eigentliche Zellenmembran, umschließt. Diese äußere Haut ist keine vollkommen geschlossene Hülle, sondern besitzt an bestimmten Stellen Öffnungen, die bald als Löcher, bald als Spalten ausgebildet sind. Bei d z. B. sind in der äußeren, körnig punktierten Haut drei runde Löcher vorhanden, durch welche die innere Haut in Form halbkugeliger Warzen hervortritt. Diese Löcher und Spalten sind dazu bestimmt, der inneren Haut zu gestatten, sich nach außen hin auszudehnen. Sobald nämlich die Pollen- oder Blütenstaubkörnchen auf die Narbe gelangt sind, quillt ihre Haut durch den Einfluß der Narbenfeuchtigkeit auf. In der Regel sehr bald, nachdem dies geschehen ist, beginnt die innere Haut eines jeden Körnchens sich durch die Löcher oder Spalten der äußeren Haut in Form eines fadenförmigen Schlauches hinauszustülpen, und in diesen Schlauch ergießt sich auch der zähflüssige Inhalt des Staubkornes, der um diese Zeit sehr reich an Stickstoff zu sein pflegt. Man nennt diesen Vorgang in der Wissenschaft die Keimung der Pollenkörner, und jene Schläuche Pollenschläuche. Abb. 1 des Holzschnittes Fig. 194 zeigt ein gekeimtes Staubkorn des Maiblümchens schwach vergrößert, 2 eines der seltsam gestalteten, dreieckigen, auswendig mit fadenförmigen Anhängseln versehenen Staubkörner des rauhblätterigen Weidenrösleins (Epilobium hirsutum), welches bei a bereits einen Schlauch getrieben hat, bei b im Begriff ist, einen zweiten zu treiben, stark vergrößert. Übrigens sind die Pollenschläuche nicht immer so fadenförmig gestaltet; nicht selten nimmt man an ihnen unregelmäßige, seitliche Auswüchse wahr, durch welche der Schlauch ein knorriges Ansehen erhält, z. B. bei 3, wo ein Pollenschlauch der Spritzgurke (Momerdica Elaterium) abgebildet ist.

Diese seltsamen Schläuche dringen nun bald in das Gewebe der Narbe ein und wachsen, sich fortwährend verlängernd, durch den nun mit lockeren, von Narbenfeuchtigkeit durchdrungenen Zellen erfüllten Griffel bis in die Fruchtknotenhöhle hinein, und können so bis zu den Eiern gelangen. Da der Griffel oft eine bedeutende Länge besitzt (der des Stechapfels z. B. ist gegen 10, derjenige der Herbstzeitlose sogar bis 30 Centimeter lang), so müssen sich die Pollenschläuche oft ungeheuer ausdehnen, so daß ihre Länge den Durchmesser des Pollenkornes, dem sie angehören, nicht selten um einige hundert Male übertrifft. Die Zeit, in welcher die Pollenschläuche ihre Reise durch den Griffel hindurch bis zu den Eichen zurücklegen, ist verschieden, steht aber in keinem Verhältnis zur Länge des Griffels. Im Gegenteil scheinen bei sehr langen Griffeln auch die Pollenschläuche sehr rasch zu wachsen. Bei dem 14 Zentimeter langen Griffel des großblütigen Kaktus (der sogenannten „Königin der Nacht") z. B. dehnen sich die Pollenschläuche so rasch aus, daß ihre Enden schon nach wenigen Stunden die Eichen erreichen, und bei dem Griffel der Herbstzeitlose geschieht dies wenigstens binnen 12 Stunden.

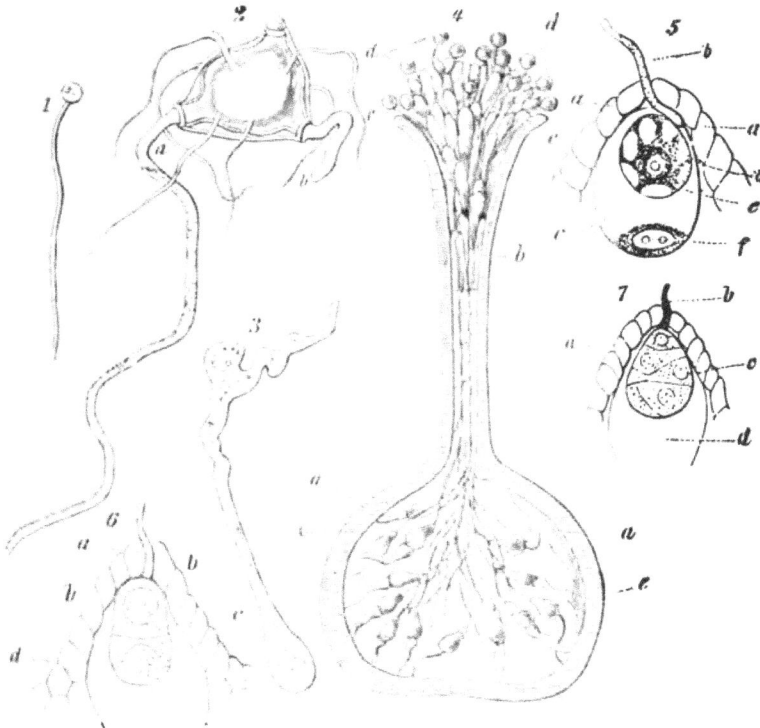

Fig. 194. Befruchtung der Samenpflanzen.

Nachdem einige der auf die Narbe gelangten Staubkörner ihre Schläuche getrieben haben, gleicht die Narbe auf dem Längsschnitt einem mit langen Stecknadeln bedeckten Nähkissen, wie Abb. 4 beweist, welche ein der Länge nach durchschnittenes Pistill vom Sonnenröschen mäßig vergrößert darstellt: a ist der durchschnittene Fruchtknoten, b der mit aufgelockertem Zellgewebe erfüllte Griffel, c die aus ebensolchen Zellen bestehende Narbe; d sind auf der Narbe liegende Staubkörner, deren jedes einen Schlauch getrieben hat, e die auf dicken Stielen sitzenden Eichen. In den Mund eines jeden Eichens ist ein Pollenschlauch eingedrungen. Der bis in den Eimund gelangte Pollenschlauch durchbricht nun das um

dieſe Zeit ebenfalls aufgelockerte Zellgewebe der Kernwarze, indem er
deren Zellen auseinanderdrängt und häufig deren gänzliche Zerſtörung
veranlaßt.

Er dringt auf dieſe Weiſe bis an den Keimſack vor, an deſſen
Außenwand er ſich entweder anſchmiegt oder deſſen Wandung er mehr
oder weniger tief einſtülpt. In jedem Keimſacke befinden ſich zur Zeit
der Befruchtung zwei Bläschen oder Zellen unterhalb der Kernwarze,
eine größere obere und eine kleinere untere. Der Pollenſchlauch legt
ſich nun ſtets an diejenige Stelle des Keimſackes an, oder ſtülpt denſelben da ein, wo ſich die große obere Keimzelle befindet, ſtülpt dieſe
wohl auch etwas ein, durchbricht ſie aber nicht, und bleibt am Keimſacke haften, verwächſt wohl auch mit demſelben. Während nun die
große Keimzelle unverändert bleibt, dehnt ſich die kleine zu einem Schlauche
aus, welcher ſich bisweilen durch den ganzen Keimſack hindurch erſtreckt
und in ſeinem Ende den Keim erzeugt. Es wird alſo merkwürdiger-
weiſe die kleine untere Keimzelle, welche durch die große obere vom
Pollenſchlauche getrennt iſt, befruchtet, und es läßt ſich daher kaum noch
bezweifeln, daß wirklich ein Durchtritt der im Pollenſchlauch befindlichen flüſſigkeit bis in die untere Keimzelle ſtattfindet. Sobald die Befruchtung vollzogen iſt, verwandelt ſich die in der ſchlauchförmigen Er-
weiterung der befruchteten Keimzelle entſtandene erſte Grundlage des
zukünftigen Keimes, welche ebenfalls eine einzelne Zelle iſt, durch wiederholte Teilung und dadurch hervorgerufene Bildung von Tochterzellen
in einen kugeligen Zellenkörper, das Keimkügelchen genannt, welches
ſich dann allmählich zum wirklichen Keim ausbildet. Abb. 5 in fig. 194
zeigt den Vorgang der Befruchtung bei der Kaiſerkrone; b iſt der durch
die Kernwarze a eingedrungene Pollenſchlauch, c der Keimſack, e das
blaſig erweiterte Ende der unteren befruchteten Keimzelle, durch welches
die obere, urſprünglich größere verdeckt wird, f der in Strömung be-
griffene Inhalt der befruchteten Keimzelle, in welcher man einen großen
Zellenkern, die erſte Grundlage des zukünftigen Keimes, bemerkt. Abb. 6
zeigt bei c das aus zwei Zellen beſtehende, ganz junge Keimkügelchen
der Kaiſerkrone, Abb. 7 ebenfalls bei c ein älteres mehrzelliges Keimkügelchen einer tropiſchen Waſſerpflanze, Pistia obovata. a iſt bei den Abbildungen der eingedrungene Pollenſchlauch, b das Gewebe der Kernwarze, d der Keimſack.

III. Kapitel.

Der mikroskopische Bau der Tiere.

Wundersame Gebiete haben sich uns aufgethan, als wir unsre Blicke in die Werkstätte der Natur versenkten und sie beobachteten in ihrem Schaffen und Bauen. Die Erkenntnis all der kleinen und großen Zellen, die mit allen Lebenseigenschaften versehen, als Einzelwesen zu Milliarden Luft, Erde, Wasser bevölkern, erfüllt uns mit Staunen vor jener geheimnisvollen Macht, die in allem waltet, was um uns und in uns lebendig ist. Welchen Formenreichtum erzielt die Natur mit ihren einfachsten Mitteln, welch zahllose Gestalten vereinigen sich in ihrem weiten Reiche, auch uns zu dienen trotz allen Kampfes ums Dasein! Und wenn uns dann das Mikroskop einführt in die Welt der Lebewesen, die so kompliziert gebaut erscheinen, daß man daran zweifeln könnte, sind das alles Zellen! Wenn wir bedenken, wie jede Palme, jede Eiche, jede duftige Rose ihren Ursprung doch schließlich einer einzigen Zelle verdankt, muß uns da nicht der Wunsch kommen, auch einen Blick zu werfen in die Thätigkeit der Natur, welche die Tiere baut; um so mehr, als diese uns und unserm Empfinden noch viel näher stehen als die Pflanzen! Erinnern wir uns an die große Zahl von Gattungen und Arten, die die Pflanzenwelt aufbauen, so möchte man fast vor der ungeheuren Summe von Lebewesen zurückschrecken, die sich ins Tierreich fügen. Wo immer nur die Bedingungen für ihre Entwickelung gegeben sind, da entfalten sie ihre emsige Thätigkeit, mehren sich und bevölkern die Erde.

Wenn wir es hier nun versuchen wollen, in engen Grenzen einen Überblick über den Gestaltenreichtum der Tierwelt und ihren äußeren wie inneren Bau zu gewinnen, so werden wir uns auf die Formen beschränken müssen, welche uns nahestehen, und solche herbeiziehen, die durch ihre Eigenart unser Interesse in hervorragendem Maße beanspruchen, und besonders diejenigen, deren Eigenart für eine ganze Gattung als typisch bezeichnet werden darf. Ich muß mich damit begnügen, die Leser einige Blicke thun zu lassen in die wichtigsten Klassen und Ordnungen des Tierreiches, in das Innere des Tier- und Menschenkörpers — denn der Mensch gehört zum Tierreich, schließt es ab nach oben hin, wie es begrenzt wird nach unten von den niedersten Tieren und ihren Vorläufern, den Urtieren.

Wir wollen dabei dieselbe Ordnung verfolgen, wie sie die Natur
selbst uns vorschreibt, die Ordnung, in der sie selbst das Reich der Tiere
wohl aufgebaut haben mag. Wir wollen mit den einfachsten Tieren, die
auf niederster Stufe stehen, beginnen und dann versuchen, die ganze
Stufenleiter zu erklimmen, und uns umschauen, wie sich das höhere Wesen
immer an das niedere anlehnt, sich aus ihm entwickelt, wir wollen dabei
uns immer erinnern an den ersten Grundsatz des Naturforschers: Nicht
bloß was geworden ist, suche ich, — wie es geworden ist, das zu erkennen ist mein Ziel.

*   *   *

Bevor ich aber die Schilderung selbst beginne, muß ich etwas Rüstzeug geben, damit man sich in dem weiten Gebäude, das uns die Natur
hier im kleinen und kleinsten errichtet hat, zurechtfinde.

Es ist wohl jedem Leser bekannt, daß man im Tierreiche zwei große
Abteilungen bildet: die eine umfaßt alle Tiere mit einem festen, aus Knochen
und Knorpel gebildeten Gerüste, dem inneren Skelett, die Wirbeltiere
(Vertebrata); das andre alle andern Tierformen, bei denen eine Knochen-
und Knorpelbildung im Innern des Tierleibes nicht auftritt, die aber
oft durch äußere Gerüstentwickelung (äußeres Skelett) Stütze und Halt
finden, die wirbellosen Tiere (Invertebrata).

Bei den Wirbeltieren ist es nicht schwierig, die einzelnen Klassen
scharf abzugrenzen; zu ihnen gehören die Fische, Lurchfische, Amphibien, Reptilien, Vögel und Säuger. Anders stellt sich die Sache bei
den wirbellosen Tieren, da gibt es oft Streit über die Stellung eines
Tieres im System.

Ich habe bei dem Kapitel über Urpflanzen und Urtiere, besonders
bei letzteren, darauf aufmerksam gemacht, daß viele solcher einfachen Wesen
zusammenleben, Kolonien bilden, ja sich zu gemeinsamer Ernährung und
Erwehrung verbinden; wir haben auch schon beobachtet, daß unter den
einzelnen Zellen, welche der Kolonie angehören, Verschiedenheiten auftreten in Form und Größe und davon abhängig in ihrer Lebensthätigkeit und Lebensaufgabe (vgl. Volvox). Wollte man von einer
solchen Kolonie von Urtieren zu einem einfachen zusammengesetzten Tiere
gelangen, so könnte man sich wohl denken, daß die zweierlei verschiedenen
Zellen sich aneinander schließen, dergestalt, daß sie Wände bilden, die
sich umschließen; die eine Art der Zellen übernehme die Ernährung, die
andre Art den Schutz, die Thätigkeiten der Bewegung, der Herbeischaffung
von Nahrung. In Wirklichkeit ist die einfachste Form eines niederen
Tieres nichts andres als ein Sack mit zwei Schichten, den man sich so
entstanden denken kann, daß die eine Hälfte einer Kugelkolonie in das
Innere der andern hineinsinkt, wie man etwa die eine Hälfte eines
Gummiballes einstülpen kann, — und thatsächlich durchläuft jedes Tier,
selbst das höchste, der Mensch, eine solche Entwickelungsstufe, die man
darum als eine Urform der Tiere bezeichnet, die Gastrula. Unsre Abbildung zeigt uns ein solches Tierchen im Durchschnitt. Wir sehen an

dem sackförmigen Leibe ein Innenblatt, das die Verdauung besorgt, und ein Außenblatt, welches der Sitz der Empfindung und Bewegung ist.

Auf dieser Stufe stehen nun eine Unzahl niederer Tiere, die man mit dem gemeinsamen Namen Hohltiere zusammenfaßt (Coelenteraten), hierher gehören die Schwämme, die Polypen und Quallen. Viele von diesen einfachen, auf niederster Stufe stehenden Tierformen erinnern durch ihre Gestalt an die Pflanzen, sie stellen kleine Sträucher oder Bäumchen dar, an denen in wunderbarer Pracht zahllose bunte Blüten knospen — nicht mit Unrecht hat man sie deshalb als Pflanzentiere bezeichnet. Ihnen schließen sich in ihrem inneren Baue zunächst die Würmer (Vermes) in ihrer bald platten, bald geringelten Form (Ringelwürmer, Annulaten) an und leiten hinüber einerseits zu den Strahltieren, Stachelhäutern (Echinodermen), anderseits zu den Weichtieren (Mollusken) und Gliedertieren (Arthropoden).

Wenn man die große Abteilung der Wirbeltiere mit der der Wirbellosen vergleicht, fällt sofort die große Formverschiedenheit der letzteren Gruppe gegen die erstere auf. Der Bau der höheren Tiere, welche ein Knochengerüst besitzen, ist im großen und ganzen nach einem Plane gerichtet; sowohl im Groben wie in den feinsten Teilen; dies ist aber bei den auch als niedere Tiere bezeichneten Wirbellosen keineswegs der Fall; hier ist der Bauplan so verschieden gestaltet,

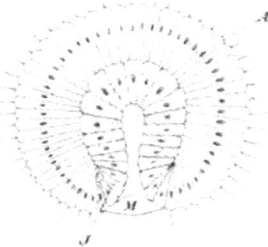

Fig. 195.
Durchschnitt durch eine Gastrula.
A Außenblatt, J Innenblatt,
M Mundöffnung.

wie die einzelnen Klassen voneinander verschieden sind, doch wird es uns vielleicht gelingen, einen gemeinsamen Grundgedanken darin zu entdecken.

Die Überschrift: „Der mikroskopische Bau der Tiere" bezieht sich auf die niedere Tierwelt, die uns in den Stand setzen wird, mit tieferem Verständnis den Bau der Gewebe und die Entwickelungsgeschichte des Eies und des Embryos (das ist das in dem befruchteten Ei entstehende junge Tier) zu verfolgen. Wir werden aber hier Gelegenheit haben, nicht bloß Teile von Tieren, sondern ganze lebende Wesen in ihrem Bau und Leben zu studieren und damit die Grundlage für die späteren Ausführungen gewinnen.

Die Schwämme (Spongien).

Die Schwämme bilden die am niedrigsten stehende Gruppe der Hohltiere. Man muß aber hier nicht etwa an die Schwämme denken, welche hübsch zubereitet die Hausfrau auf den Tisch setzt; auch den Hausschwamm darf man sich nicht darunter vorstellen, er gehört gleich den Pilzen zu den Schmarotzern im Pflanzenreiche. Man darf aber auch nicht glauben, daß unser Badeschwamm ein solches Tier darstellt, wie wir es hier meinen; und doch steht dieses für die Reinlichkeit nützliche Instrument mit unsern Tieren in Zusammenhang: es ist das innere Skelett eines Schwammes.

Fig. 196. Olynthus.

Einfachste Schwammform, aus zwei Zellagen bestehend, mit seitlichen Öffnungen (s) für die Nahrungsaufnahme und einer Hauptöffnung oben (Mund m) zum Ausstoßen der aufgenommenen Flüssigkeit versehen.

Fig. 197. Sycandra ciliata.

Längsschnitt durch die Leibeswand.

Im Anschluß an die seitlichen Öffnungen muß die aufgenommene Flüssigkeit mit Wimpern (Cilien) versehene Kammern (sogen. Geißelkammern) passieren, aus deren Wandungen amöbenartige Zellen austreten, Nahrung aufnehmen und wieder zurückwandern können.

Die tierische Natur der Schwämme hat man erst in jüngster Zeit entdeckt. Man hielt sie immer für pflanzliche Gebilde, und man konnte sich um so leichter dazu für berechtigt halten, als sie sehr unvollkommen organisierte Tiere mit geringer Beweglichkeit sind. Sie sitzen auf andern festen Gegenständen, während andre Hohltiere freie Beweglichkeit zeigen.

Die Grundform der Schwämme ist die aller Hohltiere, die Form eines unten blind geschlossenen Sackes, der gewöhnlich mit andern seinesgleichen zusammenhängt und so häufig Stöcke bildet. Diese sehen bald aus wie Knollen, Birnen, bald bilden sie Krusten, Trichter u. s. w., manche sind unregelmäßig ästig, manche ganz regelmäßig strahlig gebaut. Greifwerkzeuge und Arme fehlen ihnen gänzlich. Sie nehmen Nahrung durch viele große Öffnungen an dem Stocke auf. Der abgebildete Olynthus zeigt ganz deutlich zwei Schichten. Die Nahrung der Schwämme besteht aus mikroskopischen Tieren und Pflanzen, welche durch die feinen Poren an den Außenflächen des Körpers aufgenommen werden. Diese Poren führen in vielverzweigten Windungen durch kammerartige Räume in den Zentralraum des Schwammes. Fig. 196 und 197 zeigen den Verlauf dieser Kanäle und Fig. 198 bietet uns ein Bild von einem stark vergrößerten Durchschnitt. Der Zentralraum ist vorn, wo bei den verwandten Tieren der Mund gelegen ist, offen. Man nennt diese Öffnung die Mundöffnung (Fig. 198 o), freilich ganz mit Unrecht; denn dieser Mund nimmt nichts auf, sondern stößt aus, er ist also richtiger als After zu bezeichnen. Mit Hilfe mikroskopischer Flimmerhaare, welche an den Wänden der Porenkanäle und der Erweiterungen, den Flimmerkammern (Fig. 199), aufsitzen, wird während des ganzen Lebens ein fortdauernder Wasserstrom durch den Körper geführt, so daß dasselbe aus den großen Öffnungen in einem starken Strome wieder hervortritt. Sichtbar kann man diesen Strom machen, wenn man die Tiere aus einer gefärbten Flüssigkeit (Karmin) in reines Wasser setzt. Was nun in dem Wasserstrome von organischem Leben vorhanden ist, wird festgehalten und von den benachbarten Zellen wie von Amöben (vergl. Kapitel: Urtiere) aufgenommen und verdaut.

Aber ganz selten ist der Körper der Schwämme weich. Fast überall finden wir die Körperwand von zahllosen zierlichen Nadeln durchsetzt, die bald aus Kiesel, bald aus Kalk, bald auch aus einer hornigen Substanz bestehen. Unser Bild zeigt die verschiedensten Gestalten. So bildet Fig. 200 einen Teil des Hornfasernetzes von unserm Wasch- oder Badeschwamme ab, dessen Maschen so elastisch sind, daß er für viele technische Verwendungen tauglich ist und darum einen gesuchten Handelsartikel bildet. Auch unter den Kiesel- und Kalkschwämmen gibt es manche, deren Skelett ein zusammenhängendes Gerüst bildet, wie die erst in neuester Zeit bekannt gewordenen Glaskorallen (Schwämme) zeigen, die zum Teil eine förmliche

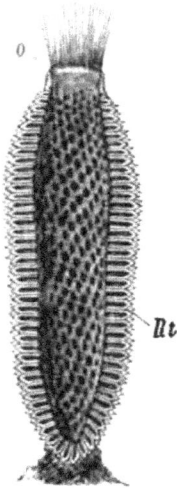

Fig. 198. Syron
im Längsdurchschnitt.

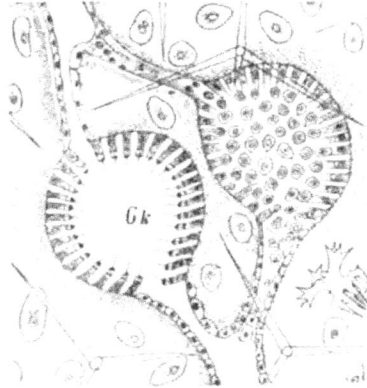

Fig. 199. Schnitt aus Corticium candelabrum.
Nach Fr. E. Schulze.
Gk Geißelkammern.

Filigranarbeit darstellen und wohl zu den feinsten Produkten des Tierreiches gehören. In der Regel erscheinen die Kiesel- und Kalkablagerungen des Schwammkörpers in der Form von Einzelkörperchen, als ein-, zwei-, drei-, vierstachlige Nadeln und Nadelbüschel. Bei den in unsern Teichen lebenden Süßwasserschwämmchen (Spongilla fluviatilis), die massenhaft Steine und Wurzeln überziehen, treten zwischen den Nadeln zahlreiche Hornfasern auf. Häufig finden sich Kieselnadeln bei den Seeschwämmen, deren Form und Größe sich oft so gestalten, daß man die einzelnen Arten schon danach unterscheiden kann. In Wirklichkeit ist der Formenreichtum der Skelettnadeln so groß, daß man einen Atlas davon zusammenstellen könnte. Ja, bei den einzelnen Arten tritt nicht etwa immer nur eine Form von Nadeln auf, sondern ganz verschiedene, und diese fügen sich zu einem zierlichen ziemlich festen Bau zusammen. Das wird leichter begreiflich, wenn man bedenkt, daß diese festen Bestandteile des Schwammes nicht bloß die Aufgabe haben, zu stützen, sondern daß sie dem Tiere auch als Schutz dienen sollen; gar mancher Feind durchzieht die See, der sich an den Weichteilen dieser niedrigsten der Tiere gütlich thun möchte. — Besonders stark sind die größeren Mundöffnungen bewehrt, wie uns Fig. 201 zeigt.

Manche dieser Glasschwämme werden, ihrer Weichteile entäußert, als Schmuck getragen, und zwar besonders in Japan; ihre Zierlichkeit gibt gewiß Berechtigung dazu. Die Form und Größe mancher Nadeln haben dazu veranlaßt, diese Naturgebilde als Erzeugnisse einer hochent- wickelten Glasindustrie zu preisen; die mikroskopische Untersuchung hätte

Fig. 200. Stück des Hornfaser- netzes vom Badeschwamm.

Fig. 201. Junger Sycon. Nach Fr. E. Schulze. O Ausströmungsöffnung. P Poren der Wandung.

aber sofort darthun können, daß diese Dinge nicht von Menschenhänden gemacht sind; denn die Nadeln sind, wie sämtliche Kieselkörper der Schwämme, in ihrer Achse von einem feinen Kanal durchzogen, dessen Anwesenheit wohl mit der Entwickelungsgeschichte der Gebilde zusammen- hängen mag.

Die Polypen und Quallen (Cnidaria. Nesseltiere).

Wenn wir die Schwämme an ihrem Standorte auf dem Meeres- boden aufsuchen, wie es uns etwa in den großen Seewasseraquarien zu Berlin oder Hamburg geboten wird, so staunen wir über die Farbenpracht im Palaste der Seetiere.

In der Gesellschaft der Schwämme leben die Polypen und Quallen. Was eine Qualle ist, weiß wohl ein jeder, der einmal am Meeresstrande gewesen ist. Von einem Polypen aber machen sich die meisten ein falsches Bild. Diese zierlichen Blumen und Bäumchen, diese in allen Farben des Südens schimmernden Rasen und Gesträuche sollen die gefürchteten Un-

geheuer vorstellen? Die Ungeheuer allerdings nicht, wie sie sich die
Phantasie unsrer Vorfahren ausgemalt und in Sagen und Märchen, in
Reisebeschreibungen überliefert hat, aber die Polypen, wie sie der Naturforscher kennt und nennt. Man bezeichnet mit diesem Namen Tierformen,
die meist mikroskopisch klein sind und höchstens und ganz selten die Größe
eines Fußes erreichen; viele sind völlig gefahrlos, aber es sind auch Arten
darunter, die durch ihre Fähigkeit zu nesseln lästig werden können. Gegen
eine große Zahl dieser Tierchen können sich jedoch die Menschen mancher

Fig. 202. Polypenstock (Plumularia).
Nach einer Mikrophotographie von Dr. Burstert & Fürstenberg.
Der Stock ist fiederartig verzweigt; die Einzelpolypen sitzen an den Zweigen auf einer Seite (nach oben).

Gegenden zu lebhaftestem Danke verpflichtet fühlen, weil sie ohne dieselben
gar nicht leben könnten; den Grund wird der Leser bald erfahren.

Wir wollen uns an den Bau des Schwammleibes erinnern. Stellen
wir uns vor, daß die Poren ausgefüllt seien und um die Mundöffnung
Arme sich entwickeln, so haben wir die Grundform aller Polypen und
Quallen — bei letzteren dürfen wir uns nur den Sack nach seinem geschlossenen Ende zu abgerundet und ausgewölbt vorstellen.

Bei der größten Zahl der Polypen erfolgt die Vermehrung der
Einzeltiere durch Knospen (fig. 205, 2b), welche aus den alten Tieren

hervorwachsen und zu neuen Individuen werden, die mit dem Muttertiere
in Verbindung bleiben, aber auch sich lostrennen können. Im ersten
Falle bilden sich Tierstöcke (Fig. 209 u. 210, 202 ein Exemplar der baumartig
sich verzweigenden Plumularia), im andern kann zweierlei geschehen: entweder das abgeschnürte Individuum setzt sich fest und bildet einen neuen
Polypen, der sich durch Knospung fortpflanzt, oder das Individuum
bleibt frei, schwimmt umher, und so entsteht die Meduse oder Qualle.
Diese pflanzt sich durch Eier fort, aus denen wieder Polypen hervorgehen.
Deren Kinder bilden sich wieder zu Medusen aus, und so entsteht ein
fortwährender Wechsel von zwei Geschlechtern und Generationen; diese
Art der Fortpflanzung bezeichnen wir kurz als Generationswechsel;
wir werden vielfach Gelegenheit haben — und das nicht bloß bei den
Pflanzentieren — diese eigentümliche Abwechselung zwischen Muttertier
und Nachkommen zu beobachten.

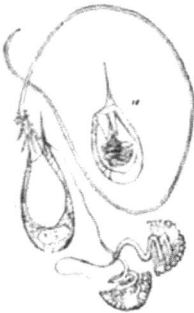

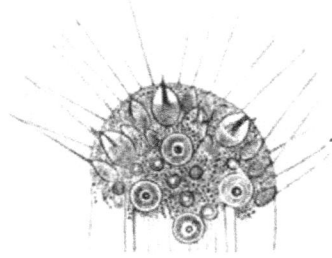

Fig. 203. Nesselzellen.   Fig. 204. Nesselwulst am Armende einer Scyphistoma.

Fassen wir einen Polypenstock genauer ins Auge, so zeigt sich, daß sich
die röhrenförmige Körperhöhle (vergl. Fig. 202) jedes einzelnen Polypen
in das Innere des Polypenstockes fortsetzt und durch Ausläufer mit den
benachbarten Polypen in Verbindung tritt, so daß man fast veranlaßt
werden könnte, eine solche Polypenkolonie als ein einziges Tier mit zahllosen Magen- und Mundöffnungen zu betrachten; jedenfalls haben die
einzelnen Personen der Kolonie eine gemeinschaftliche Ernährung, wie die
einzelnen Organe eines Individuums, die durch dieselbe Blutflüssigkeit
versorgt werden.

Bei allen unter die Polypen und Quallen gehörenden Tieren treten
nun Organe auf, welche geeignet sind, als charakteristisches Merkmal für
die ganze Gruppe zu dienen. Ich meine die Nesselkapseln. Sie veranlassen uns, diese Tiere unter dem Namen Nesseltiere zusammen-
zufassen. In der Oberhaut, und das besonders an den Armen, treten
Zellen auf, welche in sich Nesselfäden erzeugen. Jede Nesselzelle (vergl.
Fig. 203), welche in sich eine Nesselkapsel zur Reife gebracht hat, besitzt
einen feinen oberflächlichen Protoplasmafortsatz, der für den Reiz äußerer
Berührung sehr empfindlich ist und zur Sprengung der Kapsel Veranlassung gibt, wodurch der Nesselfaden frei wird und in die Haut des

Berührenden eindringt. Nicht ſelten finden ſich ſolche Neſſelzellen an gewiſſen Stellen dicht gehäuft und bilden wulſtförmige Anſchwellungen, Neſſelwülſte oder Neſſelköpfe (Fig. 204).

Auf der niedrigſten Stufe unter den Neſſeltieren ſteht ein wohl wenigen bekanntes Tierchen, das ſehr zahlreich in unſern Teichen, Gräben und Tümpeln vorkommt. Man muß aber erſt ſein Auge daran gewöhnen, wenn man das Tier entdecken will. Wer ſich dasſelbe ſelbſt anſehen will, der ſchöpfe aus einem mit dem ſogenannten Entengrün, Fig. 205, 2a (Waſſerlinſen, Lemna arrhiza), bedeckten Teiche ein Glas voll Waſſer mit einem Haufen ſolcher Teichlinſen. Mit einiger Aufmerkſamkeit gelingt es ihm dann wohl, an der Unterfläche jener Pflänzchen kleine, ſchön grün ge⸗ färbte, pinſelförmige Körperchen zu entdecken, deren Wimpern ſich bewegen,

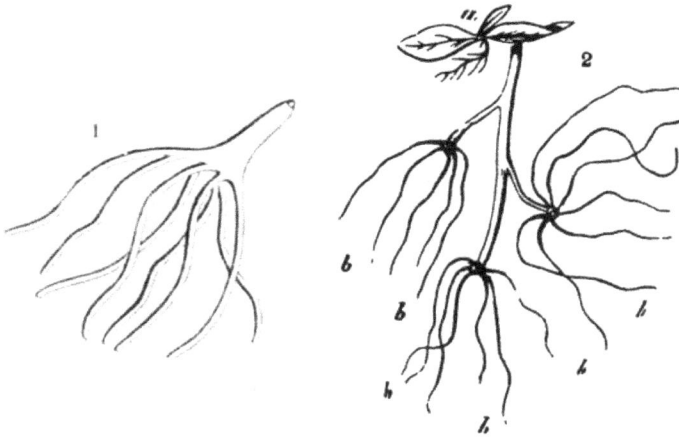

Fig. 205. Der gemeine Armpolyp (Hydra viridis).

auch ausdehnen und zuſammenziehen. Dieſes kleine Tierchen iſt der gemeine, grüne Armpolyp (Hydra viridis), den man in Fig. 205 ſtark vergrößert in zweierlei Zuſtänden abgebildet ſieht. Abbildung 1 ſtellt ein ausgewachſenes Exemplar, Abbildung 2 einen aus drei Individuen beſtehenden Polypenſtock dar, der durch zweimalige Knoſpung aus dem urſprünglichen einfachen Muttertiere ſich entwickelt hat, aber nur vorüber⸗ gehend beſteht; denn die Knoſpenſprößlinge löſen ſich nach einiger Zeit, wenn ſie kräftig genug geworden ſind, ab und bringen auf eigne Fauſt gleiche Kolonien hervor. Es findet jedoch eine Fortpflanzung auch durch Eier ſtatt.

Merkwürdig iſt die große Reproduktionsfähigkeit der Süßwaſſer⸗ polypen. Ein abgeriſſener Fangarm wird bald wieder erſetzt, und ein mittendurchgeſchnittener Polyp hat bald ſeinen Körper wieder vervoll⸗ ſtändigt; aus den beiden Stücken ſind zwei Individuen geworden. Ähn⸗ liche Erſcheinungen ſind kürzlich an den verſchiedenſten maritimen Formen

ftudiert worden (1890). Die grüne Farbe ift aber den Süßwafferpolypen
nicht eigentümlich, fondern fie rührt von taufenden von kleinen Algen
her, welche fich im Gewebe der Leibeswand nähren, durch ihre Sauerftoff-
produktion dem Tiere aber auch einen großen Dienft betreffs der Atmung
leiften, während umgekehrt der Polyp durch Kohlenfäureausfcheidung den
Algen Nahrung zuführt. Ein folches Zufammenleben von Tier und
Pflanze benennt man in der Wiffenfchaft mit dem Worte Symbiofe
(Zufammenleben).

Oben fchon wurden wir darauf aufmerkfam, daß bei den höher
entwickelten Formen der Neffeltiere ein Generationswechfel ftattfindet.
Ich verweife zunächft auf unfre Abbildung, fig. 206, welche uns die
Möglichkeit eines folchen Zufammenhanges erklärt. Hier ftellt A den
Längsfchnitt durch einen feftfitzenden Polypen, B den einer nach oben
umgekehrten Medufe dar. Wir fehen bei A und B ein äußeres Blatt
der Leibeswand, welches die ganze Oberfläche überzieht, und ein inneres,

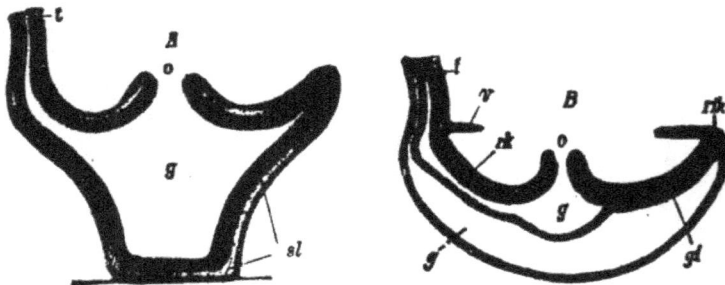

Fig. 206 A Schema eines Hydropolypen (Längsfchnitt).   Fig. 206 B. Schema einer Medufe.

dickeres, welches die Höhlung, Magenhöhle genannt, auskleidet und fich
in den Fangarm (Tentakel t) fortfetzt. Zwifchen beiden Schichten findet
fich eine dritte, bei A mit sl, bei B mit g bezeichnet, sl bedeutet die
Stützlamelle, welche bei B in Gallerte (g) umgewandelt ift. Ein Unter-
fchied macht fich nur dadurch geltend, daß von der Magenhöhle der
Medufe (B) Radialkanäle nach dem Rande der Scheibe ziehen, deren
Zwifchenräume von Gallerte erfüllt find, während bei den Polypen die
Magenhöhle den ganzen Innenraum einnimmt; außerdem findet fich bei
der Medufe noch ein Ringkanal, welcher, am Scheibenrande verlaufend,
die Radialkanäle verbindet.

Sehen wir von den geringen Verfchiedenheiten im Baue ab, fo ift
die Medufe nichts andres als ein umgeftürzter, abgerundeter Polyp. Wir
müffen aber der Medufe die höhere Stelle im Tierreiche zuerkennen, denn
fie hat es gelernt, fich durch Zufammenziehen und Öffnen ihres Schirmes
frei zu bewegen, fie hat es gelernt, fich ihre Nahrung felbft zu fuchen,
hat allerlei Sinnesorgane zum Sehen, Hören, Riechen, Fühlen erworben,
und fie erhebt fich dadurch hoch über den an die Scholle gebundenen
Polypen, der darauf warten muß und nehmen muß, was ihm von oben

herab auf den Meeresboden zufällt. Und doch sind beide dasselbe Tier
oder doch nur zwei Wechselgenerationen desselben Tieres.

Unsre Fig. 207 möge uns diese wundersame Einrichtung der Natur
plausibel machen, wir werden noch mehr Staunenswertes erfahren.

Man wird sich denken können, daß es lange gedauert hat, ehe man
dahin gelangte, die Medusen als Abkömmlinge von Polypen, die man
immer als Pflanzen ansah, zu betrachten. Und doch ist es nicht anders.
Der Quallenpolyp erzeugt durch Knospung auf ungeschlechtlichem Wege
die Meduse; diese, das Geschlechtstier, läßt aus ihren Geschlechtsprodukten
wieder die ungeschlechtliche Generation der Quallenpolypen hervorgehen.
Zunächst müssen wir hervorheben, daß die Quallen nicht in allen Fällen

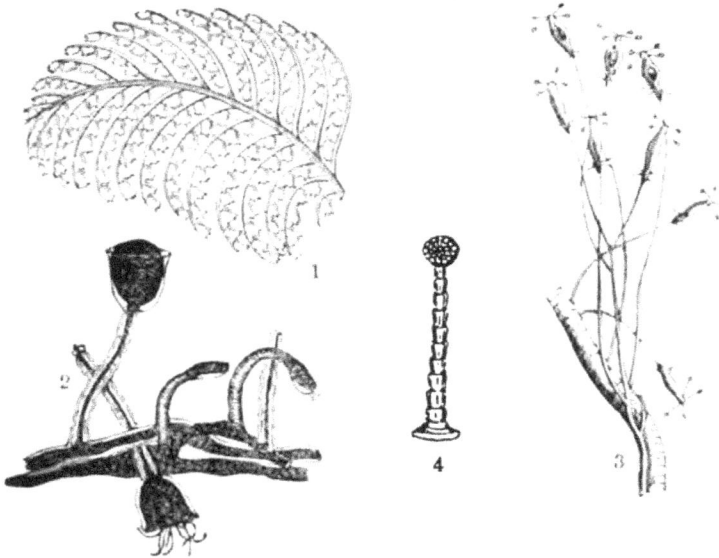

Fig. 207. Quallenpolypen.

an der Mundfläche ihrer polypoiden Jugendformen hervorknospen, sondern
an der Seitenwand der Köpfchen.

Auf den ersten Blick würde wohl jeder Laie die sich in Fig. 207 darbietenden Abbildungen für pflanzliche Gebilde halten, für Blätter, Blütchen
und Früchtchen erklären, aber es sind zierliche Tierchen. Nr. 1 stellt einen
Glockenpolypen, Campanularia dar, dessen Köpfchen mit einer Horn-
röhre umschlossen ist. Nr. 2 stellt einen Arm von Nr 1 vergrößert dar,
die so recht den zierlichen Bau der kleinen Wesen vor Augen führt.
Nr. 3 ist der Kreuzpolyp (Stauridium), welcher zu den fast nackten
Keulenpolypen (Coryniden) gehört; sein Stamm ist auf einer Alge befestigt und trägt lange Zweige, die je in ein keulenförmiges Köpfchen
auslaufen, welches an seinem Ursprung sowohl wie im Umkreis der

Mundöffnung einen Kranz von je vier übers Kreuz gestellten Fühlern trägt, deren Enden durch die eingelegten Nesselorgane verdickt erscheinen (Nr. 4).

Höchst interessant ist die Entwickelungsgeschichte dieser Tiere. Obwohl dieselben als Polypen zeitlebens existieren, sind sie doch nur als Jugendzustände zu betrachten. Zu bestimmten Zeiten entwickeln dieselben, wie uns Fig. 208 an einem Keulenpolypen (Coryne) erläutert, durch Knospung eine zahlreiche Brut von Quallen, deren Geschlechtsprodukte reifen und dann ihrerseits wieder durch befruchtete Eier und

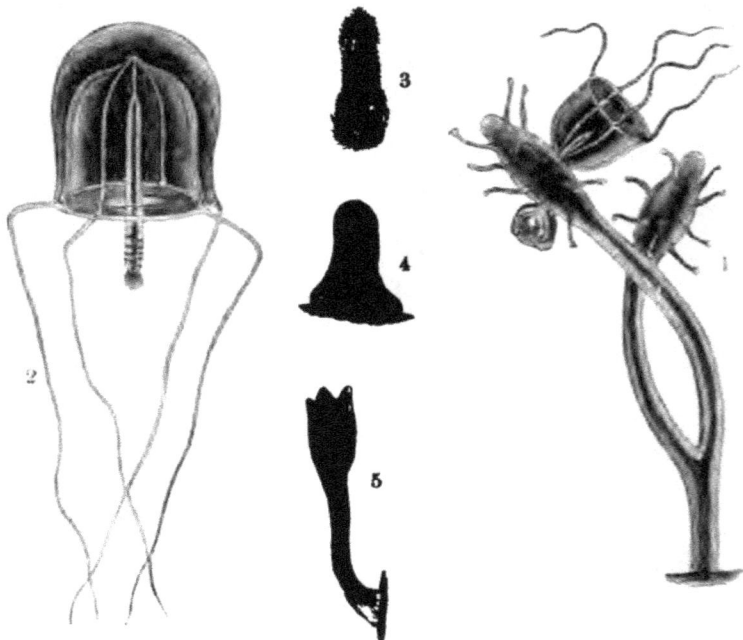

Fig. 208. Entwickelungsgeschichte einer Sarsia.
1 Knospung an einem Keulenpolypen (Coryne). 2 Geschlechtsreifes Tier, Medusenform (Sarsia).
3 Flimmernder, freischwimmender Embryo. 4 u. 5 Auswachsen desselben zu einem neuen Keulenpolypen.

schwimmende Embryonen ein neues Geschlecht von Hydroiden — d. i. Polypen erzeugen. Die Geschechtsreife kann nun schon erfolgen, ehe die Medusenknospen sich vom Stocke (denn als solcher ist das Tier nach der Knospung zu betrachten) lostrennen; in vielen Fällen aber, wie bei der Sarsia, Fig. 208, 2, geschieht das nach der Trennung der Meduse vom Stamm. Man kann sich leicht denken, daß die selbständig gewordenen Medusen eine andre Gestalt, weiter ausgebildet, höher entwickelt, besitzen, als die während der Zeit ihres Lebens festsitzenden. Erstere sind munter sich bewegende Scheibenquallen, die auf Jagd nach Nahrung gehen, letztere verlieren mehr und mehr den Medusencharakter, ihr glockenförmiger Mantel schrumpft, die sich entwickelnden Geschlechtsprodukte wachsen auf Kosten der Knospe, so daß die Meduse schließlich nur noch

als eine Umhüllung der Fort-
pflanzungsprodukte erſcheint.
Trotzdem kann über die wahre
Natur derſelben kein Zweifel
ſein, nicht bloß, weil ſie durch
eine vollſtändige Reihe von
Zwiſchenformen allmählich in
die Zuſtände der freien Quallen
überführen, ſondern auch deshalb, weil alle dieſe verſchiedenen Formen der Geſchlechtstiere einander vielfach vertreten.

Zu den Formen von Pflan-
zentieren, welche bald freie, bald
feſtſitzende Geſchlechtstiere beſitzen, gehört das Geſchlecht der
Röhrenpolypen (Tubularia),
von dem Fig. 209 und 210
zwei Arten mit ihren Knoſpen
darſtellen. Wenn auch die
Polypenköpfchen mit ihren doppelten Kränzen von Fangarmen
einander ſehr ähnlich ſind, ſo
erſcheinen die Geſchlechtsknoſpen
beide Male in ſehr abweichen-
der Geſtalt. Bei Tubularia
prolifera werden dieſelben zu
glockenartigen Meduſen, die erſt
nach ihrem Freiwerden ihre
ganze Größe erreichen und reif
werden, bei Tubularia coronata dagegen bleiben die Meduſen auf einer früheren Ent-
wickelungsſtufe ſtehen, ſitzen feſt
(ſeſſil) und werden reif, ohne
jemals ihre Bildungsſtätte zu
verlaſſen.

Bei manchen Arten dieſer
Quallenpolypen greift die Ent-
wickelungsgeſchichte in das
Leben von noch mehr als zwei
Perſonen oder Individuen ein.
Neben den Polypen, welche be-
ſtehen bleiben und den ganzen
Stock mit Nahrung verſorgen
(Nährpolypen) und den Ge-
ſchlechtspolypen in Meduſen-

Fig. 209. Tubularia coronata, mit feſt ſitzenden
Geſchlechtstieren.

Fig. 210. Tubularia prolifera, mit Quallenbrut.

form tritt noch eine dritte Form von Individuen auf, die, mundlos und ohne Fangarme, keine andre Aufgabe haben, als das Geschäft der Fort-pflanzung durch Knospung zu besorgen und die Quallen hervorzubringen.

Der Begriff des Individuums hat lange in der Wissenschaft geschwankt. Solange man sich dabei nur auf die Lebensverhältnisse der höheren Tiere bezog, konnte man die Erscheinungen nicht deuten, wie sie hier bei den Pflanzentieren auftreten. Man müßte denn glauben, daß ein Tier ein zweites von ganz andrer Gestalt und Lebensweise her-vorbringen könne! In gewissem Maße wird das hier ja bestätigt. Wir lernen, daß auch das Individuum nur eine bedingte Einheit darstellt, daß diese durchaus nicht eine einseitige Thätigkeit (wie bei den festsitzenden Medusen die Fortpflanzung) ausschließt, und daß solche einseitige Thätig-keit immer dann auftritt und für das ganze von Vorteil ist, wenn die Einzelwesen sich zur Bildung von Gemeinwesen, seien es Kolonien, Stöcke, Staaten, zusammenschließen. Je inniger die Gemeinschaft ist, desto weiter geht der Unterschied in der Thätigkeit der Einzelpersonen — hier werden die einen Nährpolypen, die andern Geschlechtstiere, wieder andre über-nehmen den Schutz — und dieses Vorgehen, verschiedene Thätigkeiten verschiedenen Personen desselben Gemeinwesens zu übertragen, nennt man im Tierreiche wie in der menschlichen Gesellschaft „Arbeitsteilung". Die Stockbildung treibt zur Arbeitsteilung und diese ist die Ursache für die verschiedengestaltete Entwickelung jedes Einzelwesens.

Am weitgehendsten ist dieses Prinzip der Arbeitsteilung bei einer Gruppe von Quallenpolypen durchgeführt, welche aus Tierstöcken be-steht, die aber nicht mehr festsitzen gleich ihren verwandten Pflanzen-tieren, sondern frei im Meereswasser umherschwimmen. Die Zoologen bezeichnen diese Tiere als Röhrenquallen oder Siphonophoren.

Diese Tiere sind von äußerst zartem Bau, durchsichtige, oft guirlanden-artige oder tannenzapfenförmige Gebilde mit einem oft fußlangen cylindrischen Stamme (vergl. Fig. 213), dem zahlreiche Anhänge von wechselnder Form, Gruppierung und Lebensaufgabe ansitzen. Dem einen Ende, das dem Wurzelende der festsitzenden Polypen- und Quallenstöcke entspricht, das hier aber von einer eingelagerten Luftblase (Fig. 213 sb) wie von einem Schwimmer getragen wird, sitzt eine Gruppe von glockenförmigen Körpern (sg) zunächst, die Schwimmglocken, welche ganz nach der Art der Quallen gebaut sind, aber weder Mund noch Fangarme besitzen und die Fortbewegung durch ihr rhythmisches Öffnen und Schließen besorgen. Bei den kleineren Arten, zu denen die in Fig. 211 dargestellte Abyla pentagona gehört, sind zwei solcher Lokomotiven vorhanden, sie stehen übereinander, sind aber nach zwei Seiten gerichtet, so daß sie das Stamm-ende zwischen sich nehmen. Die Ernährung übernehmen rüssel- oder trompetenförmige Anhänge, die in regelmäßigen Abständen am Stamme sitzen, den Polypen entsprechen (Fig. 213 hy) die Mund- oder Magen-stiele, das Fortpflanzungsgeschäft führen die Geschlechtstiere in Medusen-form (go), Gonophoren genannt, aus. Sie ähneln in ihrer Gestalt den Schwimmglocken, lösen sich aber nach der Reifung ab und erzeugen neue Siphonophoren. Der Stamm trägt aber noch mehr. Lange,

vielveräftelte, mit förmlichen Neffelbatterien bewehrte Senkfäden (t) er-
greifen die Nahrung und führen fie zum Munde der Nährpolypen: dazu
gefellen fich fchildförmige oder helmartige Blätter, unter denen fich die
übrigen Anhänge bergen können. In der Zahl und Anordnung der
Anhänge zeigt fich eine große Vielgeftaltigkeit, doch ift es Sache des
Syftematikers, fich damit zu befchäftigen. Statt der in fpärlicher Menge
auftretenden Koloniften tragen größere Formen unzählige dichtgedrängte

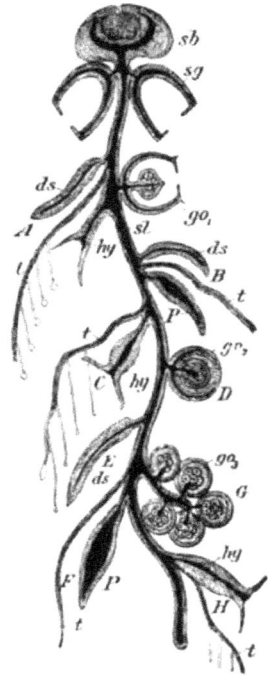

Fig. 211. Fig. 212. Fig. 213.

Fig. 211. Abyla pentagona. Fig. 212. Fregatte (Physalia arethusa) mit Senkfäden und Ernährungs-
tieren. Fig. 213. Eine Siphonophore im Längsfchnitt. sb Schwimmblafe, sg Schwimmglocke,
ds Deckftücke, t Fangarm, go Gefchlechtstiere (Medufen), hy Mund- oder Magenftiele (Siphonen),
t Tafter oder Fühler.

Anhänge, vermöge deren noch eine größere Mannigfaltigkeit der Formen
und Anordnung zuftandekommen kann. Bei einer der bekannteften
Siphonophoren, der fogenannten Fregatte (Physalia arethusa, Fig. 212)
fehlen die Lokomotiven, fie befitzt dafür aber eine fo große Luftblafe,
daß der obere Teil des Hammers aus dem Waffer hervorragt, und wie
ein Segel vom Winde getrieben werden kann.

Man trifft diefe Tiere nicht felten in ganzen Flottillen im Ozeane
zu Millionen bei einander, in den prächtigften Farben fchillernd, fo daß

sie selbst denjenigen auffallen, die sonst den Erscheinungen der Tierwelt
wenig Aufmerksamkeit schenken. Vor unvorsichtiger Berührung muß man
sich sehr hüten. Die langen Senkfäden (sechs bis zehn Meter) der Fregatte tragen gewaltige Mengen von Nesselkapseln, so daß sie die furchtbarsten Schmerzen erregen können. Es sind Fälle bekannt, in denen
kräftige Menschen, Matrosen, vereinzelt auch Badegäste in Seebädern von
den Senkfäden umschlungen wurden und unter Krämpfen zusammen-
stürzten.

Die Form der Anhänge von Siphonophoren ist eine äußerst verschiedene, und doch sind sie bei ihrer ersten Anlage von ganz derselben
Beschaffenheit. Wenn sie an dem aus dem Ei entstandenen polypen-
förmigen Individuum hervorzuknospen beginnen, erscheinen sie als Glieder
des Tierstockes, genau wie die Anhänge einer Kolonie von Quallenpolypen, indem sie bald die Form der Polypen, bald die der Meduse aufweisen. Nur die Nährpolypen entwickeln eine Mundöffnung, aber ihre
Thätigkeit kommt dem ganzen Stocke zu gute, und darum sind die übrigen
der Notwendigkeit überhoben, für ihres Leibes Nahrung zu sorgen.
Dafür sind sie in den Stand gesetzt, sich andern Funktionen, der Fortbewegung, dem Schutze, den Sinnesthätigkeiten, zu widmen und so dem
Gesamtwesen zu dienen.

Die strenge Durchführung des Prinzips der Arbeitsteilung schließt
den gesamten Stock wieder zu einem einheitlichen Ganzen, das sich mit
dem zusammengesetzten Organismus der höheren Tiere vergleichen läßt,
durch den individuellen Wert der einzelnen Glieder aber doch davon
verschieden ist. Mit andern Worten: ein solcher Stock stellt nicht einen
einfachen Tierkörper mit Organen dar, sondern einen Tierstaat, in dem
jedes Individuum nach Art der Organe in ganz besonderer Weise an
der Arbeit zum Leben und am Baue desselben teilnimmt.

*   *   *

Während wir bei den Schwämmen keine eigentliche Mundöffnung
fanden, sondern eine von Poren durchsetzte Leibeswand, welche die
Nahrungsaufnahme vermittelte (vergl. Fig. 196, Olynthus), trat uns bei
den bisher vorgeführten Nesseltieren immer eine besondere Magenhöhle
entgegen, in die eine Mundöffnung führt, welcher von den sie um-
stehenden Tentakeln (Fangarmen) die Nahrung zugebracht wird. Es sei
hier darauf aufmerksam gemacht, daß an dem inneren Rande dieser
Öffnung sofort jenes innere Leibesblatt beginnt, welches der Verdauung
hauptsächlich gewidmet ist. Schon oben habe ich aber angedeutet, daß
es bei den Nesseltieren zur Ausbildung eines förmlichen Schlundrohres
kommen kann. Denken wir uns den Rand der Mundöffnung nach innen
umgekrempelt und etwas in die Magenhöhle hineingezogen, so finden wir
auf der nun innen liegenden Seite des Mundrohres das äußere Blatt,
und wir haben in der Hauptsache die Organisation aller Nesseltiere
charakterisiert, die uns noch anzusehen übrig bleiben. Es sind dies drei
Gruppen: 1. die für Handel und Gewerbe wichtigen Korallen (Anthozoa,

Blumentiere), 2. die Syphomedusen (Mundquallen) und 3. die Rippen-
quallen oder Ktenophoren.

Von Korallen hat jeder Leser das seinige gehört, mancher hat wohl
auch ein schönes Schmuckstück in der Hand gehabt, aber keine menschliche
Kunst reicht an das heran, was die Tierchen vorstellen, die ihr Skelett
zum Schmuck hergeben müssen. Etwas Zierlicheres kann sich ein Auge
nicht vorstellen als die feinen, sich langsam bewegenden Arme eines
Korallentierchens, Fig. 215 möge eine Anschauung davon vermitteln.

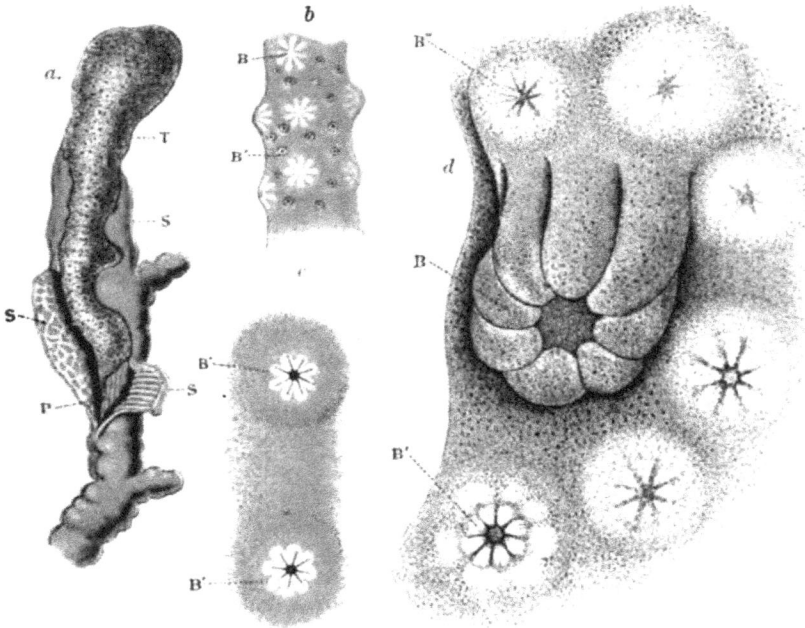

Fig. 214. Die Edelkoralle. Nach Lacaze-Duthiers.

a. Ein Korallenarm, dessen Kalkwandung geöffnet ist. S die äußere Kalkschicht, P die innere Kalkschicht, T der weiche Tierkörper (Polyp). — b, c, d. B achtstrahlige Öffnungen für den Austritt junger
Polypenknospen, B' achtstrahlig neugebildeter Ansatz für einen Zweig des Korallenpolypen.

Die Korallen zeichnen sich vor ihren Verwandten besonders dadurch aus, daß ihr Körper Kalk (oder Hornsubstanz) aussondert, dergestalt, daß sich die gesellig lebenden Polypen jeder einzeln mit einem
Gehäuse, einer „Zelle", umgeben, in welches sie den nicht verkalkten Teil
mit den Fangarmen vollständig zurückzuziehen vermögen.

Ein solcher Korallenstock besitzt bei manchen Arten ein fast un-
begrenztes Wachstum, indem ein Geschlecht auf dem andern weiterbaut.
Auf solche Weise können durch immer weiter sich ausbreitende Nachkommenschaft sich Korallenriffe und -felsen bilden, welche in ihrem ganzen
Innern nur aus Gehäusen abgestorbener Korallentiere bestehen. Während

der größte Teil eines solchen Korallenriffes eine tote Kalkmasse ist,
kann der oberste jüngste Teil noch von lebenden Polypen bewohnt sein.
Ein solches Riff kann 100 Meter und mehr hoch werden und eine Ausdehnung gewinnen, die einer Insel entspricht. Fast alle die kleineren
von den zahllosen Inseln, welche im
Großen Ozean verstreut sind, hunderte
und tausende von Riffen im Indischen,
Chinesischen Meere, im Golf von Mexiko
sind nichts andres als Bauwerke der
winzigen Polypen.

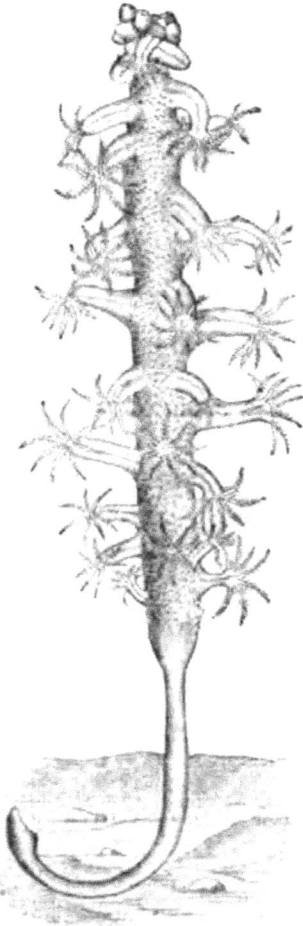

Am bekanntesten ist wohl die Edelkoralle, Corallium rubrum (Fig. 214),
deren prachtvoll rotes und hartes Skelett
seit dem grauen Altertum zu Schmuck-
sachen verarbeitet gar manches Herz
erfreut.

Eine in Sammlungen sehr häufige,
auch als Verzierung von Nipptischen
beliebte Koralle ist die Orgelkoralle
(Tubipora musica), deren Stock aus
roten cylindrischen Kalkröhrchen besteht, welche wie die Orgelpfeifen
nebeneinander stehen und in Absätzen
von horizontalen Kalkplatten durchsetzt
und verbunden sind. Aus jeder Röhre
ragt im Leben ein zierlicher Polyp
hervor.

Die Polypen der Edel- und Orgelkoralle besitzen einen achtstrahligen
Kranz von federförmigen Fangarmen,
während einer großen Anzahl ein
sechsstrahliger Bau zu Grunde liegt.
Zu diesen letzteren gehören die riff-
bauenden Korallen, sowie die größeren
Arten von Polypen, die Seeanemonen, von denen bald die Rede sein
wird.

Da alle Korallenstöcke aus Zellen
bestehen, so sehen sie im Durchschnitt
und oft auch an der Oberfläche äußerst
zierlich aus. So zeigt Nr. 1 in Fig. 217
den Durchschnitt eines Zweiges von

Fig. 215. Kophobelemnon Leuckartii.

Millepora bei schwacher Vergrößerung. Die sternförmige Zeichnung der
einzelnen Röhren rührt von jenen inneren Faltungen her, welche die
Polypentiere in ihrer Leibeswand besitzen (Mesenterialfalten) und auf
das Skelett übertragen. Wo die Gerüstbildung weniger fest ist, da treten
in der weichen Haut Kalkkörperchen von oft äußerst zierlichen und

charakteristischen Formen auf, nach denen man unter Umständen die Art zu bestimmen vermag. Kophobelemnon, Fig. 215, ist so eine weiche Korallenform, und die mit starker Vergrößerung abgebildeten Fig. 217, 2, 3, 4, 5, 6 stellen einige isolierte Kalkkörper, Fig. 217, 7 ihre Lagerung in der Haut dar; von der ungeahnten Vielgestaltigkeit läßt sich darin freilich noch kein Bild gewinnen. Ähnliche Kalknadeln und Spindeln finden sich in großer Menge auch in dem knorpelig fleischigen oder schwammigen Gewebe der Korkkorallen

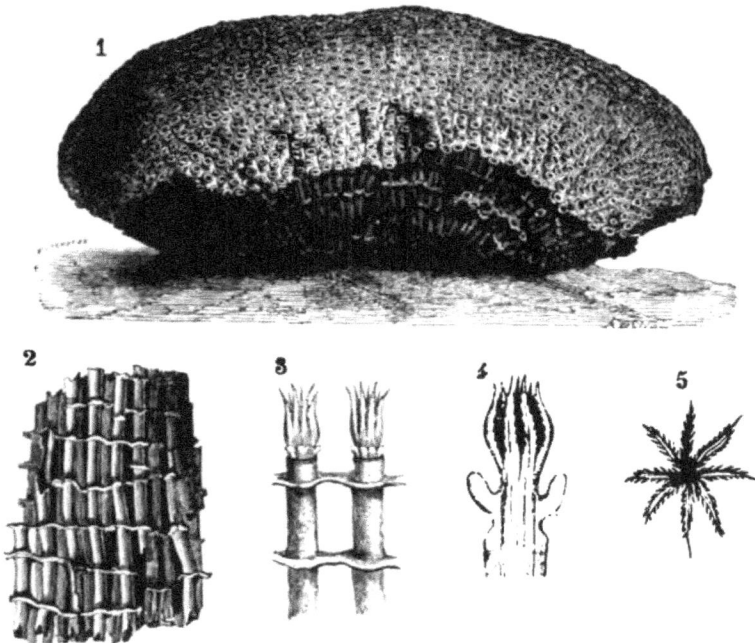

Fig. 216. Orgelkoralle (Tubipora musica).

1 Orgelkoralle in halber natürlicher Größe. 2 Ein Stück davon in natürlicher Größe.
3, 4 und 5 Einzelne Röhren und Polypen schwach vergrößert.

(Alcyoniden), die eine besondere Gruppe unter den gesellig lebenden Formen darstellen.

Dem Leser wird es vielleicht interessant sein, zu erfahren, wie man Präparate von solchen ausgeschiedenen Körperchen erhalten kann. Zu diesem Zwecke behandelt man ein Stückchen von einem solchen Tier, sei es eine Korkkoralle oder ein Stück Schwamm mit Ätzkali oder Eau de Javelle; die organischen Stoffe werden zerstört und können vorsichtig hinweggespült werden, die mineralischen Bestandteile bleiben erhalten und können auf einem Objektivträger leicht untersucht werden.

Die Aktinien oder Seeanemonen zeichnen sich durch den Mangel
jedes Skeletts aus und besitzen auch niemals kalkige feste Einlagerungen.
Sie kommen meist als Einzeltiere vor, nur einige verbinden sich zu
Stöcken. Die Seeanemonen erreichen im Vergleich zu den uns schon bekannten Korallentieren eine bedeutende Größe und besitzen im Gegensatz
zu jenen die Fähigkeit, mittels der Fußsohle, welche sich zusammenziehen
und ausdehnen kann, von einem Ort zum andern zu kriechen. Trotz
ihres unschuldigen, blumenartigen Aussehens sind gerade sie die ge-
fräßigsten Raubtiere, in deren Fangarmen dank der unzähligen Nessel-

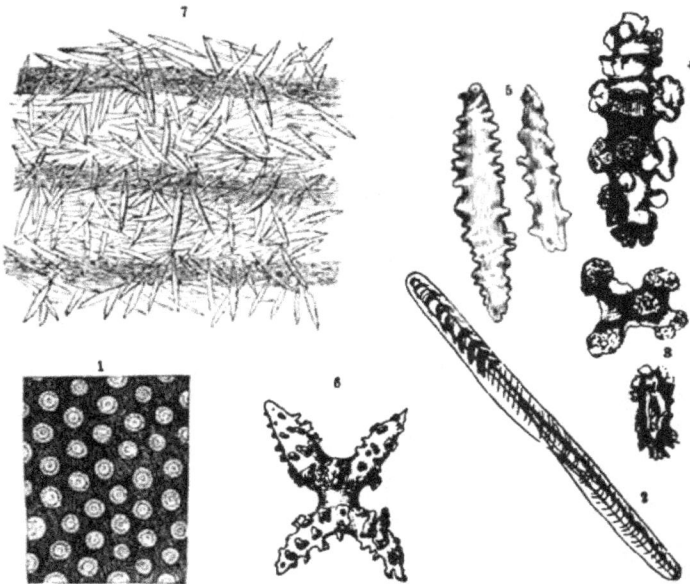

Fig. 217. Innerer Bau der Korallen. (Zu S. 177.)

kapseln kleine Fische und Krabben ihr jammervolles Ende finden. (Vergl.
Brehm. 3. Aufl. 1893. X. Bd., S. 581.)

Die grüne Seerose (Anthea cereus), von prachtvoller grüner
Färbung, ist wohl die gefährlichste Fleischkoralle. Und dies nicht mit
Unrecht; denn in ihren 150 Armen besitzt sie fast 7 Milliarden Nessel-
kapseln, und man braucht sich da nicht zu wundern, wenn die leiseste
Berührung tagelang heftiges Brennen verursacht. (Vgl. Nesselwulst
Fig. 205.)

In den Nordsee- und Ostseeländern kann man große Ohren-
quallen (Aurelia aurita) tagtäglich am Strande sehen. Sie erscheint fast
zu groß, als daß sie für das Mikroskop Bedeutung haben könnte. Von
großer Wichtigkeit für uns ist hier ihre Lebensgeschichte, und wir werden

staunen, von was für einem kleinen Tierchen das große Ungetüm seinen Ursprung herleitet. In der Tiefe des Meeres lebt ein winziges polypenartiges Tier, von dem aus sich unsre Qualle entwickelt. Aus dem becherförmigen Körper des Polypen (vergl. Fig. 218 E), der hier in der Entwickelungsgeschichte den Namen Scyphula führt, wächst eine wie eine Untertasse geformte Scheibe hervor, in der sich bald eine Magenhöhle entwickelt. Indem nun der Polyp an seinem freien Rande fort und fort solche Scheiben erzeugt und diese längere Zeit untereinander und mit dem Polypen in Verbindung bleiben, entsteht der zapfenartige Körper, der aus übereinander gesetzten tassenartigen Scheiben zusammengesetzt erscheint.

Im einfachsten Falle (monodiske Strobila) schnürt sich die Scheibe des Scyphistoma (Ephyra) vom Stiele ab, an dem sich nachher gleichsam durch Regeneration eine neue Scheibe entwickelt. Meistens aber kommt es schon zur Bildung neuer Scheiben zwischen dem Stiel und den älteren Scheiben, bevor sich

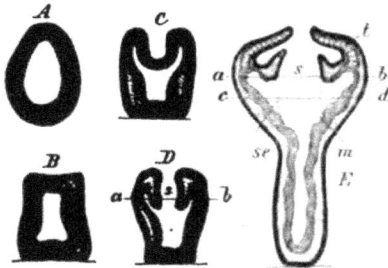

Fig. 218. **Entwickelung der Scyphula von Aurelia aurita.**

A Planula. B Dieselbe hat sich festgesetzt. C Einstülpung des Schlundes. D Durchbruch der Darmpforte. E Scyphula.

Fig. 219. **Polydiske (typische) Strobila der Ohrenqualle (Aurelia aurita).**

Nach Haeckel.

die letzteren abgelöst haben; dann haben wir die typische (polydiske) Strobila (Fig. 219) vor uns. Zu einer Zeit, wo diese Tässchen die Quallenknospen, Ephyren genannt, etwa einen Durchmesser von 2 Millimeter erreicht haben, lösen sie sich los und beginnen nach Art der ausgewachsenen Quallen frei umherzuschwimmen, bis sie durch eifrige Nahrungsaufnahme zur vollen Größe der Ohrenqualle herangewachsen sind. Sind sie nun geschlechtsreif geworden, so bringen sie Eier hervor, aus denen sich ein Wesen entwickelt, das einer doppeltwandigen Blase gleicht (Fig. 218 A). Dieses Wesen setzt sich nach kurzer Schwärmzeit fest und wächst durch Einstülpung (Fig. B, C, D) und Entwickelung von Fangarmen (E) allmählich zu dem geschilderten Armpolypen wieder aus, der von neuem durch Knospung, in diesem Falle Strobilation, die Quallenbrut erzeugt.

Würmer.

Eine nicht minder interessante Abteilung der Tierwelt bilden die verachteten Würmer, von denen man noch vor kurzer Zeit singen konnte: „Was man nicht definieren kann, das sieht man als ein Würmlein an." Alles, was sich nicht in eine der Hauptklassen des Tierreiches fügen wollte, wurde einfach in die Rumpelkammer geworfen. Und da fand sich allerlei zusammen, wirkliche Würmer, Insektenlarven, Cölenteraten, ja wohl auch Dinge, die zu den Stachelhäutern gehören, und alles das, was dem Menschen nicht ganz appetitlich aussah, das war ein Wurm. Aber wie das oft mit den Rumpelkammern geht — es stecken wertvolle Sachen darin, man muß nur mit einer guten Laterne und aufmerksamem Auge suchen. Und gerade bei dieser verachtetsten Tierklasse, die vielfach ganz mit Unrecht so mit Abscheu genannt wird, hat die moderne Zoologie ihr bestes Rüstzeug erhalten, ihre größten Fortschritte begonnen, und es war unserm Mikroskope vorbehalten, Licht in das Dunkel der Rumpelkammer zu bringen.

Wenn man von Würmern spricht, da denkt man immer zunächst an den Regenwurm, dessen nützliche Thätigkeit leider nur wenigen Menschen bekannt ist, und nur eine sorgsame Mutter, der Arzt, der Fleischer, denken auch an jene niedrigen Schmarotzer, die Menschen und Tieren ihre Qual bringen. Lange hat man nicht gewußt, woher sie kommen, und dem Aberglauben war Thür und Thor geöffnet, dem nicht bloß Laien, sondern auch Ärzte angehangen haben. Das Mikroskop hat das Dunkel erhellt, das so lange sowohl die innere Organisation, als die Fortpflanzungs- und Entwickelungsgeschichte der Würmer bedeckte, dem Mikroskop kommt der Dank zu, den die Menschheit dafür aussprechen mag, daß sie von vielem Schlimmen befreit oder doch davor behütet werden kann.

Unter den Würmern gibt es nicht bloß schöne Gestalten, sondern auch farbenprächtige Formen. Besonders sind es die im Meere lebenden frei-schwimmenden Mitglieder aus der Gruppe der Ringelwürmer (Annulata), welche durch den Glanz ihrer Farben sich auszeichnen. Aber auch in der Abteilung der Plattwürmer (Plathelminthes) treten schön gezeichnete Formen auf, besonders unter denen des Meeres, den Polycladen, und von den Rädertieren (Rotatoria) haben uns auch schon einige Gestalten erfreut; das übrige Gewürm aber, welches sich schmarotzend in Tier und Mensch herumtreibt, das verdient freilich den Abscheu, der ihm wird.

Die uns am nächsten stehende Abteilung bilden die Würmer, welche als Schmarotzer uns selbst oder unsre Haustiere belästigen, unser Interesse daran ist egoistisch genug, einstweilen die übrigen Verwandten zurückzustellen.

Zwei Formen sind es hauptsächlich, die mit der Lebensweise der Tiere zusammenhängen, sie befähigen, ihrem Schmarotzerdasein zu frönen: einmal die plattgedrückte, bei den Plattwürmern, vermöge deren sie sich durchschlängeln durch alle Kanäle und mit dem ganzen Leibe saugend wirken können, und die drehrunde Gestalt bei den Rundwürmern, welche sie befähigt, sich in den röhrenförmigen Organen der Wohntiere leicht fortzubewegen, und sich auch vor leichtem Vertreiben zu bewahren.

Rundwürmer und Plattwürmer sind in der Regel sehr weich, bei den letzteren kann sich die Weichheit bis nahe an das Zerfließen steigern, was in Wirklichkeit eintritt, wenn sie an die Luft gebracht werden. Jeder Leser wird leicht einsehen, daß diese weiche Körperbeschaffenheit am besten dazu geeignet ist, Säfte aufzusaugen, thätig zu sein wie eine große Amöbe. Auf ihrer Lebensweise beruht aber ihre unvollkommene Organisation, und wie wir sehen werden, auch vielfach ihre eigentümliche Fortpflanzungs- und Vermehrungsart. Wo wir auch immer faule Schmarotzer gefunden haben, schon unter den Pflanzen, da hat sich gezeigt, daß dieselben auf einer niedrigeren Entwickelungsstufe stehen als ihre Verwandten, und wir werden zu der Erkenntnis kommen, daß unter den Tieren immer die die höchste Stufe der Vollkommenheit erreichen, welche zu Raubtieren geworden sind.

Der Aufenthaltsort der Parasiten unter den Würmern ist immer innerhalb der Gewebe oder doch in unmittelbarer Berührung derselben, im Darm, in der Leber, in den Magenwänden, im Muskelfleische, unter der Haut, selbst im Gehirn, am Augapfel, gerade dort, wo ihnen der Blutstrom, die Nahrungsflüssigkeit, aus erster Hand zuströmt.

Aus der parasitischen Lebensweise schließen wir von vornherein auf Unvollkommenheit der Organisation, und besonders werden es also Organe sein, welche mit der Sinnesthätigkeit und der selbständigen Bewegung zu thun haben, die wenig oder gar nicht zur Entwickelung kommen.

Während wir bei allen Cölenteraten einen strahligen Bau des Tierkörpers vorfanden (abgesehen von den Ktenophoren), gilt es bei allen Würmern als Regel, daß ihr Körper seitlich symmetrisch entwickelt ist, daß eine Ebene von vorn nach hinten besteht, welche den Wurm in zwei spiegelbildlich gleiche Hälften zerlegt.

Schon bei den Urtieren kam es zur Sprache, daß man lange Zeit daran geglaubt hat, es fände eine Urzeugung statt. Auch die Würmer haben vielfach Anlaß gegeben, diesen Glauben zu stützen. Wo kommen plötzlich solche rätselhafte Tiere im Gehirn, im Auge, in den Muskeln her? Wie kommen so zahllose lebendige Wesen so plötzlich ins Innere unsrer Organe, darin Krankheiten verursachend, die zum Tode führen können? Mußte man es nicht als eine ausgemachte Wahrheit hinnehmen, wenn die Ärzte erklärten, aus den entarteten Säften des Kranken seien die Eingeweidewürmer entstanden, ganz von selbst, durch Urzeugung, Generatio aequivoca! Bequem ist eine solche Anschauung freilich für Laien wie für Ärzte, sie fordert wenigstens kein weiteres Nachdenken, man kann auf seinem Wissen oder vielmehr Nichtwissen ruhig schlafen. Aber es gibt jetzt keine Urzeugung und es hat wohl nie eine gegeben, wenigstens nicht in dem Sinne, der gäng und gäbe ist. Was mußte aber bei solchen Anschauungen über die Entstehungsursachen und das Wesen der Wurmkrankheiten zu Tage kommen! Mußte nicht die widersinnigste Behandlung daraus folgen?

Die mikroskopische Untersuchung und zweckentsprechende Experimente haben Aufklärung gebracht und unwiderleglich nachgewiesen: kein Eingeweidewurm entsteht von selbst im Menschen, er ist ein Tier, das sich wie jedes andre fortpflanzt und Eier legt, er ist ein Tier, das nur von außen her in unsern Körper eindringen kann.

Die Krankheitserscheinungen sind die Folge der vorhandenen Würmer, nicht diese die Folge der Erkrankung. Es ist eine Ehrenpflicht, der Männer zu gedenken, die durch unaufhörliches Forschen, immer neues Untersuchen die Märchen vom Vielfraß im Leibe beseitigt haben, die hervorragendsten Namen sind Professor Siebold in München, Leuckart in Leipzig, Küchenmeister und Haubner in Dresden. Die Ausbildung, welche die mikroskopische Technik in den letzten Jahrzehnten erfahren hat, die Vervollkommnung der Instrumente haben unterdes Erstaunliches geleistet, aber der Grund wurde von diesen Männern gelegt (vergl. Einleitung).

Die Eier der Eingeweidewürmer sind mikroskopisch klein, und aus ihnen geht nicht etwa ein Tier hervor, welches seinem Muttertier gliche, sondern ein Junges, das, von ganz andrer Gestalt und Lebensweise, oft einen ganz andern Wohnplatz hat, das oft nicht selbst wieder zur Form und Geschlechtsreife des Muttertieres zurückkehrt, sondern erst in seinen Nachkommen dieses Entwickelungsstadium erreicht. Man kann es sich leicht denken, welche Mühe es verursacht hat, alle die Zwischenformen zu entdecken, die zu den einzelnen ungebetenen Gästen gehören.

Wenn man indessen der Sache näher tritt und die Entwickelungsgeschichte der einzelnen Tierformen, besonders unter den Schmarotzern verfolgt, so kommt fast immer dasselbe Resultat heraus, welches wir schon bei den Cölenteraten kennen gelernt haben, wir finden Generationswechsel oft vereinigt mit Metamorphose oder Verwandlung. Der Unterschied wird uns im Laufe der Betrachtung und Beobachtung klar werden.

Auf Einzelheiten will ich zunächst nicht eingehen, aber für eine bessere Orientierung ist es gut, die Entwickelungsgeschichte der Eingeweidewürmer zu überblicken.

Den Generationswechsel hat der Leser bereits kennen gelernt. Er kennzeichnet sich durch die Folge verschieden geformter und mit verschiedenen Lebensgewohnheiten ausgestatteter Tiere, die sich auseinander abwechselnd entwickeln. Das eine Tier gebiert eine Brut, welche ihren Eltern nicht ähnlich ist, sondern selbst oder durch seine Nachkommen erst eine neue Brut hervorbringt, welche zur Form und Lebensweise der Ausgangsgeneration zurückkehrt. Ganz anders liegt die Sache bei der Verwandlung oder Metamorphose. Sie finden wir bei den Insekten, besonders bekannt bei der Gruppe Schmetterlinge: Ei, Raupe, Puppe, Schmetterling — einen Wechsel von Gestalten, der aber an ein und demselben Tiere, in einem Geschlecht erfolgt.

Die Schwierigkeiten, die Geschichte von der Entwickelung der Eingeweidewürmer zu entdecken, sind nun hauptsächlich deshalb so groß, weil der Aufenthaltsort und die Lebensweise der verschiedenen Generationen grundsätzlich verschieden sind. Das Folgende wird uns darüber belehren.

Aus der Klasse der Plattwürmer sind es nicht allzuviele Arten, welche dem Menschen direkt gefährlich werden, aber den Schafen und Rindern, den Hunden und Katzen, dem lieben Federvieh machen sie viel zu schaffen.

Da stehen uns nun zuallernächst die Bandwürmer (Cestoden); vielleicht ist mancher unter den Lesern schon von ihnen gepeinigt worden, und schon darum ist Interesse vorhanden, sie genauer kennen zu lernen.

Die Bandwürmer friſten ihr Leben als Paraſiten im Dünndarm von fleiſchfreſſenden Tieren. Die Arten, welche beim Menſchen und den Raubtieren vorkommen, zeigen ſtets einen gegliederten Leib, in Form eines Bandes, das ſich von vorn nach hinten allmählich verbreitert. Jedes Glied einer ſolchen „Bandwurmkette“ iſt eigentlich ein Einzel= tier, welches beiderlei Geſchlechtsprodukte entwickelt, Eier und Samen. Ein einziges reifes Glied (am freien Ende) kann tauſende von Eiern erzeugen und in ſich anhäufen; in Fig. 220 ſieht man die Verzweigungen der Eibehälter abgebildet. Die Glieder knoſpen am Hinterrand des ſogenannten „Kopfes“, welcher ſich immer an dem dünnen und ſchmalen Ende des Bandwurmes befindet; er hat kaum die Größe eines Stecknadel= kopfes, iſt mit vier oder zwei Saugnäpfen verſehen und trägt je nach

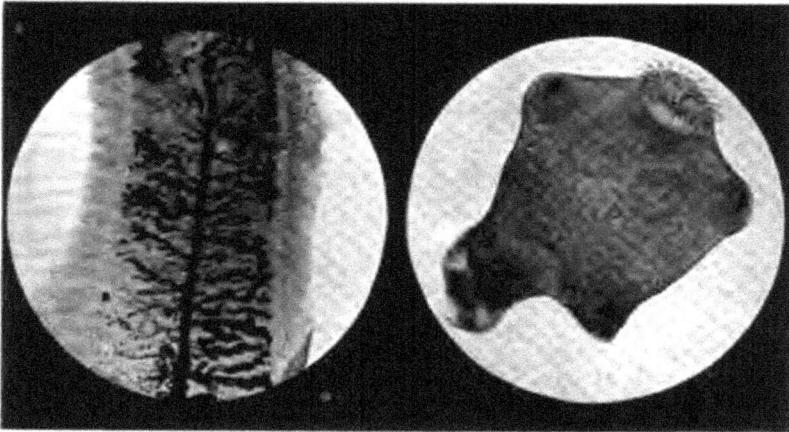

Fig. 220. Reifes Glied des Bandwurms.		Fig. 221. Kopf des Bandwurms (Taenia).
Nach Mikrophotographien von Dr. Burſtert & Fürſtenberg.

der Art verſchiedengeſtaltete Haken, die zu einem Kranze geordnet ſind. Fig. 221 ſtellt einen ſolchen Kopf von oben geſehen dar. Mit den Saugnäpfen und den feinen Haken hält ſich der Paraſit an der Darm= wand feſt. Hinter dem Kopfe werden nun durch Knoſpung neue Glieder erzeugt, dergeſtalt, daß ſich immer ein neues junges Glied zwiſchen das ältere und den Kopf ſchiebt. Die Zahl der Glieder, die ein Band= wurm zu erzeugen vermag, iſt ungeheuer groß; dies wird dem Leſer bekannt ſein, ihm aber noch deutlicher werden, wenn er erfährt, daß der gemeine Menſchenbandwurm eine Länge von drei Meter, die breite Art bis zu ſieben Meter erreicht. Und nun überſchlage man ſich die Rech= nung nach der Zahl der Eier! Während nun aber vorn am Kopfende der Kette immer neue Glieder entſtehen, löſen ſich die älteſten am freien Ende der Kette ſtehenden, reif gewordenen Glieder ab und gelangen einzeln oder zu mehreren verbunden mit den Exkrementen des Wohn= tieres nach außen. Die Reife iſt eingetreten, ſobald die Eier in ſich einen

Embryo entwickelt haben (fig. 222a). Somit ift jedes Bandwurmglied als ein Tier für fich aufzufaffen, wie auch jede junge Meduse, die vor ihrer Loslösung vom Stock oder der Strobila einer Ohrenqualle mit den übrigen auch felbständig werdenden Gliedern in Zusammenhang ftand.

Verfolgen wir die Entwickelung weiter (vgl. fig. 222). Der Kopf des Bandwurmes ift keineswegs mit dem Kopfe eines andern Wurmes, eines Regenwurmes oder dem einer Raupe zu vergleichen. Er hat keine Mundöffnung. Er ift die Mutter der Geschlechtstiere, der Glieder, wie der Polyp die Mutter ift für die fich geschlechtlich fortpflanzenden Medusen. Und fragen wir, was geht aus den Jungen der Geschlechtstiere, also hier aus den Embryonen der Glieder, hervor? Wieder ein fich durch Knospung fortpflanzender Kopf, d. h. wenn es dem daraus zuerft entftandenen Blasenwurme gelingt, als Ansiedelungsftätte den Darm eines Wirtes zu finden. Wir haben also hier wie bei den Polypen und Medusen mit

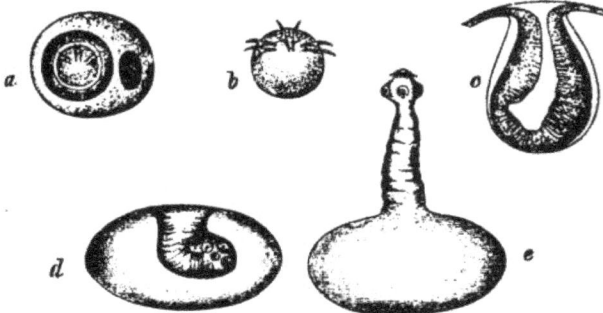

Fig. 222. Entwickelung vom Menschenbandwurm (Taenia solium) bis zum Blasenwurm (Cysticercus). a Ei mit Embryo. b freigewordener Embryo. c Anlage des Kopfes. d Finne mit eingeftülptem Kopfe. e dieselbe mit ausgeftülptem Kopfe.

dem Wechsel zweier Geschlechter zu thun, einer Generation, welche fich geschlechtlich fortpflanzt, die Glieder, eine andre Generation, welche fich ungeschlechtlich durch Knospung fortpflanzt, der Blasenwurm.

Am ganzen Bandwurm ift unterm Mikroskop keine Spur von einem Munde oder einem Darm zu entdecken, das Tier nimmt mit feiner ganzen Oberfläche die Nahrung auf, dieselbe faugt die umgebenden Speisesäfte, welche Magen und Darm des Wirtes bereitet haben, auf und nimmt diesem also feine Nahrung weg. Am Kopfe haben wir die Haftorgane schon kennen gelernt, Saugnäpfe und Hakenkranz unterftützen fich gegenseitig im Festhalten an der inneren Darmwand. Aus der Entwickelungsgeschichte des Bandwurmes wird aber jeder Leser nun leicht ableiten können, daß es beim Vertreiben desselben einzig und allein auf die Entfernung des Kopfes ankommt, der ja fonft immer wieder einen neuen Stock von Gliedern erzeugen würde, und wenn felbft alle Glieder bis auf das schmalste und feinste abgeriffen und fortgeführt wären. Diese Haftorgane find aber für den Naturforscher von großer Wichtigkeit, nach ihnen allein schon kann er die Art erkennen, zu welcher ein folcher Gaft gehört.

Schlimmer in ihrer Wirkung auf ihren Wirt als die Bandwürmer sind deren Kinder, die Blasenwürmer, die zu den gefährlichsten Parasiten gehören und unsern Haustieren ungeheure Schmerzen bereiten mögen. Die bekanntesten Blasenwürmer sind die Finnen (z. B. Schweinsfinnen), die Quese oder der Drehwurm, der im Gehirne von Schafen und Rindern wohnt und die immer mit dem Tode endigende Drehkrankheit verursacht, und die Igel- oder Hülsenwürmer, welche in der Leber des Schafes, Rindes, des Schweines und auch des Menschen hausen, langwierige, äußerst schmerzhafte Leiden verursachen und zu einem qualvollen Tode führen. Der Zusammenhang der Blasenwürmer mit den Bandwürmern war lange Zeit unbekannt, man darf sich daher nicht

wundern, wenn die Wissenschaft sie als selbständige Tierklasse auffaßte und den einzelnen Formen besondere Namen beilegte, z. B. Cysticercus, Echinococcus u. s. w.

Alle Blasenwürmer stimmen darin überein, daß sie einen dünnhäutigen, mit wässeriger Flüssigkeit erfüllten blasenförmigen Körper haben. Dieser trägt entweder einen rüsselartigen Aufsatz, den Kopf, oder er ist vielen Köpfen gemeinsam, welche in der Ruhe in die Blase eingestülpt werden, oder aber er umschließt eine Menge

Fig. 223. Finnenkopf.
Nach einer Mikrophotographie von Dr. Burstert & Fürstenberg.

kleiner Köpfe, welche, von einer gemeinschaftlichen Kapsel umhüllt, an der Innenwand sitzen (Igelwürmer); die Köpfe sind regelmäßig mit Saugnäpfen und Hakenkränzen versehen und sehen daher genau so aus wie Bandwurmköpfe. In Wirklichkeit sind sie ja auch nichts andres, wenigstens wenn sie ihre Bestimmung erreichen. Die Blasenwürmer werfen nämlich, sobald sie in den Darmkanal fleischfressender Tiere gelangen, ihre Blase ab, haken sich in die Darmwand ein und erzeugen sofort Bandwurmglieder.

Zu den verschiedenen Bandwürmern gehören nun ganz bestimmte Blasenwürmer, und diese finden sich wieder bei besonderen Tierarten. So lebt der bekannte Menschenbandwurm (Taenia solium) im Darm des Menschen, der zugehörige Blasenwurm als Cysticercus cellulosae bekannt, hält sich hauptsächlich in dem Unterhautzellgewebe und in den Muskeln des Schweines, aber auch zuweilen im Körper des Menschen, in Augen und Gehirn auf, seltener in den Muskeln des Rehes, Hundes und der Katze. Ein andrer häufiger Bewohner des Menschen ist Taenia mediocanellata, an dessen Kopf der Hakenkranz vollständig fehlt, dafür sind seine Sauggruben um so kräftiger entwickelt. Die dazu gehörige Finne lebt im Muskelfleisch des Rindes und kommt mit diesem in den Magen des Menschen. Den Zusammenhang von Taenia serrata im Darm des Jagdhundes mit Cysticercus pisiformis als Finne in der Leber der Hasen und Kaninchen, T. crassicollis der Katze und Cysticercus fasciolaris der Hausmaus wird der Leser leicht erraten; schwieriger ist es zu verstehen, wie solche Blasenwürmer auch in die Lunge des Menschen kommen, ihre Wohnung in der Leber aufschlagen, doch möge das einem späteren Kapitel zur Besprechung überlassen bleiben. Daß es manchmal nicht leicht ist, die einzelnen Stadien der Blasen- und Bandwürmer aufzufinden, welche zusammengehören, zeigt das Beispiel von Taenia cucumerina. Dieser Bandwurm wohnt im Darm der Stubenhunde, sein Blasenwurm aber, welcher ganz ohne Blase ist, hält sich in der Leibeshöhle der Hundelaus auf. Die Einwanderung desselben in den Darm des Hundes geschieht dadurch, daß der Hund die ihn belästigenden Parasiten verschluckt, während der Parasit, die Laus, die mit dem Kot des Hundes an die Haut geriebenen Eier frißt.

Während der Bandwurm mit seinem zugehörigen Blasenwurm einen einfachen Wechsel der Generationen durchläuft, wollen wir uns nun einen Plattwurm etwas genauer ansehen, bei dem sich die Entwickelungsgeschichte noch viel verwickelter darstellt. Zu hunderten kann man ihn sehen, wenn man dem Tierarzt auf einen Schlachthof folgt und einmal mit hineinschaut in das Innere von Schafen, Kühen u. s. w. Er legt uns eine Leber vor, welche ganz durchwühlt ist von kleinen flachen Würmern, die vorn und hinten einen Saugmund haben; die Zellengänge sind davon erfüllt, hunderte haben dem armen Tiere Schmerzen bereitet, das Tier hat die Leberfäule gehabt. Es sind Saugwürmer, und zwar zweimündige, zu dem Geschlechte Distomum gehörig. Wir nehmen so einen kleinen Leberegel (Distomum hepaticum) heraus und betrachten ihn uns etwas genauer, auch unterm Mikroskop, wir wollen den Tierarzt auch nach seiner Lebensgeschichte fragen, denn die Krankheit führt in Schafställen oft große Verluste herbei. Von außen betrachtet (Fig. 224 I), zeigt sich uns nur ein weißliches, schleimig sich anfühlendes, ovales Blättchen, das vorn einen Saugnapf trägt und einen zweiten in der Mitte. Sonst ist kaum etwas zu erkennen. Wir wollen das Tierchen töten, am besten mit Chloroform, und dann mit blauer Farbe füllen. Wir führen dieselbe in den vorderen Mund ein und spritzen sie aus. Nun erscheinen die verzweigten Kanäle, welche vom vorderen Saugnapfe ausgehend sich spalten und in ganz feine Kanäle bis an den Rand des Körpers veräschteln; das ist der Darmkanal. Wenn wir das Blättchen nun genauer ansehen, vielleicht vorher noch mit Karmin färben, so werden wir auch zwei Nervenstämme entdecken, die zu beiden Seiten der Hauptdarmkanäle verlaufen; feine Gefäße schlängeln sich dazwischen umher, es sind Wassergefäße, welche die im Körper unnütz gewordenen Stoffe hinausführen.

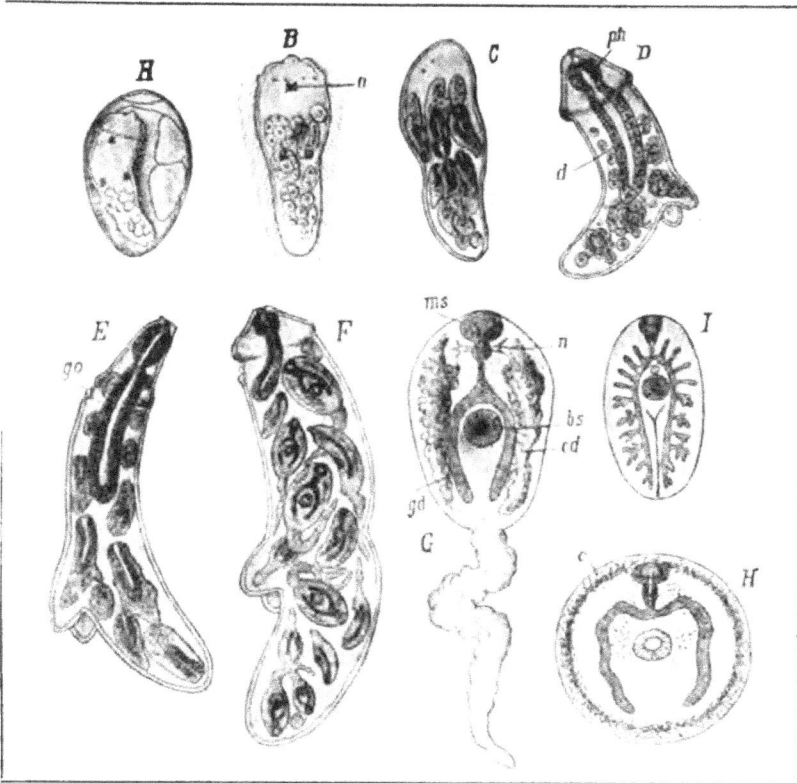

fig. 224. Lebensgeschichte des Leberegels. Nach Leuckart.
A Ei mit Embryo. B freischwimmender Embryo mit Augenfleck o. C Sporocyste. D E F Redien. ph Schlund. go Geburtsöffnung. d Darm. G Cercarie. ms Mundsaugnapf. bs Bauchsaugnapf. cd Kapseldrüsen. H Eingekapseltes junges Distomum. I Junges Distomum aus dem Darme des Schafes.

Das Interessante am Leberegel ist aber seine Entwickelungsgeschichte. Lange hat man danach geforscht, um dadurch in den Stand gesetzt zu werden, Maßregeln zur Bekämpfung der Leberfäule zu treffen. Bald kam man dahinter, daß der Leberegel, wenn auch in andrer Form, noch ein andres Wohntier besitzen müsse als das Schaf, nämlich einen sogenannten Zwischenwirt. Mit vieler Mühe ist es auch endlich festgestellt worden, daß dieser Zwischenwirt eine Wasserschnecke ist, welche den Namen Limnaeus truncatulus führt. Die Eier des Leberegels gelangen nämlich durch die Gallengänge mit in den Darm des Schafes und von da mit den Exkrementen nach außen. Sie entwickeln sich nur, wenn sie ins Wasser geraten. Geschieht dies aber, und das ist bei den Schafen immer leicht möglich, da dieselben viel auf die Weide getrieben werden, so entsteht in der Eischale ein bewimperter keulenförmiger Embryo (fig. 224 A), welcher die Eischale verläßt (B) und frei herum-

schwimmt. Die größte Maſſe ſeines Körpers wird von Keimzellen gebildet, welche die Fähigkeit haben, ſich, ohne befruchtet zu werden, fort-
zupflanzen. Die Embryonen müſſen jene Waſſerſchnecke antreffen und in
deren Atemhöhle eindringen, wenn ſie ſich weiterentwickeln ſollen, im andern
Falle gehen ſie zu Grunde. In der Atemhöhle verlieren ſie ihr Wimper-
kleid, die Augen und das Nervenzentrum, welches vorher im Embryo ent-
ſtanden war, ſie gehen alſo in ihrer Entwickelung rückwärts. Ihr Leib
ſtellt einen Schlauch dar, welcher in ſeinem Innern Zellenballen enthält —
alles andre iſt verloren — und wird nun nur zum Fortpflanzungsgeſchäft
verwendet. Die Zellenballen entwickeln ſich zu neuen Keimen (C), die
als Redien (D, E, F) den Körper ihrer Mutter verlaſſen, welche ſchließlich
zu Grunde geht, ohne Leberegel geworden zu ſein. Aber auch dieſe
Redien erreichen das Endſtadium nicht; ſie kriechen in der Atemhöhle der
Schnecke umher und dringen dann in deren Leber ein. Die Keime,
welche ſich in ihnen entwickeln, werden wieder zu Redien, die neben ihren
Eltern ſchmarotzen. Deren Keime aber werden während der wärmeren
Jahreszeit zu Larven, die als Cercarien (G) bezeichnet werden. Dieſelben haben ſchon die zwei Saugnäpfe, welche allen übrigen Stadien
fehlen. Sie verlaſſen den Wirt und gelangen ins freie Waſſer, wo ſie
eine Zeitlang herumſchwimmen. Sie laſſen ſich dann auf im Waſſer
wachſenden Gräſern oder auf Pflanzen überſchwemmter Wieſen nieder,
ſcheiden eine Kapſel an ihrer Körperoberfläche aus, wobei ſie ihren
Schwanz verlieren, und können nun lange Zeit der Trockenheit trotzen (H).
Mit dem Futter gelangen ſie gelegentlich in den Darm der Schafe, wo
vermutlich die Kapſel von den umgebenden Säften aufgelöſt und ſo der junge
Leberegel (J) frei wird, dem nun der Weg zur Leber ſeines Wirtes offen
ſteht. Ein ſchöneres Beiſpiel für den degenerierenden Einfluß des Schmarotzer-
lebens gibt es wohl kaum; ganze Organe gehen verloren, das Nerven-
ſyſtem, die Sinnesorgane verſchwinden, das Tier lebt nur noch für das
Geſchäft der Vermehrung. Aber wäre es anders, was müßte aus den
Saugwürmern werden, ja ſelbſt aus den Bandwürmern? Sie müßten
in ihrer ganzen Art zu Grunde gehen, und davor bewahrt ſie nur der
große Reichtum bei der Vermehrung und ihre Zwiſchenwirte. Blieben
ſie im erſten Wirt, der Bandwurm im Menſchen, der Leberegel im Schafe,
könnten ihre Nachkommen ſich nicht in der Fremde einſtweilen herum-
treiben, bis die Enkel und Urenkel wieder zum erſten Wirte zurück-
kehren: ſie müßten mit dem Wirte ſelbſt zu Grunde gehen und ſomit ihr
ganzes Geſchlecht. Einzig der Zwiſchenwirt und der Generationswechſel
erhalten ihre Art. Für die Nachkommen iſt anderswo geſorgt, und dieſe
überlaſſen es dem Zufall, einige ihrer Eier zur Entwickelung zu bringen;
was ſchadet es, wenn Milliarden davon zu Grunde gehen. Das eine,
welches das Glück hat, ſich zu entwickeln, wird ſchon wieder durch zahl-
loſe Vermehrung für die Erhaltung der Art ſorgen.

Ein Verwandter des Leberegels hat ſich ſogar an den Menſchen
herangewagt. Es iſt ein Eingeweidewurm, welcher als ausgebildetes
Tier im Blute des Menſchen lebt, Distomum haematobium, auch
Gynaecophorus genannt. Dieſer Wurm, der bisher nur in Afrika —

meift in Ägypten — beobachtet wurde, ift in Fig. 225 dargeftellt. Er hat eine Länge von 12—20 Millimeter und wird durch feine eigenartige Begattung und Fortpflanzung befonders merkwürdig. Im Gegenfatze zu den Leberegeln, welche beiderlei Gefchlechtsorgane in fich tragen, alfo Zwitter find, find die Blutwürmer getrennten Gefchlechtes. Das Männchen ift kürzer als das Weibchen und rinnen- oder tütenförmig nach der Bauch- feite zu eingerollt, fo daß man zunächft glauben könnte, es fei von einem Kanale durchzogen. In die Rinne wird nun aber das fchlankere und faft fadenförmige Weibchen aufgenommen (♀), fo daß nur feine Körper- enden heraushängen. So vereinigt, dringt das Pärchen dem Blutftrome entgegen, aus der Pfortader oder den Gekrösvenen, in welchen es zu- nächft feine Wohnung hat, zur Zeit der Gefchlechts- reife bis in die feinen Adern des Harnblafen- geflechtes, wo das Weibchen feine Eier abfetzt. Durch den Druck, welchen die Eihaufen auf die Blutgefäße üben, entfteht Entzündung und Eite- rung. Die Gefäße zerreißen und die Eier gelangen durch fie in die Harnblafe und von hier nach außen. Die Entwickelungsgefchichte ift leider noch dunkel, doch wird das Mikrofkop die Aufgabe wohl zu löfen vermögen. Das Distomum haematobium ift aber nicht der einzige Blutwurm im Menfchen. Jüngft erft ift in Erfahrung gebracht worden, daß die in den Tropengegenden verbreitete Milchruhr durch mikrofkopifche Fadenwürmer bedingt ift, welche in ungeheurer Menge, oft zu Millionen, durch die Gefäße treiben, bis fie fchließlich durch die Niere brechen. Beim Hund und Pferd und zahl- reichen Vögeln treten fie gleichfalls auf. Sie find wahrfcheinlich alle lebendig gebärend und gehören der Gattung Filaria an. Aus diefer will ich nur eine Art hervorheben, die feit dem Altertum als Parafit des Menfchen bekannt und gefürchtet

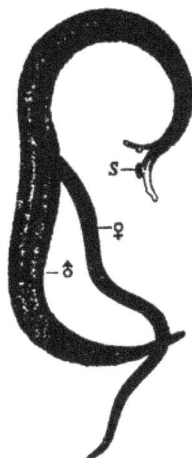

Fig. 225. **Blutwurm** (Gynaecophorus haematobius). ♂ Männchen. ♀ Weibchen, in einem Kanale des Männchens lebend. $^{13}/_1$.

ift. Der Guineawurm (Filaria medinensis), Fig. 226, kommt im tropifchen Afrika und im füdlichen Afien bis nach der Tatarei hin außerordentlich häufig vor; vielleicht ift er es, der durch fein plötzlich epidemifches Auftreten die Sage von den feurigen Schlangen des Alten Teftamentes veranlaßt hat. Er gehört aber nicht mehr zu der großen Gruppe der Plattwürmer, fondern ift ein Rundwurm, ein Fadenwurm. In der Geftalt einer meterlangen dicken Darmfaite lebt er zwifchen den Muskeln der unteren Extremitäten, bis er an irgend einer Stelle mit feinem Kopfende fich an die Haut andrängt und unter heftigen Schmerzen Entzündung und Eiterung verurfacht. Taufende von kleinen Würmchen, für das bloße Auge unfichtbar, die Brut des Guineawurmes, die den ganzen Leib erfüllt, gelangt mit dem Eiter nach außen. Sie kommen durch Zufall in Teiche und Tümpel und dringen hier, wie wir jetzt wiffen, in kleine Krebfe (Cyklopen) ein, welche maffenhaft diefe Gewäffer bewohnen. Im Innern der Krebse häuten sich die jungen Würmchen, werden mehr cylinderförmig und sind nun im stande, wenn sie mit dem Trinkwasser in den Magen des Menschen gelangen, sich von hier aus zu neuen Guineawürmern zu entwickeln. Unter unsern Haustieren sind viele, welche von ähnlichen Plagegeistern beunruhigt werden. Schaf und Schwein beherbergen oft in ihrer Lunge ganze Kolonien solcher Würmer (Strongylus filaria), starker Husten mit nachfolgender Entzündung kann zum Tode führen.

Zu diesen Rundwürmern gehören die bekanntesten Innenschmarotzer des Menschen, der Spulwurm (Ascaris lumbricoides), der Madenwurm (Oxyuris vermicularis) und der Peitschenwurm (Trichocephalus dispar), drei Arten, welche häufig bei Kindern in großer Menge gefunden werden. Das gilt namentlich von den beiden ersten Arten und am meisten vom Madenwurme, welcher zur Abendzeit oft in förmlichen Kolonien aus dem After wandert und in dessen Umgebung seine Eier absetzt. Unter dem Einflusse der Körperwärme entwickeln diese Eier schon in wenigen Stunden einen Embryo, der nach Übertragung in den Magen — durch die Hände des Wurmkranken — sehr schnell geschlechtsreif wird und neue Madenwürmer ausbildet. Dagegen hilft nur äußerste Reinlichkeit.

Ob der Spulwurm (Fig. 228) ohne Zwischenwirt zum Menschen kommt, ist noch unsicher. Ganz so harmlos ist derselbe nicht, wie er oft angesehen wird; einmal besitzt er eine große Vermehrungsfähigkeit, da ein einziges Weibchen im Jahre bis zu 60 Millionen Eier produziert.

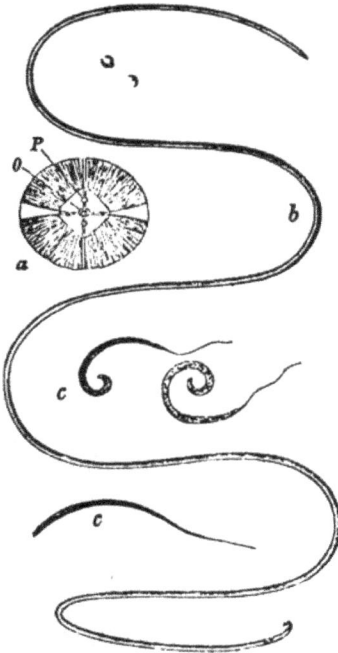

Fig. 226. **Guineawurm** (Filaria medinensis). Nach Bastian und R. Leuckart.

a Vorderende. O Mund. P Papillen.
b Trächtiges Weibchen (halbe Größe).
c Embryonen (sehr stark vergrößert).

und anderseits besitzt er am Kopfe drei gezähnelte Lippen, die wie die drei Schenkel einer Kugelzange in die Darmschleimhaut hineinfahren.

Es gibt noch eine Menge von Eingeweidewürmern, die im Darme, wie in den andern Organen des Unterleibes, in Leber und Niere, in den Magenwänden, in der Lunge, dem Herzmuskel u. s. w. leben, die starke Diarrhöen verursachen, wie Rhabdonema, Blutungen und infolge dessen Chlorose oder Bleichsucht erzeugen, wie Dochmius. Der bekannteste unter den Rundwürmern ist aber wohl gegenwärtig die Trichine (Trichina spiralis). Die ausgewachsenen weiblichen Darmtrichinen messen nach Leuckart und Pagenstecher, denen wir die genauesten Untersuchungen über die Strukturverhältnisse und Entwickelungsgeschichte der

Trichinen verdanken, 2,5 bis 3,4 Millimeter in der Länge, während die viel weniger zahlreichen Männchen höchstens 1,6 Millimeter Länge erreichen. Fig. 229 A zeigt ein Weibchen, Fig. 229 B ein Männchen, 150 mal im Durchmesser vergrößert. In beiden Figuren ist bei A das Kopfende mit der kleinen Mundöffnung, bei B das Schwanzende mit dem After. In Fig. 229 A sieht man den mit Eiern gefüllten Eierstock, welcher in den langen und schließlich in den nach außen mündenden Eileiter übergeht. Im vorderen Teile strotzt derselbe von Eiern, im hinteren sind bereits eine Menge Embryonen entwickelt. Außerdem bemerkt man das Speiserohr, welches sich in einen engen, auf der Figur nicht wahrnehmbaren Darmkanal verlängert. An der männlichen Darmtrichine fallen namentlich die zapfenförmigen Verlängerungen am After (die Begattungsorgane) auf, woran die Männchen stets sicher erkannt wer-

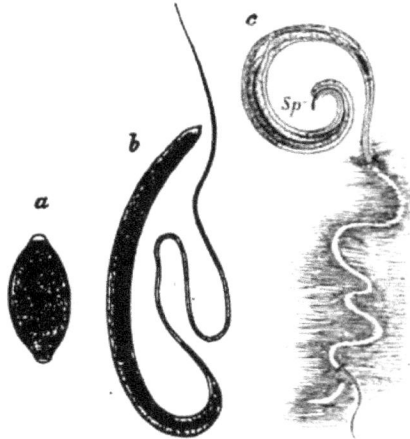

Fig. 227. Der Peitschenwurm.

a Ei. b Weibchen c Männchen, mit dem Vorderleib in die Darmschleimhaut eingegraben.

den können. Man sieht die Keimdrüse und den rosenkranzförmigen, sogenannten Zellenkörper, der dem Oesophagus anliegt und beiden Geschlechtern in wesentlich gleicher Weise zukommt. Das Wachsen und Reifwerden der in den Darmkanal gelangten Muskeltrichinen erfolgt überaus rasch. Fütterungsversuche haben ergeben, daß oft schon 54 Stunden nach geschehener Fütterung ein Teil der aus den Muskeltrichinen hervorgegangenen Weibchen, nach 90 Stunden die große Mehrzahl der Weibchen befruchtet war; ja nach kaum 5 Tagen wurden schon geborene junge Trichinen gefunden. Ihrer Kapseln entledigen sich die Muskeltrichinen (wenn die-

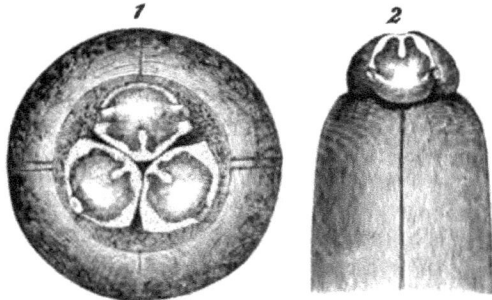

Fig. 228. Kopfbildung des Spulwurms (Ascaris lumbricoides).

1 Lippen mit Tastpapillen, von oben gesehen. 2 Kopfende.

selben überhaupt eingekapselt waren) schon im Magen des Tieres oder Menschen, worauf sie mit der verdauten Speise in den Darmkanal gelangen, woselbst sie in kaum 2 Tagen zu geschlechtsreifen Darmtrichinen auswachsen und sich nach erlangter Geschlechtsreife sofort begatten. Die Männchen sterben bald nach der Begattung, die Weibchen leben so lange, bis sie alle in ihnen entstandenen Embryonen geboren haben, worauf sie ebenfalls zu Grunde gehen. Nach den ersten Beobachtungen nahm man an, daß ein Weibchen nur 60—80 Eier zu erzeugen vermöge; jetzt ist nachgewiesen, daß die Zahl der Eier und Embryonen mehrere Tausende beträgt, da dieselben sich nicht auf einmal, sondern nach und nach entwickeln und die Entwickelung über 6—8 Wochen zu währen vermag. Man hat schon 5—600 abgelöste Eier und ausgelaufene Junge in einer einzigen Darmtrichine gezählt. Die eben im Eierstock gebildeten Eier messen 0,003 Millimeter, die reifen Eier 0,03 Millimeter; die frisch ausgelaufenen, aber noch im Eileiter der Mutter eingeschlossenen Jungen 0,008 bis 0,012 Millimeter, die eben geborenen Jungen bis 0,013 Millimeter in der Länge. Die ganze Embryonalentwickelung dauert durchschnittlich drei Tage. Die Jungen verlassen sehr bald den Darmkanal, indem sie sich gleich unendlich feinen Nadeln durch die Darmwand bohren. Wenige Tage später findet man sie in alle willkürlichen (d. h. dem Willen des Menschen unterworfenen), aus quergestreiften Fasern bestehenden Muskeln eingewandert, so daß bei sehr großer Menge der Trichinen alles

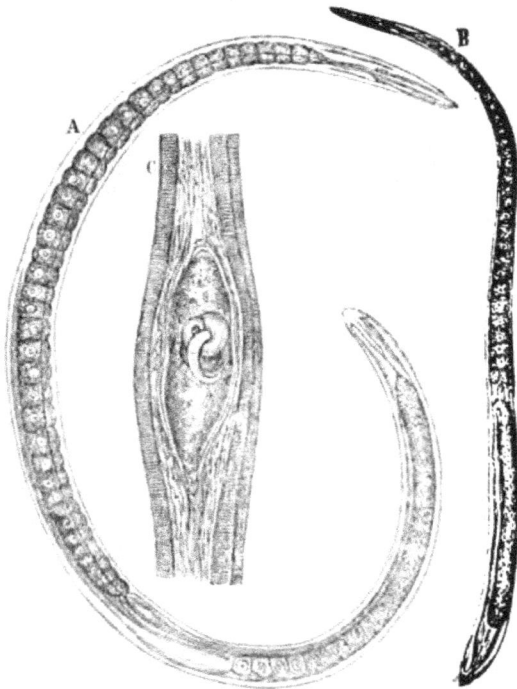

Fig. 229. Trichine (Trichina spiralis). Nach Schmarda.
A Weibliche Darmtrichine. B Männliche Darmtrichine.
C Eingekapselte Muskeltrichine.

Fleisch des Menschen oder Versuchstieres von denselben durchspickt erscheint und selbst ein linsengroßes Stückchen einzelne Trichinen enthält. War dagegen die Zahl der eingewanderten Trichinen mäßig oder gering, so erscheinen dieselben sehr ungleichmäßig verteilt, doch wird man sie auch dann im Zwerchfell, in der Zunge, in den Kau-, Brust-, Hals- und Nackenmuskeln, d. h. in allen denjenigen Muskeln, welche beim Atmen und Essen gebraucht werden, sicher finden, denn in diese Muskeln wandern die jungen Trichinen vorzugsweise und zuerst ein. Dieses vielfach beobachtete konstante Vorkommen macht die Annahme, daß die Trichinen in dem sogenannten Bindegewebe (d. h. dem zwischen den Muskeln und

Muskelbündeln befindlichen Zellgewebe) fortwandern, vielleicht auch durch die Bewegung der Muskeln (deren abwechselndes Zusammengezogen- und Ausgestreckt-werden) mechanisch fortgetrieben werden mögen (gerade wie es bei im Körper herumwandernden Nähnadeln geschieht), nicht unwahrscheinlich, denn die Brust- und andre Muskeln werden beim Atmen fortwährend und gleichmäßig bewegt. Wenigstens ist dies wahrscheinlicher, als daß die jungen Trichinen sich in die Blut- und Lymphgefäße einbohren und vom Blut- und Lymphstrom fortgeführt werden sollen, wie manche behauptet haben, da im Blute höchst selten, im Bindegewebe dagegen immer vereinzelte Trichinen angetroffen worden sind. Die in die Muskeln eingewanderten Trichinen machen sich im Innern einzelner Muskelfasern eine Art Zelle, in welcher sie dann schrauben- oder korkzieherförmig zusammengerollt liegen (häufig sehen sie auch wie Fastenbrezeln aus). Eine solche Zelle hat eine eigne Haut, welche sich mehr und mehr verdickt, wobei in ihr Kalkkörnchen abgelagert werden. Man sagt dann: die Trichinen haben sich eingekapselt, und wenn die Kalkablagerung begonnen hat, welche die anfangs durchsichtige Kapselhaut trübt und schließlich ganz undurchsichtig macht: die Trichinen sind verkalkt. Ein wirkliches Verkalken des Wurmes selbst, welches stets mit dessen Tode verknüpft ist, tritt aber gewiß sehr spät, vielleicht erst nach 15 bis 20 Jahren ein. Die Verkalkung der Kapselhaut beginnt dagegen zeitig, beim Kaninchen schon nach 80, beim Schwein nach etwa 100 Tagen, vom Moment der Einkapselung an gerechnet. Die Länge der Trichinenkapseln beträgt durchschnittlich 0,35, die Breite 0,25 Millimeter, die Länge der darin eingeschlossenen Muskeltrichinen 0,7 bis 1 Millimeter. Es würden daher 10—12000 Stück dazu gehören, um ein Klümpchen von der Größe eines gewöhnlichen Stecknadelkopfes zu bilden, und nicht weniger als ungefähr 6000 Millionen zu einem Klumpen von 1 Pfund Gewicht.

Aus dem Vorstehenden ergibt sich von selbst, daß zur Auffindung der Trichinen im Fleische die mikroskopische Untersuchung notwendig ist. Denn nur in dem, wie es scheint, beim Schweine ziemlich selten vorkommenden Falle, daß die Muskeltrichinen bereits vollkommen verkalkt sind, werden dieselben mit bloßem Auge oder einer Lupe zu erkennen sein, und zwar als weiße Punkte; aber auch dann müßte eine mikroskopische Untersuchung vorgenommen werden, um zu konstatieren, ob die in den verkalkten Kapseln, welche beim Zerschneiden solchen Fleisches mit dem Messer den Eindruck von Sandkörnchen machen, eingeschlossenen Würmer noch leben oder nicht. Auch können die weißen Punkte von andern im Fleisch herrührenden Körnchen, die mit Trichinen gar nichts gemein haben, herrühren (s. unten). Folglich wird unter allen Umständen eine mikroskopische Untersuchung nötig werden, und dazu wollen wir hier eine kurze Anleitung geben. Man schneidet von den etwa nußgroßen Probefleischstückchen mittels einer feinen, spitzen Schere 4 bis 6 Stück ¼ Zoll lange und 1 Linie breite Fleischteile in der Längsrichtung der Muskelbündel heraus und legt diese Stückchen auf die Objektträger. Mittels eines Druckes mit dem Finger wird das Deckgläschen darauf gepreßt und die nun ganz dünn ausgebreitete Fleischmasse bei einer 80- bis höchstens 100fachen Vergrößerung betrachtet. Stärkere Vergrößerungen anzuwenden ist nicht ratsam, da man sonst zu lange Zeit brauchen würde, um die einzelnen Fleischobjekte von dieser Größe in allen Teilen zu untersuchen; ja es wäre dann sogar möglich, daß bei Objekten, die bloß 1—2 Trichinen enthalten, sich diese der Beobachtung völlig entzögen, weil sie eben zufällig den Fokus des Objektives nicht passierten. Ist das Fleisch frisch dem Schweine entnommen, so hat man nicht nötig, den Objekten Flüssigkeiten beizusetzen, da dann die Fleischstücke ausreichend feucht sind, um durchsichtig zu bleiben; haben dagegen die Fleischstücke schon einige Stunden gelegen, so daß sie etwas abgetrocknet sind, und zeigt sich das Objekt rissig und mit Luftblasen erfüllt, so ist, um Irrungen zu vermeiden, durchaus nötig, einen Tropfen Wasser oder ebensoviel verdünntes Glycerin zuzusetzen. Sollte man altes Fleisch, Cervelatwurst, Schinken u. s. w. zu untersuchen haben, so muß man anders verfahren, da man dann mit Wasser oder Glycerin nicht auskommt. Am besten thut man, wenn man mit einem feinen Messer möglichst dünne Scheibchen lostrennt und diese auf dem Objektträger mit Pottaschenlösung oder noch besser mit Ätzkalilauge befeuchtet zur Beobachtung bringt, wodurch das Objekt ausreichend durchsichtig wird. Schinken muß übrigens zuvor in lauem Wasser eine Zeitlang aufgeweicht werden. Findet man bei der Untersuchung alte, verkalkte Trichinen, die sich nur als undurchsichtige Flecken bei durchfallendem Lichte zu erkennen geben, aber im Innern nichts Wurmartiges sehen lassen, so muß man einen Tropfen Essigsäure zusetzen, damit durch diese der Kalk aufgelöst und die Trichinenkapsel durchsichtig gemacht werde. Dann erscheint darin die Trichine als spiralig aufgerollter Wurm. Hat man nun von allen Fleischprobestücken (über deren zweckmäßigste Entnahme weiter unten gesprochen werden soll) eine ausreichende Anzahl von Präparaten untersucht und nichts Verdächtiges vorgefunden, so läßt sich wohl der Schluß ziehen, daß das Schwein oder betreffende Schweinefleisch entweder trichinenfrei sei oder derselben doch nur wenige enthalten und folglich ohne besondere Gefahr genossen werden könne. Noch ist darauf aufmerksam zu machen, daß im Schweinefleisch (auch in anderm) häufig Körper vorkommen, welche, weil sie zum Teil Trichinenkapseln ähnlich sehen, den Unkundigen und namentlich einen Anfänger im Mikroskopieren irreleiten können. Zwischen den Fleischfasern finden sich sehr häufig Reihen und Gruppen von Fettbläschen (Fig. 230 a, a), die auch oft um die Trichinenkapseln herumliegen. Wer sie einmal gesehen hat, wird sie leicht wiedererkennen und sich durch dieselben ebensowenig irreleiten lassen, als durch etwaige Luftblasen, welche als dunkel konturierte Kugeln erscheinen (Fig. 230 b), oder mit Luft ausgefüllte Spalten, welche ebenfalls dunkel umsäumt erscheinen (Fig. 230 c). Anders verhält es sich mit den sogenannten Raineyschen Schläuchen oder Körperchen (Psorospermien), langgestreckten, seltener ovalen, mit einem körnigen Inhalt erfüllten Schläuchen, welche oft die Form verkalkter Trichinenkapseln annehmen, nur zuweilen, aber manchmal in sehr großer Menge auftreten und hinsichtlich ihrer Entstehung und Bedeutung noch unerforscht sind.

Hat man in einem friſch geſchlachteten Schweine Trichinen gefunden, ſo werden ſich dieſelben bei einer Erwärmung der Glasplatte, worauf das Präparat liegt, bis zu 45° C. zu bewegen anfangen. Steigert man die Temperatur, ſo wird bis zu 56° C. und darüber die Bewegung immer lebhafter werden, bei 63° C. dagegen in eine zuckende übergehen. Erhitzt man noch ſtärker, ſo ſtirbt ſchließlich der Wurm, jedoch ſicher erſt bei Siedehitze (100° C.). Siedehitze wird folglich die beſte Vorſichtsmaßregel ſein, um ſich gegen die Anſteckung dieſer mikroſkopiſchen Paraſiten zu ſchützen, aber freilich muß auch die Siedehitze alle Teile, ſelbſt die innerſten, des betreffenden Fleiſchſtückes treffen, ſoll das Kochen oder Braten völlige Sicherheit gewähren. Bei größeren Fleiſchſtücken wird dies erſt nach mehrere Stunden langem Kochen oder Braten eintreten.

Es hat ſich gezeigt, daß 1. die Verbreitung der Muskeltrichinen eine höchſt ungleichmäßige iſt, 2. daß es Muskelpartien gibt, in welche vor allen andern die jungen Trichinen einwandern, 3. daß bei mikroſkopiſcher Unterſuchung eines getöteten oder eines lebenden Schweines (mittels der Harpune) es nicht genügt, einige wenige Präparate aus beliebigen Stellen des Körpers zu entnehmen, ſondern zahlreiche (mindeſtens 5) aus allen denjenigen Fleiſchpartien, welche zuerſt und vorzugsweiſe trichinös werden. Es ſind dies: das Zwerchfell, die Zwiſchenrippenmuskeln, die Backen- oder Kau- und Nackenmuskeln, die Zunge, die Augenmuskeln, in zweiter Linie die Lendenmuskeln, Streckmuskeln, die Waden- und die Beugemuskeln des Hinterſchenkels. Findet man in dieſen Fleiſchpartien nichts, ſo kann man überzeugt ſein, daß das Schwein entweder keine oder nur äußerſt wenige Trichinen enthält. Nur eine ſorgfältige, in der angegebenen Weiſe bei einem ganzen Schwein ausgeführte mikroſkopiſche

Fig. 230. Fleiſch mit Fettzellen, eingekapſelten Trichinen u. a. m.

Unterſuchung vermag genügende Sicherheit zu gewähren.

Wie nun infizieren ſich die Schweine mit Trichinen? Mit Beſtimmtheit läßt ſich dies noch nicht beantworten. Nach manchen zufälligen Beobachtungen und den Auseinanderſetzungen von Leuckart iſt es aber mehr als wahrſcheinlich, daß die Schweine durch zufälliges Freſſen trichinöſer Mäuſe und Ratten ſich anſtecken. Die Schweine verzehren dieſe in Ställen häufig vorkommenden Nagetiere ſehr gern (Kühn hat dies direkt beobachtet), und Mäuſe und Ratten, wie auch Katzen, ſind ſehr häufig trichinös, erſtere wahrſcheinlich infolge zufälligen Genuſſes von trichinöſen Fleiſchabfällen (in Schlachthäuſern u. ſ. w.), letztere durch Verzehrung

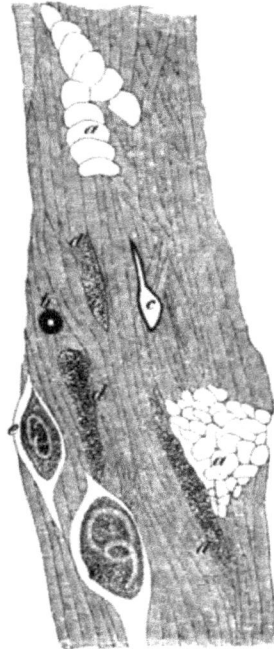

13*

trichinöſer Mäuſe. Daraus ergibt ſich von ſelbſt, was man — wenigſtens
in Stallungen — zu thun hat, um die Schweine vor Trichineninfektion
zu ſchützen. Kann man es aber den Schweinen anſehen, ob ſie Trichinen
haben? — Nein! denn bei nicht ſehr ſtarker Infektion bleiben die Tiere
geſund, bei ſtarker treten Krankheitserſcheinungen ein, welche auch von
andern Urſachen hervorgerufen werden können, und nur ſelten ſtirbt ein
Schwein an Trichinoſe. Dennoch iſt ein Mittel vorhanden, durch welches
man ſich mit Beſtimmtheit davon überzeugen kann, ob ein ſcheinbar ge-
ſundes Schwein trichinös iſt oder nicht, nämlich die Unterſuchung mit der
Harpune, welche aber nicht bloß an einer oder an ein paar Stellen,
ſondern an allen, wo die eben genannten, der Infektion vorzugsweiſe
ausgeſetzten Muskeln erreichbar ſind, geſchehen muß. Kühn, der für die
Schweineunterſuchung eine beſonders praktiſch eingerichtete Harpune erfunden hat, harpuniert jedes Schwein an 14 bis 16 Körperſtellen,
worauf die entnommenen Fleiſchproben mikroſkopiſch unterſucht werden.

Erwähnen will ich hier nur noch die Namen einiger bekannten
Fadenwürmer, welche der Leſer unter Umſtänden zu Geſicht bekommen
dürfte, einige ſchmarotzen nämlich auch an Pflanzen, wie die Weizen-
älchen, und eine nahe verwandte Form lebt frei, das iſt das jeder Hausfrau bekannte Eſſigälchen.

Der Rieſenkratzer (Echinorhynchus gigas) iſt ein ungern geſehener
Gaſt beim Schweine. Die ſchlauchförmigen, mund- und darmloſen
Würmer beſitzen einen vorſtülpbaren Rüſſel, welcher mit Haken bewaffnet
iſt. Mit dieſem ſetzen ſie ſich als Geſchlechtstiere an der Darmwand feſt.
Die ungeſchlechtliche Form kapſelt ſich in kleinen, wirbelloſen Tieren ein,
deren Genuß die Anſteckung bringt. Die größte Art, welche im Schweine
lebt, erreicht die Größe eines Spulwurmes. Unſer Hausſchwein ſteckt
ſich damit bei der Vertilgung der Engerlinge an, welche die Jugendform
(vergl. Fig. 231) in ſich beherbergen.

Doch nehmen wir nun Abſchied von der unappetitlichen Geſellſchaft
der ſchmarotzenden Eingeweidewürmer; erfreulichere Bilder bieten die
freilebenden Formen und die, welche ſich auf dem Meeresgrunde feſtſetzen.
Dahin gehören alle die wunderbaren Geſtalten aus der Klaſſe der Ringelwürmer, die mit ihren farbenprächtigen Gliedern den Blumen gleichen
und die Seewaſſeraquarien unſrer großen Städte verſchönen. Freilich
unſer gewöhnlicher Regenwurm (Lumbricus terrestris) iſt ein unſchein-
bares Glied der großen Abteilung in der allgemeinen Rumpelkammer der
Würmer. Aber wer in einem ſolchen großen Seewaſſeraquarium genauer
hingeſehen hat, der wird das Lob begreifen, das ihnen trotzdem geſungen
wird. Da liegen kreuz und quer durcheinander graue, halb vermodert
erſcheinende Zweige auf dem Meeresboden. Wir wollen das abgebrochene
Ende etwas beobachten. Alles in ſeiner Nähe iſt ruhig, nur Luftblaſen
ſteigen auf, und das friſch zugeführte Waſſer ſteigt in Perlen nach oben.
Da, was iſt das? An dem freien Ende des moderigen Reiſes erſcheint
eine goldgelb gefärbte Spitze, immer weiter ſchiebt ſie ſich heraus, ſie
wird länger als unſer Zeigefinger, und jetzt auf einmal entfaltet ſich der
gelbe Zapfen, eine ſchimmernde Spirale von hunderten von feinen Fäden

öffnet sich und bewegt ihre feinen Fühlfäden langsam ·aus und ein.
Das ist kein modernes Reis, sondern eine lederfeste Röhre, die ein
Ringelwurm ausgeschieden hat zu seinem Schutze.   Drinnen sitzt das
Tier, den Kopf wagt es aber kaum herauszustrecken.   Die feinen Fäden
bemerken jede Bewegung im Wasser und dienen zugleich dazu, der
Mundöffnung Wasser und mit diesem Nahrung zuzustrudeln.   Es ist
ein Röhrenwurm, ein Meerpinsel.   Jetzt naht ein Fischchen und be·
rührt unsanft die feinen Fäden — ein Ruck, und die ganze schöne
Spirale ist in der schmalen Öffnung verschwunden; das moderige Reis
liegt so ruhig wie vorher.   Es ist eine wunderbare Welt in der

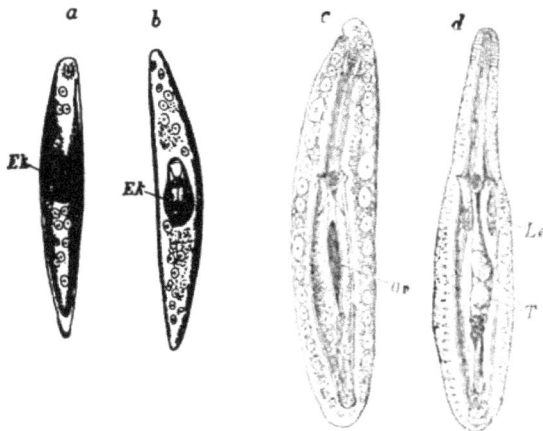

Fig. 231. Larven vom Riesenkratzer (Echinorhynchus gigas) aus kleinen Krebsen.
a freigewordener Embryo. b Ein älteres Stadium. c Ein junger weiblicher Wurm.
d Ein junger männlicher Wurm.

ungeheuren Tiefe von oft mehr als tausend Meter; es würde aber
zu weit führen, hier genauer darauf einzugehen.   Einige interessante
Meeresformen muß ich indessen noch berühren, Entwickelungsstadien
aus dem Leben der Würmer; sie werden uns auch eine Brücke zeigen
zu der eigentümlichen Klasse von Tieren, die ich an die Würmer
anschließen will, zu den Stachelhäutern.   Die Larvenformen der
Ringelwürmer fordern das Interesse des Naturforschers im höchsten
Grade heraus, und darum wohl auch jedes Gebildeten.   Unsre Ab·
bildungen in Fig. 232 zeigen uns solche Larven, aus denen später die
geringelten Würmer hervorgehen.   In a sehen wir im großen ganzen
wieder jenen doppelwandigen Sack, den wir als Gastrula schon bei
niedrigeren Tierformen kennen lernten.   O bezeichnet die Mundöffnung,
welche in den Magendarm führt, dieser ist hinten am After bereits
durchgebrochen.   Sp bedeutet die Scheitelplatte; dieselbe besteht aus Zellen
des äußeren Blattes, und aus ihr geht das Nervenzentrum, das Gehirn
des künftigen Wurmes hervor.   Ein Kranz von Wimpern Prw zieht

über der Mundöffnung um den ganzen Leib und ein gleicher unter dem Munde, beide dienen der Fortbewegung des Tierchens. In b ist uns ein weiter vorgeschrittenes Stadium vorgeführt, bei dem am hinteren Ende die zukünftige Gliederung schon angedeutet ist, die in Fig. c stark zum Ausdruck gelangt. Bei letzterem sind am Scheitelpol schon die Augenflecken Af und die Fühlwerkzeuge F in Entwickelung begriffen.

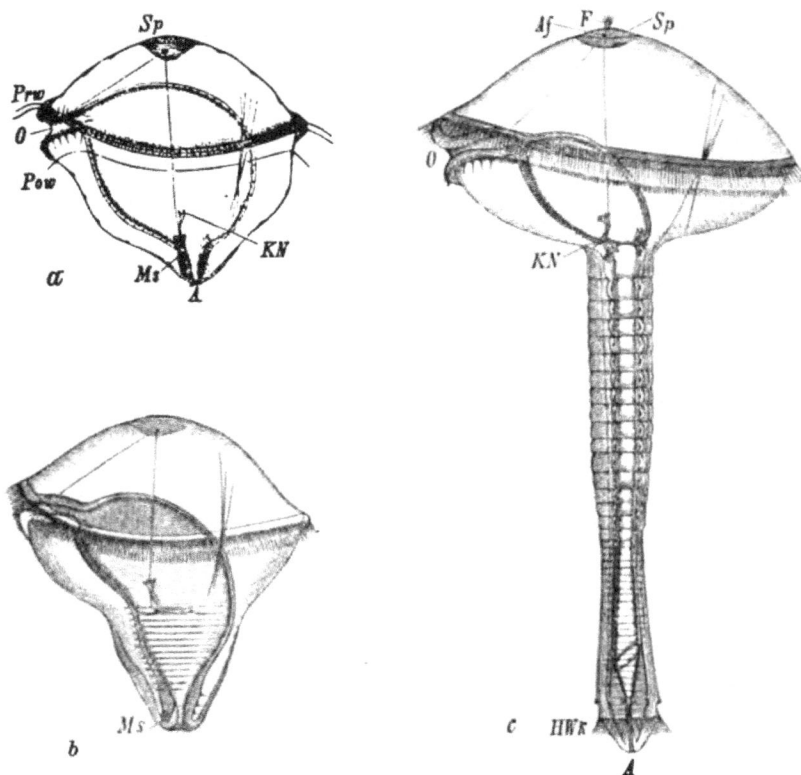

Fig. 232. Larven von Ringelwürmern.

Die Abschnürung neuer Glieder erfolgt knospenähnlich, dieselben bleiben aber im Zusammenhang, obwohl sie bei den meisten Ringelwürmern je einzeln fast alle Organe in sich bergen, die dem Ernährungs- und Fortpflanzungszwecke dienen. Zu beiden Seiten der Glieder entwickeln sich Fußstummel mit zahlreichen Wehrborsten. Wie vielgestaltig diese Schutzorgane sind, davon gibt Fig. 233 a—g eine Vorstellung. So sehen wir in a eine Hakenborste von einer Sabella, in b eine solche von einer verwandten Form, einer Terebella, c zeigt eine fein geriffelte Spiralleiste von Sthenelais, d, e, f lanzenförmige Borsten und g eine gegliederte

Borste von einer Nereis. Tausende von Borsten besitzt ein solcher Wurm; ihre Form ist ganz besonders geeignet, angreifende Feinde zu verwunden oder ihnen doch bei der Verdauung Schwierigkeiten zu bereiten.

An dieser Stelle müßte ich nun dem Leser eigentlich die Rädertiere vorführen, die im Kapitel über die Regentümpel, ihre Flora und Fauna eine Stätte gefunden haben; für denjenigen, welcher die Würmer im Zusammenhang kennenlernen und beurteilen will, sei daher bemerkt, daß dieselben in Wirklichkeit zu den Würmern gehören, und ein Vergleich ihrer Organisation mit den Larvenformen der Ringelwürmer wird jedem Leser eine Menge Ähnlichkeiten und Beziehungen in die Augen springen lassen.

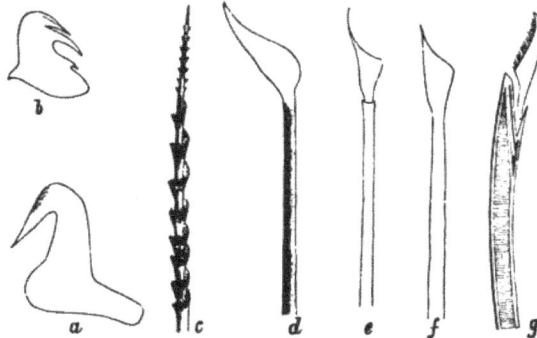

Fig. 233. Borsten verschiedener Ringelwürmer.

Wenn wir die Gruppe der freilebenden Würmer aufsuchen in ihrer Umgebung, da treffen wir auf eigenartige Tiere, welche für den ersten Augenblick nicht die geringste Ähnlichkeit oder Verwandtschaft mit ihnen zu haben scheinen, und doch ist dies wahrscheinlich geworden. Wir kehren mit ihnen — ich meine die Stachelhäuter, Seesterne, Seeigel, Haarsterne und Seewalzen (Echinodermata) zu den strahlig gebauten Tieren zurück; ihre zweiseitig symmetrisch gebauten Larvenformen werden vielfach an die uns bekannten Wurmlarven erinnern, auch gibt es Formen unter ihnen, die selbst im ausgewachsenen Zustande nach der zweiseitigen Gestalt hinstreben, so verschiedene Seeigel und Seewalzen. Der strahlige Bau spricht sich bei den Stachelhäutern nicht bloß in der Anordnung ihrer inneren Organe aus, sondern meist schon in der äußeren Form des Körpers. Am augenfälligsten ist dies bei den Seesternen und Schlangensternen, deren Leib eine fünfseitige Scheibe oder einen Stern mit meist fünf mehr oder weniger schlanken Armen darstellt, die sich bei einigen Formen durch zweiseitige Verästelung wie bei dem Medusenhaupte in eine große Zahl von Zweigen auflösen. Der Körper ist von einem förmlichen Schuppenpanzer umschlossen. Die lederartige Haut sondert nämlich Platten und Schuppen von kohlensaurem Kalke ab, die ganz dicht aneinander liegen, sodaß dem Tiere nur geringe Bewegungsfähigkeit zukäme. Und doch können sie ebenso wie die schlanker

gebauten und viel veräftelten Schlangenfterne auf dem Grunde des
Meeres hin und her kriechen, an Korallenriffen und zwifchen den
Blättern und Stengeln des Seetangs umherklettern. Wie ift das aber
möglich? Da müffen wir fo einen Seeftern oder Seeigel genauer unter-
fuchen. Bei einem Seefterne verläuft nämlich auf der unteren Fläche,
vom Mittelpunkte, dem Munde, aus eine Furche bis ans Ende der
Strahlen. In diefen Furchen liegen hunderte, ja taufende von weichen
cylindrifchen Saugfüßchen, die aus ebenfo vielen Löchern der Haut hinaus-

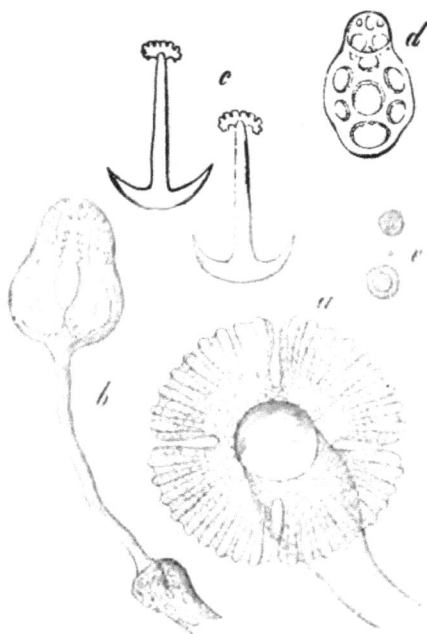

geftreckt werden können und eine
außerordentliche Dehnbarkeit befitzen. Durch abwechfelndes An-
faugen und Loslöfen von der
Unterlage bewegt fich das Tier
nach allen Richtungen fort, und
es ift intereffant zu beobachten,
wie fofort ein andrer Arm die
Führung des Ganzen übernimmt,
wenn der eine auf unangenehme
Hinderniffe für das Fortbewegen
geftoßen ift. Jedes Saugfüßchen
befteht aus einer feinen, an
ihrem Ende knopfförmig ange-
fchwollenen Röhre, welche durch
ein befonderes Waffergefäßfyftem
im Innern des Körpers mit
Flüffigkeit erfüllt und ausgedehnt
werden und durch Zurückftrömen
derfelben wieder zurückgezogen
werden kann. Fig. 234 a ftellt
ein folches Saugfüßchen von
einem Seeigel in etwa 40facher
Vergrößerung dar, denn auch
die Seeigel benutzen diefelben
Fortbewegungsorgane, desgleichen die Seewalzen. Die Fortbewegung der Seeigel wird

Fig. 234.
a Saugfüßchen eines Seeigels, b, c, d, e Hartgebilde
von Seeigeln, Seefternen und Seewalzen.

dabei durch Kalkftacheln unterftützt, welche beweglich auf halbkugeligen
Erhöhungen der Kalkplatten des Panzers eingelenkt find. Die Körperform
der Seeigel ift weniger konftant als bei den Seefternen; im allgemeinen
find fie mehr gewölbt, kugelig oder halbkugelig, manchmal aber auch
abgeflacht, faft fcheibenförmig. Mund und After liegen gewöhnlich in-
mitten der unteren Bauch- und oberen Rückenfläche; es gibt aber auch
ganze Familien von Seeigeln, bei denen durch Gewöhnung in der Kriech-
richtung nach einer Seite fich der Mund nach diefer, nach vorn, der
After nach der andern, nach hinten, verfchoben haben, fo daß fie lebhaft
an die zweifeitig fymmetrifchen Tiere erinnern. Außer dem Mund- und
Afterloch bemerkt man am Gehäufe des Seeigels zahlreiche Löcher, die

in fünfstrahlige Figuren geordnet erscheinen, wenn man von innen durch
eine gereinigte Schale sieht. Die größeren Löcher stehen ganz regelmäßig
in fünf Doppelradien beisammen und bilden im Umkreis des Afters
einen fünfblätterigen Kranz. Durch diese Löcherchen treten die langen
und schmiegsamen Saugfüßchen heraus. Ganz merkwürdige Organe der

Fig. 235.
Pedicellarie einer
Lelocidaris.

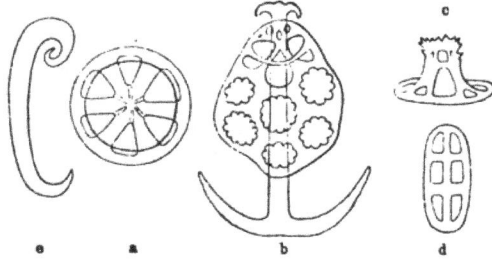

Fig. 236. Kalkkörper aus der Haut von Seewalzen.

a Kalfrädchen aus der Haut von Chirodota. b Anker mit Stütz-
platte von Synapta. c Stäbchen, d Platten von Holothuria
impatiens. e Haken von Chirodota.

Seeigel und Seesterne sind die Pedicellarien. Diese kleinen mikroskopischen Fangwerkzeuge (vergl. Fig. 235) und Greifzangen sind über die
Oberfläche des Seeigelkörpers verstreut, am stärksten um die Mundöffnung
entwickelt; sie fangen Nahrungsstoffe auf, reichen sich dieselben zu und
sorgen also für die Ernährung, die dem Munde zunächststehenden führen
sie in ihn hinein.

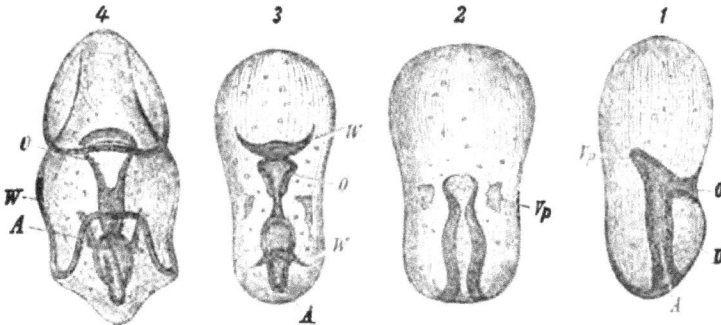

Fig. 237. Larvenentwickelung eines Seesternes.

1 Stadium mit eben zum Durchbruch gelangtem Munde (O) von der Seite gesehen, A Gastrulamund (After),
D Darm. 2 Etwas älteres Stadium von vorn gesehen. 3 Älteres Stadium von der Bauchfläche dargestellt, eine Wimperschnur über, eine unter dem Munde in Entwickelung. 4 Bipinnaria, die Wimperschnüre haben sich ausgebildet und hinten vereinigt.

Die Platten, aus welchen ein Seeigelskelett sich zusammensetzt, sind
ganz regelmäßig gestaltet, nicht minder sind es aber auch die Kalkkörperchen,
welche der lederartigen Haut der Seewalzen (Holothurien) eingelagert
sind; da gibt es Rädchen, Haken, Anker, Gitterstücke u. s. w. Um solche

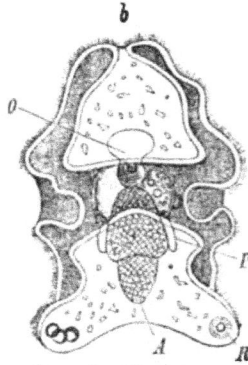

Präparate zu gewinnen, zersetzt man das tierische Gewebe eines Haut-
stückchens derart, daß die Kalkkörper ungestört bleiben, mit Eau de Javelle,
Kalilauge u. s. w.   Die Kalkkörper bleiben als Rest zurück und können auf
dem Objektträger leicht
untersucht werden; sie
geben oft Anhalt zur
Bestimmung der Arten.

Drückt sich die Ähn-
lichkeit von Stachelhäu-
tern mit den Würmern
bei den Seewalzen oder
Seegurken zum Teil schon
in der äußerlichen Ge-
stalt aus, so werden sich
uns nun noch interes-
santere Vergleichungs-
punkte bei Betrachtung
der Larvenformen dar-
bieten.

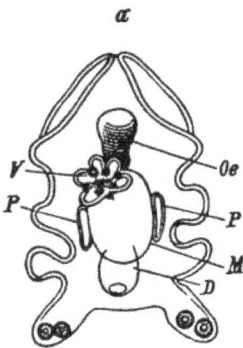

Fig. 238.   Eine Auricularialarve (Larve einer Seewalze).
O Mund, A After.

Die Entwickelung der
Stachelhäuter beruht nämlich in der Regel auf einer Metamorphose,
es treten zweiseitig symmetrische Larven auf.   Betrachten wir die Bilder
von Fig. 237, und vergleichen wir sie mit den entsprechenden Wurmlarven (Fig. 238), so zeigt sich für
die frühen Stadien vollkommene Übereinstimmung.   Wir finden dieselbe
Entwickelung des Darmkanales mit
dem Mund und After, dieselbe Anordnung der beiden Wimperkränze
vor (Vp) und hinter (WW bei Fig.
237, 3) dem Munde, und nur der
eine Unterschied tritt bei ihnen heraus, daß die Wimperschnüre zusammentreten zu wunderlich gewundenen
Guirlanden (W Fig. 237, 4).

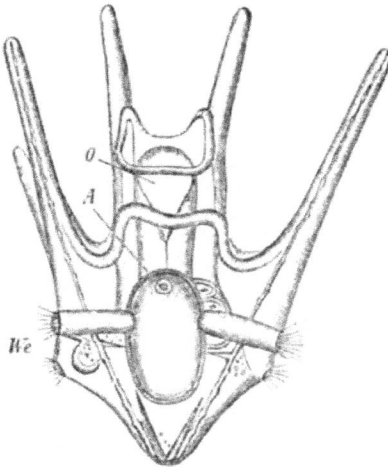

Fig. 239.   Plutenslarve eines Seeigels
(Echinus lividus).

Für die späteren Entwickelungsstadien treten nun besondere Veränderungen auf, die es dem Naturforscher sofort ermöglichen, die Larvenform als zu einer bestimmten Gruppe
der Stachelhäuter, zu den Seesternen,
Seeigeln oder zu den Seewalzen gehörig zu erkennen.   Fig. 239 zeigt
die Larve eines Seeigels, Echinus
lividus, Fig. 240 die weiteren Stadien der Entwickelung einer Bipinnaria zu einem Seesterne, mit dem Auftreten von Kalkkörpern in Form
eines Kranzes, und Fig. 241 die junge Holothurie, Seewalze, die sich

aus einer Auricularialarve (Fig. 238) entwickelt hat. An ihr sind fünf Wimperschnüre zu bemerken, die durch eine besondere Verbindungs- art aus den zwei ursprünglichen der Larve entstanden sind. Große Teile

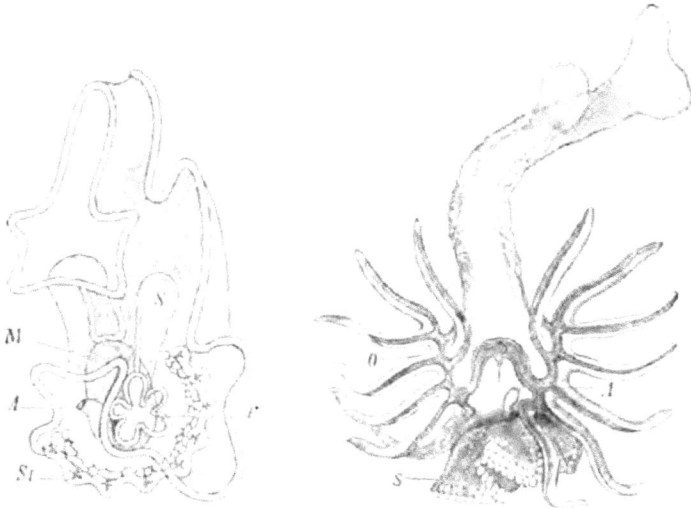

Fig. 240. Stadien von einer Seesternlarve (Bipinnaria).

der Larven werden später abgeworfen, Mund und After der Larve gehen verloren und werden an andrer Stelle neugebildet, während unter der äußeren Haut die spätere Leibeswand mit ihrer charakteristischen strahligen Gestalt und ihren Kalkskelettstücken zur Entwickelung kommt. Auch die Füßchen und das Gefäßsystem ent- stehen erst während der Umbildung, die aber schon zu einer Zeit zum Abschlusse kommt, wo die Stachel- häuter noch außerordentlich klein sind.

Gerade diese Gruppe erregt wegen der Eigenartigkeit ihrer Ent- wickelungsgeschichte das Interesse der

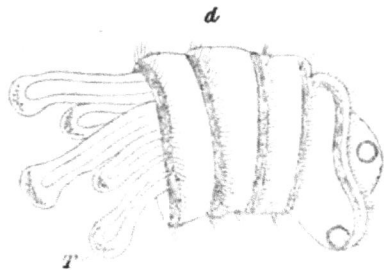

Fig. 241. Junge Seewalze (Holothurie).

Naturforscher, doch würde ein tieferes Eingehen auf die vergleichende Entwickelungsgeschichte seitwärts leiten und der Aufgabe des vorliegenden Buches nicht entsprechen.

Die Gliedertiere (Krebse, Spinnen, Insekten).

Wenn wir von den Würmern aus einen Schritt höher im Tierreich gehen, so treffen wir auf bunte Schmetterlinge, fleißige Ameisen, zu- dringliche Fliegen, die Finsternis suchende Tausendfüßler, Kunstweberei

übende Spinnen, rückwärts krabbelnde Krebse und noch viel andres Getier, das unter dem Namen der Gliedertiere (Arthropoda) vereinigt wird,
denn so vielgestaltig sie sind, so ist ihnen doch das eine gemeinsam, ein
äußeres Skelett und gegliederte Beine. Der Leib besteht aus einer
mehr oder weniger bestimmten Anzahl von Ringen. Allen Lesern sind
die genannten Gestalten ja bekannt, und so viel es möglich ist, soll uns
das Bekannte zum Mikroskope begleiten, besonders solche aus der Gruppe,
die dem Menschen oft arge Pein, schlaflose Nächte bereiten. Gehören
doch auch die Flöhe und Wanzen, Schaben, Mücken, Bremsen, Wespen
und Hummeln hierher.

Alle besitzen einen Kopf, Rumpf und gegliederte Füße. Fast alle
zeigen ein wohlentwickeltes Nervensystem, Augen zum Sehen, oft in großer
Zahl, Einrichtungen zum Tasten, viele haben besondere Organe zum
Hören, Riechen und Schmecken, und eine ganze Schar ist darunter, die
ihrem Liebchen Serenaden bringt auf Viola, Baß und Geigen. Der
Atmungsapparat trennt alle hierhergehörigen Tiere in zwei Abteilungen;
entweder erfolgt die Atmung durch Kiemen, dann haben wir es mit
Krustern zu thun, oder sie geschieht durch Tracheen oder Lungen,
dann liegen uns Tausendfüßler, Spinnen oder Insekten vor. Eine andre
mehr äußerliche Verschiedenheit besteht darin, daß die Kruster immer
mehr als vier Beinpaare, die Spinnen vier, die Insekten drei Paar
Fortbewegungswerkzeuge besitzen (exclus. Tausendfüßer).

Auffällig ist in der ganzen Gruppe der Gliederfüßler, daß aus
dem Ei fast immer ein anders geformtes Junges ausschlüpft, als es
seine Mutter oder sein Vater war, aber dieses Junge erreicht durch all-
mähliche Umbildung seiner äußeren und inneren Organe, oft verbunden
mit der gänzlichen Umänderung der Lebensweise, doch in bestimmter Zeit,
wenn auch erst nach Jahren, manchmal aber auch in Tagen, die Gestalt
seiner Vorfahren; es wandelt sich während seines individuellen Lebens
in einem Geschlecht, einer Generation; und diesen Vorgang bezeichnet
man in der Entwickelungsgeschichte als Verwandlung oder mit einem
fremden Worte als Metamorphose. Jedem ist ja die Verwandlung
unsrer Lieblinge unter den Insekten, unsrer Lieblinge trotz des großen
Schadens, den sie anrichten, bekannt, der leichten lustigen Schmetterlinge,
die durch ihre Farbenpracht jedes Menschenherz erfreuen.

Wir wollen das große ungeheure Reich der Gliederfüßler einmal
schnell durchwandern und die einzelnen Gruppen etwas schärfer ins Auge
fassen; es gibt im Mikroskope gar vieles daran zu sehen, und wir müssen
uns schon begnügen, unsern nächsten Umgang zu beobachten, denn die
Zahl der Arten und Formen ist hier mehr denn Legion.

Von den Krebstieren kennt der Leser gewiß den Flußkrebs, der
auf unsre Tafel kommt, auch wohl den Hummer, aber wie soll man
solche große Tiere unter das Mikroskop bringen? Da findet sich jedoch
bald Rat. Eine ganze Menge von Formen aus der Klasse der Kruster
ist mikroskopisch klein; solche sind sowohl im süßen Wasser, wie zu unzähligen
Mengen im Meere zu finden, und von den größeren hierher gehörigen
Tieren werden uns die Larvenformen doch einiges Interesse abgewinnen.

In unsern Tümpeln und Teichen lebt ein kaum stecknadelkopfgroßes Tierchen, der gemeine Wasserfloh (Daphnia pulex), der unter starker Vergrößerung in Fig. 242 dargestellt ist. Wir sehen eine zwei-klappige Schale, welche den Körper umschließt; fünf Beinpaare und die zu Ruderfüßen umgewandelten Fühler bewirken die hüpfende Bewegung des Tierchens. Mit Br ist der Brutraum bezeichnet, in dem sich die Jungen ent-wickeln; der Wasserfloh ist nämlich lebendig ge-bärend. Häufig tritt er in großen Massen auf und bildet, wie seine nahen Verwandten, das Einauge und der Muschel-krebs, die Hauptnahrung vieler Fische, der Renken, Saiblinge, fo-rellen u. s. w., im Meere sucht sich der Hering an ähnlichen Scharen von Krebschen zu erlaben, ja selbst die ungeheuren Walfische finden einen Leckerbissen daran. Ein solches Ein-auge (Cyclops coronatus) ist nicht größer als ein Flohkrebs, aber noch komplizierter in seinem Bau. Be-sonders die Zusammensetzung seines Fühlers und seine feinen Anhänge (vergl. Fig. 243 u. 244) werden dem Leser auffallen. Nicht minder merk-würdig erscheinen die beiden Eier-säckchen, welche die Weibchen zu beiden Seiten des Schwanzes hinter sich herschleppen. Es macht einen komischen Eindruck, zwischen den hüpfenden Flohkrebsen die Einaugen stoßweise vorwärts schwimmen zu sehen. Äußerst interessant aber ist die Entwickelung dieser kleinen Wesen. Dieselbe beruht auf einer Meta-morphose. Die Larven schlüpfen als Naupliusformen (Fig. 245 a)

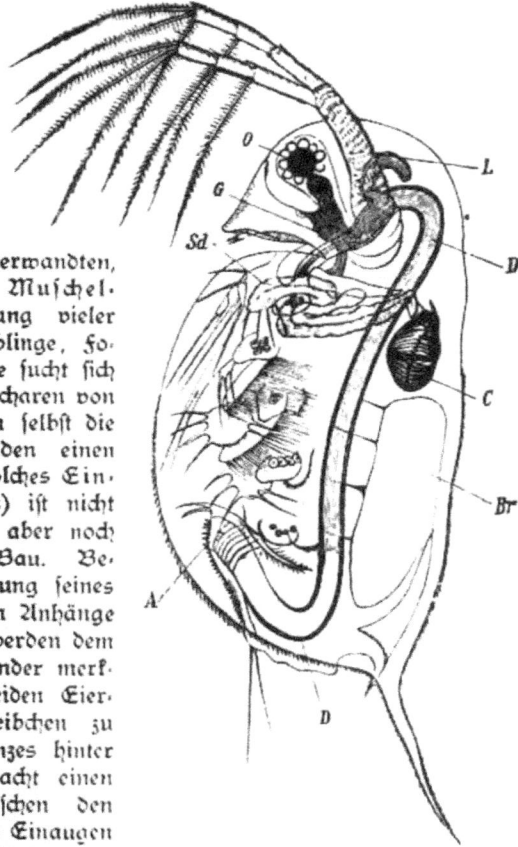

Fig. 242. Der gemeine Wasserfloh (Daphnia pulex), Durchschnitt.

C Herz. D Darm. L Leberhörnchen. A After. O Auge. G Gehirn. Sd Schalendrüse. Br Brut-raum für die Jungen.

mit einfachem Stirnauge und drei Gliedmaßenpaaren aus. Die Veränderungen, welche die jungen Larven mit dem Wachstume erleiden, knüpfen an mehrfache Abstreifungen der Haut und beruhen der Hauptsache nach auf einer Streckung des Leibes und auf dem Hervorsprossen neuer Gliedmaßen. Schon das folgende Larvenstadium (Fig. 245 b) weist ein viertes Gliedmaßenpaar auf, der

Hinterleib streckt sich, und beim jungen Cyklopen sind regelmäßig schon fünf Gliedmaßen (Fig. 245c Md, Mx, Mxf, F', F'') auf jeder Seite entwickelt. Merkwürdig ist nun dabei besonders, daß bei allen Krebsen ein solches einfaches Larvenstadium mit einem Auge und drei Gliedmaßenpaaren auftritt, gleichgültig, ob das entwickelte Tier später mehr Gliedmaßen besitzt, oder, wenn es etwa schmarotzt, alle Gliedmaßen verliert. Bei einigen Formen tritt an Stelle des Nauplius eine ähnliche Larve,

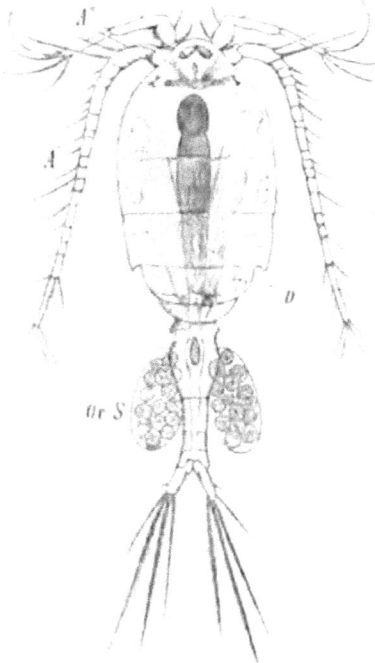

Fig. 245. Das Einauge (Cyclops coronatus), vom Rücken aus gesehen.
A Fühler. D Darm. O v S Eiersäckchen

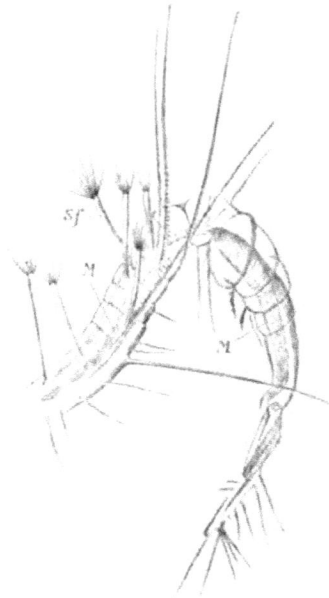

Fig. 244. Ein Fühler von einem Cyclops.
M Muskel. Sf Spürfaden.

die Zoëa, die sich vor ersterer durch einen Stirnstachel und einen nach hinten gerichteten Kopfstachel auszeichnet.

Die Entwickelung der Schmarotzerkrebse und ihre eigentümliche Gestalt ist vielleicht noch merkwürdiger. Sie sind in allem das Gegenteil ihrer niedlichen freischwimmenden Vettern; von abschreckender Häßlichkeit, scheinen sie nur zur Plage andrer Tiere zu existieren. Sie sind aber gerade ein vortreffliches Beispiel für die Lehre von der Anpassung und Rückbildung unnütz gewordener Organe. Unsre Abbildungen werden uns das veranschaulichen. Diese Parasiten verlassen das Ei in derselben Naupliusgestalt wie das Einauge, sie sind mit einem Auge versehen, be-

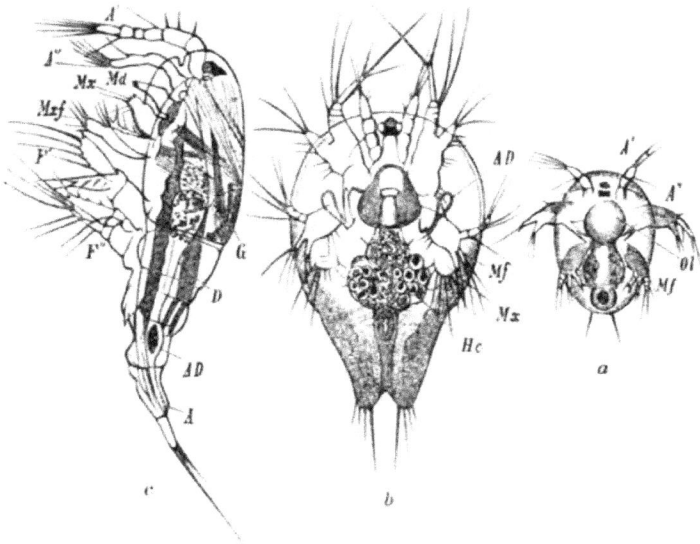

Fig. 245. **Entwickelung des Einauges.**
a Naupliuslarve. b Älteres Stadium. c Jüngstes Cyclopsstadium.

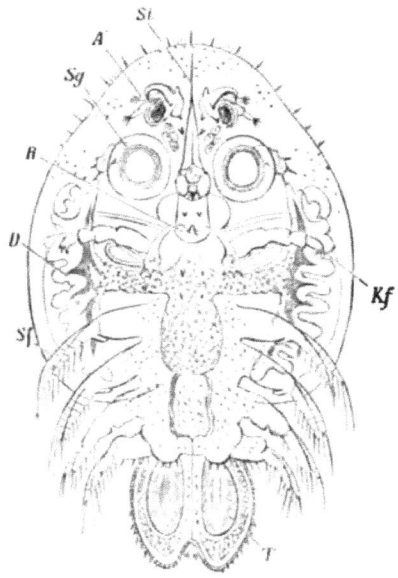

Fig. 246. **Männchen der Karpfenlaus** (Achterus percarum).

fiten drei Paar Gliedmaßen und schwimmen frei herum. Wenn sich aber
die Weibchen (die Männchen unter ihnen schmarotzen nicht, bleiben auch
sehr klein, vergl. Fig. 246 ♂) an Kiemen, wie die Karpfenlaus
(Achterus percarum), in der Rachenhöhle oder in der Oberhaut von
Fischen festgesetzt haben, wachsen sie sehr schnell heran und verlieren alle

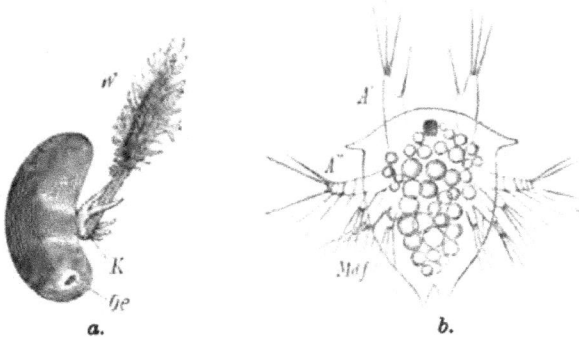

Fig. 247. **Wurzelkrebs** (Sacculina purpurea). Nach Fr. Müller.
a. Weibchen. Oe Öffnung des Mantelsackes, W Wurzelausläufer, K Krone derselben.
b. Naupliuslarve von Sacculina.

Merkmale von Krustentieren. Die Augen, welche bei dem dauernden
Schmarotzerleben unnötig geworden sind, ebenso die Gliedmaßen werden
rückgebildet, der Leib verliert seine Gliederung, wird wulstig und erhält
durch allerlei Auswüchse ein wunderliches Aussehen; man vergleiche nur
den Wurzelkrebs (Sacculina purpurea); — niemand würde hinter dieser
Gestalt (Fig. 247 a) noch ein Krebstier vermuten. Die verunstalteten
Weibchen werden bedeutend größer als die zugehörigen Männchen, welche
ihre Gliederung, ihre Gliedmaßen, ihre Augen behalten und am Körper
des Weibchens haften.

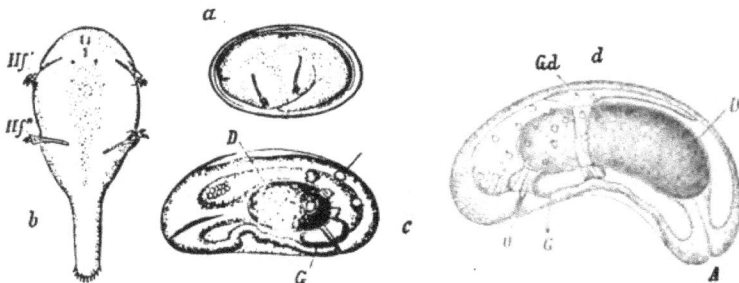

Fig. 248. Pentastomum taenioides. Nach Leuckart.
a Ei mit Embryo. b Embryo mit Hakenfüßen. c Larve aus der Leber des Kaninchens. d Ältere Larve.

Ich führe den Leser nun in das Reich der Spinnen, die mit
ihren feinen Geweben sich an allen dunklen Orten und da, wo sie Beute
erhoffen dürfen, einfinden.

Bei ihnen finden sich gar verschiedene Formen zusammen, an die man wohl zunächst kaum denkt. Da gibt es solche, die durch Lungen atmen, und solche, welche Tracheen besitzen. Es gehören die Lungen·würmer, Milben, Spinnen, Skorpione u. s. w. hierher. Bei den Lungen· würmern verlangt die Entwickelungsgeschichte ein näheres Zusehen. Unsre Abbildungen führen uns verschiedene Zustände vor. Pentastomum taenioïdes (Fig. 248) hält sich in den Nasenhöhlen und in der Stirnhöhle von Hunden und Wölfen auf. Die Embryonen ge-langen in den Eihüllen mit dem Schleime nach außen auf Pflanzen und von da in den Magen der Kaninchen und Hasen, seltener in den des Menschen. Sie durch· setzen dann, von den Hüllen befreit, die Darmwandungen (c) und umgeben sich mit einer Kapsel, in der sie eine Reihe von Veränderungen nach Art der In-sektenlarven (s. u.) durchlaufen und sich mehrmals häuten. Erst nach etwa sechs Monaten haben sie eine ansehnliche Größe erreicht und die vier Mundhaken und zahlreiche feingezähnelte Ringel der Oberfläche erhalten (Pentastomum den-ticulatum). Sie begeben sich nun auf die Wanderung, durchbrechen die Kapseln, durchsetzen die Leber und veranlassen den Tod des Wirtes, wenn sie in größeren Mengen vorhanden sind.

Die Haarbalgmilbe (Fig. 250) hat wohl mancher besessen, aber nie ge· sehen; sie ist langgestreckt und zeigt uns einen wurmartig verlängerten, quer-geringelten Hinterleib, vorn einen Saug-rüssel, stilettförmige Kiefern und vier Paar kurzgliederige Stummelfüße. Die Art, welche unser Bild darstellt, lebt in den Haarbälgen der Menschen, wo sie die Ursache der sogenannten Mitesser werden. Die häßlichste Gestalt bietet die Krätzmilbe. Dieses Tier ist durch seinen ganzen Bau, den schaufelförmigen Kopf, kurze Beine, Stacheln auf dem Rücken, zu seiner Lebensweise besonders befähigt. Es bohrt sich nämlich in die Oberhaut des Menschen ein, gräbt in derselben einen in schiefer Richtung laufen-den Gang und legt an dessen Ende seine Eier (vergl. Fig. 251). Dadurch wird ein starker Reiz in der Haut verursacht, und Entzündungen sind die Folge davon.

Die bekannteste Milbe ist wohl die Käsemilbe. Sie erscheint für das unbewaffnete Auge als lichtes, sehr schwer zu erkennendes Pünktchen, für das bewaffnete als ein langgeborstetes, gestrecktes, im

Fig. 249.
Jugendform von Pentasto-
mum taenioïdes (Pentasto-
mum denticulatum).

O Mundöffnung. Hf Ha-
fenfüße. D Darm. A After.
Der Kopf erinnert in seiner
Form und Bewaffnung an
den der Finnen und des
Bandwurmes (Taenia).

Fig. 250.
Haarbalgmilbe
(Demodex follicu-
lorum), stark ver-
größert.

Kt Kieferntaster.

feiſten und glänzenden Körper zweiteiliges Tierchen, mit ſcherenförmigen
Kieferfühlern und viergliedrigen Beinen, die in einen langgeſtielten Saugnapf auslaufen. Millionenweiſe bewohnt es alten ſteinharten Käſe und
verwandelt denſelben mit der Zeit in Staub, der aus den Auswürfen
und Bälgen der Milben beſteht. Gerade dies wünſchen aber gewiſſe

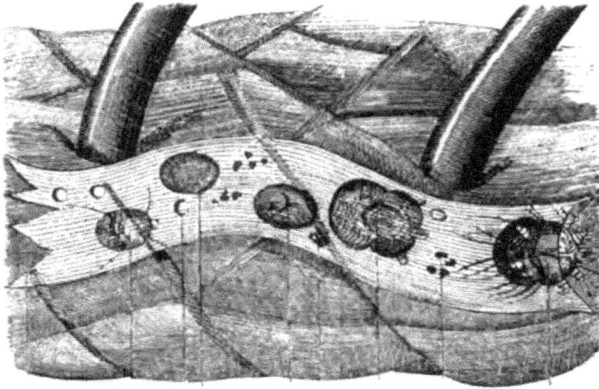

Fig. 251. Krätzmilbengang in einem Stückchen menſchlicher Haut.

Zungen der Käſeliebhaber, und man hegt und pflegt die Milben und iſt
ſtolz auf den von ihnen bewohnten Käſe. Wer ihn genießt, kann ver-
ſichert ſein, daß er mit jedem Biſſen einige Tauſende von Milben ver-
ſchlingt. Andre verwandte Arten leben auf getrocknetem Obſt, Graupen,
Kochenille, ſogar auf Schinken u. ſ. w., zu tauſenden auch in Inſekten-
ſammlungen.

Die eigentlichen Spinnen (Araneida) haben für den Menſchen das
meiſte Intereſſe, denn kein andres Tier verſteht es, ſo zarte, feine und
zierliche Gewebe zu liefern. Wenn man die unnachahmliche Regel-

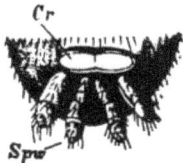

Fig 252 Spinnapparat
von Amaurobius ferox.
Nach O. Hermann.

Spw Spinnwarzen.

mäßigkeit und Schönheit eines Kreuzſpinnennetzes betrachtet, ſo begreift man wirklich nicht, warum die
Spinnen von ſo vielen Menſchen gehaßt und ver-
abſcheut werden. Sie ſind durchaus keine häßlichen
Tiere, im Gegenteil oft durch ſchöne Färbung und
Zeichnung ihres Körpers und durch zierlichen Bau
ihres Körpers ausgezeichnet. Außerdem fügen ſie,
die Tarantel etwa ausgenommen, dem Menſchen
keinen Schaden zu, ſondern bringen ihm vielmehr
Nutzen, denn ſie töten Fliegen, Mücken und andres
Ungeziefer. Dem Mikroſkopiker bieten ſie dazu noch
ein reiches Feld für die Forſchung. Beſonders ſind es die Füße und die
Spinnwerkzeuge, die ſich durch ihren Bau und ihre Formverſchiedenheiten
auszeichnen. Die dem unbewaffneten Auge als kleine Warzen erſcheinenden
Spinnwerkzeuge (fig. 252) liegen immer zu vier oder ſechs nahe bei

einander am Ende des Hinterleibes unter dem After. Jede Spinnwarze
ist gegliedert, ihr Endglied von vielen feinen Löchern siebartig durchbrochen. Durch diese Löcherchen tritt der im Innern des Spinnenleibes
in eigentümlichen Schläuchen bereitete, anfangs klebrige Spinnstoff in der
Form äußerst feiner Fäden hervor, welche die Spinne mit ihren zierlichen
Füßen sogleich zu einem einzigen Faden verwebt, der den feinsten Seiden-
faden an Dünne weit übertrifft. An den Füßen der Spinnen (Fig. 253)
sieht man unter dem Mikroskope mit Erstaunen, daß sie nicht bloß mit
einem einfachen Haftorgane, etwa einer Klaue, endigen, sondern mit
mehreren höchst regelmäßig angeordneten und beweglich eingelenkten
Klauen bewaffnet sind, zwischen denen und neben denen lange Borsten

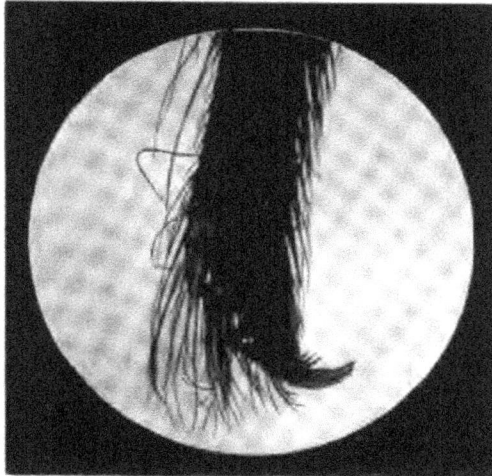

Fig. 253. Spinnenfuß.
Nach einer Mikrophotographie von Dr. Burstert & Fürstenberg.

stehen. Die Klauen der Spinnenfüße sind teils sichelförmig gekrümmt, mit
sehr scharfen Spitzen versehen, teils säge- oder kammförmig gestaltet. Sie
dienen zum Verflechten der feinen Fäden, welche aus den Löchern der
Spinnwarzen heraustreten; jene, die sichelförmigen und scharfen Klauen
sind zum Eingreifen und Festhalten der Beute bestimmt. Besonders be-
merkenswert wird uns aber Fig. 254 erscheinen. Jeder hat es beobachtet,
wie eine Fliege in das ausgespannte Netz der Kreuzspinne gerät, zappelt
und mit den Flügeln schlägt und doch nicht los kann; die feinen Häkchen des
Fliegenleibes haften an den feinen kleberigen Fäden des Netzes. Da stürzt
die Spinne in aller Eile aus einem Winkel herbei auf ihr Opfer, das sich
heftig bewegt. Wir sehen, wie die Spinne ihre Vordertaster, ihre Kiefer
in den Leib ihres Opfers schlägt — und dieses zuckt mit keinem Gliede
mehr — die Spinne kann es in aller Gemütlichkeit aussaugen. Unsre
Abbildung gibt uns die Erklärung dafür. Der Kiefertaster ist nicht solid,

14*

sondern hohl. An seiner Spitze befindet sich eine feine Öffnung, die in
einen Kanal führt, welcher mit einer Giftblase im Innern zusammenhängt. Wird der Kiefer in das Opfer eingeschlagen, so erfährt die
Giftblase einen Druck, und durch die feine Öffnung tritt ein Tröpfchen
jenes Giftes in die Wunde, was den schnellen Tod des Tierchens zur
Folge hat. Ähnliche Einrichtungen finden sich bei der Vogelspinne, der
Tarantel u. s. w., doch sind die Geschichten, welche von letzterer erzählt
werden, wohl übertrieben.

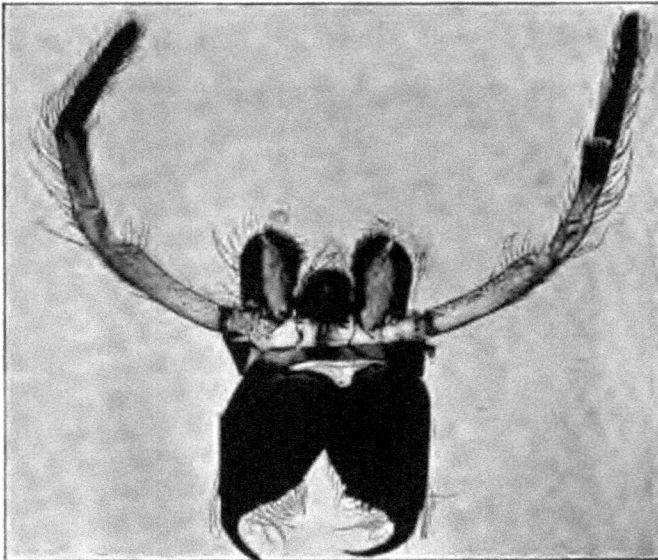

Fig. 254. Mundteile der Spinne.
Nach einer Mikrophotographie von Dr. Burkert & Fürstenberg.

Doch wenden wir uns zu den Insekten. Alle ohne Unterschied
sind an einem Merkmale zu erkennen: Sie tragen sechs gegliederte Beine
und alle atmen durch Tracheen, das sind Atemröhren, welche an der
Oberhaut mittels einer feinen Öffnung, dem Stigma, mit der äußeren
Luft kommunizieren. Viele Insekten leben aber während ihres Larven-
stadiums nicht in derselben Umgebung wie die ausgewachsenen Tiere.
So hält sich die Eintagsfliege in der Luft auf, während ihre Larve sich
im Wasser herumtreibt. Fig. 256 kann uns veranschaulichen, wie sich
die Natur hier geholfen hat, trotz der Verschiedenheit der Atmungs-
vorgänge den Zusammenhang mit der Luft herzustellen. Die hin und
her schlagenden Tracheenkiemen, Blättchen, in denen sich die Tracheen
verzweigen, kommen mittels ihrer Oberflächen mit vielen Wasserteilchen
in Berührung, deren beigemengte Luft der Atmung genügt.

Große Verschiedenheiten zeigen nun die Insektengruppen in ihren Fortbewegungswerkzeugen. Die einen benutzen dazu nur die Beine, andre besitzen daneben Flügel, und zwar entweder ein oder zwei Paar. Die ungeheure Formenmannigfaltigkeit ist eine unerschöpfliche Fundgrube für die mikroskopische Forschung, es würde eine stattliche Reihe von Folianten

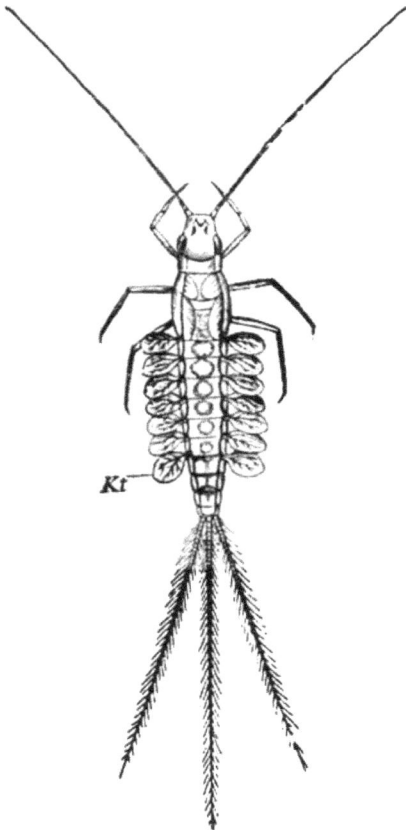

Fig. 255. Tracheenästchen mit feineren Verzweigungen.

Z Zellige Außenwand. Sp Spiralfaden.

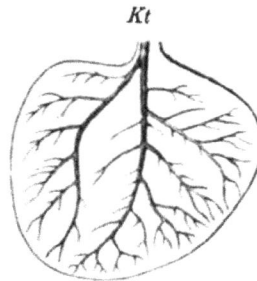

Fig. 256. Larve einer Eintagsfliege mit sieben Paar Tracheenkiemen. Nach L. Dufour.

Kt Tracheenkieme, daneben eine einzelne stärker vergrößert.

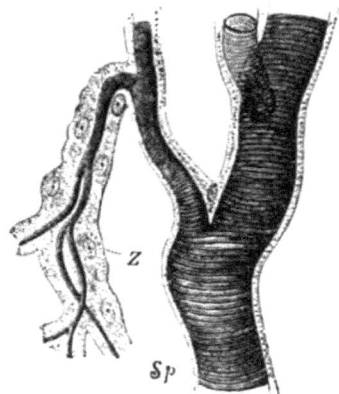

entstehen, wollte man nur die vorhandenen mikroskopischen Bilder aus der Insektenwelt zusammenstellen. Das geht hier nicht an. Glücklicher-weise ist aber der Naturforscher in der Lage, aus allen Gruppen Bei-spiele wählen zu können, die mit dem Wohl und Wehe des Menschen zu thun haben. Kennt doch jeder den Floh, die Fliege, die Mücke, die Schmetterlinge, den Maikäfer, die Biene.

In Vorratsräumen und alten Wohnhäusern verborgen findet sich ein kleines flinkes, oben silberbeschupptes Tierchen, das nicht gern gesehen wird, weil es im Verdachte steht, daß es gleich den Motten Wolle, Leinenzeug, Papier, selbst Leder annagt und durch seine verborgene Thätigkeit schädlich wird; das ist der Zuckergast oder das Silber-fischchen (Lepisma saccharina). Wer es am Morgen unter einem stehengebliebenen feuchten Schuh entdeckt, wird allerdings die feinen langen Fühler nicht bemerkt haben, ebensowenig die drei ziemlich gleich-langen Schwanzborsten, mit denen es sich unglaublich flink vorwärts schnellen kann. Das aus dem Ei geschlüpfte Junge häutet sich einige Male und besitzt dann Form und Größe des ausgewachsenen Fisch-chens. So unangenehm das Vor-handensein dieses Tierchens für eine sorgsame Hausfrau ist, so wird es doch noch bei weitem übertroffen von der widerlichen Sippschaft der Läuse, Flöhe, Wan-zen u. dgl.

Die Läuse sind durch ihren äußeren Bau und namentlich durch die mit Klammerkrallen versehenen Beine mehr zum festhaften und Klettern als zu freier Bewegung geeignet. Den Läusen fehlen die Flügel, an ihrem Körper kann man jedoch ziemlich deutlich einen Kopf, ein Bruststück und einen Hinterleib unterscheiden, obgleich die Gliederung des letzteren wenig scharf ausgedrückt ist. Alle be-sitzen einen röhrenförmigen Saug-rüssel und breite schneidende Stech-borsten. Sie legen Eier, aus

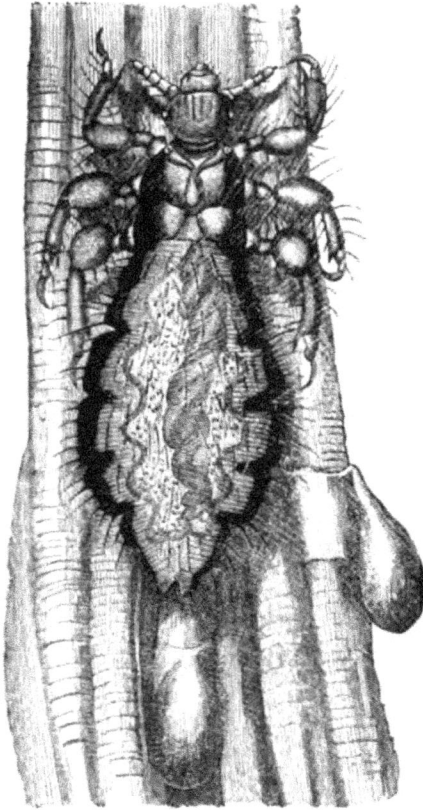

Fig. 257. Eine Kopflaus auf einem Strähnchen Haar (stark vergrößert).

welchen in kurzer Zeit unmittelbar neue vollkommen ausgebildete Tiere hervorgehen. Ihre Vermehrung geschieht außerordentlich rasch, indem die Weibchen eine Unzahl von Eiern hervorbringen, aus welchen die Jungen innerhalb weniger Tage auskriechen. Ein einziges Weibchen der Kopflaus (Pediculus capitis) vermag binnen acht Wochen 5000 Eier zu legen! Dieselben werden mittels eines erhärtenden Klebstoffs an ein-zelne Haare befestigt, wie uns Fig. 257 zeigt, wo an einem Strähnchen Haar neben und hinter der Mutterlaus zwei frisch abgelegte Eier (auch

Nisse genannt) befestigt sind; am Muttertier sieht man den meist mit Blut gefüllten Darmkanal durchschimmern.

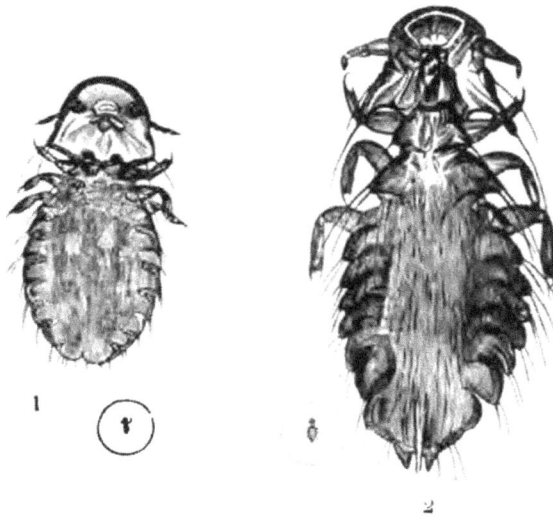

Fig. 258. Unter- und Fasanlaus.

Der Mensch wird von dreierlei Läusen geplagt, von der Kopflaus (Pediculus capitis), der Kleiderlaus (Pediculus vestimenti) und der

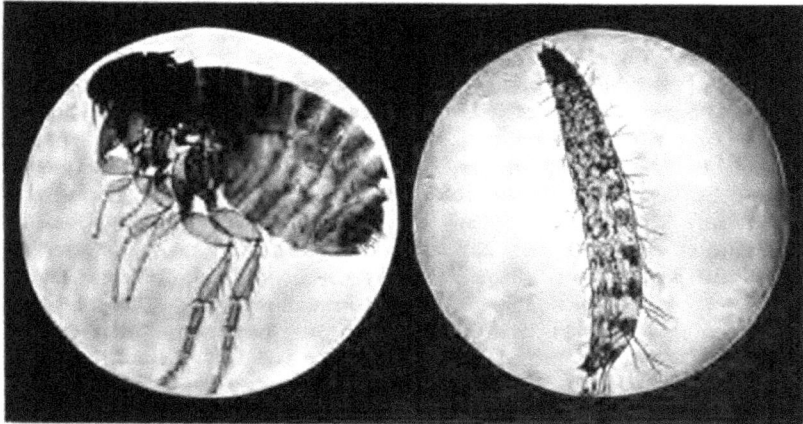

Fig. 259. Katzenfloh (Pulex felis). Fig. 260. Flohmade

Nach Mikrophotographien von Dr. Burstert & Fürstenberg.

Scham- oder Filzlaus (Phthirius pubis); letztere bewohnt die behaarten Teile des menschlichen Körpers mit Ausnahme der Kopfhaare. Auch auf

verschiedenen Tieren leben Läuse und zwar auf jedem Tiere besondere
Arten, die auf andern nicht vorkommen. So lebt zum Beispiel die
Hundslaus (Pediculus s. Haematobius canis) auf dem Hunde. Die
bekannten Läuse der Hühner und Tauben dagegen sind gar keine Läuse,
sondern sind Milben und darum von den Vogelläusen zu scheiden, denn
sie besitzen kräftige Beißwerkzeuge (anstatt des Saugrüssels und der
Stechborsten). Diese Vogelläuse leben auch nicht vom Blute, sondern von
dem weichen Flaume des Vogelgefieders. Fig. 258 zeigt die Laus des
Puters und die Fasanlaus unter starker Vergrößerung. Ähnliche Formen
kommen auch bei Säugetieren vor, zum Teil bei denselben, die auch
echte Läuse füttern müssen.

Höher entwickelt als diese widerlichen Parasiten sind die Flöhe
(Aphaniptera), sie sind auch weniger ekelhaft und haben Goethe zu dem
bekannten Flohliede im „Faust" veranlaßt und Tierbändigern die Aufgabe
gegeben, sie abzurichten. Die Flöhe besitzen nicht bloß einen in Kopf,

Fig. 261. a Trächtiges Weibchen des Sandflohs (Sarcopsylla penetrans). b Fuß einer Feldmaus mit
eingenistetem Sandfloh. Nach H. Karsten.

Bruststück und Hinterleib scharf gegliederten Körper, sondern sie durchlaufen auch, bevor sie die Gestalt der Mutter erreichen, die drei Ver-
wandlungsstufen der höheren Insekten: Larve, Puppe, Insekt. Aus dem
Ei des Flohes entsteht nämlich eine wurmartige, mit Borsten bedeckte
Made (Fig. 260), welche sich später in eine Puppe verwandelt, und erst
aus dieser kommt nach einiger Zeit der Floh in seiner vollkommenen
Gestalt hervor. Die Maden oder Larven der Flöhe leben von allerlei
organischen Abfällen und halten sich gerne in Ritzen von Fußböden, in
schmutzigen Kammern auf. An dem erwachsenen Floh sind die hintersten
Beine als Sprungbeine ausgebildet, dieselben sind kräftiger und länger
als die übrigen, zeigen aber sonst ganz denselben Bau. Daß bloß die
weiblichen Flöhe stechen und Blut saugen, ist eine Sage, dieselbe findet
jedoch einigermaßen darin ihre Erklärung, daß die Weibchen länger
leben und darum auch öfters zwischen die Finger der Gepeinigten geraten
als die Männchen. Dagegen ist es vollkommen richtig, daß der Mensch
auch gelegentlich von den Flöhen andrer Tiere, besonders denen der Hunde,
heimgesucht wird, obwohl der Hundefloh von dem Pulex irritans des
Menschen abweicht. Dem Menschenfloh (Fig. 259 u. 260) fehlen die
starken Borstenkämme, die den Hinterrändern der vorderen Körper-
abschnitte bei den Flöhen behaarter Tiere ansitzen.

Ganz besondere Erwähnung verdient der in den tropischen Gegenden der Alten wie der Neuen Welt verbreitete Sandfloh (Sarcopsylla penetrans), dessen Weibchen sich bei Menschen und Tieren in die Haut der Beine einbohrt und hier sehr bald zu einem blasig ausgedehnten, erbsengroßen Körper wird, der durch seinen Druck zu langwierigen und bösartigen Entzündungen Anlaß gibt. Nur das hintere Leibesende mit der After- und Geschlechtsöffnung sieht aus der Haut nach außen, so daß die massenhaft erzeugten Eier — es ist nämlich vorzugsweise die mächtige Entwickelung des Eierstocks, welcher die Schwellung des Hinterleibes unter der Haut zur Folge hat — ungehindert nach außen treten. Seine übrigen Namen, Cichao, Jijer, Nigua, Bicho, verweisen auf den Süden. Er scheint

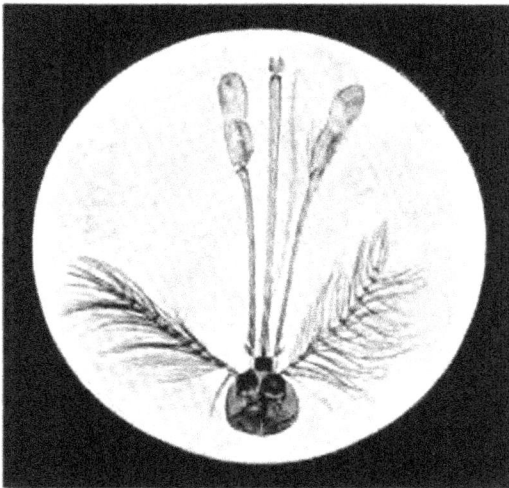

Fig. 262. Kopf der Mücke (Weibchen).
Nach einer Mikrophotographie von Dr. Burstert & Fürstenberg.

auch nur vom 29. südlichen Breitengrade bis zum 30. nördlichen in Amerika einheimisch zu sein, von dort aus ist er aber mit Sandsäcken zu Schiff nach Afrika verschleppt worden. Man kann sich denken, daß der Sandfloh eine unangenehme Acquisition für den dunklen Erdteil ist, denn durch Reiben und Kratzen der juckenden Stelle steigert sich die Entzündung, und es gehört immer schon einige Willensstärke dazu, da nicht zu kratzen, wo es juckt.

Suchen wir nun unsre guten Bekannten, Fliegen und Mücken, auf. Zwei Flügel bilden das charakteristische Merkmal dieser Sippschaft und zwar sind es zwei Vorderflügel. An Stelle der bei den vollkommeneren Insekten vorhandenen Hinterflügel finden sich als Reste davon nur zwei kleine Kölbchen, die Schwingkölbchen. Am beachtenswertesten ist an diesen Tierchen der Kopf, und besonders seine Mundteile, mit dem Saugrüssel. Dieser ist bald fleischig, bald hornig und besteht aus einer Rinne, welche von der sogenannten Unterlippe gebildet wird, in der zwei oder vier Kiefern von borsten- oder messerförmiger Gestalt liegen. Die Abbildung, Fig. 262, zeigt die Unterlippe und seitwärts davon die daraus vorragenden Stechborsten einer Mücke. Die nach oben zusammengekrümmten Ränder der Rinne werden oft noch durch eine einfache hornige Platte, die so- genannte Oberlippe, ge- schlossen. An den Seiten ist der bei der gewöhn- lichen Fliege knieförmig gebogene Rüssel mit einem ein- bis fünfgliederigen Taster versehen; oft ist auch die Spitze des Rüssels durch eine Rinne geteilt und lappig entwickelt, wie es Fig. 263 darstellt. Die Augen sind ge- wöhnlich sehr groß, ja bei den Männchen neh- men sie bisweilen den ganzen Kopf ein. Sie erscheinen als fein facet- tierte Kugelabschnitte, wie sie Fig. 264 im Durch- schnitt veranschaulicht; man sieht hier auch, bis zu welcher Feinheit der Bau der Natur geht, denn jede Facette wird noch von einer Nerven- faser versorgt, und diese selbst ist noch zusammen- gesetzt. Zwischen den Augen sind auf der Stirn die Fühler einge- lenkt, die bei den Mücken lang und vielgliederig sind, bei den Fliegen vorn drei Glieder auf-

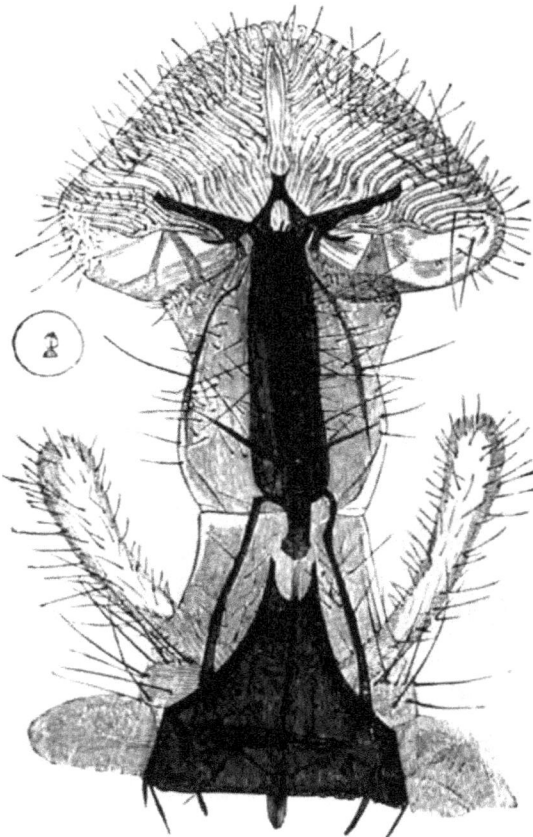

Fig. 263. Rüssel der Stubenfliege.

weisen, von denen das letzte durch Lappenform und den Besitz einer einfachen oder gefiederten Borste sich auszeichnet. Der Kopf ist durch einen tiefen Einschnitt vom Brustkasten, dieser durch einen zweiten von dem geringelten Hinterleibe getrennt; an dem Körper der Zweiflügler erscheint der Charakter der Insektengestalt scharf ausgeprägt. Die Füße besitzen als Endglieder zwei einfache, manchmal auch gespaltene Klauen, zwischen diesen befinden sich meist zwei Fußballen. (Afterklauen Fig. 265.)

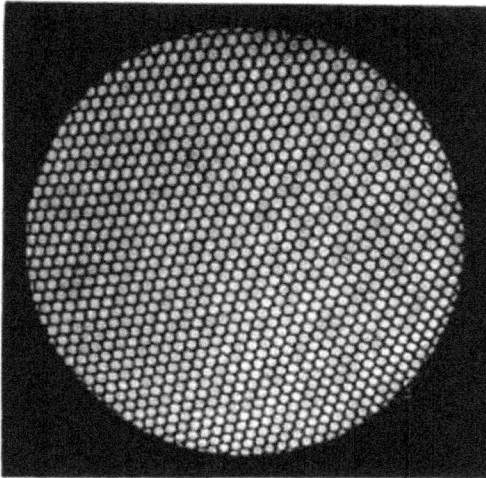

Fig. 264. Augenhornhaut der Bremſe.
Nach einer Mifrophotographie von Dr Burftert & Fürftenberg.

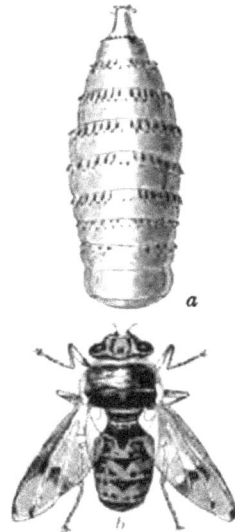

Fig. 266. Pferdebremſe
(Gastrophilus equi).
Nach F. Brauer.
a Larve. b Männchen.

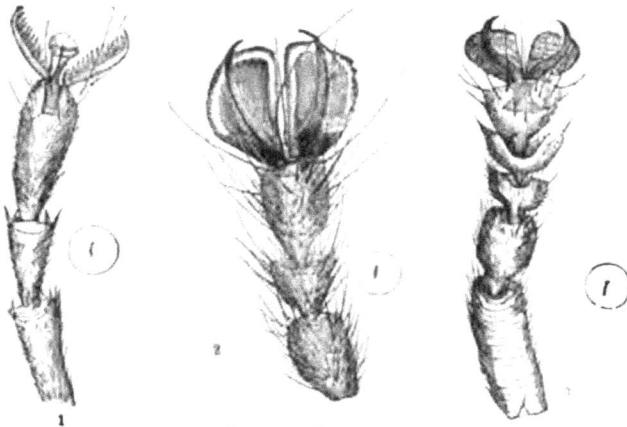

Fig. 265. Fliegenfüße.
1 von einer Lausfliege, 2 u. 3 von Musciden.

Aus den Eiern der Fliege entſtehen Larven, meiſt fußloſe Maden,
wie ſie Fig. 266a von einer Pferdebremſe unter ſtarker Vergrößerung
darſtellt. Die Maden verwandeln ſich gewöhnlich in ihrer eignen Haut
zu ruhenden Puppen, aus welchen nach einiger Zeit das vollkommene
Inſekt ausſchlüpft. Als Beiſpiel mag uns dafür das Bild dienen, wie

es uns Fig. 267 c von Cecidomyia tritici vorgeführt wird, c zeigt uns
eine Puppe. Es gibt nämlich eine Gruppe von parasitischen Fliegen,
die sogenannten Laus- oder Spinnenfliegen, deren Junge nicht bloß im
Mutterleibe ausschlüpfen, sondern dort auch bis zur Verpuppungszeit
verweilen, so daß man früher zu der Ansicht neigte, die Tiere erzeugten
statt der Eier gleich von vornherein Puppen.

Nehmen wir nun einmal eine Mücke (Culex pipiens) unter das
Mikroskop. Mit etwas Geschicklichkeit bringen wir das Tierchen auf den
Objektträger und können auch die einzelnen Teile gesondert erhalten,
wenn wir das Objekt unter einer Lupe zerzupfen. Der Kopf ist kugel-
förmig, und den größten Teil dieser Kugel nehmen die Augen ein.

Zwischen ihnen befinden sich
an der Stirn die beiden aus
14 Gliedern zusammengesetzten
Fühler, zwischen diesen die
beiden fünfgliederigen Taster,
die langen Kieferborsten und
der lange, cylindrische Saugrüssel, der gewöhnlich die Kiefern in sich schließt. Beim
Stechen werden zuerst die Borsten in die Haut eingestoßen,
dann saugt das Tier durch die
Rüsselhülse wie mit einem Heber das Blut in seinen Darmkanal hinein. Daß bloß die
Weibchen stechen sollen, ist für
die Mücken ebenso irrtümlich
wie für die Flöhe. Der hier
abgebildete Mückenkopf (Fig.
262 u. 268a) gehört einem
Weibchen an. Woran ist das
zu erkennen? An den quirl-

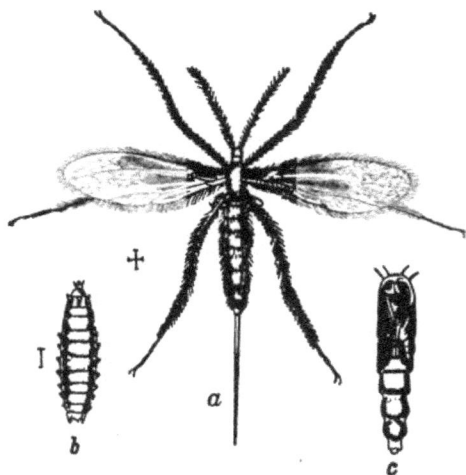

Fig. 267. Weizenmücke (Cecidomyia tritici).
Nach Wagner.
a Weibchen mit ausgestreckter Legeröhre.   b Larve.
c Puppe.

förmig gestellten Borsten, die am Grunde jedes Fühlergliedes stehen. Bei
den Männchen (Fig. 268 b) sind nämlich die Fühler federbuschartig behaart.
Sehr zierlich sind auch die Flügel der Mücken gestaltet. Ihre feingestreifte
Haut ist über mehrere sich gabelförmig verzweigende Rippen gespannt
und zeigt sich unter dem Mikroskope mit zahllosen feinen, zarten Härchen
bedeckt, die sich größtenteils in breite und fächerförmig gerippte Schüppchen
vereinigt haben. Das Merkwürdigste an dem kleinen Tiere sind aber
die Muskeln, welche die Flügel zu bewegen haben (vergl. Muskelzellen,
Kapitel IV), weil dieselben sich unglaublich schnell zusammenziehen und
ausdehnen müssen, um das bekannte Schwirren der Mückenflügel, welches
das eigenartige Singen der Mücken hervorbringt, zu veranlassen.

In Fig. 268 ist die Entwickelungsgeschichte der Mücke dargestellt.
Die Weibchen legen 2—300 oben zugespitzte Eier aufs Wasser (Fig. 268 c
und 269), wo sich aus denselben die Larven entwickeln (Fig. 268 e), welche

mit der Atemröhre an der Wasseroberfläche hängen. Die leiseste Erschütterung veranlaßt ihr Verschwinden; indem sie ihren Körper schlangenartig hin und her winden, gehen sie auf den Grund, kehren jedoch bald zurück.

Nach dreimaliger Häutung verpuppen sich die Larven und besitzen dann zwei Atemröhren; nach acht Tagen schlüpft dann das ausgebildete Insekt aus der Hülle (f). Die ganze Entwickelung dauert vier bis fünf Wochen, und man kann danach ermessen, daß ihre Vermehrung eine sehr große sein muß, wovon jeder überzeugt sein wird, der einmal in einen Schwarm geraten ist.

Gleich große Wunder zeigt uns die Stubenfliege (Musca domestica) unter dem Mikroskope. Am Kopfe fallen zuerst die beiden großen halbkugeligen, facettierten Augen (vergl. Fig. 264) auf. Schneiden wir von einem solchen Auge ein Stückchen ab und betrachten es unter stärkerer Vergrößerung, so bemerken wir, daß die Oberfläche des Auges aus lauter regelmäßig sechseckigen, gleich großen, in der Mitte

Fig. 268. Die gemeine Stechmücke (Culex pipiens) und ihre Entwickelung.

a Weibchen. b Männchen. c Eierlegendes Weibchen. d Ausgewachsene Larve mit nach unten gesenktem Kopfe und einer an der Oberfläche des Wassers mündenden Atemröhre. e Ausgewachsene Puppe oder Nymphe mit zwei Atemröhren. Zwischen d und e eine junge Larve und Puppe. f Ausschlüpfende Mücke auf dem Wasserspiegel.

erhabenen und dicht aneinander gefügten Facetten zusammengesetzt ist. Hinter einer jeden Facette liegt nun ein kegelförmiger, sogenannter Kristallkörper, der sich nach hinten in einen Nervenstab fortsetzt. Beide,

Kristallkörper und Nervenstab, konvergieren stets nach dem Mittelpunkt des Auges, wo sich die Nervenfäden vereinigen zu dem Augennerven-strang. Jede Facette ist durch Pigmentscheiden von der andern isoliert, und so kann man das Fliegenauge als ein aus vielen einzelnen licht-empfindlichen Organen, d. h. also Augen, zusammengesetztes Sehorgan ansehen. Darum spricht man von zusammengesetzten Augen, die im großen ganzen die Insektenwelt charakterisieren und bei den Schmetterlingen wohl die höchste Zahl von Einzelorganen aufweisen. Höchst eigentümlich ist der Saugrüssel der Stubenfliege gebaut (Fig. 263). Das Rüsselende ist von der Lippenseite mit flächenartig ausgebreiteten Lippen dargestellt. Man sieht auf dieser Fläche ein unregelmäßiges System von quergestreiften Strängen, die durch die Schärfe und Zierlichkeit ihrer Zeichnung an die Atemröhren, an die Tracheen erinnern, in Wirklichkeit aber bloße Rinnen darstellen, welche von bogenförmigen Hornleisten durchzogen sind und dadurch offengehalten werden, so daß die Flüssigkeit beim Aufsaugen ungehindert passiert, bis sie in den Innenraum des Rüssels eintritt. Dabei wird die Lippe von zahlreichen Muskelfasern durchzogen, die zum Zusammenlegen wie zum Entfalten dienen. Eine ganz ähnliche Einrichtung besitzt auch der Rüssel der Bremse (Fig. 270 a, f) und vieler andrer Zweiflügler. Am Grunde des Fliegenrüssels stehen die beiden keulenförmigen Taster. Interessant sind auch die Beine der Fliegen (Fig. 265) gebildet, welche nicht bloß Krallen tragen, sondern daneben noch mit paarigen oder einfachen Haft-lappen ausgestattet sind, die es ihnen möglich machen, an ganz glatten Flächen, wie Glasscheiben, sicher auf und ab zu kriechen.

Fig. 269. Eierscheibe der Stechmücke (vergrößert).

Fabelhaft ist die Vermehrung der Hausfliegen und der Fliegen über-haupt. Eine einzige Schmeißfliege legt z. B. nicht weniger als 2000 Eier und erzeugt folglich ebensoviele Maden, welche bereits am fünften Tage sich verpuppen und wenige Tage darauf in Fliegen umgewandelt erscheinen. Da die Maden dieser Fliegen, welche bekanntlich vom Fleische leben, so außerordentlich gefräßig sind, daß eine jede schon 24 Stunden nach ihrer Entstehung infolge der aufgenommenen Nahrung das zweihundertfache ihres ursprünglichen Gewichtes wiegt, so durfte Linné wohl behaupten, daß die Nachkommenschaft von drei Schmeißfliegen im stande wäre, ein totes Pferd in derselben Zeit zu verzehren, die ein Löwe dazu braucht. Eben wegen dieser Gefräßigkeit ihrer Maden spielen die Schmeißfliegen und verwandten Fliegenarten eine sehr wichtige Rolle im Haushalte der Natur, indem sie die Tierleichen zerstören und dadurch wesentlich zur Reinigung der Luft von bösartigen Dünsten beitragen.

Von der Bremse (Tabanus) ist der Saugrüssel mit der zierlichen Lippenbildung (Fig. 270) dargestellt. Der Stechapparat besitzt einen ganz eigentümlichen Bau. Er besteht aus zwei harten, haarscharfen und fein-spitzigen, sichelförmigen Schneidewerkzeugen (c), welche durch Muskeln, die an ihrem Grunde angeheftet sind, rasch und mit großer Kraft zurück-gezogen werden können, so daß sie einen tiefen Einschnitt in der Haut der Tiere, deren Blut die Bremse saugt, zurücklassen. Ein beweglicher Stachel (d) scheint dazu bestimmt, die Wunde zu erweitern und zu vertiefen, damit die breite, an der Spitze offene und dreizackige Röhre (e) hineingesenkt werden kann. Diese Röhre paßt samt dem Stachel in die

an der unteren Rüssel-
fläche befindliche Rinne (f)
und wird durch die Saug-
bewegungen des Tieres
mit Blut gefüllt, welches
von da in den Darmkanal
gelangt. Die Taster (b)
sind zweigliederig und am
Ende mit Haaren besetzt.

Sehr häufig wird
die deutsche Bezeichnung
Bremse auch auf die so-
genannte Dasselfliege
(Oestrus) angewendet, auf
Fliegen, die im Gegensatz
zu den Bremsen außer
stande sind zu stechen, da
sie im ausgebildeten Zu-
stande nur verkümmerte
Mundwerkzeuge besitzen,
die eine Nahrungsauf-
nahme unmöglich machen.
Dafür leben diese Tiere
in der Jugend als förm-
liche Parasiten, bald unter
der Haut in den soge-
nannten Dasselbeulen (z.B.
der Rehe), bald in den
Stirnhöhlen (z. B. der
Schafe), bald auch im
Magen.

Zu dieser Gesell-
schaft gehören die Gall-
mücken. Ich will nur
eine davon herausheben,
die mit Recht berüchtigt
ist, den Getreidever-
wüster (Cecidomyia de-

Fig. 270. Rüssel nad Stachelapparat der Viehbremse.

structor), auch Hessenfliege (Fig. 267) genannt. Diesen Namen legte man ihr in Nordamerika bei, weil man der (irrigen) Ansicht war, dieses lästige Insekt sei im Jahre 1776 oder 1777 mit dem Gepäck der hessischen Truppen dort eingeschleppt worden. So klein das Tierchen ist, so vielen Schaden vermag es in großen Mengen anzurichten, und Deutschland

kann etwas davon erzählen. Mitte April bemerkt man die Mückchen, die
ihre Eier mittels der langen Legeröhre an die Halme von Roggen und
Weizen legen. Schon nach kurzer Zeit schlüpfen die Larven (Fig. 267 b)
aus, setzen sich an die Blattscheide und verlassen diesen Platz nicht mehr,
sondern verpuppen (Fig. 267 c) sich darin und schlüpfen im August aus.
Die Halme werden dadurch beschädigt, so daß sie die Ähre nicht mehr
tragen können und abbrechen.   Die Wintergeneration lebt besonders in
den Stoppelfeldern in den zerstreut erscheinenden ausgefallenen Halmen,
überwintert in denselben, wird zur Scheinpuppe, welche sich im Frühjahr zur Puppe und bald darauf zum fertigen Insekt verwandelt.

Treten wir nun einer andern Gruppe näher, die auch nicht gerade
gern gesehen wird, weder vom Gärtner noch sonst von Menschen, die
Blumen pflegen.   Das sind die Halbflügler oder Schnabelkerfe

Fig. 271.   Stück eines Pferdemagens mit Larven der Dasselfliege.

(Hemiptera, Rhynchota); zu ihnen gehören die Blatt- und Schildläuse
und die Cikaden nebst den Wanzen.   Die Weibchen der Schildläuse
haben die Form eines rundlichen Schildes und bleiben ihr Leben lang fast
unbeweglich an der Stelle, wo sie entstanden sind, sitzen, nachdem sie ihren
Saugrüssel in das Gewebe der Pflanze eingebohrt haben, um deren Saft
heraussaugen zu können.   Die Tierchen sind unscheinbar und durchaus
nicht schön zu nennen, und doch gibt es Arten unter ihnen, welche hohe
Wichtigkeit erlangt haben. Sehen wir uns einmal die Kochenilleschildlaus
(Coccus cacti) an, wie sie uns Fig. 272 bei Abbildung I das geflügelte
Männchen, bei II das Weibchen vorführt.   Nur die Männchen besitzen zwei
Flügel, dem Weibchen fehlen sie ganz.   Der Körper ist bloß beim Männchen
in Kopf, Brust und Hinterleib geschieden, beim Weibchen dagegen eine schild-
förmige oder kugelige, ungegliederte Masse, welche an der unteren Fläche
sechs kurze Klauenbeine, einen kegelförmigen, mit langen Borsten besetzten
Saugrüssel, zwei sehr kleine Augen und an der Stirn zwei kurze Fühler

trägt. Die weiblichen Schildläuse machen keine wirkliche Verwandlung durch, sie bilden sich ganz unmerklich aus den ihnen ganz ähnlichen kleinen Larven heraus; die männlichen Schildläuse erhalten dagegen ihre vollkommene Gestalt erst, nachdem sie sich verpuppt haben. Die Puppe ist von einem flockigen Gewebe, welches wie ein kleiner Kokon der Seiden-raupenpuppe aussieht, umgeben. Sobald die Männchen sich mit den fest-sitzenden Weibchen begattet haben, sterben sie, da das Fehlen von Mundorganen ihnen eine Nahrungsaufnahme unmöglich macht. Die Weibchen legen hierauf Eier und bilden mit ihrem Leibe ein schildförmiges oder blasiges Dach über der jungen Brut. In unsern Gewächshäusern sind oft die Blätter mancher Pflanzen (z. B. des Oleanders) über und über mit derartigen Schildern bedeckt.

Die Kochenilleschildlaus lebt auf einer der Indianischen Feige ähn-lichen Kaktusart (Opuntia coccinellifera), welche, wie diese Schildlaus selbst,

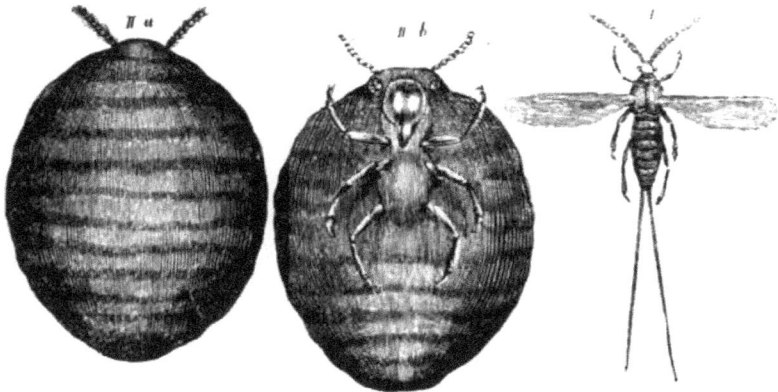

fig. 272. Kochenille (Coccus cacti).
I Männchen. IIa Weibchen von der Rückseite, IIb von der Bauchseite gesehen.

in Mexiko einheimisch ist. Das Männchen hat einen dunkelroten, das Weibchen einen ähnlich gefärbten, aber mit einem zarten weißen Flaum bedeckten Körper. Beide enthalten einen prächtigen scharlachroten Farb-stoff, das teure Kochenillerot. Wegen dieser schönen Farbe wird die Kochenillelaus in Mexiko förmlich gezüchtet, indem man Pflanzungen von jener Kaktusart anlegt und die Sträucher mit Schildläusen besetzt.

Den Schildläusen stehen die Blattläuse sehr nahe. Auf allen den Blumenstöckchen, die wir im Zimmer hegen und pflegen, suchen sie ihre Stätte, die Rosenstöcke im Garten wimmeln von ihnen. Von einer ganzen Anzahl Blattläuse findet man merkwürdigerweise nur Weibchen. Die Eier derselben bleiben also unbefruchtet, entwickeln sich aber nichtsdesto-weniger zu neuen Tieren. Man hat eine solche Entwickelung der Eier ohne Befruchtung — Parthenogenesis — lange Zeit für unmöglich, für ein Märchen gehalten, bis man sich in der neuesten Zeit doch davon überzeugt hat, daß sie in Wirklichkeit existiert, und besonders die Blattläufe und ihr Studium haben dazu beigetragen, diese Thatsache festzustellen (vergl. auch Bienen).

Es zeigt sich, daß die Fortpflanzungsart der Parthenogenesis dem Generationswechsel ähnlich ist. Wie bei den Tieren mit Generations= wechsel (vergl. Polypen und Quallen), hat man bei Blattläusen zweierlei verschiedene Formen zu unterscheiden: Geschlechtstiere, welche nach Art der übrigen Insekten sich begatten und Eier legen, und solche, welche ohne vorausgegangene Begattung lebendige Junge gebären. Bei der Mehrzahl der Blattläuse treten die Geschlechtstiere nur im Herbste auf. Es sind Männchen und Weibchen, die Männchen meist kleiner und ge= flügelt, die Weibchen größer und gewöhnlich ungeflügelt.

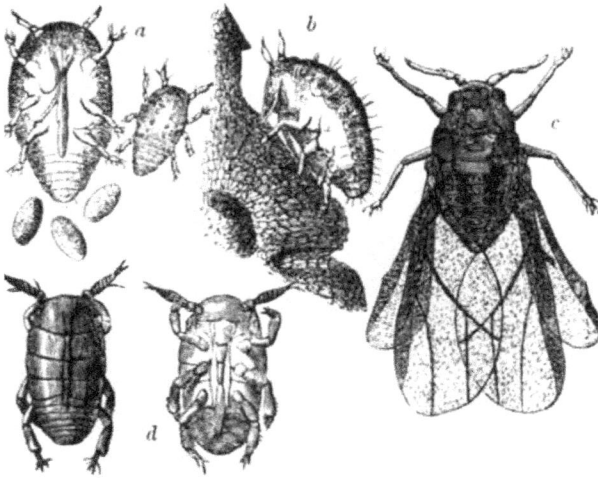

Fig. 273. Reblaus (Phylloxera vastatrix).
a Ausgewachsenes Weibchen (eierlegend und mit Jungen). b Ebenso (saugend).
c Geflügelte Form. d Wintergeneration (jung).

Eine eigenartige Thatsache hat sich nun herausgestellt. Man weiß, daß die Blattläuse in zwei Röhren ihres Hin= terleibes Honig ab= scheiden. Ameisen suchen diese Blatt= läuse auf, tragen sie in ihre Baue, pfle= gen und benutzen sie, wie die Land= wirte ihre Milch= kühe; durch Strei= cheln mit den Füh= lern wissen sie nämlich die süße Flüssigkeit hervor= zulocken.

Die weit und breit mit Recht gefürchtete Reblaus (Phylloxera vastatrix), die seit kaum zwanzig Jahren im südlichen Frankreich besonders, aber seitdem auch in Deutschland ganze ausgedehnte Weinkulturen zerstört hat, mag uns ein Bild der Entwickelungsgeschichte geben. Die Reblaus lebt an den Wurzeln der Weinreben, also unterirdisch, so daß die Untersuchung sehr erschwert ist; gelegentlich geht sie aber auch auf die Blätter über und erzeugt hier gallenförmige Auswüchse, in denen sie sich ver= mehrt. Aus den unter der Rinde des Rebstockes abgelegten Wintereiern schlüpfen nämlich im Frühjahr Formen, welche flügellos bleiben, unter= irdisch leben und die Wurzeln zerstören. Diese pflanzen sich durch viele Generationen parthenogenetisch fort, d. h. sie legen Eier, aus denen, ohne daß eine Begattung stattgefunden, sich neue Tiere entwickeln. Weitere Generationen wenden sich den Blättern zu, und im Spätsommer entsteht die geflügelte Generation von parthenogenetisch sich fortpflanzenden Formen, welche zweierlei Eier legen. Aus den großen entstehen die Weibchen, aus den kleinen die darmlosen Männchen. Bei der kolossalen Vermehrung läßt es sich leicht denken, wie schnell sie sich verbreiten und dadurch weite Strecken von Rebkulturen zerstören werden, und die Reblaus ist darum so sehr gefürchtet, weil bis jetzt kein andres Mittel zu ihrer Einschränkung und Bekämpfung vorhanden ist, als die Vernichtung der befallenen Weinberge.

Unangenehm und unappetitlich ist ein Glied dieser Sippschaft, die Bettwanze (Acanthia lectularia). Sie war schon den alten Griechen und Römern bekannt. Ihre Eigentümlichkeiten bestehen im Blutsaugen, in der Flügellosigkeit, in den borstigen viergliederigen Fühlern, dem einer Kehlrinne anliegenden dreigliederigen Stachel und dem Mangel der Haftlappen an den Krallen. Der ungemein platte, mindestens vier Millimeter messende Körper ist licht braunrot gefärbt und dicht behaart. Die runden Läppchen an beiden Seiten des kleinen Schildchens müssen als Reste der Flügeldecken gelten. Das Weibchen legt im März, Mai, Juli und September jedesmal etwa fünfzig 1,12 Millimeter lange walzige Eier in die feinsten Ritzen der Schlaf- und Wohnräume, namentlich hinter Tapeten, mit Brettern verschalte Wände, oder in die Fugen der Bettstellen, also an dieselben Orte, wo sich die Wanzen den Tag über versteckt halten.

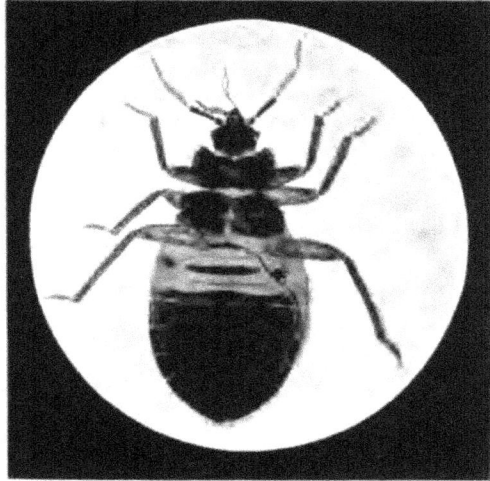

Fig. 274. Die Bettwanze (Acanthia lectularia).
Nach einer Mikrophotographie von Dr. Burstert & Fürstenberg.

Fig. 275. Schmetterlingsschuppen.
Nach einer Mikrophotographie von Dr. Burstert & Fürstenberg.

15*

Die letzte Brut geht jedoch meist zu Grunde, und nur die erwachsenen
Wanzen, welche zu ihrer Entwickelung Monate bedürfen, überwintern. Das
Häßlichste an ihnen ist das hinterlistige, heimliche Blutsaugen, welches sie
bis auf die Nacht verschieben, um den Schlafenden in seiner Ruhe zu stören.

Ein freundlicheres Bild gewähren uns unsre Lieblinge aus der
Insektenwelt, unsre Lieblinge troß ihrer Schädlichkeit, die Schmetterlinge oder Schuppenflügler (Lepidoptera). Den leßteren Namen verdanken die leichtbeschwingten, buntfarbigen Tierchen dem feinen Schuppen-
gefieder, welches die vier Flügel bedeckt und ihnen ihre prächtigen schil-
lernden Farben verleiht. Bei jeder Gattung, ja fast bei jeder Art, haben
diese Schuppen einen andern Bau und eine andre Form, aber immer sind
sie höchst zierlich gestaltet und eignen sich daher vorzüglich zu Unter-
haltungen am Mikroskope.
Unsre Abbildungen in Fig. 275
zeigen uns verschiedene Gestalten von solchen Schuppen,
die man zu kleinen Kabinett-
stücken gruppieren kann, so
daß wir unter dem Mikro-
skop ein Teppichmuster zu
erblicken glauben.

So vollkommen die
Schmetterlinge in betreff ihrer
Flugorgane sind, so unvollkommen sind ihre Mundwerkzeuge im ausgebildeten Zustande. Von Oberlippe und
Kinnbacken ist kaum eine
Spur vorhanden, dafür haben
sie aber einen zum Saugen
eingerichteten Rüssel (Fig.

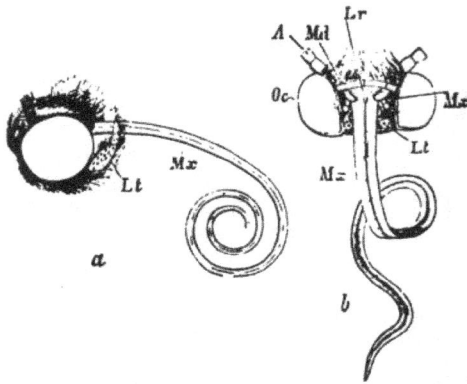

Fig. 276. Mundteile von Schmetterlingen. Nach Savigny.
a von Zygaena. b von Noctua. A Fühler. Oc Augen.
Lr Oberlippe. Md Oberkiefer. Mx Unterkiefer Mxt Unter-
kiefertaster. Lt Unterlippentaster.

276 Mx und 277 2, 3), der am Grunde von zwei buschigen Tastern umfaßt wird. Bei näherer Untersuchung stellt sich heraus, daß der Rüssel
kein einfaches Gebilde ist, sondern aus den beiden Unterkiefern sich zusammensetzt, und zwar dergestalt, daß dieselben, je eine Rinne bildend, sich
zu einer Röhre zusammenschließen, in welcher der Honig wie in einem
Heber beim Saugen emporsteigt. Diese nach ihrem Ende zu sich allmählich verjüngende Saugröhre, welche bei manchen Dämmerungsfaltern
den Körper des Schmetterlings an Länge übertrifft, liegt in der Ruhe
spiralförmig aufgerollt zwischen den Tastern; beim Saugen wird sie
ausgestreckt und mit ihrer Spiße in die aufzusaugende Flüssigkeit, den
Honig der Blumen, eingetaucht. Fig. 276a zeigt den Rüssel von einem
Widderchen (Zygaena) halb aufgerollt, b den einer Eule (Noctua) von
vorn. Bei manchen Arten von Schmetterlingen, z. B. dem Seidenspinner
(Bombyx mori), ist der Rüssel nicht so ausgebildet. Diese Tiere genießen
darum als Schmetterlinge keine Nahrung, sie begatten sich bald nach
dem Ausschlüpfen aus der Puppe und gehen dann zu Grunde.

Einen höchst zierlichen Bau besitzen die Fühler der Schmetterlinge, der Fühler des Seidenspinners kann das zeigen (Fig. 277 l). Es ist der Fühler eines Männchens bei starker Vergrößerung. Die Schmetterlingsschuppen, Rüssel, Fühler, Beine 2c. lassen sich sofort untersuchen, man braucht zu diesem Zwecke die Objekte nur in einem Tropfen Wasser und Glycerin unter das Deckglas zu bringen.

Interessant ist die vollkommene Verwandlung, welche die Schmetterlinge durchmachen, bevor sie ihre ausgebildete Gestalt erreichen. Der

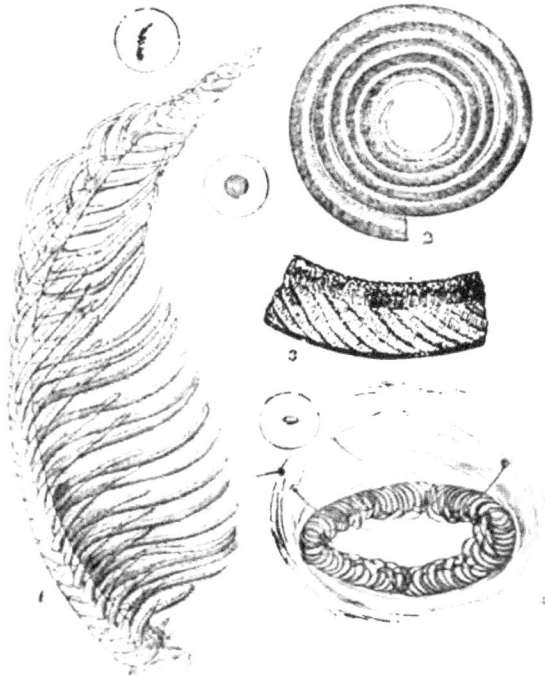

Fig. 277. Fühler und Zunge des Seidenspinners; bei 4 der Bauchfuß der Raupe.

Schmetterling legt Eier, aus diesen kriechen die Raupen, welche sich verpuppen, und aus der Puppe erst schlüpft wieder der Schmetterling. Nehmen wir als Beispiel den Kiefernprozessionsspinner.

Die aus dem Ei schlüpfenden Larven (Raupen) besitzen kauende (vergl. Fig. 278) Freßwerkzeuge und nähren sich vorzugsweise von Pflanzenteilen, Blättern und Holz. An ihrem großen harthäutigen Kopfe finden sich dreigliederige Fühler und sechs je dreiteilige Punktaugen. Die Haut ist oft mit Stacheln, Haaren u. s. w. bewehrt. Sehen wir uns einmal einen solchen Ring von der Raupe des Kiefernprozessionsspinners genauer an, wie er in Fig. 279 dargestellt ist. Das kleine Räupchen, welches aus dem Ei entschlüpft, ist kaum drei Millimeter lang

und trägt ein hellmaigrünes, mit regelmäßigen schwarzen Flecken geziertes
Kleid, später zeigt sich die Raupe in einem schwarzen Gewande, das mit
mattmoosgrünen Punkten besät ist. Diese lassen für das Hervortreten der
Grünfarbe nur einen mittleren Längsstreifen frei, welcher wieder mit
größeren und kleineren roten Warzen in der Weise zum Teil bedeckt ist,
daß rot umränderte Kreisflecke die Längslinie kennzeichnen. Diese schwarzen,
sogenannten „Spiegelflecke" sind mit unendlich vielen, äußerst kleinen Härchen
samtartig bewachsen. Aus den roten Warzen entspringen nach vorn und
nach hinten gerichtete rote Haare, welche den Querdurchmesser der Raupe
um das doppelte übertreffen. Alle diese Haare (Fig. 280) besitzen zahllose nach der Spitze gerichtete Widerhäkchen, welche an Gestalt den
Dornen der Rose sehr ähnlich sind. Gemeinschaftlich ist ihnen ferner ein
feiner, hohler Kanal, der sie von der Spitze bis zur Anheftungsstelle durchzieht. Die roten und die weißen Haare, nicht die Spiegelhaare, stecken

Fig. 278
Vorder- und Seiten-
ansicht des Kopffort-
satzes vom Kiefern-
prozessionsspinner
(12fach vergrößert).

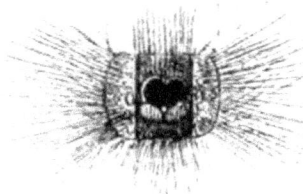

Fig. 279.
Ein Glied der Raupe vom Kiefernprozessionsspinner
(5fach vergrößert).

Fig. 280.
Teil eines Haares.

in der Haut mittels einer dicken braunen Hülse, an deren unterem Rande
sie befestigt sind. Unter der Öffnung des Haares liegt eine birnförmige
Drüse, welche eine stark ätzende Flüssigkeit, Ameisensäure, aussondert, um
das hohle Haar damit zu füllen. Die ausgewachsene Raupe, die fünf
Centimeter lang wird, besitzt mehr als 5000 solcher „Giftdrüsen". Da
die feinen Härchen nach oben gerichtete Härchen tragen, so werden sie
bei jeder Berührung mit andern Gegenständen sogleich in die Drüse
hineingestoßen und mit Gift gefüllt. Verliert nun die Raupe einzelne
Haare, so bleibt das Gift in der Kapillarröhre, gelangen solche mit dem
Schweiße einer menschlichen oder tierischen Hautpore in Berührung, so
löst derselbe das an der Öffnung des Härchens eingetrocknete Gift auf,
und dieses bewirkt, nachströmend, Entzündung; Menschen und Tiere haben
darunter dann entsetzlich zu leiden, am schlimmsten, wenn die vom Winde
verstreuten Haare der abgestreiften Häute auf die Speisen derer gelangen,
die im Walde ihre Nahrung zu sich nehmen (Waldarbeiter), und dabei
in den Magen kommen. Hat eine Raupe sich mehreremale gehäutet, so
spinnt sie sich ein oder heftet sich an einem Zweige fest, sie verpuppt sich.

Zu den eigentümlichsten Organen gehören bei den Raupen die Spinnwerkzeuge. Von dem Seidenspinner sind die gesponnenen Fäden jedem bekannt. Da ist der Kokon seiner Hauptmasse nach von einem einzigen Faden gebildet, der mehrere hundert Meter lang wird und sich deshalb auch leicht abspinnen läßt, weit leichter wenigstens, als bei den meisten übrigen Spinnern, bei denen der Kokon aus einer größeren Menge kürzerer Fäden besteht. Das Material, welches die Fäden liefert, ist, wie bei den Spinnen, das Absonderungsprodukt einer Drüse, die einen großen Teil der Leibeshöhle ausfüllt, aber nicht hinten, sondern vorn am Kopfe, an der Mitte der Unterlippe, auf einem Wärzchen mündet. Im Innern

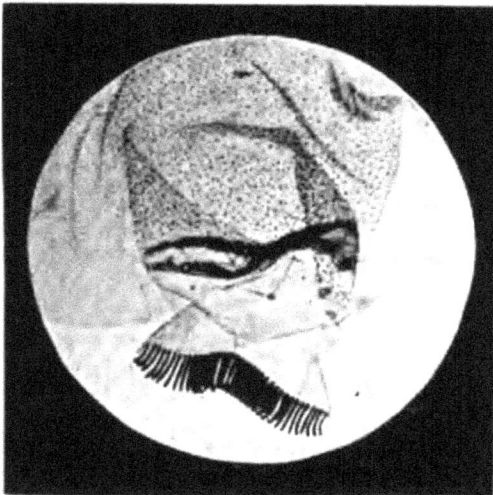

Fig. 281. Raupenfuß.
Nach einer Mikrophotographie von Dr. Burstert & Fürstenberg.

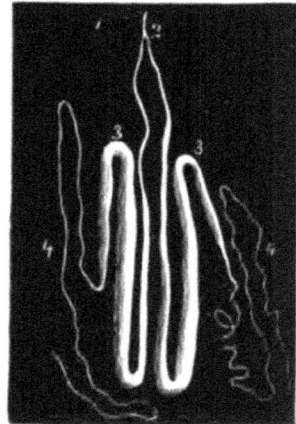

Fig. 282.
Spinnapparat der Raupe des Atlan-
thusspinners. Nach Baeniz.

1 Ausführungskanal im Spinnapparat.
2 Vereinigungsstelle der beiden innern
Kanäle. 3 Sammeldrüsen. 4 Ihre Zu-
führungskanäle.

der Drüsenschläuche hat dieses Material eine dickflüssige Beschaffenheit. Die spätere Fadenform nimmt dasselbe erst beim Durchtritt durch die Ausführungsgänge (Fig. 282 1, 2) an, die sich sehr bald in einem für beide Drüsen gemeinschaftlichen, sehr eigentümlich gebauten Spinnapparate vereinigen. Sobald die beiden Fäden dann in letzteren eintreten, werden sie durch eine von der Unterseite vorspringende bewegliche Leiste gegen die obere feste Wand gepreßt und dabei der Form des Innenraumes entsprechend zu einem platten Bande zusammengedrückt, an dem man bei mikroskopischer Untersuchung immer noch die Zusammensetzung aus zwei Fäden nachzuweisen im stande ist. Da dieser Doppelfaden auch im getrockneten Zustande seine charakteristische Form bewahrt, so bietet das Mikroskop ein untrügliches Mittel, die Seide zu erkennen und etwaige Verfälschungen aufzudecken (vergl. Kapitel „Verfälschungen").

Um übrigens dem Leser einen Einblick in das Innere eines
Schmetterlingsleibes zu gewähren, sei noch auf Fig. 283 verwiesen. Das
ist ein ziemlich kompliziertes Bild. Wir sehen am Kopf die Mundteile,
Rüssel und Taster, die beiden Fühler (At), in ihm das Gehirn (Gs) und
von ihm ausgehend die Bauchkette von Nervenknoten (Ganglien N),
die ihren Ursprung von der Vereinigungsstelle des Nervenschlundringes
nehmen. Am Darme unterscheiden wir den Schlund (V) und den Saugmagen (V'), sowie den Mittel- und Enddarm (M, E). Zu seinen beiden

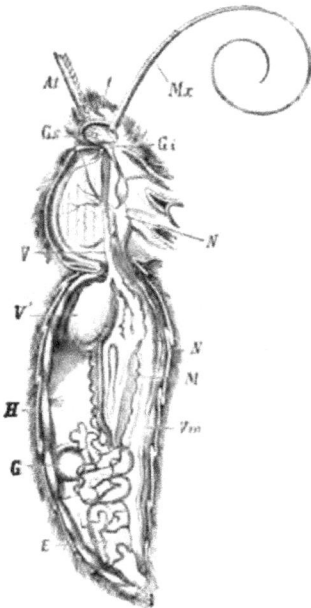

Fig. 283. Längsdurchschnitt durch den
Ligusterschwärmer.

Mx Rollrüssel, aus den Unterkiefern bestehend.
t Lippentaster. At Fühler. Gs Gehirn. Gi Un-
teres Schlundganglion. N Ganglion der Brust
und des Bauches. V Schlund. V' Saugmagen.
M Mitteldarm. Vm Malpighische Gefäße.
E Enddarm. A After. H Herz. G Hoden.

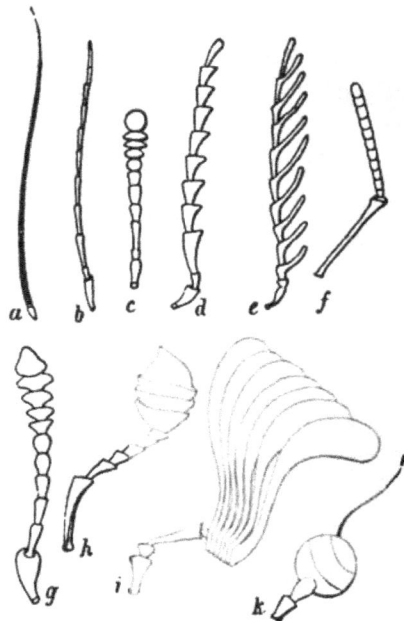

Fig. 284. Verschiedene Fühlerformen.

Seiten liegen die Malpighischen Gefäße (Vm), welche als Absonderungs-
organe dienen, und die Hoden, die männlichen Geschlechtsdrüsen (G).
Am Rücken liegt das Hauptblutgefäß mit dem Herzen (H).

Mit den Schmetterlingen zusammen nennt man gewöhnlich die
Käfer (Coleoptera), und wer einmal Schmetterlinge anfing zu sammeln,
der ließ diese Insektenordnung auch nicht ganz aus. Es ist eine Menge
Interessantes an ihnen zu finden und ganz besonders unterm Mikroskope.
Zunächst möchte ich einmal auf die verschiedenen Fühlerformen, die wohl
verschiedenen Sinneswahrnehmungen, Gehör, Geruch u. s. w. dienen, auf-

merksam machen, wie sie uns in Fig. 284 vorgeführt sind; der größte Teil
stammt von Käfern.

So stellt Fig. 284 a eine borstenförmige Antenne (Fühler) vom Heu-
pferd (Locusta), b eine fadenförmige vom Laufkäfer (Carabus), c eine
schnurförmige vom Mehlwurm (Tenebrio), d eine gesägte Antenne von
einem Schnellkäfer (Elater), e eine gekämmte von Ctenicera, f einen
gebrochenen Fühler von der Biene (Apis), g einen keulenförmigen vom
Aaskäfer (Silpha), h einen knopfförmigen vom Totengräber (Necro-
phorus), i einen durchblätterten Fühler vom Maikäfer (Melolontha)
und k einen Fühler mit Borste von einer Waffenfliege (Sargus) dar.
Ganz ähnliche Verschiedenheiten zeigen sich in den Beinformen, in den
Gestalten der Flügel u. s. w., ein Bild der Vielgestaltigkeit. Bei der
Gruppe der Käfer ist nun beson-
ders gut die Entwickelung im Ei
durchforscht.

Der Wasserkäfer (Hydro-
philus piceus), Fig. 285, ist jedem
bekannt, wir machen hier noch die
Bekanntschaft seiner Larve und
seiner Puppe, und die Fig. 286 a—k
werden uns ein Bild von den Vorgängen geben, die im Ei bei der
Entwickelung des Embryos stattfinden. In a sehen wir, wie sich
der Keimstreifen, die erste Anlage
des zukünftigen Tieres an der Oberfläche des nährenden Dotters, auf
dem Ei gestaltet, es zeigt sich uns
eine schildförmige Embryonalanlage
(Gg) mit erhobenen Seitenrändern,
eine Gliederung ist schon angedeutet.
Bei b wachsen diese Ränder in der

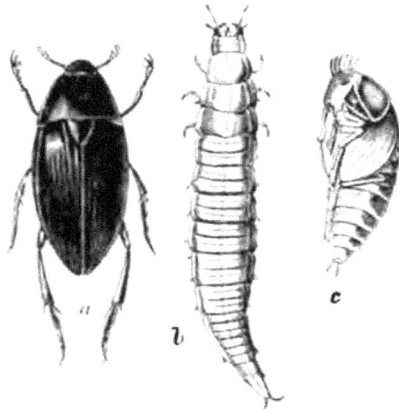

Fig. 285. Der Wasserkäfer.
a Käfer. b Larve. c Puppe.

Mitte bereits zusammen, bei c hat sich die Rinne fast überall geschlossen.
In d hat die Schwanzfalte der Embryonalhäute (Am) das Hinterende
der geschlossenen Rinne überwuchert und rückt nach vorn weiter; bei e
haben die Embryonalhäute die Anlage des Tieres fast vollständig überwachsen. In f liegt der Keimstreifen unter den vollständig geschlossenen
Embryonalhäuten und zeigt die Anlage von siebzehn Ringen; Kl bedeutet
den Kopflappen, bei A werden die Antennen oder Fühler angelegt.
Weitere Fortschritte zeigt g. Der Keimstreifen ist an beiden Enden vollständig auf die Bauchseite gerückt; man sieht die zweilappige Oberlippe,
die Fühler (A), Kiefer- und Beinanlagen. Auch am siebenten Ringe
findet sich ein Höcker, welcher zukünftige Extremitäten andeutet. An den
hinteren Ringen haben sich runde Einstülpungen, die Anlagen der
Atemröhren, Tracheen, gebildet. Eine Längsrinne streicht vom Mund
zum After. Wir schreiten zu h. Der Keimstreifen bedeckt die ganze
Bauchseite des Eies. Die Öffnungen der Einstülpungen (Stigmen) sind

kleiner geworden. Am ersten Bauchsegment sieht man noch die Bein-
stummel, während an der Brust deutlich die Oberkiefer (M d) und die
beiden Unterkiefer (M x) sowie am Kopfe die Fühler (A) sichtbar werden.
i zeigt die sogenannte Rückenplatte im Stadium des Schlusses zu einem
Rohre, O e stellt die Öffnung desselben dar. In k ist der Embryo von
der Bauchseite vor dem Ausschlüpfen abgebildet, aus ihm geht die in
Fig. 285 b gezeichnete Larve des Wasserkäfers hervor, die schließlich zur
Puppe und dann zum Käfer wird.

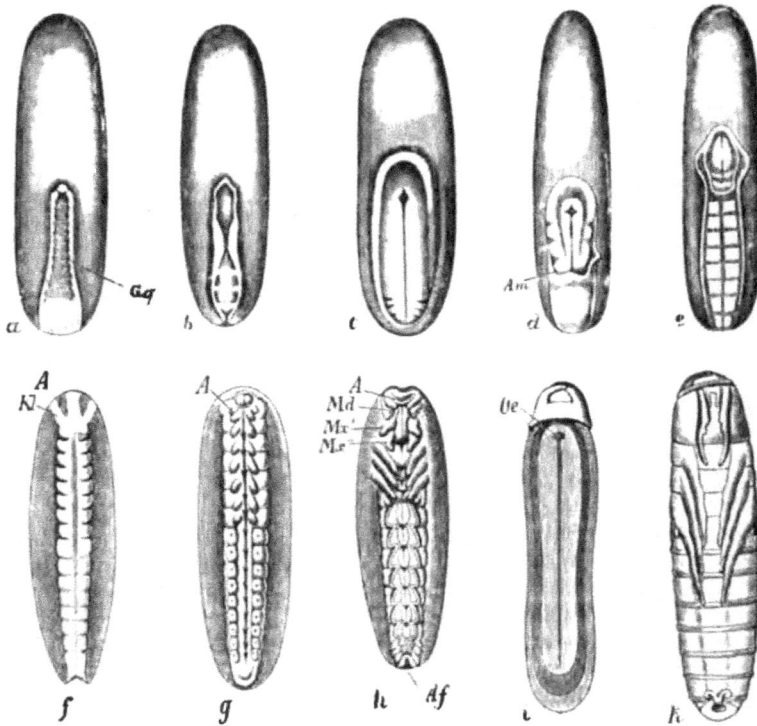

Fig. 286. Entwickelung des Embryos vom Wasserkäfer.

    Man sieht daraus, daß der Entwickelungsgang an die Ausbildung
der Bauchseite anknüpft und mit der Schließung des Rückens endet.
Ganz ähnlich verläuft die Embryonalentwickelung bei allen Insekten,
welche ein Larvenstadium durchzumachen haben, so auch beim Maikäfer (Melolontha), dessen Larvenform, der Engerling, mit Recht gefürchtet ist, weil er an den Wurzeln unsrer Pflanzen so großen Schaden
anrichtet.

    Aus dem Heere der Insekten bleiben noch die Hautflügler (Hy-
menoptera) übrig, dazu gehören die Bienen und Wespen. Wer hätte

nicht schon einen Bienenstich erhalten, und wer sollte sich nicht schon ge-
fragt haben, wie sieht so ein kleines Ding wohl aus, mit dem die Tierchen
uns so schlimme Schmerzen bereiten? Oder der Lecker, der gern Honig
ißt, wird fragen: wie bereitet die Biene den Honig? In der That sind
der Stechapparat und die Mundwerkzeuge bei diesen Tieren die interessantesten Körperteile. Am hinteren Körperende liegt der Stechapparat
mehr oder weniger zurückgezogen in einer Scheide, aus welcher er beim
Stechen und Eierlegen — denn eigentlich ist der Stachel ein zugleich als
Waffe dienender Legapparat und darum nur beim Weibchen zu finden —
nach außen hervortritt. Zu
diesem Zwecke ist der Stachel
mit kräftigen Muskeln versehen, welche ihn hervorstoßen
und zurückziehen. Wenn
man ihn genauer untersucht,
stellt er sich indessen als ein
sehr zusammengesetztes Gebilde
dar. Er besteht aus der sogenannten Lade, dem Haupt-
teile, und zwei feinen spitzen
Gräten, die in derselben beweglich sind und am vorderen
hornartig gebogenen Ende mit
einer Anzahl horniger Platten
in Verbindung stehen. Diese
sind verschiebbar und übertragen ihre Bewegung auf
die Gräten, die beim Stechen
zuerst eindringen. Unter diesen
Gräten durchzieht die Lade
noch eine Höhlung, durch
welche sich im Augenblicke
des Stechens eine ätzende
Flüssigkeit (Ameisensäure [?])
ergießt, die in die Wunde
eindringt und dort lebhafte
Schmerzen verursacht. Einen

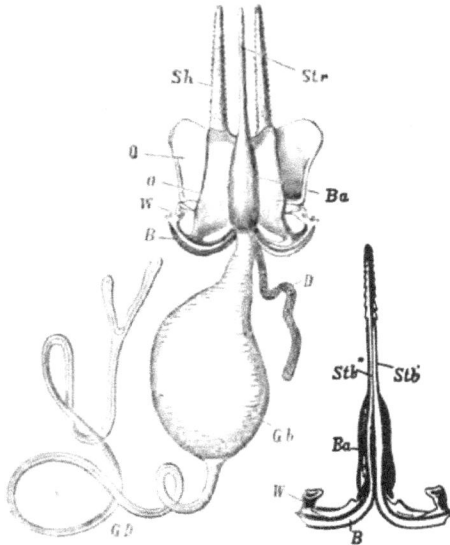

Fig. 287. Stachelapparat der Honigbiene von der Rückenseite.
Nach Kraepelin.

G D Giftdrüse. G b Giftblase. D Schienendrüse. Str Schienenrinne mit den Stechborsten. Ba Basis derselben. B Ihre
Bogen. W Winkel. Sh Stachelscheide. O u. Q Zwei
Platten. Stb' u. Stb" Die beiden Stechborsten an der Bauchseite der Schienenrinne.

Einblick in diese Einrichtung wird die beigefügte Abbildung gewähren
die auch die Thätigkeit des Apparates klarlegt und den Zusammenhang
mit der Giftdrüse aufdeckt, in welcher die Flüssigkeit abgeschieden wird,
welche durch die Giftblase in die Stachelrinne gelangt. Es ist leicht
ersichtlich, wie bei jedem Stiche ein Druck vom Stachel rückwärts auf
die Blase ausgeübt werden muß, wodurch die Giftblase vermöge ihrer
Muskeln veranlaßt wird, das Gift geradezu in die entstandene Wunde
einzuspritzen.

Nicht minder wunderbar ist der Apparat gebaut, mit welchem die
Bienen den Honig aufsaugen oder vielmehr auflecken (Fig. 288). Er

besteht aus einer langgestreckten haarigen Zunge, die mit den zugehörigen Tastern die Unterlippe bildet, und aus zwei lanzettförmigen hohlen, harten Körpern, welche man als Unterkiefer bezeichnet. Will die Biene in einer Blüte zum Honig gelangen, so steckt sie ihren Rüssel in dieselbe hinein; die Unterkiefer biegen die inneren Blütenteile, Staubgefäße, Blätter 2c. auseinander und bahnen dem Rüssel so den Weg zum Grunde, wo sich der Honig befindet, sie streifen auch den Honig ab, welcher beim Lecken an den Haaren der Zunge hängen bleibt. Zu den Unterkiefern gesellen sich ein Paar zangenartige Oberkiefer, welche dazu dienen, feste Nahrungsbestandteile, z. B. Blütenstaub, zu genießen, und anderseits beim Bau der Zellen thätig sind, die besonders bei den in Kolonien lebenden Arten wie bei unsern Honigbienen durch ihre Zierlichkeit und die Kunstfertigkeit, mit welcher sie ausgeführt sind, die Bewunderung der Menschen seit ältester Zeit erregen.

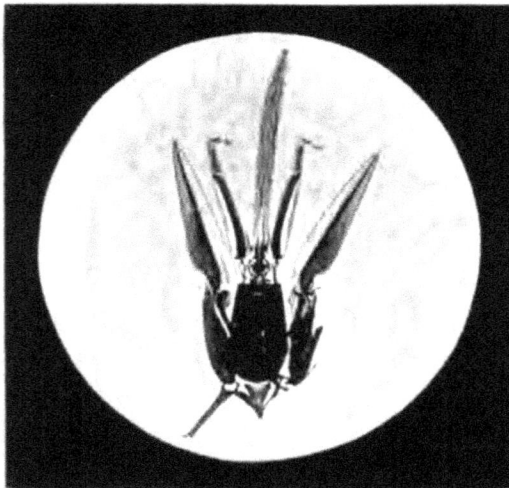

Die Honigbienen bauen ihre Nester, die sogenannten Waben, aus Wachs, einer Substanz, welche von den Bienen selbst bereitet und in besonderen, unter den Hinterrändern der Bauchsegmente gelegenen „Wachstaschen" abgeschieden wird. Der Laie glaubt freilich, daß die Bienen das Wachs schon fertig aus den Blüten sammeln und in den sogenannten Höschen der Hinterbeine (vergl. Fig. 289) in den Stock tragen, allein das, was an diesen Stellen in ansehnlichen gelben Ballen sich anhäuft, ist Blütenstaub, den die Bienen zur Fütterung ihrer Brut zusammentragen. Beim Eindringen in die Blüten bleibt der Blütenstaub zwischen den Haaren, welche den Leib und die Glieder bedecken, hängen, und von da wird er mittels der ersten Fußglieder der beiden hinteren Beinpaare, die durch regelmäßigen Haarbesatz zu förmlichen Bürstchen geworden sind, ausgekämmt und in die Körbchen oder Höschen übertragen, die der Außenfläche der Unterschenkel des letzten Beinpaares anhängen. Bürstchen, Körbchen und Wachstaschen finden sich unter den Bienen aber bloß bei den Arbeitern, die freilich den größten Teil des Stockes ausmachen, während daneben nur eine Königin und während der sommerlichen Schwärmzeit einige hundert Männchen, die Drohnen, leben.

Die Arbeiter oder vielmehr Arbeiterinnen sind nichts andres als Weibchen mit verkümmerten Geschlechtsorganen, die in einem normalen Stocke niemals Eier legen, sondern nur die Brut pflegen und den Haushalt besorgen. Die Geschlechtstiere, Königin und Drohnen, dagegen haben kein andres Geschäft, als die Sorge für die Nachkommenschaft. Und die Fruchtbarkeit einer Bienenkönigin ist eine so ungeheuer große, daß wir uns kaum eine Vorstellung davon machen können. Ein Vergleich aber kann uns helfen. Prof. Leuckart berechnet sie so hoch, daß sie der Fruchtbarkeit eines Weibes gleich käme, das täglich vier Kinder zur Welt bringen würde. Wir wissen aber nicht bloß, daß die Arbeiterinnen Weibchen mit verkümmerten Geschlechtsorganen sind, sondern auch, daß diese Verkümmerung auf ungenügende Ernährung während des Larvenlebens zurückzuführen ist. Die Larve, aus der eine Königin werden soll, wird nämlich nicht bloß in größeren, besonders gestalteten Zellen aufgezogen, sondern auch zeitlebens ganz besonders reichlich mit Speisebrei gefüttert. Anders ist das mit der Larve der Arbeitsbiene. Sie wächst in einer engen Zelle auf und erhält nur in den ersten Tagen ihrer Entwickelung Speisebrei, nach denen sie mit Honig und Pollen fürlieb nehmen muß.

Auf diese Weise erklärt sich auch die merkwürdige Thatsache, daß die Arbeiterinnen bei einem plötzlichen Tode ihrer Königin eine junge Arbeitsbiene durch königliche Haltung und Fütterung zu einer neuen Königin zu erziehen vermögen. Sonst werden Königinnen nur im Sommer ausgebrütet, wenn der Volksreichtum des Stockes so weit angewachsen ist, daß derselbe einen Schwarm zur Gründung eines

Fig. 289. Sammelfuß der Honigbiene
Nach einer Mikrophotographie
von Dr. Burstert & Fürstenberg.

neuen Staates abgeben kann. Zu dieser Zeit entwickeln sich auch die Drohnen, die auffallenderweise immer nur aus unbefruchteten Eiern hervorgehen. Die Königin hat es nämlich in ihrer Macht, die Eier befruchtet oder unbefruchtet abzulegen, da der Samen nicht in die Geschlechtswege den Eiern entgegen, sondern in eine besondere Samentasche aufgenommen wird. Unterbleibt die Befruchtung, so entwickelt sich das Ei parthenogenetisch (vergl. Blattläuse), aber immer ergibt es ein Männchen, eine Drohne; tritt die Befruchtung ein, so wird aus dem Ei eine Arbeiterin oder bei besonders guter Fütterung eine neue Königin. Man kann sich leicht denken, daß die Ernährungs- und Haushaltverhältnisse des Stockes darin regelnd wirken, ebenso sicher ist aber auch der Schluß, daß auf diesem Wege die Königin die Verhältnisse des Stockes zu regeln im stande ist.

Ähnliche Erscheinungen, wie wir sie bei der Honigbiene, dank der Anwendung des Mikroskopes und eingehender Studien, kennen gelernt haben, kehren bei den verwandten Wespen und Hummeln wieder, desgleichen bei den Ameisen und den Termiten in der heißen Zone; doch immer sind es „staatenbildende" Tierformen, und ähnliche Vorgänge mögen sich wohl auch in den Staaten der höheren Tiere abspielen.

Die Weichtiere und die Manteltiere (Mollusca, Tunicata).

In eine ganz andre Welt schauen wir, sobald wir unsre Blicke zu jenen Tieren wenden, die durch die weiche Beschaffenheit ihres Körpers sich den Namen Weichtiere erworben haben. Für viele Menschen ist es etwas Unangenehmes, eine Schnecke oder eine Muschel zu berühren, d. h. das Tier, welches an seiner Oberfläche dauernd Schleim ausscheidet; das feucht schleimige Äußere läßt manchem schon beim bloßen Gedanken daran eine Gänsehaut überlaufen. Innigere Beziehungen zum Menschen und seinen Lebensgewohnheiten haben nur wenige Formen aus dieser schleimigen Gesellschaft sich errungen, von einigen Schneckenarten und Muscheltieren ist das Fleisch geschätzt, von manchen wird der in der Schale enthaltene Kalk technisch verwertet. Und doch werden uns mikroskopische Gebilde von höchst zierlicher Gestalt entgegentreten, und bei einigen Formen werden wir die ersten Anklänge an die Welt der Wirbeltiere auffinden, wodurch uns die Weichtiere wenigstens entwickelungsgeschichtlich näher rücken. Ich will den Leser indes hier nicht mit der Schilderung der inneren Organisation dieser Tiere behelligen, so viel das nötig ist, wird es sich bei einer oder der andern Form von selbst finden.

Zunächst ziehen die bunten, oft höchst eleganten und merkwürdig gestalteten Schalen und Gehäuse unsre Aufmerksamkeit auf sich. So zierlich aber auch dieselben äußerlich aussehen mögen, so sind sie inwendig doch noch mannigfaltiger und wundervoller gestaltet.

Der Leser wird sich davon überzeugen, wenn er sich die beiden Abbildungen bei Fig. 290 ansehen will, von denen die linke ein Stückchen eines Durchschnittes durch das Gehäuse einer Seeschnecke, der Haliotis splendens, die rechte ein Stückchen von der Schale einer Seemuschel, der Terebratula rubicunda, in starker Vergrößerung darstellt. Desgleichen besitzen die Perlen, die sich als Konkremente bekanntlich sowohl in Fluß- als in Seemuscheln verschiedener Art — die schönsten in der sogenannten Perlmuttermuschel (Avicula margaritifera) — erzeugen, einen höchst zierlichen Bau. Fig. 291 a zeigt einen stark vergrößerten Durchschnitt durch ein derartiges Gebilde. Die Hauptmasse derselben besteht aus dünnen Schichten der Perlmuttersubstanz, die sich konzentrisch aufeinander abgelagert haben. Je mehr dieselben vorwalten, desto weißer ist die Farbe der Perle: „desto schöner das Wasser". Der graue Ton sogenannter unreifer Perlen rührt von Zellensäulen her, die sich in

radialer Richtung von dem Mittelpunkte nach dem System der Perlmutter-
schichten hin erstrecken und in ganz ähnlicher Weise auch in der mittleren
sogenannten Säulenschicht (Fig. 292 S) der Muschelschalen wiederfinden.
Ihr Ausgehendes oder ihre Querschnitte erscheinen (Fig. 291 b, bei sehr
starker Vergrößerung gezeichnet) wie unregelmäßig sechseckige Zellen, deren
Begrenzung nach Ausziehen des Kalkes — wie das die obere Hälfte
unsrer Abbildung zeigt — als hohle Säulen mit quergestreiften bräun-
lichen Hautwänden zurückbleiben.

Dem Gehäuse der Schnecken sehr ähnlich sind die Schalen der
Muscheln gebaut, wie sie uns Fig. 292 im Querschnitt zeigt. Der
chemischen Zusammensetzung nach besteht die Schale aus kohlensaurem

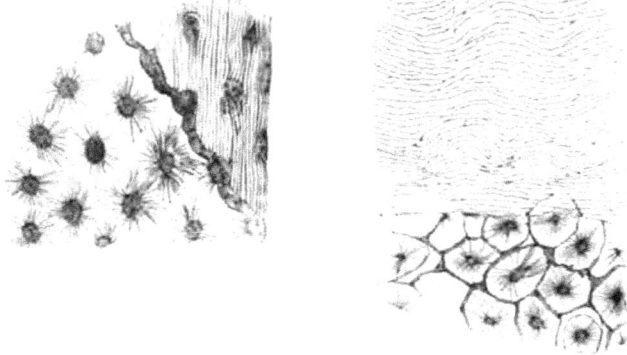

Fig. 290. Stück eines Durchschnitts (links) durch das Gehäuse einer Seeschnecke (Haliotis) und (rechts)
durch die Schale einer Brachiopoden-Muschel (Terebratula).

Kalk und einer organischen Grundsubstanz, welche meist eine blätterige
Textur bietet. Zu diesen geschichteten Lagen (Bl.), welche bei den
fossilen Muscheln aus Aragonit bestehen, kommt eine äußere mächtige
Kalkschicht, welche, aus großen, palissadenartig aneinander gereihten
Schmelzprismen zusammengesetzt, der Schmelzsubstanz des Zahnes verglichen werden kann, sie besteht aus Calcit. Endlich folgt an der
äußeren Oberfläche der Schale eine hornartige Oberhaut. Die drei
innersten Lagen Ep′, Bd, Ep″ gehören nicht der Schale, sondern dem
in ihr liegenden Mantel des Tieres an, von welchem aus das Wachstum der Schale in die Dicke erfolgt, von hier aus findet auch die Ab-
scheidung der Perlen ihren Ausgangspunkt.

Allein der Bau der Schneckenhäuser, Muschelschalen und Perlen ist
noch lange nicht das Merkwürdigste, was die von vielen mit Ekel betrachteten Weichtiere besitzen. Viel Schöneres, viel Wunderbareres bieten
einzelne Teile des eigentlichen, scheinbar so formlosen Körpers dar. Unter

denselben steht die Zunge der Schnecken (Fig. 293) obenan, indem deren
Bau unter dem Mikroskop eine Formenmannigfaltigkeit und eine Schönheit
erkennen läßt, welche
jeden Menschen, dem
einiges Gefühl für die
Meisterwerke der Na-
tur innewohnt, mit
gerechtem Erstaunen
erfüllen muß. Mit
Recht sagt ein gründ-
licher Kenner der Mol-
lusken — Roßmäß-
ler — von der Zunge
der Schnecken, daß das
ganze Tier- und Pflan-
zenreich nichts darbiete,
woran der Ideenreich-
tum der Natur und
eine unerschöpfliche
Mannigfaltigkeit der
elegantesten Schönheit

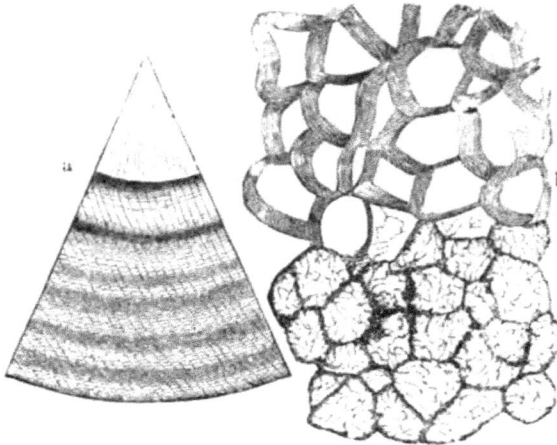

Fig. 291. Bau der Perlen.

in kleinem Raume in solchem Grade sich ausdrücke, wie an jenem
winzigen Gliede der Weichtiere. Hat man doch sogar den Versuch gemacht, nach den Eigentümlichkeiten
der Zungenbildung die ganze große
Klasse der Schnecken in ihre natürlichen Gruppen einzuteilen. Bevor ich den Leser aber mit der
Zunge der Schnecken bekannt machen
kann, habe ich ihn erst über deren
Lage im Schneckenkörper zu unterrichten.

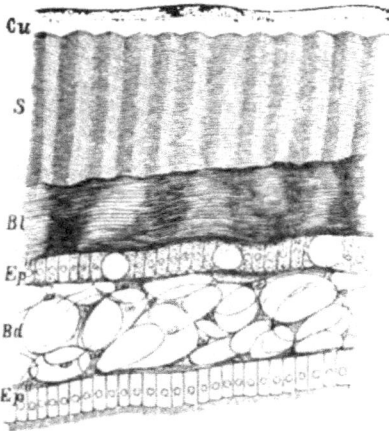

Fig. 292. Senkrechter Schnitt durch Schale und
Mantel der Teichmuschel (Anodonta Leydig).
Cu Oberhaut S Säulenschicht. Bl Blätterschicht
der Schale Ep' Äußeres Mantelepithel. Bd Binde-
gewebssubstanz. Ep" Inneres Epithel des Mantels.

An der unteren Seite des
Vorderkörpers befindet sich bei allen
(echten) Mollusken eine ziemlich weite
Mundöffnung. Bei den Kopflosen,
die, wie so viele Tiere, im Wasser
fein verteilte organische Substanz
genießen und diese durch Hilfe
mikroskopischer, beständig schwingen-
der Härchen, der sogenannten Flimmerhaare, die wir bei früher besprochenen Gestalten (Nesseltieren)
schon kennen gelernt haben, auf-

nehmen, führt dieselbe fast unmittelbar in den weiten Magensack, während
sich bei den kopftragenden Formen daran zunächst eine ansehnliche Mundhöhle anschließt, die von kräftigen Muskelwänden umgeben ist und

gewöhnlich als Schlundkopf bezeichnet wird. Im Innern umschließt dieses
Organ eine Anzahl von Horngebilden, die durch die benachbarten Muskeln bewegt werden und Mundwerkzeuge darstellen, mittels deren die
betreffenden Tiere auch festere und umfangreichere Nahrungsteile er-
greifen, festhalten und bearbeiten können.

Wenn man eine der bei uns einheimischen größeren Landschnecken
beim Fressen beobachtet — die Landschnecken genießen bekanntlich pflanzliche Nahrung, während die im Meere lebenden Formen mit wenigen

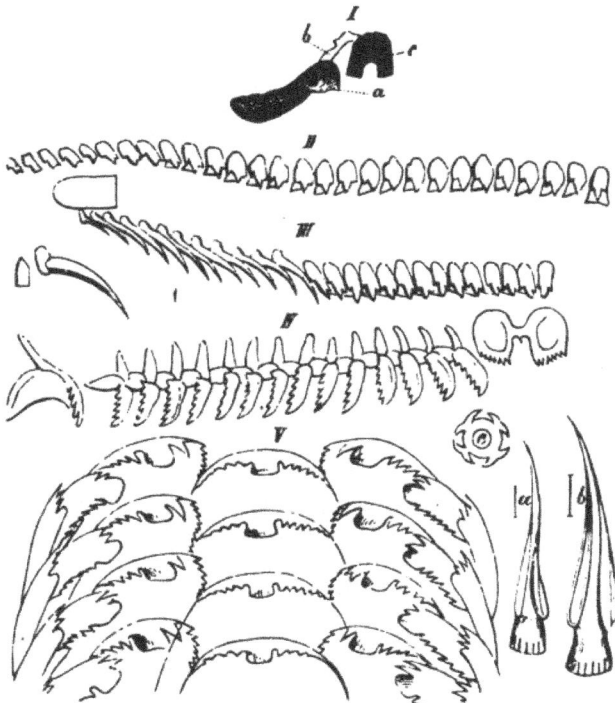

Fig. 293. Schneckenzungen und Liebespfeile der Schnecken.

Ausnahmen von tierischer Substanz leben — dann erblickt man zunächst
hinter der Mundöffnung oben ein halbmondförmiges senkrechtes Horn-
blatt, den sogenannten Oberkiefer, und unter diesem weiter, aus dem
Schlunde herauskommend, einen löffelförmigen Körper, der beim Fressen
eine schöpfende oder leckende Bewegung macht. Dieser Körper ist das
umgebogene vordere Ende der Zunge. Nach hinten verlängert sich die
Zunge in die sogenannte Zungenwurzel, die in einem zapfenförmigen
Fortsatze des Schlundkopfes, der Zungenscheide, gelegen ist. Fig. 293
zeigt bei Abbildung I die Mundorgane der Gemeinen Weinbergsschnecke (Helix pomatia) in nur schwacher Vergrößerung, bei c den

Oberkiefer, bei a die Zunge. Diese Zunge der Schnecken ist ein ganz eigen-
tümliches Organ, indem sie gleichzeitig den Dienst einer wirklichen Zunge
und denjenigen der Zähne oder Kauwerkzeuge versieht. Deshalb besteht
sie aus einer großen Menge mikroskopisch kleiner, fester, haken- oder
zahnförmiger Körperchen, welche bald feststehend, bald beweglich in eine
Haut höchst regelmäßig eingefügt sind und die Oberfläche der Zunge
hart und rauh machen. Bei jeder Gattung, ja bei jeder Art, erscheint
diese merkwürdige Zunge auf andre Weise aus jenen Zähnchen oder
Häkchen zusammengesetzt und diese anders gebildet, wie Fig. 293 II, III,
IV und V beweisen, welche Durchschnitte und einzelne Teile verschiedener
Schneckenzungen in starker Vergrößerung darstellen. So zeigt II die linke
Hälfte einer Querreihe von Zähnchen von der Zunge der Weinbergs-
schnecke (Helix pomatia), III dieselbe von der Zunge der Gemeinen nackten
Ackerschnecke (Limax agrestis), IV dieselbe von der Zunge einer deutschen
Wasserschnecke, der Blasenschnecke (Physa hypnorum), V eine Anzahl
Querreihen von der Zunge der lebendig gebärenden Sumpfschnecke
(Paludina vivipara). Die Zahl der so regelmäßig angeordneten Zähnchen
oder Häkchen ist ungeheuer; die Zunge der Weinbergsschnecke besitzt
deren nach Roßmäßler 19000! Hier sind die Häkchen ungefähr wie
gekrümmte Rosenstacheln gestaltet. „Beim Lecken oder vielmehr Abreiben
der Nahrung, denn reibendes Lecken kann man die Verrichtung der Zunge
nennen — sagt Roßmäßler — wird der vordere umgebogene Teil
derselben fortwährend abgenutzt, und deshalb sind auch hier die Häkchen
immer abgestumpft und namentlich die der Spitze oft bis auf bloße
Stummel abgenutzt."

„Dabei lösen sich nicht selten, wahrscheinlich je nach Beschaffenheit
der Nahrung, ganze Querreihen von Häkchen, ja ganze schachbrettartige
Partien der Zungenbewehrung los, die dann mit der Nahrung verschluckt
und im Darmkanal und dem ausgeworfenen Kot gefunden werden. Ich
habe einmal in einem Kotklumpen ein Feld von wenigstens 200 Zungen-
zähnchen und niemals den Kot ohne dergleichen gefunden. So würde
denn die Zunge bald verbraucht sein, wenn sie sich nicht ersetzte. Dies
geschieht in einer auffallenden Weise bei allen Mollusken, die bisher
darauf untersucht worden sind. Der hintere Teil der Zunge — die
oben erwähnte Zungenwurzel — ist immer im Nachbilden begriffen.
Bei ihm bemerkt man die sich neubildenden Häkchen zuerst als feine,
zarte Fransen, die allmählich in feste und gestaltlich ausgebildete übergehen."

Ein nicht minder merkwürdiges Organ des Schneckenkörpers ist der
sogenannte Liebespfeil, von dem der Leser vielleicht schon gehört haben
wird. Die Schnecken sind nämlich, mit wenigen Ausnahmen, wie ich
schon bemerkt habe, Zwitter. Außer den eigentlichen Geschlechtsorganen
besitzen nun zahlreiche Landschnecken (Helix) einen kleinen, festen, stiel-
förmigen, scharf zugespitzten, oft vierschneidigen, bald geraden, bald gekrümmten Körper, der aus Kalk besteht und Liebespfeil genannt wird,
weil er bei der Begattung als Reizorgan dient und in die äußere Körper-
haut eingebohrt wird, wobei er aber regelmäßig abbricht.

Dieses sonderbare Gebilde steckt in einem besondern Sacke, in welchem es sich immer wieder von neuem erzeugt, und ist, wie die Zunge, bei jeder Art anders gestaltet. Fig. 293 zeigt stark vergrößert bei a den Liebespfeil der Helix lactea, bei c denselben im Querschnitt, bei b denjenigen der Helix punctata. Die neben den Pfeilen befindlichen Striche deuten deren wirkliche Länge an.

Ich könnte hier auf äußerst niedliche Formen aufmerksam machen, die zu den Weichtieren zählen, das sind die Schmetterlinge des Meeres, die Flossenfüßer, die sich unglaublich schnell vorwärts bewegen. Dem Forscher am Meeresstrande bieten sie viel Interessantes, doch müßte ich zu tief auf die innere Organisation eingehen, wenn ich den Bau dieser Tiere verständlich machen wollte. Aber von jenen Ungeheuern, welche die Tiefe des Meeres bewohnen und allerlei Sagen seit uralter Zeit veranlaßten, von den Tintenfischen, muß ich dem Leser wenigstens ein Organ vorführen, das Auge. Obwohl diese ganze Tiergruppe auf niedriger Stufe steht, ist gerade ihr Sehorgan hoch entwickelt, ja selbst ein Vergleich mit dem Auge des Menschen wird einige Ähnlichkeiten herausspringen lassen. Fig. 294 stellt einen Durchschnitt durch das Auge eines solchen Kopffüßers dar. Wir sehen eine äußere Hornhaut das Sehorgan

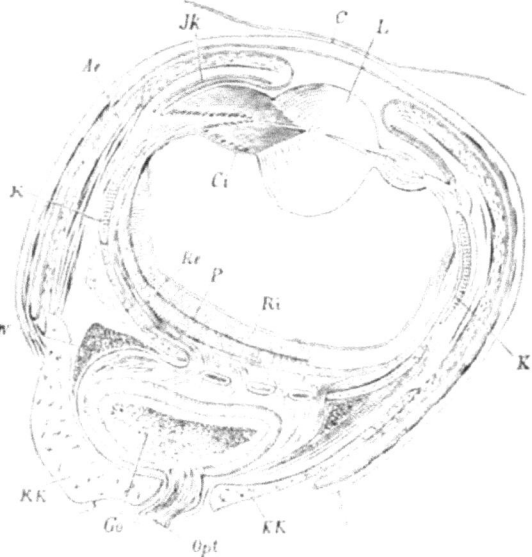

Fig. 294. Schnitt durch das Auge eines Tintenfisches (Sepia). Nach Hensen.

KK Kopfknorpel. C Hornhaut. L Linse. Ci Ciliarkörper. Jk Irisknorpel. K Augapfelknorpel. Ae Argentea externa. W Weißer Körper. Opt Augennerv, Go dessen Nervenknoten. Re Äußere Schicht. Ri Innere Stäbchenschicht der Netzhaut. P Farbschicht derselben.

bedecken und schützen (C), dahinter liegt, durch die vordere Augenkammer von der Cornea getrennt, die kugelige Linse, welche beiderseits von dem Ciliarkörper (Ci) gehalten wird. Nun folgt wie beim menschlichen Auge der Glaskörper von gallertiger Beschaffenheit, und die Höhlung ist ausgekleidet von der Netzhaut (Retina, Re, Ri). Ein Vergleich mit dem menschlichen Auge beweist vollständige Übereinstimmung. Und doch ist ein wesentlicher Unterschied gerade im Bau der Netzhaut vorhanden. Während beim Säugetierauge die empfindliche Stäbchen- und Zapfenschicht der Netzhaut vom Glaskörper weggewendet nach außen liegt, finden wir hier die zwei Schichten von Zapfen (Ri) dem Gallertkörper zugewendet. An

16*

unserm Bilde sehen wir noch die Kopfknorpel (K K), welche das Auge
halten, die Jrisknorpel (I k), an denen die Muskeln der Regenbogenhaut
angeheftet sind, den Augapfelknorpel (K), den Augennervenknoten (G o),
den eintretenden Augennerven (Opt) und eine Farbschicht (P).

Äußerst interessant ist aber die Entwickelungsgeschichte der Schnecken
und Muscheln, und hier hat das Mikroskop viel Licht in dunkle Fragen
gebracht, wenn auch manche noch ihrer Lösung harren. Unsre Abbildung
(Fig. 295) veranschaulicht die Entwickelungsstadien einer Muschel auf
früher Stufe; jedem wird sofort die Ähnlichkeit mit den schon oben

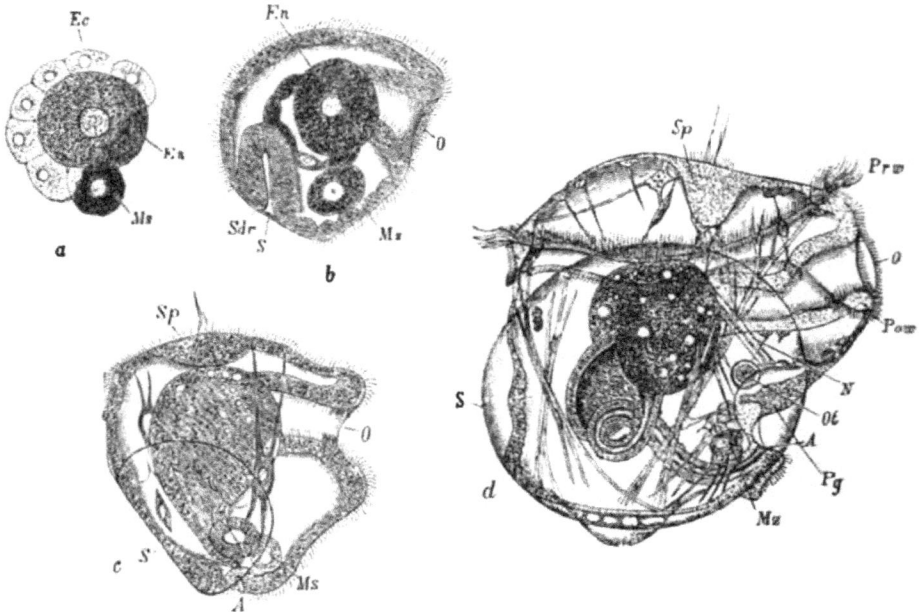

Fig. 295. Vier Entwickelungsstadien der Bohrwurm-Larve (Teredo).
Sp Scheitelplatte. A After. Prw u. Pow Die beiden Wimperkränze. O Mund. S Schale.

besprochenen Wurmlarven auffallen; insbesondre weisen die beiden Wimperkränze darauf hin. Die Schale des zukünftigen ausgewachsenen Tieres
ist schon bei diesen Stadien angelegt, noch weiter entwickelt sind die
einzelnen Teile in Fig. 296 und 297 dargestellt: da treten die Fühler
mit den Augen besonders hervor, die Schale beginnt die Gestalt anzunehmen, welche das ausgewachsene Tier trägt, auch die Atmungs-
organe (Fig. 297 Br) beginnen sich zu entwickeln. Auf die feineren
Vorgänge bei der Entstehung der Schnecken aus dem Ei will ich hier
nicht eingehen, es mögen die Bilder veranschaulichen, wie die Naturforscher auf diesem Gebiete mit dem Mikroskope gearbeitet haben. Indessen kann ich es nicht umgehen, die Aufmerksamkeit des Lesers auf
eine Schnecke zu lenken, deren Lebensgeschichte eine ganz wunderbare ist

und ihr den Namen Entoconcha mirabilis eingetragen hat. Der
Name deutet schon auf ihren Aufenthaltsort im Darm, es ist eine
Parasitenschnecke oder Eingeweideschnecke. In der Mitte der
vierziger Jahre beschäftigte sich der große Berliner Physiolog und Zoolog
Johannes Müller viel mit der Untersuchung von Stachelhäutern, und
besonders in der Nähe von Triest, in der Bai von Muggia war die
Stätte seiner Studien. Da finden sich zu Millionen gewisse Arten von
Seewalzen, die Klettenholothurien (Synapta). Johannes Müller entdeckte
nun in einzelnen Exemplaren der Synapta einen Schlauch, dessen eines
Ende im Zusammenhang mit dem Bauchblutgefäße stand, während das
andre frei in der Leibeshöhle hin und her schwamm. Sein Erstaunen
wuchs, als er in dem Schlauche Eier entdeckte, aus welchen junge —
Schnecken hervorkamen, ausgerüstet mit einer Schale, Fuß und Segel,

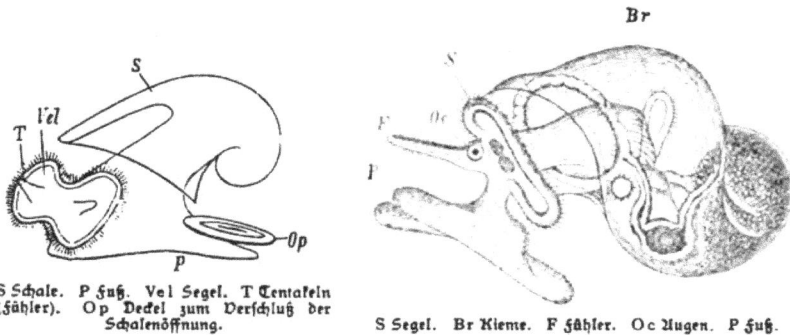

S Schale. P Fuß. Vel Segel. T Tentakeln
(Fühler). Op Deckel zum Verschluß der
Schalenöffnung.

S Segel. Br Kieme. F Fühler. Oc Augen. P Fuß.

Fig. 296 u. 297. Larven von Bauchfüßern (Schnecken).

und er war geneigt, hier an einen Generationswechsel zu glauben, an
dem zwei ganz verschiedene Tiere, ein Stachelhäuter und eine Schnecke
sich beteiligten. Allein dieser Sprung von der Seewalze zur Schnecke
war doch zu stark, und so machte die Hypothese über das rätselhafte
Binnenwesen der Klettenholothurie von Muggia zwar großes Aufsehen,
fand aber keine Gläubigen. Mehrere Zoologen versuchten sich daran,
den Zusammenhang zu entdecken, am andauerndsten Albert Baur, welcher
sich monatelang in Triest aufhielt und das Verhältnis des fertigen
Schlauches zur Synapta und die Erzeugung der jungen Schnecken in ihm
des Wunderbaren zwar entkleidete, die Einwanderung der parasitischen
und degenerierten (herabgekommenen) Schnecke — denn eine solche ist
der Schlauch — seinen Nachfolgern aber zu ergründen übrig ließ; und
bis heute ist die Frage noch nicht gelöst, wie die Schnecken in die Holothurie gelangen.

Noch wunderbarer ist aber eine andre Sippschaft, die zu den nächsten
Verwandten der Tiere zählt, die Schalen und Mantel tragen, und zwar
nicht bloß ihrer Organisation wegen, sondern noch vielmehr wegen ihrer
Lebensgeschichte. Ich meine die Manteltiere — Tunicaten — mit den
Salpen, bei denen es dem Dichter Chamisso auf seiner Weltreise zum

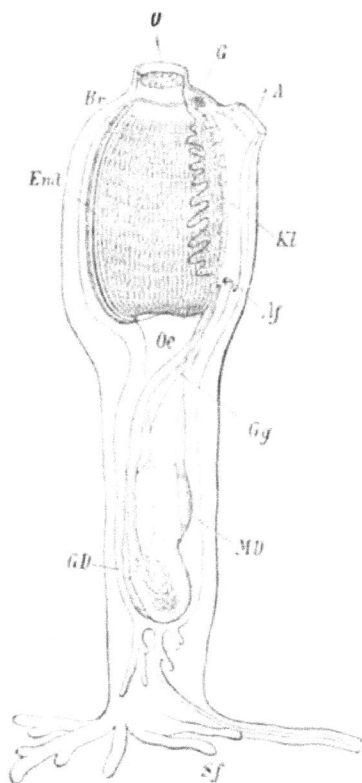

Fig. 298. Clavellina.

O Mund. Br Kieme. Oe Schlund. Md Magen-
darm. Kl Kloake. A Auswurfsöffnung.
G Nervenzentrum. Gd Geschlechtsdrüse, Gg ihr
Ausführungsgang.

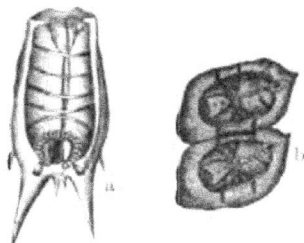

Fig. 299.
Salpa mucronata-democratica.

a Solitäre sog. Amme.
b Zwei verkettete Geschlechtstiere.

erstenmal gelang, den Generationswechsel (vergl. S. 166) zu entdecken.
Das Merkwürdigste an den Mantel-
tieren ist aber, daß sie in vieler Beziehung die Brücke bilden von den
niederen Tieren zu den höheren — den
Wirbeltieren. Um das verständlich zu
machen, muß ich die Organisation eines
solchen Tieres kurz beschreiben. Ihre
Gestalt ist meist sackförmig (Fig. 298),
gleichviel ob sie eine festsitzende —
wie die Ascidien — oder eine frei-
schwimmende Lebensweise — wie die
Salpen — führen. Der hüllende und
schützende Sack besteht aus Cellulose,
einem Stoffe, der sonst im Tierreiche
nirgends abgeschieden wird und immer
nur als Produkt der Pflanzenwelt bekannt war. Innerhalb des Sackes sitzt
das Tier. Dasselbe besitzt zwei Öffnungen, einen Mund und einen After,
in den die Geschlechtswege münden.
Den größten Teil nimmt der Kiemen-
raum ein, welcher der Atmung dient
(Br), vom Nervensystem ist meist nicht
mehr zu sehen als ein Nervenzentrum (G)
und von diesem ausgehend vier Nervenstämme.

Wie schon bemerkt, gaben Glieder
dieser Tierabteilung die Veranlassung
zur Entdeckung des Generations-
wechsels. Die Salpen nämlich (vergl.
Fig. 299) schwimmen frei, bald einzeln, bald zu band- oder kreisförmigen
Ketten aneinander gereiht, indem sie
durch die Zusammenziehungen ihres
tonnenförmigen Leibes aus der end-
ständigen Kloakenöffnung das den
weiten Innenraum erfüllende Atem-
wasser ausstoßen. Die einzeln lebenden
und verketteten Salpen sind aber nicht
verschiedene Arten, sondern verschiedene Generationen derselben Art.
Ihr Generationswechsel weicht nur
insofern von dem der Quallen ab, als
die einzelnen Geschlechter fast nur
durch die Art ihrer Fortpflanzung von-

einander verschieden sind, sonst aber im wesentlichen die gleiche Organisation besitzen. Während die Produktion von Geschlechtsstoffen ausschließlich auf die verketteten Individuen (b) beschränkt ist, besitzen die isolierten Individuen (a) die Fähigkeit der ungeschlechtlichen Vermehrung. Sie tragen statt der Geschlechtsorgane einen cylindrischen sogenannten

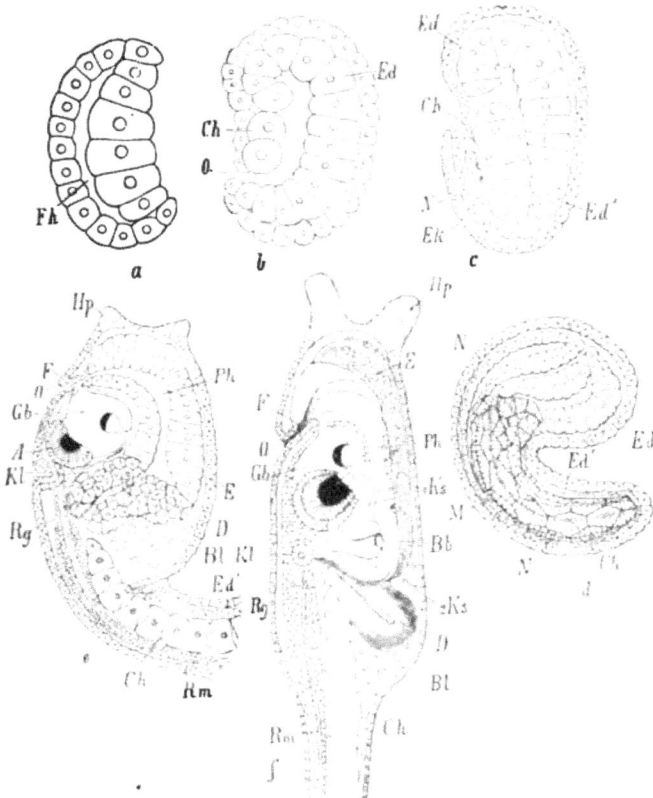

Fig. 300. Entwickelung von Phallusia mammillata. Nach Kowalewski.

a. Keimblase in der Einstülpung begriffen (vgl. S. 161). Fh Furchungshöhle. — b. Gastrula mit Einstülpungsöffnung O. Ed Inneres Keimblatt. Ch Chorda (Rückensaite). — c. Späteres Stadium. Ek Äußeres Keimblatt. N Anlage des Nervenrohres. — d. Stadium mit Rumpf und Schwanz. Ed' Anlage von Darmdrüsen im Schwanz. M Muskelzellen. — e. Ausschlüpfende Larve. Rg Rumpfnervenknoten, Rm dessen Verlängerung in den Schwanz. Gb Gehirnblase. F deren Öffnung. A Auge. O Mundeinstülpung. Ph Schlundhöhle. D Darmanlage. Kl Kloake (Anlage). Bl Blutkörperchen. Hp Haftpapillen. — f. Zwei Tage alte Larve (nur Vorderkörper). ₁Ks, ₂Ks Kiemenöffnungen. Bb Blutraum in der ersten Kiemenleiste. D Darm.

Keimstock (ks), an dem die Geschlechtstiere hervorknospen und gruppenweise zur Entwickelung kommen, bis die einzelnen Gruppen sich in Kettenform loslösen. Die Fig. 299 zeigt die Proles solitaria mit dem hornartig gekrümmten Keimstocke und zwei verkettete Individuen derselben Art (Salpa mucronata-democratica) etwas vergrößert.

Die festsitzenden Formen (Ascidien) dagegen entwickeln sich ohne Generationswechsel, dafür durchlaufen sie jedoch eine Metamorphose, die besonders bei den als Appendikularien bezeichneten Formen merkwürdig ist. Die eingezeichneten Figuren (300 und 298) mögen uns dabei leiten.

Die Entwickelung beginnt mit der Teilung der Eizelle und führt zur Bildung einer Zellenblase. Diese gestaltet sich durch Einstülpung und Verdrängung der Furchungshöhle (Fh in a) zur Gastrula um, einem Sacke, dessen Wand nur aus den beiden Keimblättern gebildet wird, Ek bezeichnet stets das äußere, Ed das innere Blatt. Beim Stadium b tritt aber eine Reihe von besonderen Zellen auf, Ch, welche zur Bildung eines Stranges führen, der unter dem Hauptnervenstamme gelegen ist und nur bei Wirbeltieren auftritt, das ist die knorpelige Chorda dorsalis oder Rückensaite, dieselbe setzt sich von der Gehirnblase (Gb) durch den ganzen Schwanz als Achse fort. Der hervorgewachsene Schwanz biegt sich nach der dem Nervensystem (Rm) entgegengesetzten Seite ein und schlägt sich gegen den Körper um. Mit der weiteren Entwickelung beginnt die Oberhaut am Vorderende sich zu verdicken und drei Papillen hervorzutreiben, die späteren Haftpapillen. Die Anlage des Nervensystems, an der zwei mit lichtbrechenden Organen versehene Farbflecke auftreten (Auge und Gehörorgan), wird in ihrem vorderen Abschnitte zu einer Blase und erstreckt sich in ihrer Verlängerung oberhalb der Chorda als Strang mit Zentralkanal in den Schwanz hinein. Der Kiemensack wächst an seinem oberen hinteren Ende in die blindsackartige Anlage des Darmkanals aus. Mund und Kloakenöffnung werden dadurch gebildet, daß am vorderen Körperende und an zwei Stellen der Rückenhaut trichterförmige Gruben entstehen, welche die Wand des Kiemensackes durchbohren. Nun durchbricht der Embryo, auf dessen Haut die abgeschiedene Gallertmasse nebst den eingewachsenen amöbenartigen beweglichen Tunicazellen den Mantel bildet, die zottige Eihaut und tritt in das Stadium der frei umherschwärmenden Larve ein, welche bereits alle Organe des späteren Ascidienleibes, auch das Herz in seiner Anlage besitzt und nur der Geschlechtsdrüsen entbehrt. Nun aber macht diese Larve, welche mit dem niedersten Wirbeltiere, dem Amphioxus lanceolatus in ihrer ganzen Organisation übereinstimmt, in der weiteren Entwickelung eine rückschreitende Metamorphose durch. Nachdem sich die Larve mittels der Haftpapillen (Hp in Fig. 300f) festgesetzt hat, verkümmert der Schwanz. Das Nervensystem mit den anhängenden Farbflecken bildet sich zurück und büßt zunächst die Höhle ein; dagegen wächst der Kiemensack zu größerem Umfange heran. Alsdann wächst der Mantel fest, die Mundöffnung wird zur Einwurfsöffnung des Kiemensackes, und hinter ihr entsteht ein Flimmerbogen (Fig. 298 End) am Vorderende der schon früher gebildeten Bauchfurche, und so bildet sich ein Tier, das in der Larvenform auf der Höhe der Wirbeltiere stand, zu einer festsitzenden Ascidie zurück.

IV. Kapitel.

Der mikroskopische Bau der höheren Tiere und des Menschen
(Vertebrata).

Wie ein- und mehrzellige Pflanzen, so gibt es, wie wir erfahren haben, auch ein- und mehrzellige Tiere. Den Typus der letzteren in seiner höchsten Vollendung repräsentieren die Vertebraten, deren Organismus nichts weiter ist als ein Konglomerat von unendlich vielen Zellen und deren Abkömmlingen in mannigfachster Differenzierung. Eine Kombination derselben zu einer kleineren oder größeren Kolonie behufs Leistung einer bestimmten Arbeit führt zur Bildung eines Organes. Je nachdem in einem solchen das eine oder andre Formelement an Zahl überwiegt, prägt sich ihm ein bereits mit bloßem Auge erkennbarer Charakter auf, so erscheint eine vorzugsweise aus Muskelfasern zusammengesetzte Masse als Fleisch, eine aus Knorpelzellen als milchweißer Knorpel u. s. f. Dabei bewahrt sich jede Zellart ihre eigentümlichen Lebensbedingungen bezüglich der Ernährung, des Wachstumes und der Fortpflanzung, steht aber doch in einem festen gegenseitigen Abhängigkeitsverhältnis zu allen andern, so daß jede normale körperliche Funktion in letzter Instanz auf ihrem harmonischen Zusammenwirken beruht.

Bei der Lösung unsrer Aufgabe haben wir also in erster Linie die verschiedenen Zellen genau zu betrachten, ehe wir aus ihnen die wichtigsten Organe aufzubauen versuchen. Wenn naturgemäß im Mittelpunkte unsrer Darstellung der menschliche Organismus sich befindet, so liegt darin kein Widerspruch zu der Überschrift dieses Abschnittes, da die höheren Tiere nicht nur makroskopisch, sondern auch mikroskopisch ein sehr beträchtliches Maß von Übereinstimmung in ihrem Bau erkennen lassen, so daß es kaum noch Schwierigkeiten zu überwinden gibt, wenn man sich auf Grund der Kenntnis der einen Klasse bezüglich der andern zu orientieren wünscht.

Ehe wir uns einer detaillierten Schilderung des uns beschäftigenden Gegenstandes zuwenden, sind gewiß einige allgemeine Bemerkungen über die wichtigsten Eigenschaften der tierischen Zelle am Platze. In physiologischer Hinsicht mangelt ihr ganz und gar die Fähigkeit der Pflanzenzelle, die anorganische Substanz (Kohlensäure, Ammoniak, Wasser u. a.) in organische Verbindungen (Eiweiß, Fett, Zucker, Stärke u. s. w.) überzuführen. Sie vermag nur das von jener gelieferte Material zu modifizieren und mit Hilfe des Sauerstoffes der Luft wiederum in einfache Körper (Wasser, Kohlensäure, die im Harn enthaltenen Stoffe) zu zerlegen. —

Morphologisch sind die Hauptbestandteile der tierischen Zelle das Protoplasma und der Kern, welche beide bei starker Vergrößerung ein deutliches Faden- oder Netzwerk erkennen lassen, letzterer besitzt außerdem eine Membran sowie ein oder mehrere Kernkörperchen. Meist hat jede Zelle nur einen Kern. Ausnahmen von dieser Regel existieren nach zwei Richtungen, indem entweder eine Vielheit von Kernen oder scheinbar keiner vorhanden ist, indessen nehmen die kernlosen Zellen stets von kernhaltigen ihren Ursprung. Die Zellmembran wird bei vielen Zellen vermißt, sie ist eine Verdichtung der peripheren Teile des Protoplasma oder eine Ausscheidung desselben, gewöhnlich erscheint sie als ein struk-

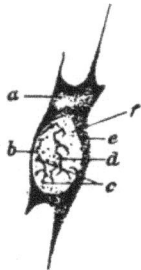

Fig. 301. **Bindegewebs- zelle aus der Haut des Wassersalamanders** (Triton taeniatus). Flächenbild 560 mal vergrößert. a Protoplasma. b Kern. c Kernkörperchen. d Kerngerüst. e Kernmembran. f Kernsaft.

turloses Häutchen. Die Form und Größe der Zelle ist außerordentlich wechselnd, letztere zumal schwankt in den weitesten Grenzen. Die Lebensthätigkeit der Formelemente ist teilweise der mikroskopischen Beobachtung zugängig, und zwar die verschiedenen Arten der Bewegung, das Stadium der Arbeit bezw. der Sekretion und die Fortpflanzung. Was gerade diese betrifft, so hat man auch für sie endgültig mit der Generatio aequivoca oder Urzeugung, d. h. der freien Bildung aus eiweißhaltigem Nährsubstrat, gebrochen. Statt dessen ist das Virchowsche Omnis cellula e cellula (jede Zelle aus einer Zelle) zu allgemeiner Anerkennung gelangt, d. h. jede neue Zelle entsteht nur durch die Teilung einer bereits vorhandenen. Bei diesem oft sehr komplizierten Vorgange ist dem Kern eine Hauptrolle zuerteilt; es ist daher ohne weiteres klar, daß kernlose Individuen sich nicht zu vermehren vermögen, sie sind in der That dem Untergange geweiht.

Und nunmehr zur Sache! Wir beginnen unsre Darstellung mit dem Blute, jener wunderbaren Flüssigkeit, über deren Bedeutung im Organismus so lange ein mystisches Dunkel geherrscht hat. Wenn die mosaische Gesetzgebung das Verbot ihres Genusses mit den Worten motiviert: „Denn in dem Blute ist die Seele des Fleisches", so begegnen wir darin einer Anschauung, die nahe verwandt ist mit denen, wie sie das ganze Mittelalter hindurch bis in die neue Zeit bei Ärzten und Laien in Kraft waren. Das Goethesche: „Blut ist ein ganz besonderer Saft" dürfen wir übrigens auch heute noch, wo wir wissen, daß es sich um das unentbehrliche Ernährungsmaterial handelt, welches allen Teilen des Körpers zugeführt wird, getrost unterschreiben, ja gerade durch das Mikroskop hat es eine ungeahnte Bestätigung gefunden. Betrachten wir ein Tröpfchen Blut bei starker Vergrößerung, so zeigt sich, daß in einer farblosen Flüssigkeit, dem Blutplasma, eine ungeheure Zahl von Zellen umherschwimmen. Unter diesen fallen zunächst die sogenannten

roten Blutkörperchen ins
Auge, es sind beim Men-
schen kleine gelbgefärbte,
kernlose, bikonkave Scheiben,
welche sich im Ruhezustande
gern geldrollenförmig an-
einander zu legen pflegen.
Sie sind sehr veränderlich,
schon Wasserzusatz genügt, sie
zum Quellen und schließlich
zum Platzen zu bringen,
eine Erscheinung, die sich
dem Auge dadurch kundthut,
daß sie zunächst die kugelige
Form annehmen, um schließlich ihren Farbstoff, das
Hämoglobin, der flüssig-
keit mitzuteilen, worauf nur
noch ihr farbloses Zellgerüst
zurückbleibt. Anderseits wird
ihre Gestalt durch Verdunstung, Gerinnung des Inhaltes,
Erwärmung und andre Einwir-
kungen aufs verschiedenartigste
beeinflußt.

Von großem Interesse und,
wie wir nachher sehen werden,
oftmals von höchster praktischer
Bedeutung ist die Eigenschaft des
Hämoglobins, unter gewissen Bedingungen Kristalle zu bilden,
welche bei durchfallendem Lichte
blaurot, bei auffallendem schar-
lachrot gefärbt sind, ihre Form
ist verschieden, je nach der Tierart, von welcher das Blut her-
stammt. Dieselbe Eigenschaft
kommt übrigens auch den Abkömmlingen und chemischen Verbindungen des Hämoglobins zu.

Die Zahl der roten Blut-
körperchen beträgt in einem
Kubikmillimeter beim gesunden
Manne etwa 5 000 000, bei der
Frau gegen 4 000 000, bei ersterem im gesamten Organismus,
wenn man die Blutmenge eines

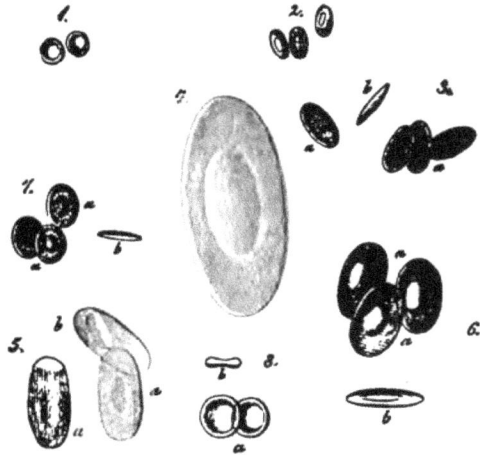

Fig. 302. Farbige Blutzellen

1 vom Menschen, 2 vom Kamel, 3 der Taube, 4 des Proteus,
5 des Wassersalamanders, 6 des frosches, 7 der Schmerle,
8 des Querder. Bei a Ansichten von der fläche, bei b seitliche Ansichten.

fig. 303. Blutkristalle des Menschen und verschiedener
Säugetiere.

a Blutkristalle aus Venenblut, b aus dem Blute der
Milzvene des Menschen, c aus dem Herzblute der Katze,
d aus der Halsvene des Meerschweinchens, e aus dem
Blute des Hamsters, f aus dem des Eichhörnchens.

normalen Individuums bei einem durchschnittlichen Körpergewicht von 65 Kilogramm auf 5 Kilogramm veranschlagt, 250000 Millionen, welche nach einer Berechnung von Welcker einer Oberfläche von etwa 2800 Quadratmetern entsprechen würden. Da nun an dieser sich der respiratorische Gasaustausch, d. h. die Aufnahme von Sauerstoff und

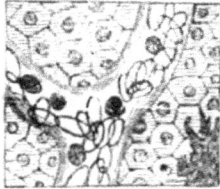

Fig. 304. Ein Stückchen aus der Schwimmhaut eines Frosches mit einem sich verzweigenden Blutgefäß und zahlreichen darin strömenden ovalen Blutkörperchen, sowie einigen Fettkügelchen, stark vergrößert.

Abgabe von Kohlensäure bei der Atmung vollzieht, so geht daraus die wichtige Rolle, welche diese Zellen im Organismus spielen, klar hervor, und man kann ohne weiteres ermessen, welche Gefahren in einem Zugrundegehen derselben liegen.

Ein andrer zelliger Bestandteil des Blutes sind die weißen Blut- oder Lymphkörperchen, Leukocyten, kugelige, stark lichtbrechende Gebilde, in denen nach Zusatz von Wasser oder bestimmten Chemikalien ein bis vier Kerne hervortreten. An Menge stehen sie den roten bei weitem nach, sie verhalten sich zu ihnen etwa wie 1 : 350, im Kubikmillimeter finden sich also 14000, im Gesamtblut

etwa 700 Millionen. Sie zeichnen sich durch die Fähigkeit aus, aktive Bewegungen auszuführen, welche ihrer Ähnlichkeit wegen mit denen der Amöben als amöboide bezeichnet werden. Wie diese vermögen sie Ortsveränderungen zu bewerkstelligen, daher auch der Name „Wanderzellen",

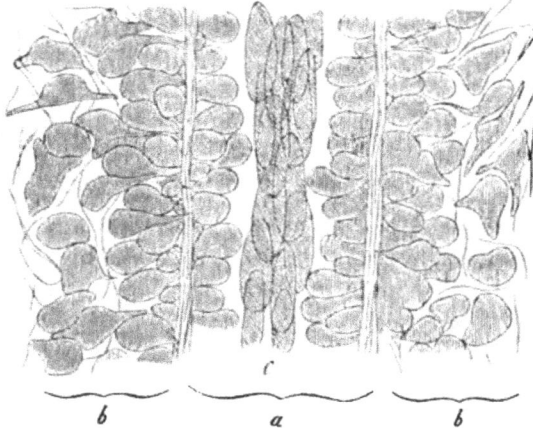

Fig. 305. Der Cohnheimsche Versuch. Nach Rindfleisch.
a Vene. bb Anstoßendes Bindegewebe, mit ausgewanderten farblosen Blutkörperchen durchsetzt. c Säule roter Blutkörperchen. 1/600

und kleinste in ihrer Nähe befindliche Gegenstände, so z. B. feine Partikelchen von Zinnober, in sich aufzunehmen; wir werden über diese Eigenschaft bei Gelegenheit der Besprechung der durch Bakterien verursachten Erkrankungen noch zu reden haben. Durch die unsterbliche Entdeckung des großen Pathologen Cohnheim sind wir darüber aufgeklärt worden, wie hervorragend die Beteiligung der Lymphkörperchen bei dem Vorgange der Entzündung ist.

Während bei der gewöhnlichen Blutströmung in der Achse eines Gefäßes rote und weiße Blutkörperchen untereinandergemischt dahinfließen, bleiben bei der Entzündung nur noch die roten an der alten Stelle, während die weißen wandständig werden und allmählich das Gefäß verlassen, in der Umgebung desselben finden wir sie dann als

Eiterzellen wieder. Diese außerordentlich zierlichen Bilder sind leicht an der Schwimmhaut eines Frosches bezw. dem Gekröse desselben unter dem Mikroskop darzustellen.

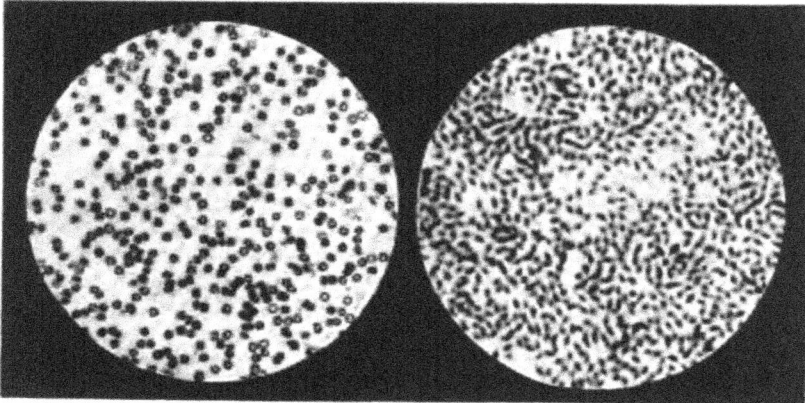

fig. 306. Menschenblut.   fig. 307. Vogelblut.

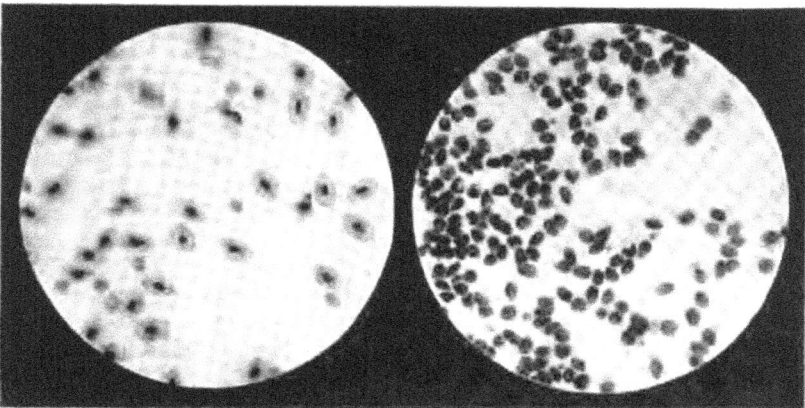

fig. 308. Froschblut.   fig. 309. Fischblut.
Nach Mikrophotographien von Dr. Burstert & Fürstenberg.

Werfen wir nunmehr noch einen Blick auf die Formelemente des Blutes bei andern Tierklassen! Die weißen Blutkörperchen weichen im allgemeinen von der eben gegebenen Beschreibung kaum ab, um so mehr allerdings die roten. Was ihre Form betrifft, so ist dieselbe bei den Säuge-tierarten außerordentlich ähnlich; nur das Kamel, das Lama und einige andre haben elliptische Blutkörperchen ohne Kern, im Gegensatz dazu sind die der Vögel, Reptilien, Amphibien und meisten Fische kernhaltig und sämtlich länglich elliptisch. Bezüglich der Größenmaße sind wesentliche Unterschiede zu verzeichnen, unter den Säugetieren haben die Elefanten die größten, unter den übrigen Klassen sind die des Proteus (Olm) sogar mit bloßem Auge zu erkennen.

Nicht selten ist die Frage vom höchsten Interesse, ja Leben und Ehre eines Menschen können davon abhängen, ob irgend ein Flecken auf Zeug, Eisen und dergleichen von Menschenblut herrührt oder nicht. Wer die Gerichtsverhandlungen verfolgt, weiß, daß durch einen derartigen Nachweis allein oft genug die Schuld oder Nichtschuld des Angeklagten entschieden wird. Manchmal sind in Blutspuren die roten Blutkörperchen noch erhalten, wenn sie auch durch die Verdunstung des Wassers eine Formveränderung, wie wir sie vorher beschrieben, erlitten haben, alsdann gelingt es durch vorsichtigen Wasserzusatz leicht, die alte Form wieder herzustellen. Daß man in einem solchen Falle mit Sicherheit entscheiden kann, ob es sich etwa um Säugetier- oder Vogelblut handelt, bedarf wohl keiner näheren Erörterung, dagegen läßt sich nicht mit positiver Gewißheit aussagen, ob Menschen- oder z. B. Schweineblut in dem Flecken enthalten sei. Aber auch bei vollständig eingetrockneten Blutspuren, in denen keine Zelle mehr erkennbar ist, läßt sich durch die künstliche Bildung von Blutkristallen der Beweis von dem Vorhandensein des Blutes führen.

Der Bestimmung des Blutes, sämtliche Teile des Körpers zu ernähren, dienen die Blutflüssigkeit wie die Formbestandteile in gleicher Weise. Aus dieser Thatsache können wir als selbstverständlich ableiten einmal, daß die Blutkörperchen dem Schicksal aller Zellen verfallen sind, nämlich sich abzunutzen und zu Grunde zu gehen, und dann, daß unbedingt für einen ständigen Ersatz gesorgt sein muß, soll nicht der Organismus zu Siechtum und Tod verurteilt sein. Was den letzteren Punkt angeht, so wird das zum Aufbau neuer Elemente erforderliche Material durch die Nahrung herbeigeschafft, deren Umwandlung in Chylus und Vermischung mit der Lymphe später besprochen werden wird. Die Fortpflanzung der Lymphkörperchen geht durch Teilung vor sich, die roten Blutkörperchen dagegen, deren Reste in der Leber, der Milz und dem Knochenmark aufzufinden sind, können sich als kernlose Zellen in dieser Weise nicht vermehren, die Stätte ihrer Neubildung ist das Knochenmark, sie entstehen aus kernhaltigen Zellen, die den Kern später verlieren.

Wir gehen nunmehr zu der weiteren Analyse der Körpergewebe über. Unter ihnen haben wir uns in erster Linie mit dem Stützgewebe zu beschäftigen, einem Begriffe, unter dem das Bindegewebe, der Knorpel und der Knochen zusammengefaßt werden. Das erste ist ein wahrer „Hans Dampf in allen Gassen"; gibt es doch überall etwas zu binden, überall Lücken auszufüllen, Unebenheiten abzurunden. Es existieren von ihm drei Arten, nämlich das gelatinöse oder gallertartige, das fibrilläre oder faserige, endlich das retikuläre oder netzförmige. Das gallertartige Bindegewebe, sternförmige verästelte Zellen, eine schleimige Zwischensubstanz mit feinsten Fasern, ist bei niederen Tieren sehr verbreitet, bei höheren fast nur im Embryonalzustande vertreten (daher „embryonales Bindegewebe"), bei erwachsenen Individuen erhält es sich u. a. im Glaskörper des Auges. Das fibrilläre iſt aus ſpärlichen Zellen und zarten, zu mehr oder minder ſtarken Bündeln vereinigten Faſern zuſammen. geſetzt, von denen letztere einen wellenförmigen, untereinander parallelen Verlauf haben, erſtere entweder gleichfalls parallel ſind oder ſich durch. kreuzen in verſchiedenen Richtungen. Dieſe Art des Bindegewebes tritt ſowohl in lockerer als in geformter Geſtalt auf. Was erſtere angeht,

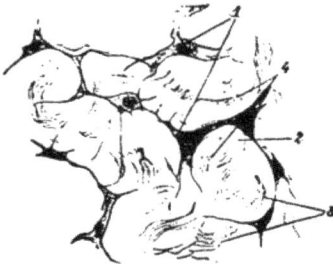

Fig. 310. Aus einem Querſchnitte des Nabel-
ſtranges eines ca. vier Monate alten menſchlichen Embryos. 240mal vergrößert.

1 Zellen, 2 Zwiſchenſubſtanz, 3 Bindegewebsbündel, meiſt ſchräg getroffen, 4 Bindegewebsbündel, rein quer durchſchnitten.

Fig. 311. Verſchieden dicke Bindegewebsbündel
des intermuskulären Bindegewebes des Menſchen. 240mal vergrößert.

Binde-
gewebszellen

Netzwerk

Leukocyten

Fig. 312. Netzförmiges Bindegewebe.
Aus einem geſchüttelten Schnitt einer menſchlichen Lymphdrüſe. 560mal vergrößert.

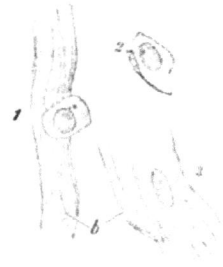

Fig. 313. Bindegewebszellen aus intermuskulärem Bindegewebe. 560mal vergrößert.

1 Platte Zelle, zum Teil einem Bindegewebsbündel anliegend. 2 Geknickte Zelle. 3 Zelle,
deren Protoplasma nicht ſichtbar iſt. b Bindegewebsbündel.

ſo iſt ſie in der Umgebung von Organen anzutreffen, deren Rauminhalt beträchtlichen Schwankungen unterworfen iſt. Dahin gehört vor allen Dingen die Mehrheit der Blut- und Lymphgefäße, deren Füllung bald eine ſtärkere, bald eine ſchwächere wird, ſie dürfen aus leicht begreiflichen Gründen nicht in einem ſtarren, unnachgiebigen Gewebe eingebettet liegen, ſondern in einem ſolchen, welches ihnen innerhalb beſtimmter Grenzen eine beliebige Ausdehnung bezw. Zerrung erlaubt. Dasſelbe gilt von faſt allen Schleimhäuten, von den Muskeln, Nervenſtämmen und Drüſen u. ſ. w., kurz und gut, von ſämtlichen Gebilden, denen eine gewiſſe

Verschiebbarkeit gestattet sein muß. Damit begnügt sich indessen das lockere Bindegewebe nicht, es kriecht auch in die Organe selbst hinein und ist in mehr oder minder höherem Maße die Grundlage, an der sich der Aufbau des Ganzen vollzieht.

Das geformte Bindegewebe breitet sich zum Teil in flachen Membranen aus, wie in der Lederhaut, den Schleimhäuten, den Umhüllungen des Gehirns und Rückenmarks, vielen Drüsen u. s. f., zum andern Teil setzt es oft recht massige Gebilde, wie die Sehnen, die Bandscheiben der Gelenke zusammen. Physikalisch ist das fibrilläre Bindegewebe durch die weiße Farbe charakterisiert, wie sie besonders deutlich in den Sehnen, sowie z. B. an der sogenannten harten Hirnhaut zu Tage tritt, chemisch durch sein Verhalten der Siedehitze, welche es in Leim verwandelt, und Säuren und Alkalien gegenüber, durch welche es aufquillt und durchsichtig wird.

Das retikuläre Bindegewebe präsentiert sich als ein Netzwerk feiner Fasern mit verästelten Zellen, die untereinander zusammenhängen, in den Maschen sind andere Formelemente vertreten, so in den Lymphdrüsen Lymphkörperchen. Manche Forscher rechnen in diese Kategorie die Neuroglia, d. i. die Stützsubstanz des zentralen Nervensystems.

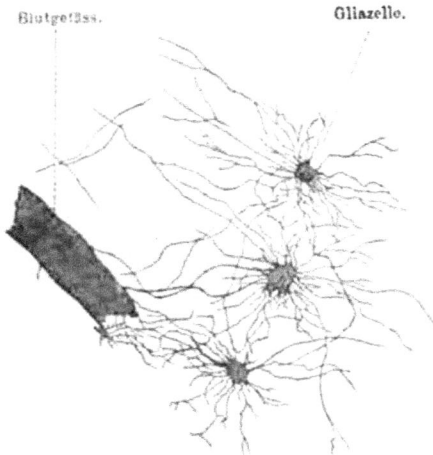

Fig. 314. Aus einem Durchschnitt der weißen Substanz des menschlichen Gehirns (260mal vergrößert).

Nahe verwandt mit dem Bindegewebe und stets mit der fibrillären Form zusammen vorkommend ist das elastische Gewebe. Es sind stark lichtbrechende, teils außerordentlich zarte, teils ziemlich derbe Fasern, die sich sehr häufig verästeln und Netze bilden, so ganz besonders in den Arterien als gefensterte Membranen. Chemisch unterscheidet sich das elastische Gewebe durch seine große Widerstandsfähigkeit gegen die Siedehitze und die vorher genannten Verbindungen. Wenn die elastischen Elemente die bindegewebigen an Zahl überwiegen, so haben wir es mit elastischen Gebilden zu thun, welche sich dem Auge schon durch ihre gelbe Farbe kundgeben, dieselben sind da angebracht, wo eine hohe Elastizität ein unabweisbares Bedürfnis ist, so bei den Arterien, dem großen Nackenbande des Rindviehs u. a. Wird die Hausfrau zufällig mit einem Stück elastischen Gewebes als Beigabe zum Fleisch vom Metzger beglückt, so hat sie die schönste Gelegenheit, die eben erwähnten Eigenschaften desselben zu studieren, in chemischer Hinsicht wird sie allerdings wenig von ihnen erbaut sein, da es ihr auch durch die raffinierteste Kochkunst nicht gelingt, etwas zum Genuß Geeignetes daraus zu präparieren.

Ein Abkömmling des Bindegewebes iſt das Fettgewebe, oder eigentlich iſt dasſelbe nichts weiter als Bindegewebszellen, die Fett aufgenommen haben. Es ſcheint auf den erſten Blick, als ob eine ſolche Zelle
nur aus einem großen Tropfen desſelben und einer einſchließenden
Membran beſtehe, dieſe erweiſt ſich indeſſen als aus einem dünnen Saum
von Protoplasma beſtehend, auch Kerne fehlen nicht. Schon aus dem
Umſtande, daß die Maſſe des Fettes etwa den zwanzigſten Teil des
Körpergewichts beträgt, darf man auf die wichtige Rolle ſchließen, welche
es ſpielt: außer den ihm wie allem Bindegewebe zukommenden Charakter-
eigenſchaften dient es als weiches Polſter für die Bewegungen zarter
Organe und im Haushalt des Organismus vermindert es als ſchlechter

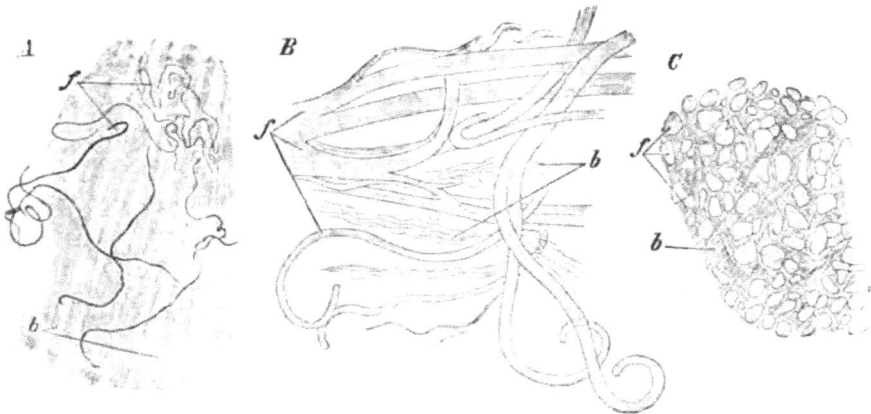

Fig. 315. **Elaſtiſche Faſern** (560mal vergrößert).

A **Feine elaſtiſche Faſern** (f) aus intermuskulärem Bindegewebe des Menſchen; b durch Eſſigſäure
aequollene Bindegewebsbündel. B **Sehr dicke elaſtiſche Faſern** (f) aus dem Nackenbande des Rindes;
b Bindegewebsbündel. C **Aus einem Querſchnitt des Nackenbandes des Rindes;** f elaſtiſche
Faſern, b Bindegewebsbündel.

Wärmeleiter zum Teil die Abgabe von Wärme an die Außenwelt, eine
hinreichende Erklärung für die bekannte Thatſache, daß korpulente
Menſchen gegen die Kälte eine beträchtliche Widerſtandskraft beſitzen.
Von dieſen Geſichtspunkten aus iſt das Vorkommen des Fettes direkt
unter der Haut (Unterhautzellgewebe) in der Augenhöhle, im Wirbel-
kanal u. ſ. w. leicht zu deuten, an
einigen Stellen iſt es in beſonders
großen Mengen zuſammengehäuft,
ſo am Geſäß, in der Achſel- und
Kniehöhle, an der Bruſt, am
Bauche u. ſ. w., ferner im Innern
des Körpers als Fettkapſel der
Nieren, im Gekröſe u. ſ. f. Ein
mittleres Maß von Fett iſt beim
Menſchen und einer ganzen Reihe

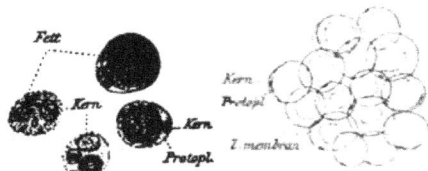

Fig. 316. **Fettzellen.**
Links Osmiumwirkung. Rechts nach Auflöſung des
Fettes in Alkohol und Äther.

unsrer Haustiere als ein Zeichen guter Ernährung zu betrachten, ein
Schwinden wie eine zu starke Ansammlung desselben hat unter allen
Umständen als krankhaft zu gelten.

Ein Stützgewebe par excellence haben wir im Knorpel und Knochen
vor uns, welche in der That die feste Grundlage bilden, an welche sich
bei den Vertebraten alle übrigen Organteile anlehnen. Vom Knorpel

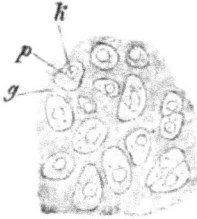

Fig. 317. **Hyaliner Knorpel** (240 mal vergr.).
Flächenbild des Schwertfortsatzes (Brustbein) des
Frosches, frisch.
k Kern, p Protoplasma der Knorpelzelle, welche
die Knorpelhöhle vollkommen ausfüllt, g hyaline
Grundsubstanz.

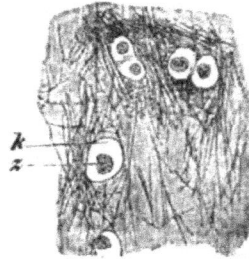

Fig. 318. **Elastischer Knorpel** (240 mal vergr.).
Aus einem Schnitte durch den Kehldeckel (Kehlkopf) einer 60 jährigen Frau (feineres Netz).
k Knochenkapsel, z Knochenzelle (Kern nicht
sichtbar).

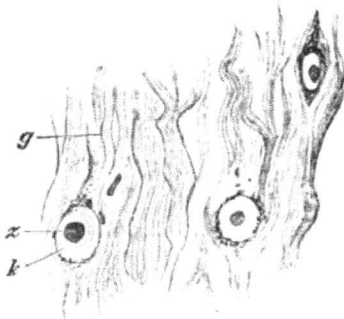

Fig. 319. **Aus einem Horizontalschnitte der Bandscheibe
des Wirbelkörpers des Menschen** (240 mal vergrößert).
g fibrilläres Bindegewebe. z Knorpelzelle (der Kern ist
nicht zu unterscheiden). k Knorpelkapsel umgeben von
Knorpelkörnchen.

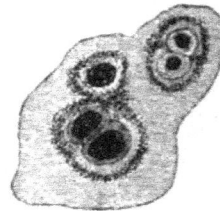

Fig. 320. **Beginnende Verkalkung
des Hyalinknorpels.** Nach Frey.

existieren drei Arten, der hyaline, der elastische und der Bindegewebs-
oder Faserknorpel, ihnen allen gemeinsam sind die Zellen, sie unterscheiden
sich nur durch die Zwischensubstanz. Jene sind meist rundlich, kernhaltig
und liegen einzeln oder in Gruppen in der sogenannten Knorpelkapsel.
Die Zwischensubstanz des hyalinen Knorpels erscheint durchsichtig, nur
bei komplizierter Behandlungsweise läßt auch sie eine feinfaserige Struktur
erkennen. Dagegen ist sie bei dem elastischen Knorpel von reichlichem
elastischen und bei dem ziemlich zellarmen Bindegewebsknorpel von
Bindegewebsfasern durchsetzt. Die Farbe des hyalinen Knorpels ist

milchweiß mit bläulicher Nüancierung, er ist der am wenigsten beständige und kann ebensowohl verkalken als unmittelbar in Knochengewebe über- gehen. In einer frühen Periode des Embryonalstadiums besteht das ganze Skelett aus solchem Knorpel, speziell beim Menschen ist zwar die Verknöcherung desselben mit dem Eintritt der Geburt sehr weit vor- geschritten, ihre Vollendung aber erreicht sie erst zusammen mit der des Wachstums überhaupt. Erhalten bleibt der hyaline Knorpel an den Gelenken, den Brustbeinenden der Rippen, der äußeren Nase, eines Teiles des Kehlkopfes und der Luftröhre nebst ihren Verzweigungen und

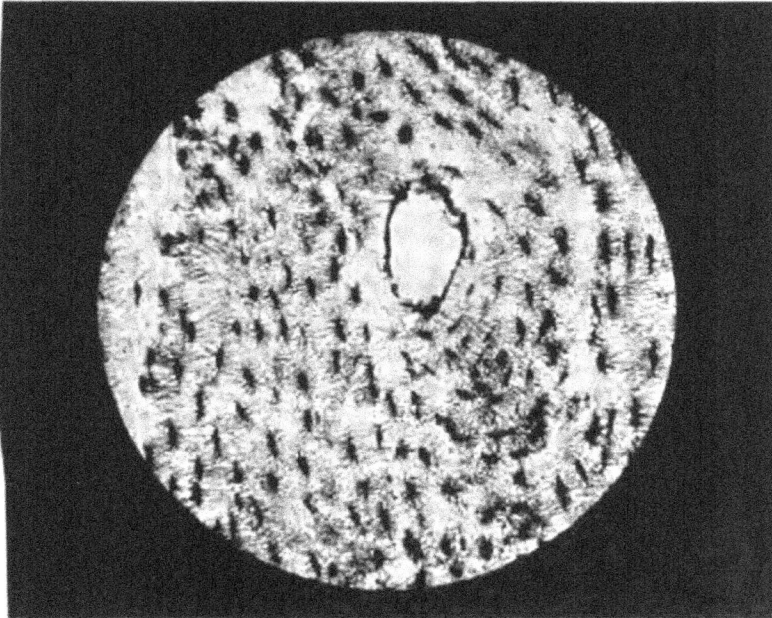

Fig. 321. Knochenschliff vom Oberarm.
Nach einer Mikrophotographie von Dr. Burstert & Fürstenberg.

andern Stellen, von diesen pflegen die Rippen- und Kehlkopfknorpel etwa in der Mitte des Lebens zu verknöchern oder zu verkalken. Letzteres Ereignis ist auch mikroskopisch deutlich sichtbar durch das Auftreten von dunklen Körnchen, anfangs um die Zellen oder Zellgruppen herum, es gelingt leicht, jene durch chemische Lösungsmittel als aus Kalk bestehend nachzuweisen. Will jemand ein typisches Bild von echtem Hyalinknorpel haben, so braucht er sich nur die im dicken Fleische einer Kalbskeule oder eines Schinkens steckenden Knochenenden anzusehen, die mit dem Knorpel bekleidet sind wie mit dem Zuckerguß eines Konditors.

Der elastische Knorpel schaut mattgelblich aus, der Hauptrepräsentant desselben ist der des äußeren Ohres, eine Verknöcherung oder Verkalkung findet bei ihm nie statt, er ist vielmehr außerordentlich beständig, eine in Anbetracht der zahlreichen Angriffe, denen er zumal in jungen Jahren nur zu häufig ausgesetzt ist, nicht hoch genug zu schätzende Eigenschaft.

Der Bindegewebsknorpel endlich ist weiß, er kommt besonders in den Zwischenwirbelscheiben (Bandscheibe der Wirbelkörper) sowie ähnlichen, in einigen Gelenken vorhandenen Gebilden vor, Übergänge sowohl in den hyalinen Knorpel als auch in gewöhnliches Bindegewebe werden beobachtet.

Fig. 322. Aus Schnitten a des Oberarmes eines viermonatigen menschlichen Embryo, b der mittleren Muschel eines erwachsenen Menschen (560 mal vergrößert).

z Knochenzellen in den Knochenhöhlen h liegend, die Knochenkanälchen sind nur zum geringsten Teile zu sehen. g Grundsubstanz.

Der Knochen nimmt eine eigentümliche Stellung im tierischen Organismus ein. Während nach erfolgtem Tode im Grabe fast alle übrigen Gewebe der Verwesung anheimfallen, d. h., chemisch ausgedrückt, in einfache Verbindungen, wie Wasser, Kohlensäure u. a., zerfallen, so daß nach verhältnismäßig kurzer Zeit nichts mehr von der ursprünglichen Gestaltung zurückbleibt, überdauert jener die Jahrtausende. Daran ist der Umstand schuld, daß er außer organischen eine sehr beträchtliche Menge von anorganischen Bestandteilen, vorzugsweise Kalksalze, enthält, welche dem Zersetzungsvorgange absoluten Widerstand leisten. Wollte man indessen aus diesem Grunde annehmen, der Knochen sei strukturlos, so würde man schwer irren, eine Struktur tritt vielmehr sowohl am frischen, den man auf künstlichem Wege der Kalksalze beraubt hat (dem sogenannten Knochenknorpel), als auch am allerältesten, aus dem die organische Substanz längst herausgefault ist, klar zu Tage. In einem trockenen Knochenschliffe erkennt man eine mikroskopische Reihe von Hohlräumen, die Knochenhöhlen, welche mit Luft erfüllt sind und bei durchfallendem Lichte schwarz erscheinen, untereinander kommunizieren sie durch ein System feinster Kanälchen, die Grundsubstanz ist homogen oder leichtstreifig. Betrachtet man ein frisches aus Knochenknorpel hergestelltes Präparat, so zeigen sich in den Hohlräumen mit Kern versehene Zellen, die Knochenzellen. Aus solchem Gewebe ist die mikroskopisch sichtbare,

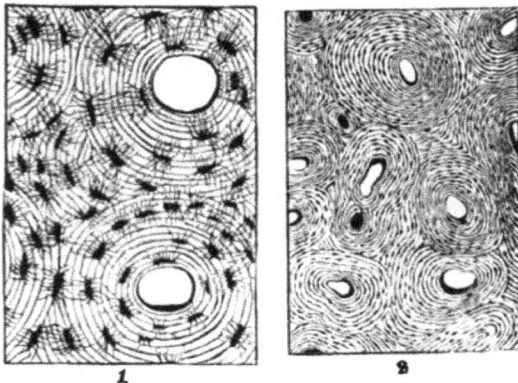

Fig. 323. Durchschnitt durch das Schlüsselbein des Menschen bei verschiedenen Vergrößerungen.

1 Ein kleines Stückchen von einem Querschnitt durch das Schlüsselbein des Menschen, 45 mal vergrößert. 2 Dasselbe bei schwächerer Vergrößerung.

spongiöse oder schwammige Knochensubstanz zusammengesetzt, ein unregel-
mäßiges Maschenwerk feiner Knochenbälkchen, welches das Innere der
Knochen bildet. Im Gegensatz dazu steht die dichte Rindensubstanz, die
einen bei weitem komplizierteren Bau hat. Bei den Säugetieren ist die
Grundsubstanz mit ihren Knochenhöhlen in Lamellen konzentrisch um
Kanäle angeordnet, welche sich im allgemeinen als parallel zum Längsdurchmesser des Knochens verlaufend erweisen und untereinander in
Verbindung stehen; sie werden als
Haverssche Kanäle bezeichnet und nehmen von der Knochenhaut aus, welche
die Ernährung des Knochens besorgt,
Blut- und Lymphgefäße in sich auf. —
Jeder Knochen besitzt Knochenmark,
welches entweder die Maschen der
schwammigen Substanz oder eigens gebildete Höhlen der Rindensubstanz ausfüllt. Der Farbe nach unterscheiden
wir rotes und gelbes, ersteres in den
platten Knochen (Schädel, Schulterblatt
u. a.), in den Wirbelkörpern, in den
Rippen u. a., sowie namentlich in allen
jugendlichen Knochen, letzteres in den
kurzen und langen Knochen der Extremitäten. Im roten Marke trifft man
außer spärlichen Bindegewebsfibrillen
eine Reihe von Zellformen an, unter
denen uns kernhaltige Zellen mit einem
den roten Blutkörperchen gleichenden
Protoplasma als Mutterzellen derselben
am meisten interessieren. Im gelben
Mark finden sich wesentlich reichlich
Fett und Bindegewebe.

Dem Gewebe des Knochens nahe
stehend, wenn auch in gänzlich andrer
Weise sich entwickelnd, ist das des
Zahnes. Der freie Teil desselben
wird Krone, der mittlere, noch vom
Zahnfleisch bedeckte, Hals, der im Kiefer

Fig. 324. Querschnitt durch einen Schneidezahn.

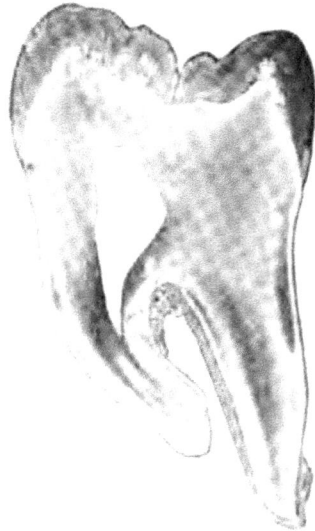

Fig. 325. Längsschnitt durch einen Backenzahn.
Nach Mikrophotographien
von Dr. Burstert & Fürstenberg.

steckende Wurzel genannt, im Innern ist eine Höhle, die sogenannte
Pulpa, in der Blutgefäße und Nerven sich befinden. Histologisch besteht
der Zahn aus dem Schmelz mit dem Schmelzoberhäutchen, dem Zement
und dem Dentin (Zahnbein). Der Schmelz besitzt eine außerordentliche
Härte, er ist aus sechsseitigen quergebänderten Schmelzprismen zusammengesetzt, das Schmelzoberhäutchen ist eine dünne, strukturlose, dabei ungemein harte Membran. Die Substanz des Zahnbeines ist homogen, sie
wird von einer Menge von sogenannten Zahnkanälchen durchzogen und
enthält an der Grenze des Zements Knochenlücken. Dieses endlich ist

dem Knochen am ähnlichsten mit deutlichen Knochenlücken, aber meist ohne Lamellen und Haverssche Kanälchen.

Den aktiven Bewegungen, die sich sowohl am Skelett als an andern Teilen des Körpers vollziehen, dienen die beiden Arten von Muskeln, die glatten und die quergestreiften. Erstere sind vorzugsweise in Eingeweiden vertreten, in denen sie sich oft zu eignen Häuten vereinigen; so kommen sie vor im Verdauungskanal, in den Atmungsorganen, in Leber und Milz, in den Blutgefäßen, in den Geschlechtsteilen, und zwar ganz besonders in der Gebärmutter, im Auge, ferner in der äußeren Haut. Durch das Mikroskop werden sie in lange, spindelförmige Zellen

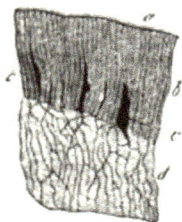

Fig. 326. Rindenteil des Zahnbeins d aus der Krone mit Schmelzüberzug b. a Schmelzhäutchen. c Die Spalträume mit Luft erfüllt.

Fig. 327. Querschnitt der menschlichen Schmelzprismen.

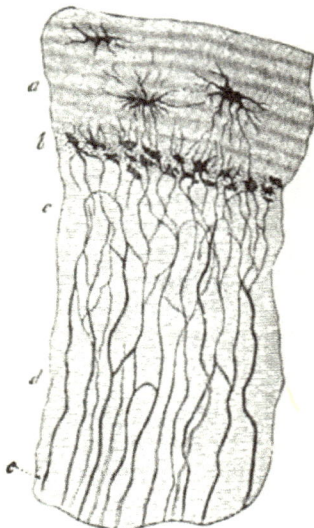

Fig. 328. Zahnwurzel des Menschen. d Zahnwurzel mit a Zementbekleidung, bei b körnige Schicht mit Lücken (sogenannte Interglobularräume), bei c und e Zahnröhrchen.

mit einem längeren, im Bauch der Spindel gelegenen Kerne zerlegt. Die quergestreiften Muskeln sind die Grundlage des roten Fleisches, welches sich in letzter Instanz in eine ungeheure Menge von einzelnen, eine ganz charakteristische Gestaltung darbietenden Fasern auflöst. Eine solche setzt sich scheinbar aus lauter queren Bändern zusammen, welche von ganz entgegengesetztem optischen Verhalten sind, indem eine helle und dunkle, d. h. eine einfach- und doppeltbrechende Substanz miteinander abwechseln. Bei Behandlung mit gewissen Reagentien stellt sich indessen heraus, daß die Muskelfasern auch der Länge nach in gleichfalls quergestreifte Fibrillen zerfallen. Außerdem haben jene eine strukturlose Hülle (Sarkolemma), welche als Zellmembran aufzufassen ist, mit Kernen. Mehrere der Fasern vereinigen sich zu Bündeln, welche durch Bindegewebe voneinander getrennt sind, in ihrer Gesamtheit machen diese den Muskelbauch aus, der sowohl an der Ursprungs- wie an der Ansatzstelle in die bindegewebige Sehne übergeht. Die Blutgefäße und Nerven verlaufen in dem lockeren Bindegewebe zwischen den Fasern. Man pflegte früher die glatten Muskelfasern, da sie hauptsächlich den Funktionen der Ernährung vorstanden, als organische oder vegetative und dem Willen nicht unterworfene von den quergestreiften, die man als animalische, d. h. den rein

Fig. 329. **Glatte Muskulatur des Menschen.** Nach Frey.

a—e Verschiedene Formen der kontraktilen Faserzelle des Menschen. f Ein Bündel glatter Muskelfäden.

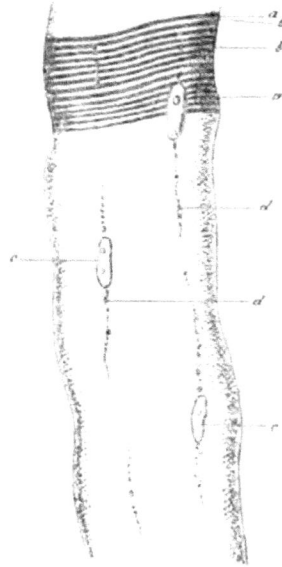

Fig. 330. **Eine Muskelfaser des Frosches** (800 mal vergrößert). Nach Frey.

a Dunkle Zonen mit Fleischteilchen. b Helle Zonen. c Kern. d Interstitielle Körnchen.

tierischen Lebensäußerungen, wie Ortsbewegungen, Sprache u. s. w., dienende, betrachtete, und willkürlichen zu sondern. Durchaus zutreffend ist eine solche Unterscheidung nicht, wenn sie auch im allgemeinen den Thatsachen entspricht. Das ist ganz besonders der Fall bei den glatten Fasern, die, wie bereits vorher erwähnt, den verschiedensten Eingeweiden angehörend, ihre Thätigkeit ausüben, ohne von der Willenssphäre im geringsten beeinflußt zu werden, während die quergestreiften, welche hauptsächlich an Stamm und Extremitäten ihren Sitz haben, vollständig deren

Herrschaft unterworfen sind. Am klarsten wird dies Verhältnis an solchen Stellen, wo beide miteinander kombiniert sind. Die Bewegungen der Verdauungsorgane sind bekanntlich vollständig der Einwirkung unsres Willens entrückt, sie kommen uns normalerweise noch nicht einmal zum Bewußtsein von dem Augenblick an, wo der Bissen im Schlunde ver-schwindet, bis dahin, wo der Kot am Ausgange des Mastdarms angelangt ist. Gerade hier ist zunächst ein mächtiger glatter Schließ-muskel angebracht, der einen ganz bestimmten Druck auszuhalten vermag. Ist dieser überwunden, so hätte die Kotsäule freie Bahn, d. h. es würde die Entleerung urplötzlich und unerwartet erfolgen, wenn jene nicht nunmehr auf einen quergestreiften Schließmus-kel stoßen würde, der, dem Willen gehorsam, sie so lange zurückhält, daß wir innerhalb gewisser Grenzen nach Belieben dem Stuhl-gang zu genügen im stande sind. Jedoch sind es ge-rade quergestreifte Mus-keln, wie z. B. die des Schlundes, welche im vollen Maße sowohl das Prädikat von organischen als unwill-kürlichen verdienen, ganz abgesehen von den Fasern des Herzmuskels, die aller-dings nach neueren For-schungen eine nahe Ver-wandtschaft mit den glat-ten zeigen. Das wirklich charakteristische Unterschei-dungsmerkmal in physiolo-

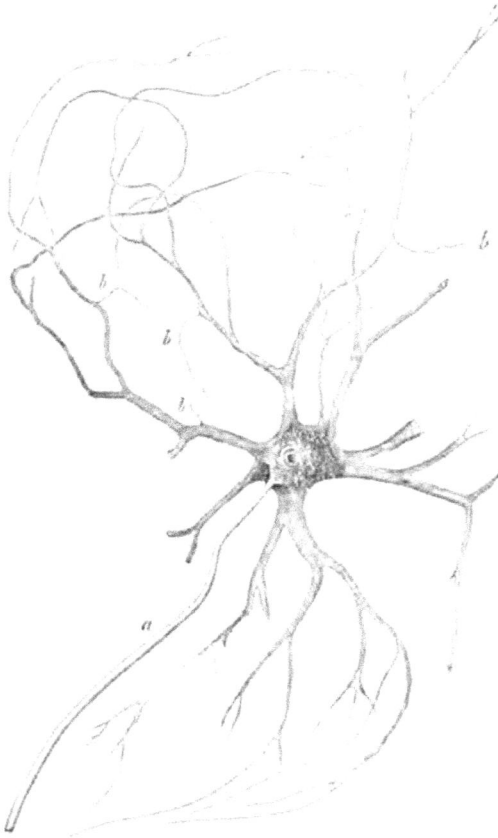

Fig 331. Multipolare Ganglienzelle aus dem Vorderhorn des Rückenmarks vom Ochsen.

a Achsencylinderfortsatz mit den verzweigten Protoplasma-fortsätzen, von denen bei b feinste Fädchen entspringen.

gischer Hinsicht zwischen glatten und quergestreiften Muskelfasern ist die Art und Weise, wie die Kontraktionswelle verläuft, welche bei letzteren stets eine schnelle im Vergleich zu den ersteren ist.

Gerade an den Bewegungsapparat schließt sich am passendsten die Betrachtung des Nervensystems an, weil ihn dieses erst zu einer funktio-nellen Einheit ergänzt. Überhaupt werden durch dasselbe gleichsam als oberste

Instanz nicht nur alle Lebensvorgänge im Organismus beherrscht, sondern auch ihre oft so unendlich verwickelten Beziehungen zu einander mit mathematischer Genauigkeit und größter Promptheit geregelt. Ob es gilt, eine wohlüberlegte, zielbewußte oder etwa die automatische Bewegung des Herzens oder die unwillkürliche des Darmes auszuführen, oder ob ein äußerer Reiz dem Bewußtsein als Empfindung zugeführt werden soll, immer sind nervöse Einflüsse im Spiele. Was das Gewebe betrifft, so haben wir es mit Zellen, Fasern und deren peripherischen Endigungen zu thun. Die Nerven- oder Ganglienzelle ist in der grauen Substanz des Gehirns und Rückenmarks sowie in den Nervenknoten (Ganglien) vertreten; sie ist kernhaltig, von mannigfacher Form (kugelig, pyramiden-, spindelförmig u. s. w.), vom Zellkörper sendet sie einen, zwei oder mehrere Fortsätze aus, einer derselben ist nervöser Natur, der sogenannte Nerven- oder Achsencylinderfortsatz, die andern heißen Protoplasmafortsätze. Der integrierende Hauptbestandteil der Nervenfaser ist der Achsencylinder, außerdem unterscheiden wir an ihnen die Markscheide und die Schwannsche Scheide oder das Neurilemma. Je nachdem diese existieren oder fehlen, gibt es markhaltige oder marklose Fasern mit und ohne Schwannsche Scheide. Diese führt wie das Sarkolemma der Muskelfasern die Kerne. Markhaltige Fasern mit Scheide finden sich in allen motorischen und sensiblen

Fig. 332.
Verschiedene Nervenfasern.
a Nach Behandlung mit absolutem Alkohol, b mit Kollodium, c Faser des Neunauges, d des Riechnerven vom Kalb, e und f aus dem menschlichen Gehirn.

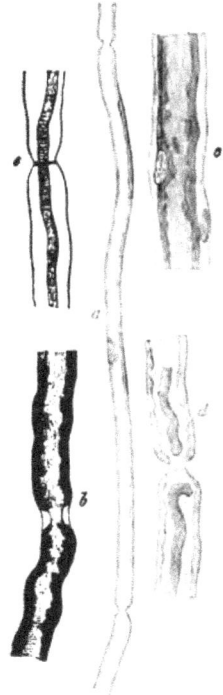

Fig. 333.
Nervenfasern des Frosches.
a Nach Behandlung mit Pikrokarmin, b, c, d mit Osmiumsäure, e mit Höllenstein.

Nerven, erstere sind solche, welche vom Zentrum, dem Gehirn und Rückenmark, zu den Muskeln gehen, um hier eine Kontraktion auszulösen; letztere tragen einen von außen empfangenen Reiz zu jenem hin, der im Gehirn in eine Empfindung, im Rückenmark in eine Reflexaktion umgesetzt wird, d. h. es kommt ohne Mitwirkung des Bewußtseins zu irgend einer Lebensäußerung, wie etwa einer Bewegung oder Drüsenabsonderung. Die Fasern des Gehirns und Rückenmarks haben kein Neurilemma, sondern nur Achsencylinder und Markscheide. Marklose Fasern mit Scheide kommen in dem nachher noch näher zu besprechenden

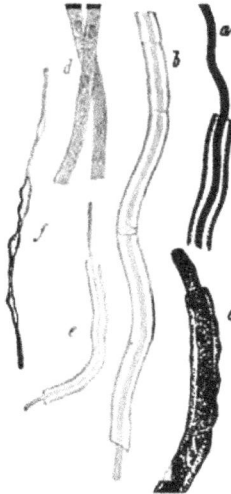

sympathischen Nervensystem vor, ferner in einem dem Gehirn entspringenden Sinnesnerven, dem Nervus olfactorius (Riechnerven), reine
Achsencylinder nur in den peripheren und zentralen Nervenendigungen,
so geht der Achsencylinderfortsatz einer motorischen Ganglienzelle direkt
in eine Faser über. Wie der Muskel aus Muskelfasern, so besteht der
Nerv aus Nervenfasern, sie werden durch Bindegewebe, welches auch
hier der Träger der Blut- und Lymphgefäße ist, zu einzelnen Bündeln
und diese wieder zu einem Stamm zusammengehalten. Motorische und
sensible Fasern bieten mikroskopisch das gleiche Bild dar; wenn sie in
einem und demselben Nervenstrange verlaufen, so haben wir einen ge-
mischten Nervenstrang vor uns, während derselbe sonst rein motorisch
oder rein sensibel ist. Verfolgen wir
jenen indessen bis zu seinem Austritt aus dem Gehirn oder Rückenmark, so zeigt sich, daß die funktio-
nell verschiedenen Elemente einen
gesonderten Ursprung haben und sich
erst später aneinanderlegen. Der
Mensch hat 12 Paar Gehirn- und
31 Paar Rückenmarksnerven, bei
den übrigen Wirbeltieren variieren
zumal die letzteren nach der Anzahl
der Wirbel und betragen z. B. beim
Frosche 9, bei der Riesenschlange
2—300 Paare. Jede Nervenfaser
besitzt eine spezifische Energie, d. h.
sie leitet nur den ihr zukommenden
Reiz; so werden durch den Sehnerven nur Gesichts-, durch den
Hörnerven nur Gehörseindrücke vermittelt, der motorische Nerv führt
nur die Bewegungsimpulse zum
Muskel u. s. f.

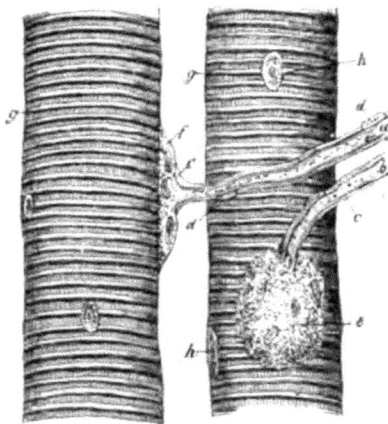

Fig. 334. Zwei Muskelfasern aus dem Psoas-
muskel (Lendenmuskel) des Meerschweinchens
mit Nervenendigungen (stark vergrößert).

a und b Nervenfasern, d und e deren End-
platten, c die in die Muskelscheide g übergehende
Primitivscheide, h sogenannte Muskelkerne.

Von den peripheren Endigungen der Nervenfasern sind mit am
besten die der quergestreiften Muskeln bekannt. Zu jeder Muskelfaser
tritt ein feinstes Ästchen einer vielfach verzweigten Nervenfaser, welche
mit jener durch die sogenannte Endplatte, eine kreisförmige, sehr
dünne Scheibe mit zahlreichen Kernen, in Verbindung steht. Die sensiblen Fasern laufen nach wiederholten Teilungen entweder frei in feine
Spitzen aus, so zwischen den Epithelzellen der Hornhaut, oder sie enden
in besonderen Gebilden. Unter diesen heben wir vorzugsweise die sogenannten Vaterschen Körperchen hervor; dieselben haben eine elliptische
Gestalt, sind von lamellösem Bau und enthalten im Innern einen knopf-
artig endenden Achsencylinder, die Fortsetzung der Nervenfaser. Sie
finden sich teils im Unterhautzellgewebe der Handfläche und der Fußsohle, teils im Gekröse und andern Orten, in modifizierter Form wurden
sie bei Vögeln beobachtet. Außerordentlich interessant sind die Endigungen

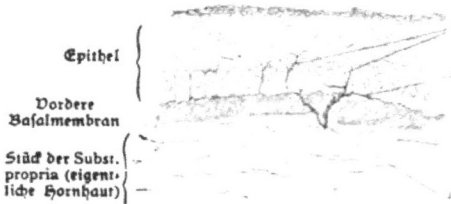

Epithel

Vordere
Basalmembran

Stück der Subst.
propria (eigent-
liche Hornhaut)

fig. 335. Aus einem senkrechten Schnitte durch die
Hornhaut des menschlichen Auges (240 mal vergrößert).

n Sich teilender Nerv, die vordere Basalmembran durch-
bohrend s Subepitheliales Geflecht, unter den Cylinderzellen liegend. a Zwischen den Epithelzellen aufsteigende
Fasern, zum intraepithelialen Geflecht gehörig.

fig. 336. Vater-Pacinisches Körperchen.
a Achsencyl. geteilt. b Kerne der Kapseln.
c Innenkolben. d Nerv.

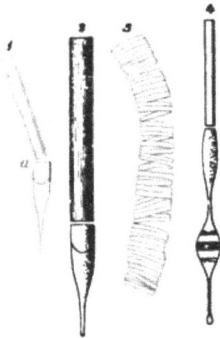

fig. 337. Struktur der Stäbchen.
1 Vom Huhn mit Außen- und Innenglied sowie
dem Zapfenellipsoid. 2 Vom Frosche. 3 Das
Außenglied eines Froschstäbchens mit Zerfall zu
Querscheiben. 4 Stäbchen mit Korn vom Meerschweinchen.

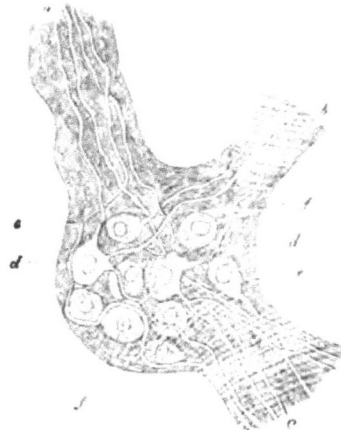

fig. 338. Ein Nervenknoten (sog. Ganglion).
a, b, c Die Nervenstämme. d Zellen, die mit mehreren
Nervenfasern, e Zelle, die mit einer Nervenfaser,
f Zelle, die mit keiner Faser in Verbindung steht.

der eigentlichen Sinnesnerven, von denen wir die des Sehnerven näher
betrachten wollen. (Die Tastkörperchen werden zugleich mit der Haut
besprochen werden.) Dieser breitet sich beim Eintritt in den Augapfel
kugelschalenförmig aus und bildet eine eigne, aus neun Lagen bestehende
Haut, die Retina oder Netzhaut, deren äußerste Schicht die sogenannten
Stäbchen und Zapfen bilden, welche als die eigentlichen Licht auf-
nehmenden Zellen aufzufassen sind.

Die motorischen Nerven durchsetzen kurz nach ihrem Austritt aus
dem Rückenmark ein von bindegewebiger Hülle umgebenes Ganglion,
d. h. eine Anhäufung von Nervenzellen, mit denen die Fasern in Verbindung treten. Derartige Organe bilden auch den Mittelpunkt des

vegetativen oder sympathischen Nervensystems, sie liegen zu beiden Seiten
der Wirbelsäule sowie innerhalb und in der Nähe einzelner Organe,
zumal von Eingeweiden. Von ihnen aus gehen die vorher beschriebenen
marklosen Fasern mit Schwannscher Scheide und begeben sich getrennt
oder zusammen mit den von jenen entspringenden Nerven zu den Eingeweiden, deren Funktionen von ihnen beeinflußt werden. Die grauen
Nerven (so werden sie nach der Farbe in den Nervenstämmen bezeichnet)
versorgen u. a. die glatte Muskulatur des Verdauungskanals, die Blutgefäße, deren Kaliber ohne Zuthun des Willens je nach Erfordernis ver-
engert oder erweitert wird. Aus der eben geschilderten anatomischen
Anordnung erklärt sich übrigens zwanglos der Zusammenhang der ani-
malischen mit der vegetativen Sphäre, ja derselbe ist sogar bei rein
psychischen Aktionen, die wir als ureigenste Domäne des Gehirns und
gleichsam als die höchste Potenz der ersteren anzusehen gewohnt sind,
nun nicht mehr im Dunkel verborgen. Die Thatsache, daß z. B. zu

Fig. 339. Epithelzellen des Kaninchens isoliert (560 mal vergrößert).
1 Pflasterzellen (Mundschleimhautepithel). 2 Cylinderzellen (Hornhaut-
epithel). 3 Cylinderzellen mit Kutikularsaum (s Darmepithel). 4 Flimmer-
zellen (h Wimpern).

Fig. 340. Einfaches
Pflasterepithel (Pigment-
epithel der Netzhaut) des
Menschen. Von der Fläche
gesehen (560 mal vergr.).

einem arbeitenden Muskel ein starker Blutzufluß stattfindet, oder daß bei
einem plötzlichen Schreck Erbleichen, bei heftiger Furcht Durchfall sich
einstellt, ist eben einfach auf die enge Verbindung der verschiedenen
Nervensysteme im Körper zurückzuführen.

Was die Endigung der grauen Nerven betrifft, so hat man dieselben bisher bis zur Bildung feinster Geflechte, z. B. in den Darm-
häuten, verfolgt, eigentliche Endapparate sind bisher nicht aufgefunden
worden.

Wir verlassen nunmehr das Nervensystem, um dem Epithel, d. h.
einer ein- oder mehrfachen Zellenlage, welche die äußere Haut und die
Hohlräume des Körpers bedeckt, unsre Aufmerksamkeit zu widmen. Wir
haben es mit einer außerordentlichen Mannigfaltigkeit der Formen zu
thun, im allgemeinen unterscheiden wir platte, meist unregelmäßige,
vielseitige oder Pflasterzellen von den cylindrischen oder Cylinderzellen,
zwischen beiden existieren alle möglichen Übergänge. Jede Zelle besteht
aus Protoplasma und Kern, eine Membran kann fehlen. Eine Unter-
abteilung des cylindrischen ist das Flimmerepithel, Zellen, an deren freier
Oberfläche feinste Härchen angebracht sind, die während des Lebens nach
ganz bestimmter Richtung hin in lebhaftester Bewegung begriffen sind;

diese vermag durch verschiedene Reize energisch gesteigert zu werden. Betrachtet man z. B. die Zunge eines lebenden Frosches unter dem Mikroskop, so hat man einen Anblick, der an das Wogen eines Korn-feldes erinnert, kleine Partikelchen von Farbstoffen werden mit erheblicher Kraft vorwärts befördert. Unter sich sind die einzelnen Epithelien ent-weder durch einen Kitt verbunden oder sie greifen vermittelst eigner Fortsätze ineinander. Wir begegnen dem einfachen Pflasterepithel auf dem Bauchfell, den Lungenalveolen, den Blut- und Lymphgefäßen u. s. f., dem geschichteten auf der äußeren Haut, der Schleimhaut der Mund-und Rachenhöhle u. s. w., die unterste Schicht ent-hält cylindrische Zellen. Das Cylinderepithel ist im Darmkanal und vielen Drüsenausführungs-gängen verbreitet, das Flimmerepithel besonders im Kehlkopf, der Luftröhre und ihren Verzwei-gungen, in einigen Teilen des Geschlechtsapparates, wie in der Gebärmutter, dem Eileiter und andern Orten. An einigen Stellen des Körpers sind die Epithelien Träger eines Farbstoffes, des Mela-nins, welches sich in Körnchen im Leibe der Zelle findet, wir bezeichnen dieselben als Pigmentepithel, der Typus derselben ist die Pigmentschicht der Netz-haut, welche sich an die früher erwähnten Stäbchen und Zapfen anschließt. Bei farbigen Rassen sind derartige Zellen in kolossaler Menge in der Oberhaut angesammelt, wovon nachher die Rede sein wird.

Übrigens sind diese Zellen nicht die einzigen, welche durch Pigmentgehalt ausgezeichnet sind, zu-weilen sind auch Ganglienzellen damit versehen, wenn sie in großer Anzahl zusammengedrängt sind, so erscheinen sie, wie dies z. B. an bestimmten Teilen des Gehirns der Fall ist, schon dem bloßen Auge als dunkle Flecken. Auch in Bindegewebs-zellen werden Melaninkörnchen vorgefunden, wie in der Gefäßhaut des menschlichen Auges. Viel verbreiteter sind solche Zellen bei Tieren, so bei Säugetieren (z. B. Hunden) in der Haut, besonders des äußeren Ohres, der Bindehaut des Auges, noch

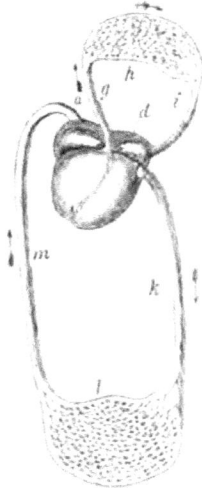

Fig. 341. Kreislaufschema. Nach Ranke.

k Arterie des großen Kreis-laufs, die sich bei l in die Ka-pillaren auflöst. m Die daraus entspringenden Venen des gro-ßen Kreislaufes, die bei a in den rechten Vorhof einmünden. g Lungenarterie. h Lungen-kapillaren. i Lungenvene, die bei d in den linken Vorhof ein-mündet.

mehr bei Amphibien und Reptilien, beim Chamäleon sind sie es, welche den Farbenwechsel unter dem Einfluß des Nervensystems hervorrufen.

Nachdem wir somit die Bausteine zusammengetragen haben, können wir nunmehr aus ihnen die einzelnen Abteilungen des Hauses, die Körperorgane, zusammensetzen. Wenn wir zuvor unsre Schilderung mit den Gewebsbestandteilen des Blutes begannen, so müssen wir uns jetzt logischerweise in erster Linie mit den Trägern desselben, den Blutgefäßen, befassen. Dies ist um so mehr geboten, als jeder Teil des Organismus bezüglich der Ernährung auf einen ausreichenden Blutzufluß angewiesen ist, wo dieser mangelhaft oder gar gänzlich abgeschnitten ist, treten schwere

Störungen, beziehungsweise ein Absterben ein. Die Verteilung des Lebens-
saftes im Organismus geschieht durch den Blutkreislauf, von dem wir
hier eine Skizze entwerfen wollen. Bei Säugetieren und Vögeln unterscheiden wir den großen oder Körper- und den kleinen oder Lungen-
kreislauf. Die treibende Kraft für beide ist das Herz, welches wie eine
Druckpumpe wirkt. Dasselbe besteht aus einer rechten und linken Kammer
und einem rechten und linken Vorhof und ist mit einer Anzahl von
Klappen, Ventilen, versehen, durch welche je nach Erfordernis die eine
Abteilung von der andern abgeschlossen wird. Die vom Herzen ausgehenden elastischen Röhren heißen Pulsadern oder Arterien (wörtlich
übersetzt Luftröhren, sie wurden so genannt, weil man sie in der Leiche
leer fand und deshalb annahm, sie führten während des Lebens Luft),
sie führen das Blut zur Peripherie, und zwar die von der linken

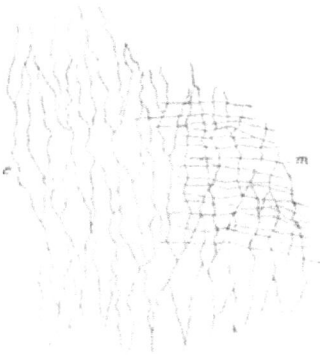

Fig. 342 Gefäßendothel aus der Pfortader
eines Meerschweinchens (250 mal vergrößert).

e Endothelzellen, bei m unter denselben die
Grenzen der glatten Muskulatur.

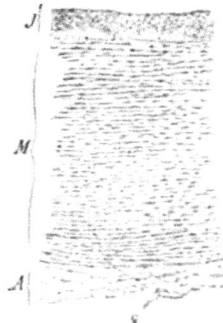

Fig. 343. Stück eines Querschnittes der Brust-
aorta (Brustteil der Hauptschlagader) des Menschen (50 mal vergrößert).

J Innenhaut. M Mittlere Haut, die hellen
Streifen darin entsprechen den elastischen Elementen. A Äußere Haut.

Herzkammer entspringende Aorta das vollwertige, hellrot aussehende, als
Ernährungsmaterial zu allen Organen. In denselben löst sich dies Gefäß
nach immer feinerer Verästelung schließlich in ein System feinster Haar-
gefäßchen, Kapillaren, auf, welche den eigentlichen Austausch mit den
Körpergeweben vermitteln. Das eines gewissen Quantums von Nährmaterial beraubte, dunkelblau aussehende Blut sammelt sich wiederum in
Röhren an, den Venen oder Blutadern, welche fortwährend zu Gefäßen
von umfangreicherem Kaliber sich vereinigen, bis schließlich zwei mächtige
Hauptstämme, die obere und untere Hohlvene, in den rechten Vorhof
einmünden. Dessen Inhalt wird durch die Muskelkontraktionen in die
rechte Kammer getrieben, welche ihn vermittelst der Lungenarterie in die
Lungen schleudert, wo aufs neue eine Auflösung in feinste Kapillaren
stattfindet. In diesen kommt das Blut mit der eingeatmeten Luft in Berührung, gibt an dieselbe Kohlensäure ab und nimmt dafür Sauerstoff
auf. Die hierdurch veranlaßte Veränderung ist äußerlich sichtbar in dem
Farbenwechsel, indem nun wieder das frische Hellrot vorhanden ist. Die

Lungenkapillaren treten ebenfalls zu Venen zusammen, und zwar in vier große Gefäße, die das Blut in die linke Vorkammer bringen, von wo es auf dieselbe Weise wie rechts in die linke Kammer gelangt. — So viel über den Kreislauf, sehen wir uns nun die Bestandteile desselben an! Ein Element ist ihnen allen gemeinsam, das Epithel, oder wie man es hier zu nennen pflegt, das Endothel. Es sind platte, polygonale, mit ihrem Längsdurchmesser parallel zu der Achse des Gefäßes gestellte Zellen. Sie bilden die Innenhaut desselben sowohl im Herzen, wo sie dem Endocardium, einer sonst hauptsächlich bindegewebigen Haut, auf- liegen, als auch in den Arterien und Venen bis zu den Kapillaren,

Fig. 344. Ein Stückchen einer Arterie (stark vergrößert).

b Die zarte innere, c die dicke, aus queren Ringfaserzellen bestehende mittlere, d die aus Längsfasern zusammengesetzte äußere Haut.

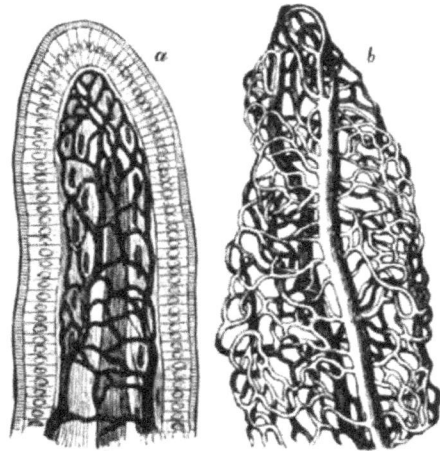

Fig. 345. Eine Darmzotte (a), stark vergrößert; Kapillargefäß einer Darmzotte (b), noch stärker vergrößert.

welche einzig und allein sich aus ihnen konstituieren. Normale Endo- thelien sind von der höchsten Wichtigkeit für das Blut: sobald sie er- kranken oder verletzt sind, bilden sich Gerinsel, die unter Umständen abgerissen und in den Blutstrom geschleudert werden, wo sie leicht zu heftigen Erscheinungen, wie Verstopfung eines Gefäßes mit ihren Folgen, Veranlassung geben. Arterien und Venen haben außerdem noch eine mittlere und äußere Haut, jene führt vorzugsweise verschieden angeordnete elastische Fasern und glatte Muskelfasern, diese mehr feinfaseriges Binde- gewebe; in ihr verlaufen die ernährenden Gefäße der Gefäßwand sowie die Nerven- und Lymphgefäße. Blut- und Pulsadern sind im allgemeinen dadurch unterschieden, daß in letzteren mehr die elastischen und muskulösen Elemente überwiegen, in ersteren mehr die bindegewebigen Hüllen; sie sind daher weit weniger elastisch und zusammenziehbar als jene.

Wir haben schon früher darauf hingewiesen, daß die verbrauchten Blutbestandteile hauptsächlich durch die Nahrungsaufnahme ergänzt werden, es ist jetzt am Platze, diesen Gegenstand etwas näher ins Auge zu fassen. Im Verdauungskanal werden die Nahrungsmittel in unverdauliche, d. h. für den Organismus überhaupt nicht zu verwertende Stoffe — sie werden als Kot herausbefördert — und verdauliche geschieden. Für diese existiert ein eigner Apparat, welcher ihre Aufsaugung, die zum größten Teil im Darme vor sich geht, besorgt. Der Dünndarm nimmt den Speisebrei des Magens auf und verwandelt ihn durch die Thätigkeit seiner Drüsen in den Chylus oder Milchsaft, eine wässerige Flüssigkeit, welcher kleine Fettkörnchen in Menge beigemischt sind. Sie dringt unmittelbar in die Darmzotten ein, feine, mit Cylinderepithel bekleidete Ausstülpungen der Schleimhaut, beim Menschen etwa 10 Millionen an Zahl, in deren Achse ein von einem zarten Blutgefäßnetz umsponnenes Chylusgefäß enthalten ist. Auf dem weiteren Transport vereinigen sie sich mit der Lymphe, d. h. dem ursprünglichen Blutplasma, welches die Gewebe durchtränkt hat und, soweit es im Überschuß vorhanden ist, in den Lymphgefäßen wieder abfließt. Diese sind in ihrem Bau den Blutgefäßen außerordentlich ähnlich, nur bei weitem zarter, ihre Anfänge sind noch unbekannt. Die Lymphkapillaren machen es wie die Kapillaren der Blutgefäße, sie treten zu kleinen Stämmen zusammen, diese wieder zu

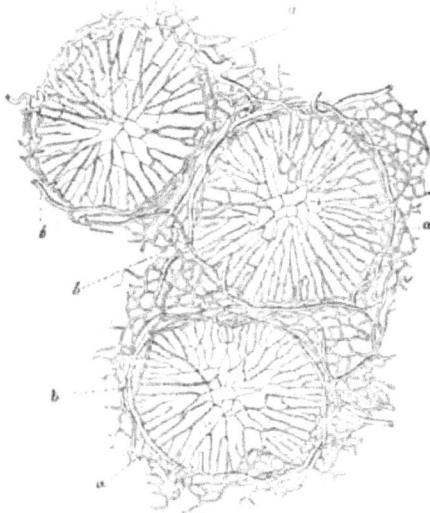

Fig. 346. Querschnitt durch drei Peyersche Kapseln. a Das Kapillarnetz. b Die größeren ringförmigen Gefäße.

größeren und so fort, bis schließlich ein Hauptstamm den Gesamtinhalt in eine große Vene (die linke Schlüsselbeinvene bei Säugetieren) ergießt. In ihrem Verlaufe werden die Lymphbahnen außerordentlich häufig durch eigentümliche Organe unterbrochen. In ihrer einfachsten Gestalt finden sie sich als Peyersche Follikel im Darme, mit bloßem Auge erkennbare, kugelige oder eiförmige Körper, umgeben von einer Kapsel aus faserigem Bindegewebe. Sie werden von einem Gefäßnetz durchzogen sowie von netzförmigem Bindegewebe, in dessen Maschen Millionen von Lymphkörperchen liegen. Eine kompliziertere Form sind die Lymphknoten oder Lymphdrüsen, deren Existenz sich bei Krankheiten so oft in unangenehmster Weise geltend macht; wer je etwa an einer Halsentzündung litt, hat sicherlich von den schmerzhaften und angeschwollenen Klumpen unter dem Unterkiefer schon Kenntnis genommen. Jedenfalls sind die beiden genannten Gebilde sowie auch die hierher gehörige Milz die wahren Bildungsstätten der weißen Blutkörperchen, welche die Zellbestandteile der fertigen Lymphe sind.

Außer durch Chylus und Lymphe geht eine Erneuerung des Blutes, wie dies bereits bei Besprechung des Kreislaufes angedeutet wurde, auch bezüglich der in demselben enthaltenen Gase vor sich; diesem Zwecke dient bekanntlich die Lunge. Um zum Verständnis dieser Thatsache zu gelangen, müssen wir uns vergegenwärtigen, daß, chemisch betrachtet, zeit des Lebens im Organismus ein Verbrennungsprozeß stattfindet. Bei der gewöhnlichen Verbrennung verbindet sich die brennbare, meist kohlenstoffhaltige Substanz unter Wärmeentwickelung mit dem Sauerstoff der Luft, als Endprodukte bilden sich Kohlensäure und Wasser. So werden auch im lebenden Körper die mit der Nahrung eingenommenen Kohlenstoffverbindungen mit Hilfe des eingetretenen Sauerstoffes in einfache Stoffe zerlegt, wobei gleichfalls Wärme frei wird. Die komplizierteren unter ihnen werden vorzugsweise im Harn ausgeschieden, das Wasser durch die Nieren, die Haut (Schweiß) und die Verdunstung aus den Lungen, die Kohlensäure nur durch die Lungen. Hiernach ist es nicht schwer, sich von dem Prinzip ihres Baues ein klares Bild zu verschaffen, es gilt von der Oberflächenvergrößerung den denkbar ausgiebigsten Gebrauch

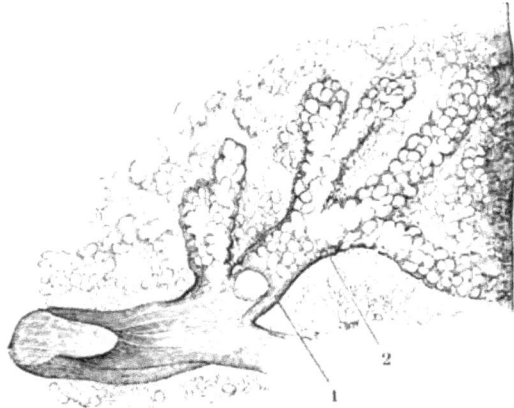

Fig. 347. Feiner, senkrecht zur Oberfläche geführter Durchschnitt aus der Lunge einer jungen Katze (15 mal vergrößert).
Nach F. E. Schulze.
1 Bronchiolus (feinster Bronchius). 2 Alveolargang.

zu machen, damit das Blut in möglichst großer Menge mit der äußeren Luft in Berührung treten kann. In der That entspricht die Wirklichkeit dieser Voraussetzung ganz und gar. Die beste Vorstellung von den Lungen erhält man, wenn man sie als einen aufs mannigfachste verzweigten Baum auffaßt, an dessen feinsten Enden bauchige Säckchen, die Alveolen, angebracht sind, der Stamm desselben wird durch Kehlkopf und Luftröhre dargestellt, deren Äste Bronchien heißen. Diese Röhren haben im größten Teil ihrer Peripherie eine Grundlage von hyalinem Knorpel, welche erst in den zartesten schwindet, außerdem besitzen sie elastisches Gewebe, glatte Muskelfasern und nach oben flimmerndes Epithel. Die Alveolen sind mit glatten Epithelzellen versehen, welche einer dünnen, strukturlosen Membran aufliegen, außerdem haben sie gleichfalls elastische Fasern. Zugleich mit den Bronchien verlaufen die Lungengefäße, und zwar zweierlei Arten: Einmal besitzt dieses Organ wie jedes andere eine

aus der Aorta (Hauptschlagader) stammende Arterie, welche nach Auflösung in Kapillaren wie überall in eine Vene mit dunkelblauem Blute
übergeht, ferner führt die der rechten Herzkammer entspringende, früher
erwähnte Lungenarterie das ebenso gefärbte Blut zu der Lunge, ihre
außerordentlich dichten, feinen und gleichmäßigen Haargefäße umspinnen

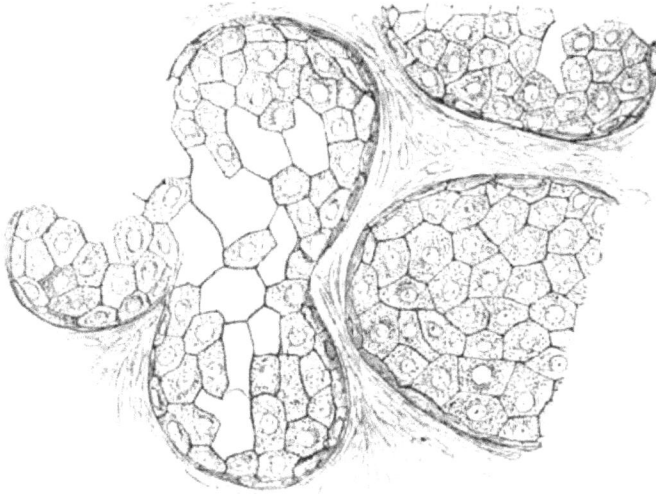

Fig. 348. Alveolen aus der Lunge eines im 8. Monat geborenen und nach 24 Stunden
gestorbenen Kindes (600mal vergrößert). Nach F. E. Schulze.

die Alveolen und liegen sehr nahe der Oberfläche dicht unter dem Epithel.
Daß die aus ihnen entstehenden Venen hellrotes Blut in die linke Vorkammer treiben, davon ist ebenfalls schon die Rede gewesen.

Gleichsam die chemischen Fabriken im Körper repräsentieren die in
allen Teilen desselben verbreiteten Drüsen.   Sie liefern die Sekrete oder
Absonderungen, Substanzen, welche
entweder für gewisse Funktionen
innerhalb des Körpers, so z. B.
die Verdauung, oder außerhalb desselben, wie die Fortpflanzung und
Ernährung der Jungen, verwandt
oder als unnütz und schädlich elimi-
niert werden; für diese hat man auch
die Bezeichnung Exkrete (Ausschei-
dungen) gewählt.   Wiewohl ihre

Fig. 349. Aus einem Schnitte durch die Lunge
eines Kindes (80mal vergrößert).

Produkte chemisch so verschieden wie nur irgend möglich ausfallen, so gelingt
es doch, sie histologisch auf gewisse gemeinsame Urformen zurückzuführen,
nämlich auf die tubulöse und die alveoläre. Jene entspricht Röhren, diese
bauchigen Säckchen, wie wir ihnen bereits in der Lunge begegnet sind,
beide kommen entweder in einfacher oder zusammengesetzter Gestalt vor.

Im Verhältnis zur Haut und den Schleimhäuten sind sie als Einsenkungen in dieselben zu betrachten, ihre Gewebsbestandteile sind die Drüsenzellen (Epithelien), die einer strukturlosen Membran aufsitzen, jenseit dieser das die Drüse umspinnende Gefäßnetz, endlich treffen wir Lymphgefäße, gelegentlich muskulöse Elemente und ausnahmslos Nerven. Das Produkt der Drüse wird von den Zellen geliefert, welche es in die Lichtung der Drüse ergießen, indessen sind nicht sämtliche unter ihnen an der Arbeit beteiligt. Schon an einer einfachen tubulösen Drüse erkennt man zwei verschiedene Arten von Epithelien, von denen die im Grunde befindlichen die sezernierenden, während die dem Ausgange näher befindlichen Deck-zellen sind. Es ist damit bereits eine Andeutung des Ausführungsganges gegeben, der bei großen zu-sammengesetzten Drüsen von ihrer eigentlichen Substanz schon mit dem Messer ziemlich weit trennbar ist. Tubulöse Drüsen zeigen sich im Ver-dauungskanal (Labdrüsen im Magen, Lieberkühnsche im Darm) und produzieren den Magen- und Darmsaft, ferner in den Schleim- und Speichel-drüsen, im Hoden, in den Nieren u. s. w., alveoläre in den Talgdrüsen und der Brust-drüse. Gerade auf diese oder vielmehr auf ihr Sekret wollen wir etwas näher eingehen, da es bekanntlich in der Ernährung der Säugetiere eine im höchsten Maße hervorragende Rolle spielt. Gleich in den ersten Tagen pflegt bei Neugeborenen

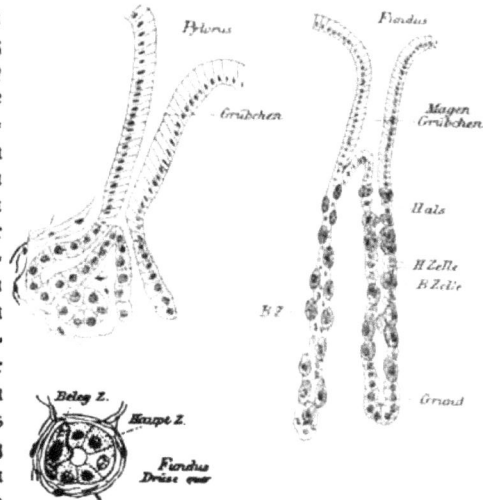

Fig. 350. Drüsen aus dem Magengrund (Fundusdrüsen). Nach Bannwarth.

eine Flüssigkeit aus der Warze herauszusickern, die sogenannte Hexenmilch. Dieselbe versiegt alsbald, worauf beim männlichen Geschlecht die Drüse für immer Ruhe hat und allmählich zurückgebildet wird. Bei Mädchen erfolgt mit dem Pubertätsalter ein stärkeres Wachstum, wirklich in Thätigkeit tritt sie erst mit Beginn der Schwangerschaft. Reife Milch, welche erst mehrere Tage nach der Geburt abgesondert wird, erweist sich unter dem Mikroskop als aus einer klaren Flüssigkeit bestehend, in welcher unzählige Fettkügelchen umherschwimmen. Diese sind von einer zarten Eiweiß-(Kaseïn)-Membran umgeben, auf deren Existenz wir des-halb mit Sicherheit schließen, weil sie, wenn dieselbe fehlte, sonst zu einem größeren Fettklumpen zusammenfließen müßten. Im Gegensatz dazu sieht das Sekret vor und kurz nach der Geburt, das Kolostrum, ganz anders aus: es enthält außer Butterkügelchen noch Kolostrum-körperchen, kernhaltige Zellen mit Fettkörperchen. — Daß die Milch durch nichts zu erseßen ist, kann man sich theoretisch aus der Thatsache konstruieren, daß selbst die reinen Pflanzenfresser ihre Jungen mit diesem Nahrungsmittel groß-ziehen. Das Naturge-mäße ist, wenn jede Mutter ihr Kind säugt, indessen wissen wir aus den Erfahrungen in zoologischen Gärten, daß unter Umständen ver-wandte Tiergattungen das Säugegeschäft ver-richten (so Hündinnen als Ammen für junge Löwen) und daß ihre Pflegebefohlenen dabei gedeihen können. Bei Menschen gilt ganz das-selbe: Zwar lehrt die Statistik, daß die an der Mutter- und Ammen-brust befindlichen Kin-der die besten Chancen haben, den Fährlich-keiten des Säuglings-alters zu entgehen, aber es ist vollkommen mög-lich, wenn auch schwie-riger, auf andre Weise zum Ziele zu kommen. Da aus manchen, hier nicht näher zu erörtern-den Gründen nicht jede Frau in der Lage ist, ihrem Kinde die Brust zu reichen, so sah man sich nach einem Ersaß um und fand ihn haupt-sächlich in der Kuhmilch. Alle Versuche, statt der-selben Surrogate irgend welcher Art in die Praxis einzuführen, sind entschieden gescheitert,

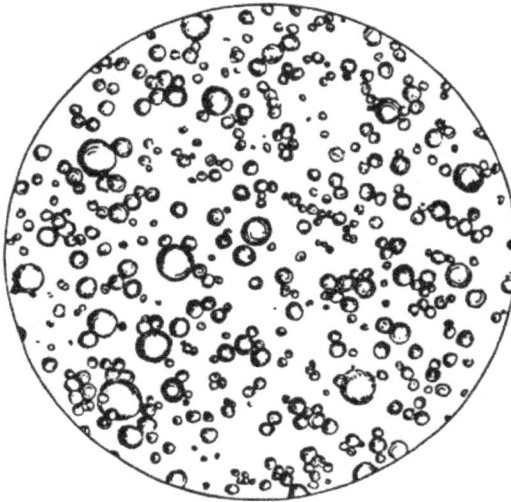

Fig. 351. Kuhmilch.

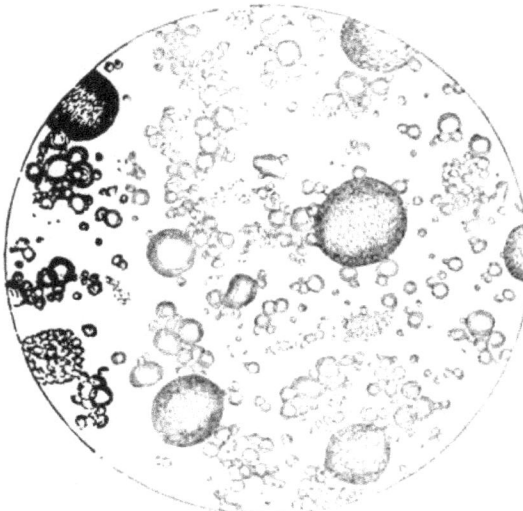

Fig. 352. Kolostrum.

so vortrefflich sich in einigen krankhaften Zuständen z. B. gute Kinder-mehle bewähren, so wenig haben sie den Erwartungen entsprochen, daß sie die Tiermilch entbehrlich machen könnten. So erklärt es sich von selbst, daß man aufs eifrigste bestrebt ist, sie in untadelhafter Qualität zu jeder Zeit und an jedem Orte zu beschaffen. Indem wir an dieser Stelle etwaige Fälschungen, welche in Kapitel VI behandelt werden sollen, weiter nicht berücksichtigen, bemerken wir, daß diese Aufgabe keine ganz leichte ist. Ganz abgesehen von dem Sekret erkrankter Kühe, welches zuweilen mikroskopisch durch pathologische Beimengungen, wie z. B. Eiterkörperchen, wohl charakterisiert ist, abgesehen auch von dem frisch kalbender Tiere, dem vorher erwähnten Kolostrum, welches für den Genuß der Säuglinge als schädlich zurückgewiesen werden muß, ist es nicht leicht, eine Norm für gesunde, gute Milch aufzustellen. Diese schwankt in ihrer Zu-

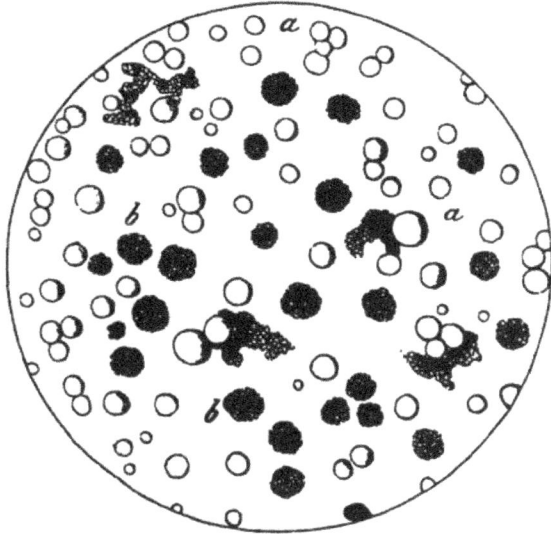

Fig. 353. Milch mit Eiter.
a Butterkügelchen. b Eiter oder Schleim.

sammensetzung in ziemlich weiten Grenzen, ist von den verschiedensten Faktoren, Fütterung, Haltung u. s. w., ja selbst der Tageszeit abhängig. Da bei der Entscheidung hierüber das Mikroskop weiter nicht maßgebend ist, indem sich weder Form und Größe, noch Zahl der Butterkügelchen zur Beantwortung der Frage verwerten lassen, ob eine Milch den gesundheitlichen Anforderungen genüge oder nicht, so verlassen wir diesen Gegenstand und machen nur noch darauf aufmerksam, daß eine Garantie für gute Kindermilch nur in exakt geleiteten Milchkuranstalten geboten werden kann.

Die Leber, ein mächtiges Organ, welches die ganze rechte Hälfte des Oberbauches einnimmt und noch nach links hineinragt, gehört bei den Reptilien und Amphibien in die Kategorie der tubulösen Drüsen, bei Säugetieren hat sie einen ganz eigentümlichen Charakter, so daß sie weder zu diesen, noch zu den alveolären gerechnet werden kann. Ihre Elemente sind die meist vier- bis sechsseitigen, zuweilen spindelförmigen, kernhaltigen Leberzellen, deren Protoplasma von einer Anzahl Fetttröpfchen und gelben Farbstoffkörnchen erfüllt ist, sie verbinden sich zu durch Bindegewebe voneinander getrennten Läppchen. An Blutgefäßen treten in die Leber hinein die Pfortader, welche das Venenblut fast aller Unterleibsorgane führt; sie löst sich noch einmal in ein Kapillarsystem auf, welches sich mit dem von der Arterie herstammenden vereinigt. Es

Fig. 354. Leberzellen.
Nach Orth.

gibt also zweierlei venöse Gefäße in der Leber, deren Verteilung im Läppchen sehr deutlich ausgeprägt ist, indem im Innern desselben ein Ast der Lebervenen, an der Peripherie der Pfortader verläuft. Außerdem haben wir es noch mit den Gallengefäßen zu thun, welche innerhalb des Läppchens ihren Anfang nehmen und hernach die Pfortaderzweige begleiten. Aus dem Pfortaderblute scheiden die Leberzellen die Galle aus, jenes wird dadurch direkt von schädlichen Bestandteilen befreit, also entgiftet. Indessen wird diese Substanz, welche teils unmittelbar in den Zwölffingerdarm sich ergießt, teils in der Gallenblase aufgespeichert wird, von wo ein eigner Kanal

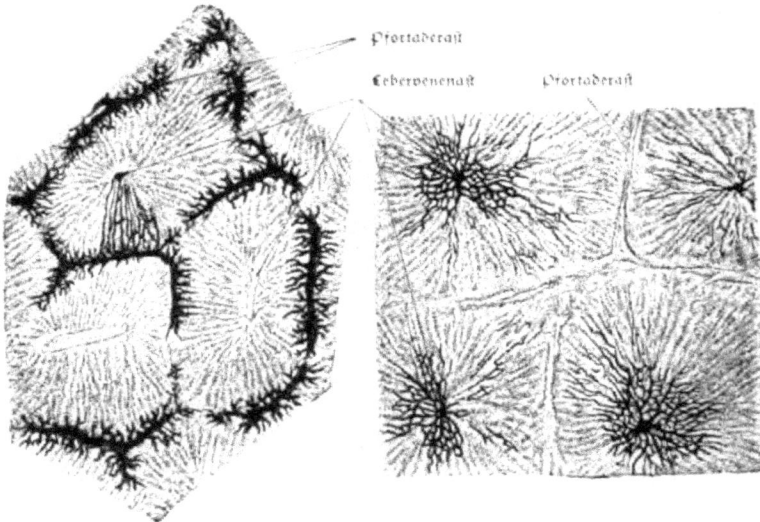

Fig. 355. Stück eines Flächenschnittes einer Kaninchenleber (40 mal vergrößert).

Fig. 356. Stück eines Flächenschnittes einer Katzenleber (40 mal vergrößert).

ebenfalls dahin leitet, nicht so ohne weiteres ausgestoßen, sie dient vielmehr zuvor noch dazu, die mit der Nahrung aufgenommenen Fette in eine aufsaugbare Form überzuführen. Dem Kot verleiht die Galle die bekannte gelbe Farbe, die bei der mit dem Namen Gelbsucht bezeichneten Krankheitserscheinung, bei welcher der Gallenabfluß aus irgend einem Grunde behindert ist, schwindet und einer Lehmfarbe Platz macht.

Eine echte tubulöse Drüse von sehr kompliziertem Bau haben wir in den Nieren vor uns. Sie sind in der Lendengegend zu beiden Seiten der Wirbelsäule gelegen und lassen auf dem Durchschnitt deutlich zwei verschiedene Gewebe, die Mark- und Rindensubstanz, erkennen, von denen letztere die peripherischen Partien des Organs einnimmt. In mikroskopischen Schnitten sieht man ein Gewirr von im Innern mit Epithelbelag versehenen Kanälchen, welche in der Rinde mehr gewunden, im

Mark meist gerade und untereinander parallel verlaufen. Ihre Ver-
bindung mit den Blutgefäßen wird durch das blinde Anfangsstück des
Harnkanälchens, welches sich sackförmig erweitert, hergestellt. In dieses
stülpt sich ein Gefäßknäuel, ein sogenanntes arterielles Wundernetz, ein,
d. h. ein Arterienästchen teilt sich in Zweige, die sich wiederum zu einem
Stämmchen vereinigen, welches sich dann erst in gewöhnlicher Weise in
Kapillaren auflöst; das Ganze, nämlich das Gefäßknäuel nebst seiner
Umhüllung, wird Malpighisches Körperchen genannt. Während die
Nieren der Säugetiere sich sehr ähnlich sind, weichen die der übrigen
Vertebraten in manchen Stücken von der soeben gegebenen Schilderung ab,
vor allen Dingen sind Mark- und Rindensubstanz nicht so scharf getrennt.

Bei jenen träufelt der Urin durch die
Harnleiter in die Harnblase, deren
muskulöse Wand den Inhalt, sobald
sie gefüllt ist, in die Harnröhre heraus-
preßt, von wo aus die Entleerung erfolgt. Dagegen münden die Harnleiter
bei Vögeln und Reptilien in die sogenannte Kloake, der Urin wird also mit
den Exkrementen vermengt und mit
ihnen in breiiger Form zu Tage ge-
fördert. Die Niere ist ein wahrer Rei-
nigungsapparat des Blutes von Aus-
wurfstoffen, welche in verschiedener Konzentration im Harn enthalten sind. Diese
hängt von der Wassermenge ab, die
von den unter hohem Druck stehenden
Wundernetzen ausgeschieden wird, und
ist schon unter normalen Verhältnissen
außerordentlich wechselnd: so kann jeder,
der einmal dem Bacchus oder Gam-
brinus stark gehuldigt hat, davon erzählen, in wie erstaunlichem Maße seine
Niere sich des überschüssigen Flüssig-
keitsquantums zu entledigen weiß.
Andererseits erklärt sich aus der lebens-
wichtigen Funktion dieser Drüse leicht,
warum ihre Erkrankungen, die zu

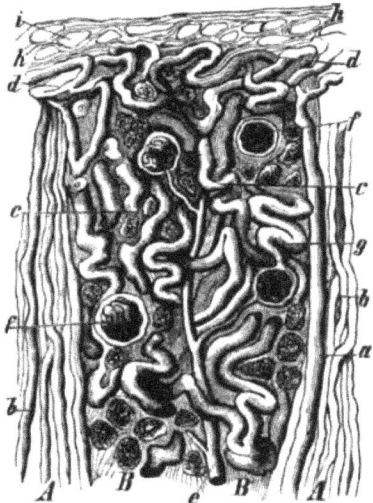

Fig. 557. Vertikalschnitt durch die Rinde der
Niere eines Ungeborenen.

A Gerade verlaufende Harnkanälchen der Nierenrinde. B Gewunden verlaufende Harnkanälchen
der Nierenrinde (eigentliche Nierenrinde).
a, b, c, d Harnkanälchen. e Gefäß, dem die
Knäuel anhängen. f Malpighische Knäuel.
g Gewundenes Harnkanälchen, welches von
einem Knäuel ausgeht. h und i Bindegewebige
Hülle mit Blutgefäßen.

einer Störung in der Urinsekretion Veranlassung geben, fast ohne Ausnahme zu den gefährlichsten und nur zu häufig mit dem Tode endenden
zählen.

Der gesamte Körper wird außen durch die Haut bekleidet, die beim
Menschen fast überall mit Haaren versehen ist. Nur an einigen Stellen,
wie am Kopfe, den Schamteilen, dem Bart des Mannes gelangen sie zu
starker Entwickelung, an den meisten sind sie kurz und stehen vereinzelt,
an einigen endlich, so an der Innenfläche der Hand und an der Fußsohle, fehlen sie ganz. Die übrigen Säugetiere erfreuen sich in der über-

wiegenden Mehrheit eines ziemlich gleichmäßigen, kräftigen Haarwuchses, ausnahmsweise wird ein solcher bei den sogenannten Haarmenschen beobachtet; bei Vögeln treten an Stelle der Haare Federn, bei den meisten Amphibien und Reptilien Schuppen. Bei näherer Betrachtung erscheint die menschliche Haut von stärkeren und seichteren Furchen durchzogen, die durch Spannung einigermaßen ausgeglichen werden. Der mikroskopische Bau geht am deutlichsten aus einem senkrecht geführten Schnitt hervor, durch welchen sich die einzelnen Abteilungen klar ausprägen, nämlich die Epidermis oder Oberhaut, die Cutis oder die Lederhaut und das Unterhautzellgewebe; außerdem befinden sich in der Haut Drüsen, eine reiche Anzahl von Blutgefäßen und Nerven mit besonderen Endapparaten,

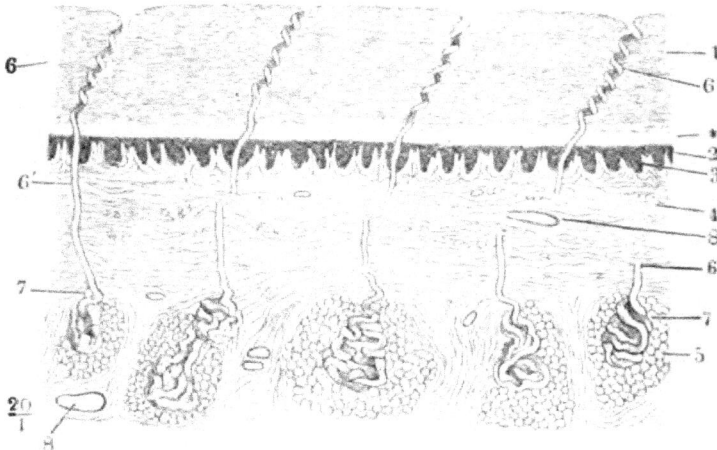

Fig. 358. Dickdurchschnitt der Haut der Fingerspitze, parallel den Riffen. Nach Henle.
1 Hornschicht. 2 Schleimschicht. * Stratum lucidum. 3 Papillen. 4 Eigentliche Lederhaut (Cutis).
5 Unter der Haut befindliches Fettgewebe. 6 Ausführungsgänge der Knäueldrüsen in der Oberhaut.
6' Dieselben in der Lederhaut. 7 Knäueldrüsen. 8 Gefäßdurchschnitt.

welche sowohl die Gefühls- als auch die Temperaturempfindung vermitteln. Die Epidermis wird durch das Mikroskop in eine Horn- und Schleimhaut (Stratum corneum und Stratum mucosum) zerlegt, die unteren Lagen der ersteren sind an manchen Stellen durch besondere Durchsichtigkeit ausgezeichnet und werden daher mit dem Namen Stratum lucidum (helle Schicht) bezeichnet. Die Zellen der Schleimschicht entsprechen dem Typus von kernhaltigen, platten Epithelien, die der Hornschicht sind kernlose, verhornte Schuppen. Sie werden während des ganzen Lebens fortwährend abgestoßen, sind also als abgestorbene oder dem Absterben nahe Elemente zu betrachten; ihre Erneuerung geschieht vom Stratum mucosum aus, dessen Formbestandteile in stetiger Teilung begriffen sind und von unten nach oben aufrücken. Die schwarze Hautfarbe des Negers rührt von einer Lage kleiner, platter, polygonaler, mit Pigmentmolekülen erfüllter Zellen her, welche meist unmittelbar der Cutis aufliegen. Diese zerfällt in die Papillar- und die Retikularschicht, die indeſſen nicht ſtreng getrennt ſind, ſondern allmählich ineinander übergehen. Die Papillen ſind kegelförmige, in die Schleimhaut hineinragende Körperchen, ihrem Inhalte nach unterſcheidet man Nerven- und Gefäßpapillen. Dieſe ſind die bei weitem zahlreicheren, ſie enthalten eine ſpiralig gedrehte oder auch geſtreckt verlaufende Gefäßſchlinge, in jene treten meiſt zwei mark- haltige Nervenfaſern ein und enden an ihrer Spitze in dem ſogenannten Taſtkörperchen. Beim Menſchen und Affen ſind ſie am ſtärkſten an der Fingerſpitze, dem Sitze des feinſten Gefühles, verbreitet, nach den Seiten- flächen der Finger ſowie nach der Hohlhand zu und noch mehr auf dem Handrücken nimmt ihre Menge ab. Die Retikularſchicht beſteht aus innig miteinander verflochtenen bindegewebigen und elaſtiſchen Faſern, denen ſich noch glattes Muskelgewebe hinzugeſellt. Auf das Vorhanden-

ſein dieſer Beſtandteile läßt ſich ſchon aus der Funktion der Haut mit Sicher- heit ſchließen. Abgeſehen von dem die Grundlage bildenden Bindegewebe, muß ein Organ, welches unter na- türlichen und künſtlichen Bedingungen ſo vielen und kräftigen Zerrungen ausgeſetzt iſt, mit zahlreichen elaſtiſchen Elementen verſehen ſein, damit es im ſtande iſt, immer wieder in die alte Lage zurückzukehren. Die Gegenwart von Muskelgewebe geht aus einer Erſcheinung hervor, die jeder gewiß ſchon an ſich ſelbſt beobachtet hat: der ſogenannten Gänſehaut; ſie iſt nichts weiter als eine ſowohl durch pſychiſche Urſachen, z. B. heftigen Schreck, als auch durch äußere Reize, wie bei Kälte, erzeugte Kontraktion

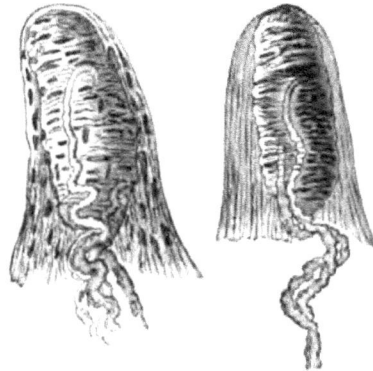

Fig. 559. Zwei menſchliche Taſtwärzchen aus der Haut der Volarfläche des Zeigefingers.

Im Innern der Papille das Taſtkörperchen, in deſſen Gewebe die Nervenfaſern eintreten.

der Muskelfaſern. An Stellen, wo ſie ſich zu flächenhaft ausgebreiteten Schichten vereinigt haben, gibt ſich dies ganz beſonders deutlich kund: ſo kommt es am Hodenſack zur Querfaltung, an den Bruſtwarzen zum Hervortreten derſelben, während es ſich ſonſt hauptſächlich um ein Sträuben oder Erheben der Haare handelt.

Unter den Drüſen der Haut richten wir zunächſt unſre Aufmerkſam- keit auf die Knäueldrüſen, die erſichtlich dem tubulöſen Typus angehören. Es ſind lange, unveräſtelte Schläuche, die ſich im Unterhautzellgewebe zu Knäueln zuſammenwickeln, der Ausführungsgang verläuft ziemlich gerade durch die Cutis, korkzieherförmig gewunden durch die Epidermis und mündet in eine Pore. Ihr Zweck iſt die Schweißſekretion, durch welche der Organismus unter Umſtänden das überſchüſſige Waſſer bis zu enormen Quantitäten loszuwerden vermag, ſo ſehr, daß auf dieſem Wege manchmal die aus irgend einem Grunde behinderte Nierenfunktion einigermaßen erſetzt werden kann.

Vermittelst der Einwirkung gewisser Chemikalien, vorzugsweise der Gerbsäure, läßt sich die Haut zu Leder verarbeiten, wovon wir bekanntlich bei einer ganzen Reihe von Tieren technisch den ausgedehntesten Gebrauch machen. Daß dies übrigens auch bei der menschlichen Haut möglich, ist durchaus nicht in das Reich der Fabel zu verweisen; so pflegen manche anatomische Museen Menschenleder aufzubewahren.

Bezüglich des Unterhautzellgewebes können wir uns kurz fassen, indem wir uns lediglich auf das bei Besprechung des Fettgewebes Gesagte berufen.

Von den Anhängen der Haut interessieren uns in erster Linie die schräg in ihr steckenden dünnen, soliden Hornfäden, die Haare. Man

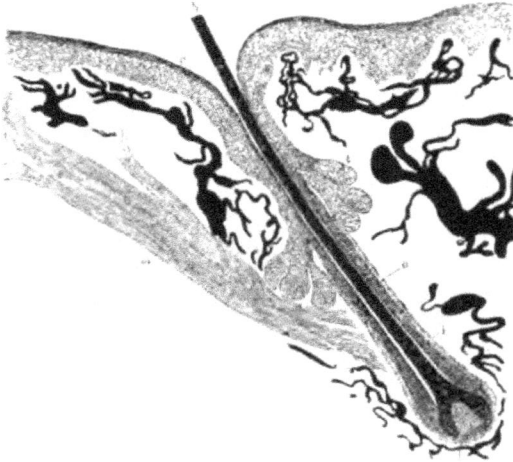

unterscheidet an ihnen den freistehenden Teil oder Schaft und den von einer Einstülpung der Epidermis und Cutis, dem Haarbalge, scheidenartig umgebenen oder die Haarwurzel, sie endet nach unten in einem hohlen Knopf, der Haarzwiebel, welche von der Haarpapille ausgefüllt ist. In den Haarbalg münden die Talgdrüsen, zwei bis fünf an der Zahl, sie haben die Aufgabe, das Haar und seine Umgebung einzufetten und dadurch geschmeidig zu erhalten, außerdem setzen sich die früher erwähnten Gänsehautmuskelfasern an das untere Drittel des Balges.

Fig. 360. Senkrechter Durchschnitt durch injizierte Kopfhaut.
Nach Krause.

h Schwarzes Haar, außen abgeschnitten, innen mit der Haarzwiebel aufhörend, in welcher die Haarpapille p durchschimmert. e Äußere Wurzelscheide. i Innere Wurzelscheide. t Talgdrüse. m M. arrector pili (Muskelfasern des Haarbalges). c Hornschicht der Epidermis, sich einstülpend.

Das Haar selbst ist ein epitheliales Gebilde, dessen Elemente in drei Schichten angeordnet sind: dem Oberhäutchen, der Rinden- und der in der Achse gelegenen Marksubstanz; letztere fehlt vielen Haaren, so besonders den feinen Wollhaaren, und erstreckt sich auch bei den dickeren nicht durch deren gesamte Länge; übrigens ist gerade ihre Beschaffenheit das beste und sicherste Merkmal behufs Erkennung der einzelnen Tierklassen. Daß es unter Umständen in gerichtlichen Fällen von höchster Bedeutung sein kann, zu entscheiden, ob man Tier- oder Menschenhaare vor sich hat, kann keinem Zweifel unterliegen. So wurde z. B. bei einem des Mordes Verdächtigen ein mit Blut und Haaren bedecktes Instrument gefunden; da die mikroskopische Untersuchung Vogelblut und Tierhaare ergab, so konnte es natürlich nicht mehr als Beweismittel für die Schuld des Angeklagten verwandt werden.

Die Farbe der Haare beruht auf verschiedengefärbtem Pigment, welches den Zellen der Rindensubstanz anhaftet; weiße Haare entbehren desselben gänzlich. Im Alter schwindet es derart, daß zunächst der untere Haarabschnitt ergraut, während der obere die normale Farbe beibehält, beim Haarwechsel tritt dann ein vollkommen graues an dessen Platz. Sonst ist das Ergrauen auch auf krankhafte Prozesse, bezw. fehlerhafte Ernährung des Haares zurückzuführen. Daß dies plötzlich geschehen könne, wird heute anerkannt, dahingegen ist den bekannten Erzählungen gegenüber, daß heftige psychische Erregungen, wie Schreck, Kummer u. s. w., die Haare innerhalb kürzester Zeit zu bleichen im stande seien, das größte Mißtrauen angebracht. Die schönen, blonden Haare der Königin Marie Antoinette sollen, als man ihr verkündete, daß sie in den Temple gebracht werde, in der darauffolgenden Nacht vollkommen grau geworden sein;

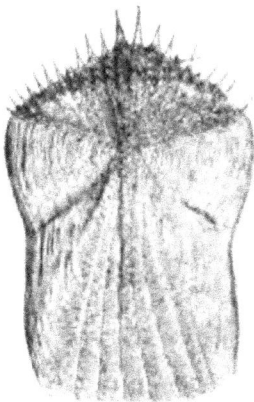

Fig. 361. Schuppe einer Scholle.   Fig. 362. Schuppe vom Aal.
Nach Mikrophotographien von Dr. Burckert & Fürstenberg.

später hat sich herausgestellt, daß sie in der Aufregung diesmal vergessen hatte, dieselben zu färben. In ähnlicher Weise dürften so manche verbürgte (!!!) Fälle derart ihre natürliche Erklärung finden.

Die Schuppen der Fische gleichen den Haaren darin, daß sie ihre Entstehung Hautpapillen verdanken, ihrem Bau nach unterscheiden sie sich allerdings wesentlich von ihnen. Ihre äußere Gestalt ist außerordentlich wechselnd, es gibt kreisförmige, glattrandige, ferner mit stacheligen Spitzen am freien Rande versehene, rautenförmige und andre, auch die bei vielen Arten vorkommenden Hautstacheln gehören hierher. Mikroskopisch handelt es sich um verknöcherte Hartgebilde, welche dem Zahngewebe dermaßen ähneln, daß man von ihnen als Hautzähnen spricht. Ihre Grundsubstanz ist homogen, dabei nach mehreren Richtungen schwach gestreift, sie werden von einem System feinster Kanälchen durchzogen, welche von einem größeren Stamme der Pulpahöhle entspringen, also kurz und gut, ganz der Charakter des Dentins.

Die Vogelfedern stehen den Haaren sehr nahe. Sie stecken wie diese in einer Hauteinstülpung, dem Federbalge, in welcher sie in derselben Weise von den Schichten der Epidermis und Cutis scheidenartig umgriffen werden; ebenso besitzen sie eine Papille, die aber bei weitem größer und gefäßreicher ist als die des Haares, so daß nach Ausziehen einer noch im Wachstum begriffenen Feder eine verhältnismäßig nicht unerhebliche Blutung erfolgt. Eine vollkommen ausgebildete Feder besteht aus dem Kiel oder Schaft, der am Spitzenteil, der Spindel, mit zelligem Mark gefüllt ist, nach der Haut zu aber eine hohle Röhre, die Spule, darstellt, in welcher man die Federseele, d. i. die vertrocknete Papille, wahrnimmt. Von der Spindel laufen jederseits Äste aus und von diesen, ebenfalls zwei-

teilig, Strahlen, welche bei den Kontur- oder Lichtfedern untereinander durch Klammerorgane zusammenhängen, wodurch die Federfahne zu einem fast luftdichten, geschlossenen Ganzen verschmilzt, während die Flaumfedern oder Dunen, wo dieselben fehlen, nur ein lockeres Gefüge zeigen. Mikroskopisch wird die Feder deutlich in eine Rinden- und Marksubstanz zerlegt, diese überwiegt an Menge und setzt sich aus lufthaltigen Zellen zusammen. Das Wachstum der Feder gleicht vollständig dem des Haares, zuerst taucht das

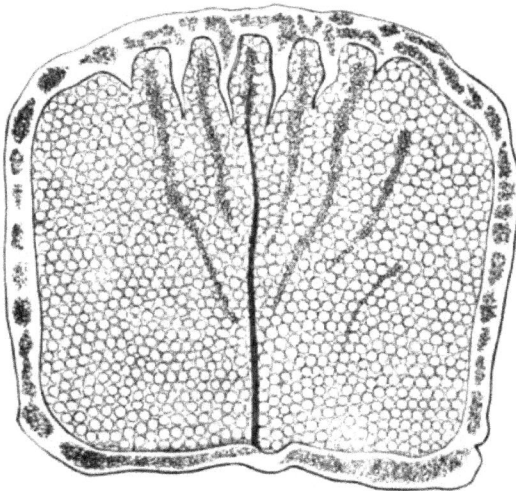

Fig. 363. Schnitt durch den Schaft einer Taubenfeder (in mikroskopischer Vergrößerung).

freie Ende hervor, welches sich durch stetigen Ansatz von unten her vergrößert. Da dieser bei beiden Gebilden kein schrankenloser ist, so tritt schließlich ein Stillstand ein, sie sterben ab und werden durch neue ersetzt. Bei Vögeln geschieht dies zu gewissen Perioden, der Mauserung, übrigens tritt ein periodischer Haarwechsel auch bei einer ganzen Reihe von Säugetieren ein, indem dieselben ihr Sommer- und ihr Winterkleid anlegen.

Hautgebilde sind auch die Krallen, Hufe, bezw. die Nägel, deren wir noch kurz gedenken wollen. Die Nagelplatte liegt auf dem Nagelbette und ist seitlich von den Nagelwällen begrenzt, beide umschließen gemeinsam den Nagelfalz, eine Rinne, welche den Seitenrand des Nagels aufnimmt. Die Ernährung des Nagels findet von seinem hinteren Teile aus statt und zwar von dem die Cutis bedeckenden Epithel, welches an dieser Stelle auf dieselbe übergeht und sich durch fortwährende Teilung vermehrt. Die eigentliche Nagelsubstanz besteht aus kernhaltigen, verhornten Epidermisschüppchen.

Die Schleimhaut ist die Fortsetzung der äußeren Haut nach den inneren Organen; an der Augenlidspalte, den Nasenlöchern, Mund und After, der Öffnung der Harn- und Geschlechtswerkzeuge, sowie den Mündungen der Brustwarze sehen wir einen direkten Übergang beider ineinander; diese überzieht das Skelett äußerlich, wie jene dessen Höhlen auskleidet. Wiewohl die Struktur der Schleimhaut eine nach den verschiedenen Organen sehr wechselnde ist, so lassen sich doch gewisse allgemeine Grundzüge feststellen. Danach unterscheiden wir als wesentliche Bestandteile das Epithel und die Propria (Schleimhaut im engsten Sinne), welche als direkte Fortsetzung der Cutis aufzufassen ist und wie sie vorzugsweise bindegewebige Elemente führt, darauf folgt ohne scharfe Grenze die lockere Tunica submucosa (Unterschleimhaut), in welcher die Schleimdrüsen, sowie die Stämmchen der Blut- und Lymphgefäße und Nerven, die sich nach innen zu weiter verzweigen, eingebettet sind. Zwischen

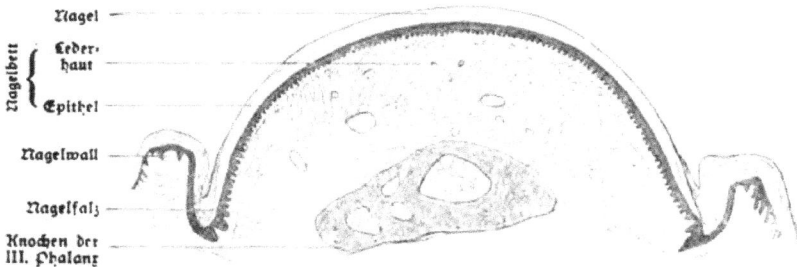

Fig. 364. Querschnitt des dritten Fingergliedes eines Kindes (15 mal vergrößert).
Die Leisten des Nagelbettes sehen im Querschnitte wie Papillen aus.

Epithel und Propria pflegt sich bisweilen eine strukturlose, aus einer Modifikation des Bindegewebes entstandene Schicht, die Grund- oder Basalmembran, einzuschieben (so z. B. in der Luftröhre), zwischen Propria und Submucosa ist im Darmkanal eine Muscularis mucosae (Muskelhaut der Schleimhaut) eingeschaltet. An stärkeren und frei beweglichen Kanälen, wie z. B. dem Verdauungsschlauch, der Harnblase u. a., steckt die Schleimhaut lose angefügt in einer äußeren Muskelhaut, welche in einer inneren Ring- und einer äußeren Längsfaserschicht angeordnet sind.

Es erübrigt nun noch, zur Vervollständigung des bisher entworfenen Bildes einen Blick auf die wunderbaren Vorgänge zu werfen, welche sich bei der Entwickelung der Tiere abspielen. Bei den meisten unter ihnen, und ohne Ausnahme bei allen Vertebraten, ist eine Fortpflanzung nur auf geschlechtlichem Wege möglich, d. h. wenn zwei Zeugungsstoffe, die von einem männlichen und einem weiblichen Individuum geliefert werden, sich miteinander vermischen. Beide sind Zellen, die in eignen, für diesen Zweck bestimmten Drüsen, das Ei in dem Eierstocke des Weibes, der Samenfaden in dem Hoden des Mannes, gebildet werden. Dieser ist eine selbständige Bewegungen vollführende Zelle, an der man Kopf und Schwanz unterscheidet. Ursprünglich hielt man sie eben dieser Eigen-

schaft wegen für ein den Infusorien ähnliches, parasitisches Wesen und
gab ihr den Namen Spermatozoon (Samentierchen); es währte geraume
Zeit, ehe diese Auffassung als eine irrige verlassen und die wahre Bedeutung der Elemente erkannt wurde. Das Ei ist eine kernhaltige, von
einer Membran umschlossene, kugelförmige
Zelle, deren einzelne Bestandteile folgender-
maßen bezeichnet werden: der Inhalt als Eidotter, der Kern als Keimbläschen, die in ihm
enthaltenen Kernkörperchen als Keimkörperchen,
die radiärgestreifte Membran als Dotterhaut.
Während die Eier der Säugetiere von solcher
Kleinheit sind, daß sie sich lange den Augen
der Forscher entzogen (sie wurden erst in den
zwanziger Jahren dieses Jahrhunderts entdeckt),
erreichen die der Vögel wie überhaupt aller
der Tiere, deren Entwickelung außerhalb des
mütterlichen Körpers vor sich geht, relativ und
oft genug auch absolut eine beträchtliche Größe.

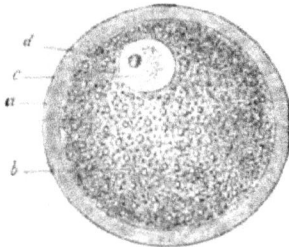

Fig. 365. Reifes Kaninchenei.

a Dotterhaut. b Dotter. c Keimbläschen. d Keimfleck.

Sie sind indes nichts weiter als eine einfache Zelle, nur daß deren einzelne Teile quantitativ einen im Vergleich zu jenen ungeheuren Umfang
angenommen haben. So ist z. B. das Keimbläschen der Amphibien-,
Reptilien- und Vogeleier ohne Mikroskop erkennbar, ganz zu geschweigen
von der mächtigen Dottermasse. Und doch handelt es sich histologisch
durchaus um keine prinzipielle Verschiedenheit in der Zusammensetzung
der in Frage stehenden Zellarten. In dem Inhalt derselben sind

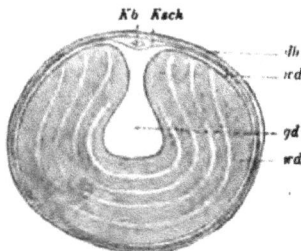

Fig. 366. Eizelle (Eidotter) des Huhns aus
dem Eierstocke.

Kb Keimbläschen. Ksch Keimscheibe. dh Dotterhaut. wd Weißer Dotter. gd Gelber Dotter.

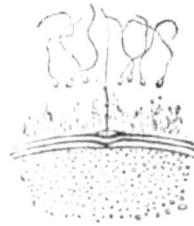

Fig. 367. Abschnitt eines Eies eines Seesternes.
Der Samenfaden ist in das Ei gedrungen. Es
hat sich eine Dottermembran mit kraterförmiger
Öffnung deutlich ausgebildet.

nämlich bei jeder zweierlei Substanzen deutlich nachzuweisen, und zwar
das eigentliche Protoplasma, welches bei der Entwickelung unmittelbar
in hervorragendem Maße beteiligt ist, und gewisse Reservestoffe, welche
als Nahrungsmaterial dienen; man hat dafür die Namen Bildungsdotter
und Nahrungsdotter gewählt. In einem Falle ist dieser nur spärlich
vorhanden und findet sich ziemlich gleichmäßig in ersterem verteilt, wir
treffen dieses Verhältnis vorzugsweise da an, wo die weitere Entwickelung
des werdenden Wesens im mütterlichen Körper sich vollzieht, der für die

Herbeischaffung des nötigen Nährmaterials
Sorge trägt; im andern sind beide merklich
voneinander gesondert, womit zugleich eine
Mengenzunahme des letzteren verbunden ist,
oft derartig, daß der Bildungsdotter von
ihm geradezu verdeckt wird. Dieser Typus
ist beim Vogelei am schärfsten ausgeprägt.
Die eigentliche Eizelle wird durch das Ei-
gelb dargestellt, in welchem man bei genauer Beobachtung einen kleinen, weißen
Fleck, den Hahnentritt, sieht, er ist der Bildungsdotter und enthält das Keimbläschen,
die übrige Masse, welche sich im weißen
und gelben Dotter differenziert, bildet den
Nahrungsdotter, das Eiweiß sowie die
Schalenhaut und die Kalkschale sind sekundäre Umhüllungen, welche vom Eileiter
herstammen.

Das Wesen des Befruchtungspro-
zesses ist durch das Mikroskop aus dem
bisherigen mystischen Dunkel ans Licht gezogen worden; es besteht darin, daß ein
Samenfaden in das Innere des Eies eindringt. Bei manchen Tieren, z. B. den
Arthropoden, ist die Eihaut so fest, daß ein
Eindringen nicht möglich ist, sie besitzt daher
eine kleine Öffnung, Mikropyle, in welche
jener hineinschlüpft. Ist der Samenfaden
erst einmal von der Eizelle umschlossen, so
verschwindet alsbald der Schwanz, der Kopf
aber nähert sich dem ihm langsam ent-
gegenrückenden Keimbläschen und verschmilzt
mit ihm in der Mitte des Eies vollständig,
indem sich gleichzeitig die Dottersubstanz in
radiären Strahlungen anordnet. Von diesem
Augenblick an beginnt die eigentliche Entwickelung, welche sich zunächst in dem Fur-
chungsprozesse kundgibt, d. h. die ganze
Eizelle, bezw. bei den Vögeln, Reptilien,
Fischen u. a. der Bildungsdotter, wird durch
fortwährende Zweiteilung in einen Haufen
von kernhaltigen Zellen verwandelt. Da
bei diesem Vorgange den Kernen die Hauptrolle zukommt, so wird das mit dem Kopfe
des Samenfadens vereinte Keimbläschen
als erster Furchungskern bezeichnet. Indem sich nunmehr durch Aus-
einanderweichen der den Zellenhaufen konstituierenden Formelemente ein

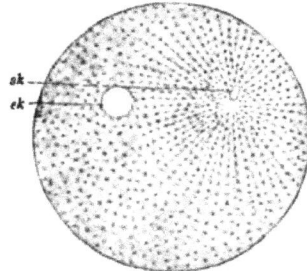

Fig. 368. Befruchtetes Ei eines Seeigels.
Der Kopf des eingedrungenen Samenfadens hat sich in den von einer Protoplasmastrahlung eingeschlossenen Samenkern (sk) umgewandelt und ist dem Eikern (ek) entgegengerückt.

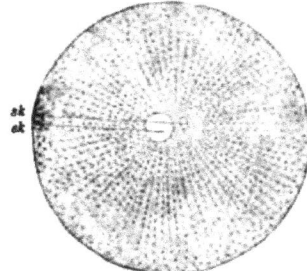

Fig. 369. Befruchtetes Ei eines Seeigels.
Der Samenkern (sk) und der Eikern (ek)
sind nahe zusammengerückt und sind beide
von einer Protoplasmastrahlung umgeben.

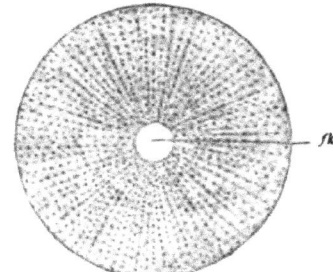

Fig. 370. Ei eines Seeigels gleich nach
beendeter Befruchtung.
Ei- und Samenkern sind zum Furchungskern (fk) verschmolzen, der im Mittelpunkte einer Protoplasmastrahlung liegt.

Hohlraum bildet, haben wir die Keimblase vor uns, deren Wand entweder aus einer einfachen oder einer mehrfachen, an manchen Stellen
verschieden dicken Zellenlage besteht. Als nächste Veränderung beobachten
wir das Stadium der Darmlarve oder Gastrula, welches sich dadurch
charakterisiert, daß von dem einen Pol der Keimblase aus, welcher
durch größere Zellen ausgezeichnet ist, eine Einstülpung in deren Höhlung

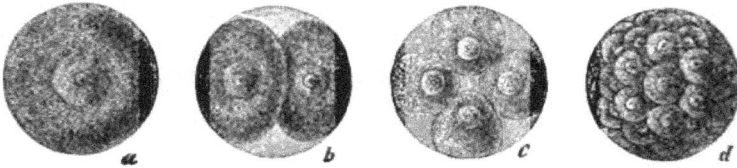

Fig. 371. Einklüftung und Embryonalbildung eines Coelenteraten.
a Einfache Zelle. b Teilung in zwei, c in vier, d in eine große Zahl von Zellen.

erfolgt, welche schließlich dahin führt, daß diese gänzlich verschwindet
und dafür ein becherförmiges Gebilde mit doppelter Wandung an die
Stelle tritt. Die beiden Schichten derselben heißen äußeres und inneres
Keimblatt (Ektoderm und Entoderm), aus ersterem bildet sich die Epidermis mit ihren Drüsen und Haaren, die Anlage des Nervensystems
und der wichtigsten Teile der Sinnesorgane, aus letzterem alle übrigen

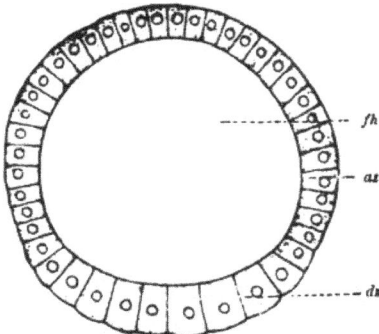

Fig. 372. Keimblase eines Lanzettfisches
(Amphioxus).

fh Furchungshöhle. az Animale Zellen.
dz Dotterreichere Zellen.

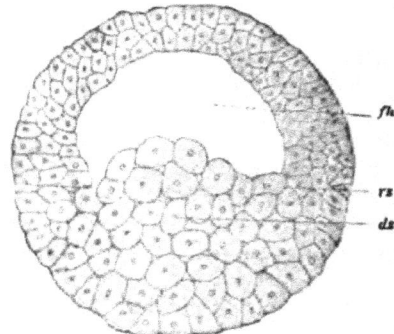

Fig. 373. Keimblase eines Wassersalamanders
(Triton).

fh Furchungshöhle. rz Randzone. dz Dotterreichere Zellen.

Bestandteile des Körpers. Manche unter den niederen Tieren verlassen
in diesem Zustande die Eihüllen, bedecken sich mit Flimmern und bewegen
sich vermittelst ihrer im Wasser fort, wo sie bereits Nahrung aufnehmen
und verdauen. Bei höheren Tieren tritt noch eine weitere Differenzierung
der beiden ursprünglichen Keimblätter ein dadurch, daß im Grunde der
Gastrula sich zwei Falten erheben, welche an die entgegengesetzte Wand
und die freie Mündung heranwachsen. So wird aus dem ursprünglichen
inneren Keimblatt das sekundäre oder Darmdrüsenblatt, da es den

Darmkanal auskleidet, und ein mittleres Keimblatt (Mesoderm), dessen einer Teil zur Bildung der äußeren Schichten des Darmrohres dient, während der andre die Umhüllung der beiden Seiten der Leibeshöhle besorgt.

Damit hätten wir eine Beschreibung der ursprünglichen Entwickelungsvorgänge gegeben, wie sie sich auch in der am höchsten stehenden Tierreihe, den Säugetieren, finden. Die weitere Bildung des embryonalen Körpers aus den Keimblättern geschieht durch Erhebung von Falten und Zusammenwachsen derselben zu Röhren, wodurch sich die Entstehung der verschiedenen Leibeshöhlen erklärt. In solchen Eiern, welche einen beträchtlichen Nahrungsdotter besitzen, zeigt sich ein außerordentlich scharfer Gegensatz zwischen der Rückenfläche des Eies, welche von dem fischähnlichen Embryo eingenommen wird, und der Bauchfläche, die

Fig. 374.
Darmlarve (Gastrula) eines Coelenteraten (mit Flimmerhaaren versehen).

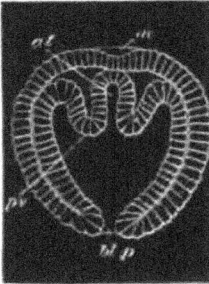

aus einem mit Dottermaterial angefüllten Sacke besteht, welcher durch einen Stiel mit dem Bauche verbunden ist. Die Wände dieses „Dotter-sack" genannten Gebildes nehmen aus den Keimblättern ihren Ursprung und gehen unmittelbar in die des Embryo über. Je mehr sich dieser entwickelt, desto größere Mengen des Inhaltes vom Dottersack werden

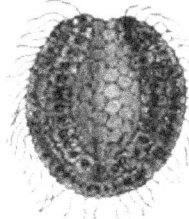

Fig. 375. Ein Entwickelungsstadium von Sagitta (Pfeilwurm): Optischer Längsdurchschnitt durch eine Gastrula mit beginnender Leibeshöhlenbildung.

m Mund. al Darmraum. pv Leibeshöhle. blp Urmund.

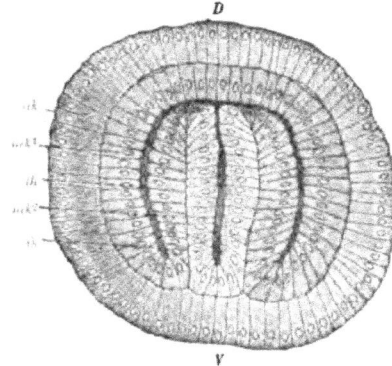

Fig. 376. Optischer Querschnitt durch eine Larve von Sagitta.

Der Urdarm ist durch zwei von der Bauchwand (V) vorspringende Falten in den eigentlichen Darmraum und die zwei seitlichen Leibesräume (lh), die in der Rückengegend (D) noch unterscheidbar kommunizieren, getrennt. ak, ik, mk^1, mk^2 äußeres, inneres Keimblatt, parietales und viscerales Mittelblatt. lh Leibeshöhle.

verbraucht, bis letzterer schließlich ganz zusammenschrumpft und bei den niederen Wirbeltieren zum Verschluß des Haut- und Darmnabels, d. h. der Kommunikationsöffnungen desselben mit der Leibes- bezw. Darmwand, dient.

Auch die Embryonen der Säugetiere, auf die wir noch speziell unser Augenmerk zu richten haben, sind mit einem Dottersacke versehen. Da sie indes zum definitiven Aufbau ihres Organismus ihr

Nahrungsmaterial aus dem mütterlichen Blute beziehen, so sind noch besondere Vorrichtungen getroffen, um dies zu ermöglichen. Schon während das Ei im Stadium der Keimblase noch von der Dotterhaut umgeben ist, setzen sich an dieselbe bei manchen Säugetieren kleine Zotten an, die sich in die Schleimhaut des Fruchthalters einsenken und eine so feste Verbindung herbeiführen, daß man jenes nicht aus diesem heraus· lösen kann, ohne daß es verletzt wird. Die Dotterhaut verschwindet übrigens frühzeitig als Eihülle und macht andern Gebilden Platz, die

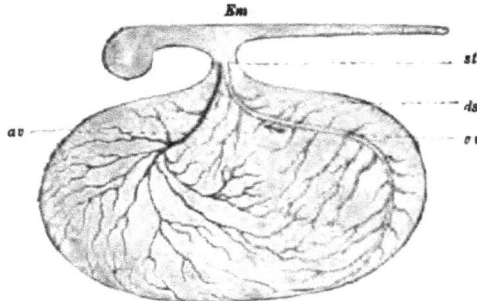

Fig. 577. Älterer Embryo eines Rochens (Pristiurius).
Em Embryo. ds Dottersack. st Stiel des Dottersackes. av Arteria vitellina (Dotterarterie).
vv Vena vitellina (Dottervene).

aus den Keimblättern selbst um den Embryo herumwachsen. Unter ihnen ist es das Chorion oder die definitive Zottenhaut, welche mit ihren Aus· wüchsen in die Schleimhaut des Fruchthalters wie die Wurzeln einer Pflanze hineinwuchert. Indem die Gefäße des Embryo einerseits durch Vermittelung einer andern Eihülle in die Zotten eindringen, anderseits die der Mutter unter kolossaler Vermehrung ihrer Äste ihnen entgegen· kommen, wird das Blut von beiden, nur durch zarte Membranen getrennt, in dem so entstandenen Mutterkuchen in innige Berührung gebracht, so daß leicht ein Austausch der Bestandteile stattfinden kann. Derselbe macht sich in der Art geltend, daß das zu gunsten des Embryo verbrauchte dunkelblaue Blut in den Mutterkuchen geleitet wird, wo es von dem hellroten mütterlichen sowohl Nahrungsstoffe als auch Sauerstoff empfängt und gleichzeitig Kohlensäure sowie andre Verbrennungsprodukte abgibt. Die Mutter ernährt also während der Trächtigkeits · oder Schwangerschaftsperiode sich selbst und ihren Sprößling, atmet für ihn mit und entfernt seine Ausscheidungsstoffe. Bei Vögeln und Reptilien ist natürlich keine Zottenbildung vorhanden, doch existieren fast dieselben Eihüllen, deren Gefäße hier der Atmung vorstehen. Zu diesem Zwecke sind z. B. die Kalkschalen der Vogeleier mit unendlich vielen feinsten Poren versehen, welche für die Luft durchgängig sind, außerdem besitzen sie am stumpfen Pol eine Luftkammer. Wenn man ein bebrütetes Ei überfirnißt, wodurch der Luftzutritt verhindert wird, stirbt das Küchlein in kürzester Frist ab.

V. Kapitel.

Das Mikroskop als Entdecker der Krankheitserreger.

Seit jeher hat die Frage nach den Krankheitsursachen die Geister nicht nur der Ärzte, sondern auch der Laien aufs lebhafteste beschäftigt. Aber so sehr man sich auch bemühte, sich hierüber Aufklärung zu verschaffen, die Anschauungen, zu denen man über diesen Brennpunkt, sozusagen, der gesamten Medizin gelangte, waren weit entfernt davon, als unanfechtbar gelten zu können, ja selbst Begriffe, mit denen wir gewöhnt sind, als alltäglichen zu operieren, wie z. B. die Erkältung, der Rheumatismus u. a., entbehren noch immer einer exakten wissenschaftlichen Unterlage, so daß wir bezüglich ihrer jenem Studenten beipflichten müssen, welcher im Examen dem Professor auf sein Verlangen, die erstere zu definieren, erwiderte: „Nec ego scio, nec tu scis, nec quisquam medicorum" (Weder ich weiß es, noch du weißt es, noch irgend einer der Ärzte). Glücklicherweise hat das Mikroskop diesem überaus unbefriedigenden Zustande gerade bei einer Reihe der verbreitetsten Krankheiten ein Ende gemacht, und da, wo es noch dunkelte, beginnt es bereits zu tagen.

Wann sind wir denn überhaupt berechtigt, irgend etwas als Krankheitserreger anzusprechen? Am einfachsten liegen die Verhältnisse bei äußeren Gewaltanwendungen, der Zusammenhang z. B. eines heftigen Schlages oder eines Stiches, eines Schusses mit einer Wunde ist ohne weiteres klar ersichtlich. Ebenso wird bei einer Vergiftung niemand Zweifel hegen, daß das Arsen, die Blausäure, die Tollkirsche u. dergl. es sind, welche uns in die größte Gefahr zu bringen vermögen. Es handelt sich in beiden Fällen um durchaus handgreifliche Dinge, mit deren Hilfe ein jeder ohne viel Mühe in der Lage ist, die erwähnten Folgen herbeizuführen. Nicht anders steht es mit den lebenden, meist der niederen Tier- oder Pflanzenwelt angehörigen Organismen, welche wir für irgend eine krankhafte Störung verantwortlich machen; auch hier heißt es in erster Linie, sie gleichsam schwarz auf weiß vorzuführen und dann nachzuweisen, daß sie die betreffende Erkrankung in Wirklichkeit hervorrufen.

Unter den tierischen Parasiten (Schmarotzern) liefert die Klasse der Würmer einen ganz erheblichen Beitrag; wohl jeder ohne Ausnahme

19*

hat gewiß Gelegenheit gehabt, mit der einen oder andern Art nähere
Bekanntschaft zu schließen. Wir erwähnen hier zunächst die für den
Menschen vorzugsweise in Betracht kommenden, den Spulwurm (Ascaris
lumbricoides) und den Madenwurm (Oxyuris vermicularis), von denen
dieser den Dick- und vornehmlich den Mastdarm, jener den Dünndarm bewohnt. Was die Gefährdung der Gesundheit anlangt, sind sie übrigens bei
weitem besser als ihr Ruf, wenigstens üben sie den schlimmen Einfluß,
welchen man ihnen im Publikum gemeiniglich zutraut, nur in den seltensten
Fällen aus. Daß sie nicht etwa, wie man früher meinte, von selbst oder
durch die Nahrung entstehen, ist für den Leser selbstverständlich, sie
gelangen vielmehr nur dadurch in den Verdauungskanal, daß ihre Eier
irgendwie, z. B. durch den beschmutzten Finger des Kindes, in den Mund
gebracht werden, von wo aus ihnen der Weg in den Magen und Darm,
in dem die weitere Entwickelung stattfindet, freisteht. Werden sie, wie

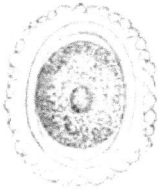

Fig. 378. Ei des Spulwurmes
(Ascaris lumbricoides) mit Schale
und Eiweißhülle
(300 mal vergrößert).

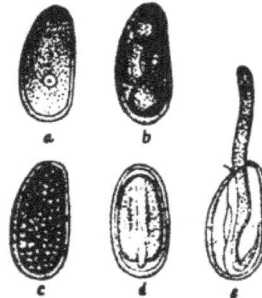

Fig. 379. Eier des Madenwurmes (Oxyuris vermicularis) in verschiedenen Stadien der Entwickelung
(250 mal vergrößert).

a, b, c Dotterfurchung. d Kaulquappenförmiger,
e wurmiförmiger Embryo.

dies häufig beobachtet wird, durch den Kot oder durch Erbrechen ans
Tageslicht befördert, so kann natürlich jeder die Diagnose (d. h. die
Krankheitserkenntnis) stellen, andernfalls ist dies nur dann möglich, wenn
man in jenem mikroskopisch die charakteristischen Formen ihrer Eier nach-
weist, alle sonstigen Krankheitserscheinungen oder Symptome sind unzu-
verlässig, sie können höchstens die Aufmerksamkeit oder den Verdacht des
Arztes auf das Vorhandensein dieser Schmarotzer lenken.

Weit gefährlicher ist die derselben Ordnung, den Nematoden, an-
gehörige Trichina spiralis, welche in den dreißiger Jahren zuerst beschrieben wurde. Doch währte es fast ein Menschenalter hindurch, ehe
es den vereinten Forschungen der Zoologen und Pathologen, d. h. der
sich mit der Krankheitslehre befassenden Ärzte, gelang, über ihre wahre
Natur und Lebensgeschichte, sowie ihre Stellung als Krankheitserreger
Licht zu verbreiten. Sie tritt in zwei verschiedenen Formen auf, von denen
wir zunächst die Muskeltrichine, dieselbe, welche bei der Entdeckung
in einer Leiche aufgefunden wurde, betrachten wollen. Im ausgewachsenen
Zustande stellt sie einen in einer Kapsel liegenden, spiralig eingerollten Wurm

dar mit konisch (kegelförmig) zugespitztem Kopf- und mehr abgerundetem
Schwanzende; der Geschlechtskanal ist noch nicht vollständig entwickelt (vergl.
S. 192, fig. 229 C).   Wird solches Fleisch verzehrt, so löst sich im Magen und

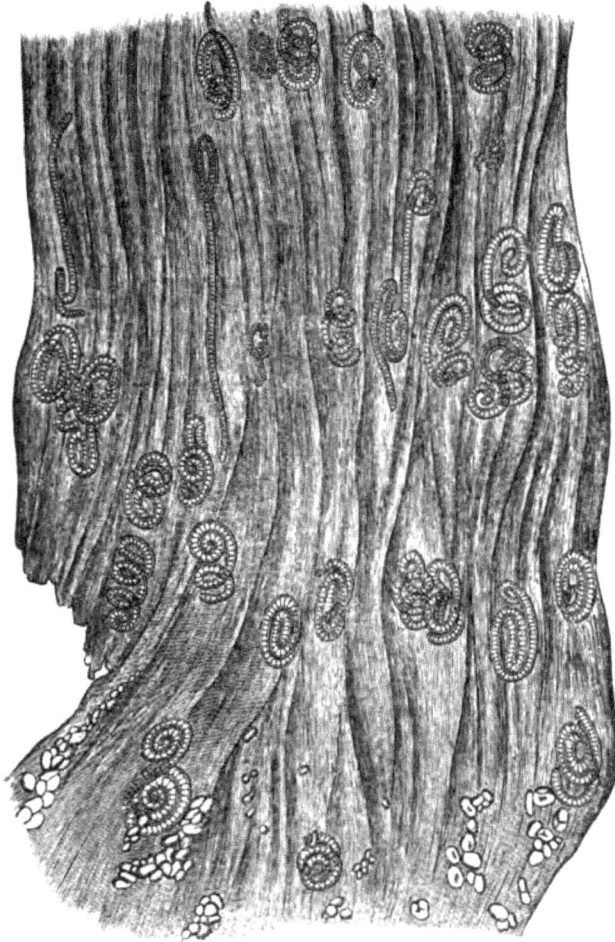

Fig. 380. Frische Trichineneinwanderung in die Muskeln des Menschen. Durchschnitt eines Muskels
nahe dem Sehnenansatze. Nach Heller.

Darm die Kapsel auf, das Tier wird frei, vergrößert und entwickelt sich
in zwei bis drei Tagen zur geschlechtsreifen und geschlechtlich geschiedenen
Darmtrichine.   Das Männchen ist bei weitem kleiner als das Weibchen
(dieses mißt 3—4 Millimeter, jenes etwa 1,5 Millimeter), man unterscheidet
im Innern des ersteren an der hinteren Körperhälfte die Geschlechtsteile,

nämlich Samendrüse und Samenleiter, dessen Mündung mit dem Darmende
eine hervorstülpbare Kloake bildet, bei letzterem den Eierstock, den Uterus
(Fruchthalter) und die Scheide, welche in der vorderen Körperhälfte aus-
mündet (vergl. S. 192, Fig. 229 A, B); die Speiseröhre liegt bei beiden in
einem perlschnurartigen Zellkörper und setzt sich in den Darm fort, welcher
mit dem After endet. Nachdem die Begattung stattgefunden hat, entstehen
aus den befruchteten Eiern Embryonen, welche nach weiteren vier bis fünf
Tagen lebendig geboren werden. Die Jungen verlassen sehr schnell den
Darm und wandern in die Muskeln ein, indem sie sich durch die Gewebe
durchbohren, vielleicht wird ein Teil von ihnen auch durch den Blutstrom
fortgeschafft. In den Muskeln bewegen sie sich eine Zeitlang in dem
Bindegewebe zwischen den Muskelbündeln, besonders nach dem Sehnenansatze zu, fort, alsbald aber trifft man sie in der Faser selbst an. Hier
wachsen sie in etwa vierzehn Tagen zur Muskeltrichine heran, und da

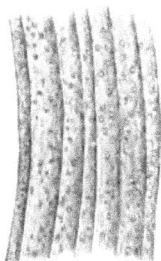

Fig. 381. Eingekapselte
und verkalkte Muskel-
trichinen im Fleische
(natürliche Größe).
Nach Heller.

sie ihr Nährmaterial daraus entnehmen, so kann man
sich leicht vorstellen, daß damit eine erhebliche Schä-
digung ihres Wirtes verknüpft ist. In der That wird
ein Entzündungsprozeß hervorgerufen, dessen Ausgang
schließlich die Bildung der erwähnten Kapsel ist, welche
sich um den sich spiralig einrollenden Wurm anlegt.
Später wird dieselbe durch Verkalkung noch weiter verändert; dieser Vorgang macht sich dem unbewaffneten
Auge kenntlich, indem man den Muskel mit gelben,
bis knapp mohnkorngroßen Knöpfchen durchsetzt sieht.
Alle diese Thatsachen sind durch Experimente unwiderleglich dargethan, eine ganze Reihe von Tierarten
erkrankte durch das Verzehren von trichinösem Fleisch
an der sogenannten Trichinosis; dagegen ist eine
Übertragung von Darmtrichinen durch Verfütterung

des Darminhalts zwar möglich, aber sie gelingt nur schwer. Vornehmlich handelt es sich um ein Leiden der Schweine, der zahmen sowohl
wie der wilden, der Mensch selbst wird durch sie angesteckt. Merkwürdigerweise sind im allgemeinen die Krankheitserscheinungen bei diesen
Tieren außerordentlich geringe, so daß während des Lebens nichts auf
eine so schwere Veränderung in der Muskulatur hinzuweisen pflegt,
dagegen besitzt der Mensch um so weniger Widerstandsfähigkeit, ohne
Unterschied des Alters und Geschlechts liegt er alsbald infolge einer
etwaigen Infektion (Ansteckung) schwer danieder, und oft genug wird sie
zur Todesursache. Bei Menschen wie bei Tieren sind stets gewisse
Muskelgruppen von den Trichinen besonders bevorzugt, nämlich das
Zwerchfell, Hals-, Kehlkopf-, Augen- und Zwischenrippenmuskeln, in dem
einzelnen Muskel sind sie in der Gegend des Sehnenansatzes am dichtesten
angehäuft.

Während die Darmtrichinen nach ungefähr acht Wochen absterben,
ist den Muskeltrichinen eine stark ausgeprägte Lebenszähigkeit eigen,
welche sich auf mannigfaltige Weise äußert. Im Organismus halten
sie sich sehr lange Zeit, ohne selbst durch die Verkalkung der Kapsel

Schaden zu nehmen; so wurde bei einigen Individuen nach mehr als zehn und sogar nach fünfundzwanzig Jahren nach erfolgter Ansteckung durch Verfütterung ihres Fleisches die Trichinenkrankheit erzeugt. Auch in dem toten Muskel sterben sie durchaus nicht ohne weiteres ab, sie leisten nicht nur den gebräuchlichen Zubereitungsarten, sondern sogar der Fäulnis einen nicht unerheblichen Widerstand.

Wo stammen die Trichinen des Schweines her? Früher beantwortete man diese Frage dahin, daß vorzugsweise das Fressen von trichinen- haltigen Ratten die Infektion verschulde, sie wurden in der That häufig genug in Ställen gleichzeitig mit trichinösen Schweinen und in Kellern von Häusern, wo menschliche Trichinosis ausgebrochen war, aufgefunden. Indes erwies sich diese Ansicht als eine irrige, man muß vielmehr an- nehmen, daß jene meist umgekehrt ihre Trichinen von den Schweinen beziehen; denn wie will man anders die Beobachtung deuten, daß, wenn man aus Abdeckereien, Schlächtereien und andern Lokalitäten je hunderte von ihnen untersuchte, sich bei beiden ersteren etwa 22 % und 5 %, dagegen bei letzteren nur 0,3 % trichinöse vorfanden? Die Schweine hingegen stecken sich untereinander an, wozu gerade in Abdeckereien und ländlichen Schlächtereien die beste Gelegenheit durch das Füttern der lebenden mit den Abfällen der geschlachteten gegeben ist.

Es ist gewiß von hohem Interesse, sich einmal die Gefahr, welche uns auf diese Art droht, soweit es möglich, zifferngemäß klar zu machen. Zu diesem Zwecke eignet sich vortrefflich das statistische Material aus den Schlachthäusern der großen Städte. So wurden in Berlin von 1883—1885 779285 Schweine geschlachtet, unter denen 603 trichinös befunden wurden, also ein Verhältnis von 1292 : 1. So klein diese Zahl erscheinen mag, so wird sie doch gebührend gewürdigt werden, wenn man einmal danach Umschau hält, welches Unheil denn ein einziges trichinöses Schwein anrichten kann. Einige Daten aus den durch sie entstandenen Epidemieen geben uns hiervon eine richtige Vorstellung: In Hettstädt erkrankten 1863—1864 158 Personen, es starben 28; 1865 wurden in Hedersleben 337 Erkrankungs- und 101 Todesfälle registriert u. s. f. Nimmt man noch hinzu, daß selbst bei günstigem Ausgange bis zur vollständigen Genesung 1—2 Monate und unter Umständen noch mehr Zeit vergeht, so hat man ein Bild von dem un- geheuren Schaden, den dieses unscheinbare Geschöpf dem Menschen zu- zufügen im stande ist. Möglich wird dies natürlich nur durch die enorme Vermehrung der Trichinen, liefert doch ein einziges Weibchen nach- einander gegen 1000 Junge.

Wenn die Trichine für den Menschen viel von den Schrecknissen verloren hat, welche ihr ursprünglich anhafteten, so verdankt man dies erfreuliche Ergebnis den wirksamen sanitären Maßregeln, welche heut- zutage wohl überall eingeführt sind. In erster Linie kommt in dieser Be- ziehung die Trichinenschau in Betracht, auf die wir hier kurz eingehen wollen. In öffentlichen Schlachthäusern, wo sie sich am bequemsten und zuverlässigsten ausüben läßt, werden sofort nach der Tötung des Schweines von den vorher genannten Stellen, welche sich durch besonders starke

Anhäufung etwa eingedrungener Trichinen auszeichnen, kleine Stücke entnommen und der mikroskopischen Untersuchung unterworfen. Die Anfertigung der Präparate, welche man natürlich von jedem beliebigen Fleischteil vornehmen kann (z. B. auch von Schinken und Wurst), geschieht nach Wernich auf folgende Weise: Man schneidet mit einer kleinen, über die Fläche gebogenen Schere etwa 1 Zentimeter lange, 0,5 Zentimeter breite und 0,03 Millimeter dicke Stückchen und zerzupft sie in reinem Wasser oder einprozentiger Kochsalzlösung auf dem Objektträger mit feinen Nadeln nach der Faserrichtung. Ein auf das Präparat gelegtes quadratzollgroßes Deckgläschen wird alsdann derartig auf den Objektträger aufgedrückt, daß das zwischen beiden gepreßte Fleisch eine einzige zusammenhängende, hinlänglich dünne Scheibe darstellt. Jeder verdächtige Befund wird scharf eingestellt behufs genauerer Erforschung seiner Einzelheiten. Es genügt eine sechzig- bis achtzigfache Vergrößerung eines guten Mikroskopes. Selbstverständlich ist es notwendig, daß man sich das Bild der in einem solchen Präparate angetroffenen normalen Bestandteile einprägt, damit man stets weiß, womit man es zu thun hat; dahin gehören außer den Muskelfasern Fettzellen in Form unregelmäßig rundlicher, durchsichtiger und von einem dunklen, schwarzen Rande umgebener Körperchen, ferner Luftblasen, welche, wenn sie kleiner sind, als dunkelkonturierte Kugeln, sonst als ebenfalls dunkelumsäumte Spalten erscheinen. Hervorgehoben zu werden verdienen die Miescherschen Schläuche, die sowohl ihrer Gestalt als ihrer Farbe nach leicht für eingekapselte und verkalkte Trichinen gehalten werden können; ihr Vorkommen ist ein außerordentlich häufiges, sie entleeren, wenn man sie zerstört, die sogenannten Renayschen Körper (von nierenförmiger Gestalt). Immerhin wird man bald lernen, sie richtig zu erkennen, da jene eine weit dunklere Farbe haben; ist man trotzdem einmal im Zweifel, so genügt übrigens der Zusatz von einem Tropfen Kalilauge, welcher den Schlauch auflöst, während die verkalkte Kapsel unverändert bleibt. In der nicht verkalkten Kapsel ist die Trichine ohne weiteres sichtbar, sonst muß man durch etwas Essigsäure den Kalk zuvor auflösen.

So hoch die Trichinenschau zu schätzen ist, so gewährt sie doch schon aus dem Grunde, daß auch dem besten Untersucher spärlich gesäete Trichinen entgehen können, keinen absoluten Schutz, ganz abgesehen davon, daß uns gerade nicht immer die Gewähr geleistet wird, daß ihre Handhabung stets über jedes Lob erhaben sei. Wir müssen uns daher noch nach andern Vorsichtsmaßregeln umsehen, welche eine hinreichende Ergänzung zu jener bilden. Glücklicherweise sind dieselben außerordentlich einfach und ergeben sich von selbst aus den soeben geschilderten Eigenschaften dieser Parasiten. Wenn wir vorher auf ihre große Lebenszähigkeit hingewiesen haben, so folgt daraus, daß man sich vor allen Dingen vor dem Genuß von rohem Schweinefleisch zu hüten hat. Aber auch das Braten und Kochen tötet die Trichinen nur dann sicher ab, wenn das betreffende Fleischstück überall auf 50—55° R. erwärmt wird, eine Temperatur, die, wenn es mäßig groß ist, nur bei mehrstündigem Erhitzen auch in dessen Mitte erreicht wird. Ebenso sorgfältig müssen

Schinken und Würſte behandelt werden, Einſalzen und Räuchern führen nur dann ein Abſterben herbei, wenn es lange Zeit geſchieht; die ſogenannte Schnellräucherung (durch Kreoſot) hat dieſe Wirkung nicht.

Schließlich muß das Beſtreben der Geſundheitspflege dahin gerichtet ſein, die Möglichkeit einer Infektion mit Trichinen überhaupt zu verhindern. Auch nach dieſer Richtung iſt der einzuſchlagende Weg klar vorgezeichnet. Ein trichinöſes Schwein muß ſofort konfisziert und entweder verbrannt oder durch Chemikalien zerſtört, höchſtens das Fett darf zu techniſchen Zwecken, z. B. zur Seifebereitung, verwandt werden. Gänzlich verkehrt iſt das Einſcharren, da, wie wir geſehen haben, ſelbſt faulendes Fleiſch noch zu einer Anſteckung führen kann, und zweifellos eine ganze Reihe von Tieren, gelegentlich auch die Schweine ſelbſt, von einem ſolchen Kadaver (Leichnam) freſſen werden. Die Fütterung derſelben mit den Abfällen bereits geſchlachteter Tiere iſt natürlich durchaus unzuläſſig, weshalb man gut thäte, zu verbieten, daß ſie auf Abdeckereien gehalten werden.

Unter den Ceſtoden wollen wir uns an dieſer Stelle zunächſt mit der Taenia solium und mediocanellata befaſſen, von deren Entwickelungsgeſchichte bereits in Kapitel III die Rede war. Der Bandwurm iſt gleichfalls ein Bewohner des Dünndarmes, auch er ruft im allgemeinen verhältnismäßig geringe Krankheitserſcheinungen hervor. Wir erkennen ſeine Exiſtenz nur durch den Abgang von Proglottiden (Bandwurmgliedern) mit dem Stuhlgang, die Anſteckung erfolgt durch den Genuß von mit Cyſticerken (Finnen) verſehenem, rohem Fleiſch, deren Hüllen durch den Magenſaft aufgelöſt werden, worauf das Tier frei wird und im Darme raſch zur Taenie heranwächſt. Auf dieſe Thatſache gründen ſich für

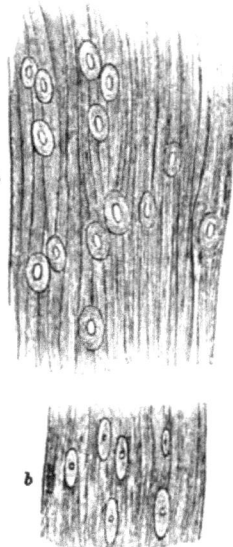

Fig. 382. Finnen.
a im Schweinefleiſch, b im Kalbfleiſch (natürliche Größe).
Nach Leuckart.

die Praxis einige höchſt bemerkenswerte Folgerungen, und zwar einmal die unbedingte Notwendigkeit einer von ſachverſtändiger Seite geleiteten Fleiſchſchau, welcher die Aufgabe zufällt, jedes geſchlachtete Rindvieh oder Schwein auch in dieſer Beziehung genau zu unterſuchen und eventuell von der Cyſticerkeninvaſion (Finneneinwanderung) betroffene Tiere ganz oder teilweiſe der Vernichtung preiszugeben. Dann aber werden wir für die Ernährung eine wichtige Regel zu beachten haben: Wie geringe Mengen von Trichinen, ſo kann ein vereinzelter Cysticercus dem Auge des Beobachters leicht entgehen, was nicht wunder nimmt, wenn man bedenkt, daß es ſich um kleine, runde, 8—10 Millimeter meſſende, gelbe Blaſen handelt, welche im Bindegewebe zwiſchen den Muskelfaſern gelegen ſind. Außerdem iſt eine Verwechſelung mit einem Fettträubchen nicht unwahrſcheinlich, ein etwaiger Zweifel wäre allerdings durch das

Mikroskop ohne weiteres zu zerstreuen, in welches ja ein Blick genügt, um die charakteristische Gestaltung eines Blasenwurmes (s. Fig. 223) von Fettzellen zu unterscheiden. Jedenfalls gelangen thatsächlich auch bei der größten Vorsicht mit einer kleinsten Anzahl von Finnen durchsetzte Fleisch-stücke in den Handel, und wir vermöchten uns dieser unerwünschten Gäste nicht zu erwehren, wenn wir nicht in der Anwendung der Hitze ein Mittel besäßen, welches ihnen den Garaus zu machen geeignet ist. Wir werden also schon aus diesem Grunde nur gekochtes, gebratenes oder gedämpftes Fleisch auf den Tisch bringen, das so beliebte Beefsteak à la Tartare dagegen gänzlich von der Speisekarte verbannen. Soviel steht fest, daß es keine harmlose Speise ist, und daß z. B. die Metzger, welche vermöge ihres Handwerkes täglich zum Kosten von rohem Gehackten verführt werden, ganz ausnehmend häufig von der Bandwurmkrankheit heimgesucht sind.

Bei weitem gefährlicher als der Bandwurm ist für den Menschen die Ansiedelung des Cysticercus im Gewebe der Organe, sie ist nur dann möglich, wenn auf irgend eine Weise, z. B. durch nicht gehörig gereinigten Salat, das Ei einer Taenie oder vielmehr der in dessen Hüllen enthaltene Embryo sich in den Magen verirrt, wo er, frei geworden, seine Wan-derung antritt, in den Blutstrom eindringt und überall hin, zum Gehirn, zum Auge, zur Haut, zu den Muskeln u. s. f., verschleppt wird. Nachdem er sich ansässig gemacht hat, kapselt er sich ein, wächst an Umfang und verwandelt sich in eine Blase mit flüssigem Inhalt, in der eine Finne deutlich mikroskopisch nachweisbar ist.

Die gefürchtete Echinococuskrankheit stammt von der in Kapi-tel III erwähnten, den Hundedarm bewohnenden Taenia echinococcus. Der gewöhnliche Kreislauf, den sie durchmacht, ist der, daß die durch den Hundekot abgegangenen Eier auf Wege, Felder und Wiesen zerstreut und vom Rinde, Schafe oder Schweine mit der Nahrung aufgenommen werden. Sie machen alsbald genau denselben Prozeß durch, den wir eben beim Cysticercus beschrieben haben, und entwickeln sich im Orga-nismus der neuen Wirte zu Blasenwürmern. Werden nach deren Tode die kranken Teile von Hunden verzehrt, so bildet sich wieder die Taenie aus. Beim Menschen wird gleichfalls nur das Stadium des Blasen-wurmes beobachtet; Mangel an Reinlichkeit bei Zubereitung von rohen Vegetabilien (pflanzlichen Nahrungsmitteln) sowie zu inniger Verkehr mit unsern Lieblingen, den Hunden, durch Lecken, Fressen aus dem von uns benutzten Geschirr vermitteln die Infektion, die zu ähnlichen Folgen führt, wie bei den vorher genannten Tieren. Der bevorzugte Sitz dieses Leidens ist die Leber, wo es zur Entwickelung von kolossalen Geschwülsten, oft bis zur Mannskopfgröße, kommt, in deren flüssigem Inhalt man häufig die charakteristischen Formen des Echinococcus findet.

Ein äußerst unbehaglicher Gast ist die Krätzmilbe (Sarcoptes scabiei. s. Kapitel III). Das Weibchen gräbt sich in die Hornschicht der Epidermis ein und dringt bis in die oberen Lagen des Stratum mucosum (Schleim-schicht), worauf es parallel der Oberfläche weiter wandert; in den so ent-standenen, etwa 1 Zentimeter langen Gang legt es seine Eier, außerdem finden sich zahlreiche Kotballen darin (vergl. S. 210, Fig. 251). Die eigentlichen Krankheitserscheinungen machen sich in einem unerträglichen Juckreiz geltend, durch welchen ein fortwährendes Kratzen herbeigeführt wird, aus dem wiederum der Ausschlag entsteht. Wie unendlich wichtig der mikroskopische Nachweis der Milben bezüglich der Erkennung der Krankheit, zumal in zweifelhaften Fällen, ist, bedarf kaum der näheren Erörterung, aber auch den Heilbestrebungen wurde erst durch die Feststellung der Krankheitsursache der richtige Weg gebahnt, den man mit so großem Erfolge beschritten hat, man sah, daß es sich hier nur um eine Tötung der Tiere handeln könnte, welche durch Anbringen von passenden Heilmitteln auf die äußere Haut in rascher, angenehmer und sicherer Weise vor sich geht.

Die pflanzlichen Parasiten aus der Klasse der Schimmel- und Spaltpilze (s. Kapitel II) spielen in der menschlichen und tierischen Pathologie (Krankheitslehre) eine gewaltige Rolle. Wir wollen uns zunächst kurz mit ersteren befassen. Im Jahre 1839 wies zuerst der berühmte Arzt Schönlein beim Favus oder Erbgrind, einem hauptsächlich sich auf dem Kopfe befindlichen, äußerst hartnäckigen Ausschlage, einen Pilz als Krankheitserreger nach, welcher später ihm zu Ehren den Namen Achorion Schoenleinii erhielt. Es gelingt in einem von den betroffenen Partien entnomme-

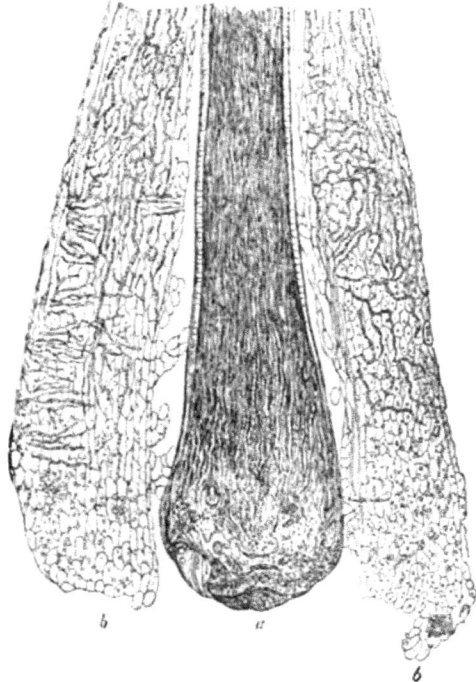

Fig. 383. Mit Erbgrind behaftetes Haar. Nach Kaposi. a Haarzwiebel und Haarschaft. b Haarwurzelscheiden, durchgehends von Mycelien und Conidien durchsetzt.

nen Präparate mit Leichtigkeit, ein dichtes Netz von Mycelfäden, zwischen denen Sporen in großen Massen liegen, zur Ansicht zu bringen. Auch die Haare sind lebhaft an dem krankhaften Prozeß beteiligt, die Pilze finden sich reichlich in den Wurzelscheiden und dringen von da in den Haarschaft selbst ein, den sie der Zerstörung preisgeben.

Der Herpes tonsurans oder die scherende Flechte verdankt ihre Entstehung dem Trichophyton tonsurans, einem Pilz, der aus langgegliederten Mycelfäden mit verhältnismäßig spärlichen Verzweigungen und Sporenketten gebildet wird. Die Haare werden in ähnlicher Weise wie beim Favus in den pathologischen (krankhaften) Prozeß hineingezogen, indem

auch hier Pilzelemente in den Haarſchaft und die Wurzelſcheiden hinein-
wuchern. Der Kranke wird nicht nur durch ein mehr oder minder
heftiges Juckgefühl geplagt, ſondern er gewährt auch, beſonders wenn
das Leiden am Haupthaar oder am Barte auftritt, einen ekelerregenden
Anblick, der ihm oft genug an der Ausübung ſeines Berufes hinderlich
iſt. Dasſelbe kommt auch bei vielen unſrer Haustiere, Pferden, Rindern.
Katzen und Hunden vor und iſt ſowohl von ihnen, als auch von Menſch
auf Menſch übertragbar. Häufig geſchieht dies durch das Raſieren.
weshalb man gut thut, ſich entweder ſelbſt zu raſieren oder ſich wenigſtens
eignes Raſierzeug zu halten.

Der 1846 entdeckte Microsporon furfur verſchuldet den meiſt am
Rumpf befindlichen farbigen Ausſchlag oder die Pityriasis versicolor. Die
Pilzwucherung, welche aus kurz verzweigten Mycelien, in denen trauben-
förmige Gruppen von Sporenmaſſen reichlich angetroffen werden, beſteht.
hat ihren Sitz in den oberſten Schichten der Epidermis und erzeugt
rundliche hellbraune Flecken.

Fig. 384. Trichophyton tonsurans aus einer Epidermis-
ſchuppe (vergrößert). Nach Leſſer.

Fig. 385. Microsporon furfur
(vergrößert). Nach Leſſer.

Endlich verdient noch der zumeiſt bei jungen Säuglingen, zuweilen
auch bei Erwachſenen nach zehrenden Krankheiten beobachtete Soor (oder
Schwämmchenkrankheit) hervorgehoben zu werden. Er verdankt einem
„Oidium albicans" genannten Pilze ſeinen Urſprung, deſſen Beſtandteile
Sporen und Fäden ſind. Dieſe erſcheinen als gläshelle, doppelt konturierte und manchmal mit Querleiſten verſehene Gebilde. Ihr Lieblings-
platz iſt die Schleimhaut der Zunge, doch können ſie von da ab auch
weiter dringen. Den beſten Schutz gegen ſie verleiht abſolute Reinlichkeit, daher ſollte man auch den von vielen als Beruhigungsmittel kleiner
Kinder noch immer gern angewandten Schnuller (Lutſchläppchen) in die
Rumpelkammer werfen, da er entſchieden die Anſiedelung dieſer Schmarotzer
in hohem Maße begünſtigt.

Wir verlaſſen nunmehr die Schimmelpilze und wenden uns den
Spaltpilzen oder Schizomyceten zu, unter denen ſich auf die Klaſſe der
Bakteriaceen neuerdings das ganze Intereſſe der Forſcher konzentriert
hat. Sie ſtehen im innigſten Zuſammenhang mit den weit verbreiteten und
der Mehrzahl nach gefährlichen Volkskrankheiten, welche man ihrer aus-
geſprochenen Anſteckungsfähigkeit halber auch als Infektions- (d. h. an-

stedende) Krankheiten bezeichnet hat. Schon in den ältesten Zeiten hatten klare Köpfe richtig erkannt, daß die Ursachen jener Seuchen, welche gelegentlich weite Länderstrecken heimsuchten und schlimmer hausten als die blutigsten Kriege, andre sein müßten als die der übrigen durch mechanische, klimatische und chemische Schädlichkeiten hervorgebrachten Erkrankungen, man schrieb ihre Entstehung und Verbreitung mit Recht einem lebenden Ansteckungsstoffe, einem „vivum contagium", wie man sich ausdrückte, zu, denn nur ein lebendes Wesen konnte man sich mit der Fähigkeit ausgestattet denken, sich fortwährend zu erneuern und ins ungemessene zu vermehren. Je größer die Fortschritte der Wissenschaft waren, desto mehr Anhänger gewann diese Anschauung unter den Ärzten, aber sie

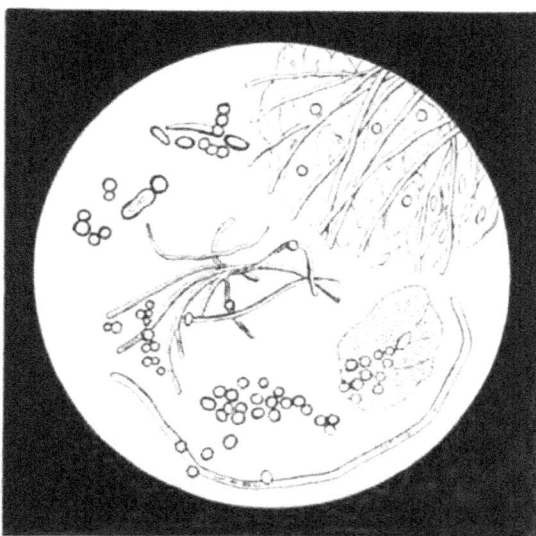

Fig. 386. Soorpilz (Oidium albicans) aus der Mundhöhle eines neunmonatigen Kindes (275mal vergrößert). Nach Eichhorst.

mußte so lange „graue Theorie" bleiben, bis das aufs feinste vervollkommnete Mikroskop die bisher nur vermuteten Organismen als wirklich existierend vor Augen führte. Ehe wir auf diesen Gegenstand näher eingehen, ist es notwendig, daß wir auf ihre allgemeinen Eigenschaften unsern Blick lenken. Von ihrer Gestalt, Größe und Fortpflanzung ist bereits in Kapitel II die Rede gewesen, wir wollen daher hier einige andre wichtige Gesichtspunkte berühren. Die Bakteriaceen als solche sind ubiquitär, d. h. sie finden sich überall vor, im Wasser, in der Luft, in der Erde u. s. f., indessen hat dies Gesetz durchaus nicht für jede einzelne Art Geltung, ihre Verbreitung ist vielmehr von ganz bestimmten Verhältnissen abhängig. Genau wie jedes andre Geschöpf haben sie einen Stoffwechsel, d. h. sie nehmen Nahrung in sich auf und verarbeiten sie, letzteres, und zwar die auf diese Weise gelieferten Produkte sind exakt auf chemischem Wege nachgewiesen worden. Nicht selten erkennt man sie schon mit bloßem Auge, dann nämlich, wenn sie gefärbt sind. In dieser Beziehung kann der Bacillus prodigiosus (1843 von Ehrenberg entdeckt und von ihm als Monas prodigiosa, später fälschlich als Micrococcus prodigiosus bezeichnet) als Vorbild dienen. Derselbe stellt ein farbloses Stäbchen dar, sondert aber bei Zutritt des Sauerstoffs der Luft eine blutrote Substanz ab, wodurch bei größerer Ansammlung Flecken entstehen, die ganz wie Blutflecken aussehen. Diesem Umstande verdankt er seine traurige Berühmtheit, gelegentlich nämlich siedelte er sich auf der Hostie an, wo er natürlich gleichfalls die eben beschriebenen Erscheinungen hervorrief. Diese wurden dann als Wunder gedeutet (das sogenannte Wunderblut oder die blutende Hostie), welches nach frevelhafter Verletzung des Heiligtums erfolgt sei, und gaben nur zu häufig das Signal zu den grausamsten Verfolgungen Andersgläubiger.

Was das Nahrungsbedürfnis der Bakterien angeht, so verhalten sich die einzelnen Arten ungemein verschieden. Einige sind in dieser Beziehung sehr bescheiden, sie kommen schon im Trinkwasser fort, andre dagegen, unter ihnen mehrere Krankheitserreger, machen sehr hohe Ansprüche. Der Sauerstoff ist nicht für alle ein unbedingtes Lebenselement, manche von ihnen vermögen sogar nur ohne ihn zu existieren, man hat sie danach in Aërobien und Anaërobien (d. h. Luftleber und Nichtluftleber) eingeteilt, eine gewisse Anzahl endlich steht gleichsam in der Mitte zwischen beiden, indem sie unter Umständen das genannte Gas auch zu entbehren in der Lage ist. —

Wie alle organisierten Wesen, so hängen auch die Bakteriaceen von der Temperatur ihres Aufenthaltes ab. Im allgemeinen ist ihre Entwickelung innerhalb bestimmter Wärmegrade am üppigsten, darüber hinaus nach der einen oder andern Richtung wird sie entweder gehemmt oder hört gänzlich auf. Während letzteres durch die Siedehitze mit unfehlbarer Sicherheit herbeigeführt wird, haben die uns ohne künstliche Mittel zu Gebote stehenden Kältegrade diese Wirkung nicht, daher im Eis stets lebensfähige Bakterien aufgefunden werden. Eine Sonderstellung nehmen die Sporen ein, sie besitzen eine außerordentlich hohe Widerstandskraft den Einflüssen der Temperatur gegenüber, eine Eigenschaft von größter praktischer Bedeutung, wenn es sich darum handelt, durch Erhitzen eine Substanz keimfrei zu machen.

Während alle Mikrococcen (Kugelbakterien) unbeweglich sind, zeichnet sich eine Reihe von Bacillen und Spirillen (Stäbchen- und Schräubchenbakterien) durch freie Beweglichkeit aus. In einem Tröpfchen Wasser ist dies leicht zur Anschauung zu bringen, und es gewährt einen wunderbaren Anblick, wenn man die kleinen Gebilde sich mit blitzartiger Geschwindigkeit durch das Gesichtsfeld tummeln sieht. Die Bewegungsorgane sind feine Geißeln, welche durch die Photographie sehr schön zur Darstellung gelangen.

Bei der ungeheuren Vermehrungsfähigkeit dieser Lebewesen liegt offenbar die Gefahr vor, daß dieselben derartig überhandnehmen, daß man sich ihrer nicht zu erwehren im stande ist. Glücklicherweise ist dafür

geforgt, daß die Bäume nicht in den Himmel hineinwachfen. Einmal ift
die Lebensdauer der Bakterien fo gut wie die aller übrigen Gefchöpfe
eine begrenzte, auch unter den günftigften äußeren Bedingungen naht
eben fchließlich die Zeit heran, wo die Zelle zu Grunde geht. Dann
aber erheben fich gegen fie, abgefehen von den künftlichen Mitteln, mit
denen wir gegen fie ins Feld ziehen, eine Menge nicht gering zu
fchätzender natürlicher Feinde. Gerade weil fie, wie wir vorhin fagten,
an allen Orten zugegen find, fo bleibt ihnen die Konkurrenz der einzelnen
Arten untereinander am wenigften erfpart. Zwar vertragen fich einige
unter ihnen vortrefflich auf demfelben Nährboden, ja zuweilen begünftigt
fogar das Vorhandenfein der einen die Anfiedelung der andern, viel
häufiger aber fechten fie einen erbitterten Kampf ums Dafein aus, der
mit der vollftändigen Vernichtung der unterliegenden Partei endet. Ferner

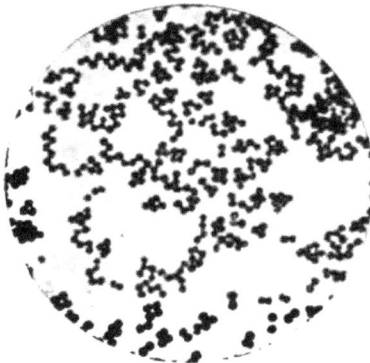

Fig. 387. Große Mikrococcen aus Luft
(1000mal vergrößert). Nach Günther.

Fig. 388. Bakteriengemifch aus der Mundhöhle
(1000mal vergrößert). Nach Günther.

beruht das Gedeihen und Dahinwelken unfrer Organismen in hohem
Maße auf allen den Faktoren, welche man mit dem Namen „Klima"
zufammenfaßt, nicht nur Kälte und Wärme, fondern auch Feuchtigkeit und
Trockenheit, Windftille und Sturm fpielen in diefer Hinficht eine hervorragende Rolle, wird doch durch jene das für ihre Exiftenz unbedingt
notwendige Waffer geliefert oder entzogen, durch diefe ein fortwährendes
Beharren an einer Stelle oder ein Zerftreuen nach allen Richtungen
hin, oft genug nach unfruchtbaren Weideplätzen, fozufagen, veranlaßt.
Ein arger Widerfacher der Bakterien ift das Sonnenlicht, welches nach
neueren Forfchungen außerordentlich ·fchädigend auf ihr Wachstum einwirkt. Faft bei keinem mikroffopifchen Objekte ift die Erkennung und
Unterfcheidung fo fchwierig als bei den Bakterien. Was die erftere angeht, fo mußte die Technik in jeder Beziehung erft die größten Fort-
fchritte machen, ehe es überhaupt möglich war, fie fo zur Darftellung
zu bringen, daß ihre Exiftenz, fei es in Flüffigkeiten, fei es in Körpergeweben, keinen Zweifel mehr zuließ. Hierzu trugen gleichmäßig die
herrlichen, alle Mängel nahezu befeitigenden optifchen Inftrumente wie

die vorzüglichen Färbungsmethoden bei, um deren Ausbildung besonders
der berühmte Pathologe Weigert sich unsterbliche Verdienste erwarb. Die
charakteristischen Farbenreaktionen, d. h. das Verhalten einer bestimmten
Art gewissen Farbstoffen gegenüber, sind es, durch welche wir mit Leichtigkeit sicher auf ihr Dasein schließen dürfen. Indessen genügt das Mikroskop nur zu häufig für sich allein nicht, um die richtige Diagnose zu
stellen, wir sind vielmehr genötigt, zu diesem Zwecke noch zu einem andern Mittel zu greifen, da die verschiedenen Stäbchen, Kügelchen und
Schräubchen sich meist so ähnlich sehen wie ein Ei dem andern. Aus
diesem Grunde legen wir Kulturen an, d. h. wir versetzen kleinste Mengen
des zu untersuchenden Keimes auf einen passenden Nährboden und lassen
ihn hier so üppig wie möglich zur Entwickelung gelangen. Indem absolut gleichgeformte und gleichgroße Individuen die allerverschiedensten
Wachstumserscheinungen zeigten, wurde ihnen nunmehr erst die gebührende
Stellung als selbständige Arten verliehen. Als Nährmaterial wurde
ursprünglich eine Flüssigkeit, wie z. B. Zuckerlösung, Bouillon u. dergl.,
gewählt, bei weitem deutlicher wird jedoch die Entfaltung einer Bakterien-
kolonie, wenn jenes feste Konsistenz hat, wie es zuerst R. Koch aus
Gelatine und Agar-Agar angefertigt hat.

Von den zahlreichen Bakterienarten konzentriert sich das Interesse
in erster Linie auf diejenigen, welche pathogen (wörtlich übersetzt: krank-
heitserzeugend) sind. Die Frage, wann man ihnen dies Prädikat zuzu-
erkennen berechtigt ist, läßt sich viel schwerer, als man denken sollte, entscheiden. Wenn man auch festgestellt hat, daß das normale Körpergewebe
gänzlich frei von allen niederen Organismen ist, so darf man sich, wenn
man wirklich in jedem Falle einer Erkrankung eine bestimmte Form nachzuweisen vermag, doch nicht ohne weiteres den Schluß erlauben, diese
habe die krankhafte Störung hervorgerufen, sie könnte vielmehr, wie
dies von manchen Seiten noch angenommen wird, ebensowohl die Folge
derselben sein. Es sind daher noch zwei andre Forderungen zu erfüllen,
um den Beweis, daß sie die Krankheitserreger sind, zu einem vollgültigen
zu gestalten, nämlich sie müssen auf einem passenden Nährboden isoliert
und rein gezüchtet werden und, von dieser Kultur auf einen bisher gesunden Körper übertragen, wiederum die in Rede stehende Krankheit zu
verursachen im stande sein. In der That ist dies der Gang der bahn-
brechenden Untersuchungen gewesen, durch welche der geniale Meister
auf diesem Gebiete, R. Koch, und seine Schüler helles Licht über früher
durch tiefstes Dunkel verhüllte Dinge verbreitet haben. So einfach und
selbstverständlich nun alle die Maßnahmen klingen, durch welche man
das vorgesteckte Ziel erreicht hat und hoffentlich noch erreichen wird, so
unendlich schwierig ist es, sie im einzelnen Falle immer prompt auszuführen. Schon das Ausfindigmachen des kleinen Organismus ist keine
leichte Aufgabe, da nicht nur fast ausnahmslos von außen her, so z. B.
aus der Luft, Keime in das Präparat fallen, sondern auch an und für
sich schon eine ganze Reihe derselben nebeneinander existieren. Ein vortreffliches Beispiel gerade für letzteres Verhältnis ist die Mundhöhle,
welche schon im gesunden Zustande mehr als dreißig Arten beherbergt;

danach ist es möglich, sich eine Vorstellung zu machen, welchen Aufwand von mühevoller Arbeit es gekostet hat, den Bacillus der Diphtherie als solchen zu bezeichnen. Auch das Anlegen von Kulturen geht nicht so glatt vor sich, denn der Krankheitskeim ist vielfach ein arg verwöhnter Gast, dem zwar die üppige Nahrung im menschlichen oder tierischen Körper, nicht aber die immerhin maßvolle, welche wir ihm auf künstlichem Wege bieten, zusagt. Daran mag es zum größten Teil wohl liegen, daß noch einige der verbreitetsten und gefürchtetsten Infektions-krankheiten des Entdeckers ihres Krankheitserregers harren. Recht heikel sieht es endlich bisweilen mit dem dritten Punkte, der künstlichen Über-tragung des Leidens durch die Bakterienkultur, aus. Hierfür steht uns aus

begreiflichen Gründen nur das Tierexperiment zu Gebote, dieses aber ist leider nicht immer zu-verlässig. Denn wie es eigen-tümliche Tier-, so gibt es auch ebensolche Menschenkrankheiten, und bei mehreren unsrer bös-artigsten Seuchen hat man noch nie beobachtet, daß unsre Haus-tiere davon befallen werden. Wo hingegen eine Erkrankung Menschen und Tieren gemein-sam ist, hat natürlich die wissen-schaftliche Forschung gewonne-nes Spiel.

Nach diesen allgemeinen Bemerkungen sind wir nunmehr in der Lage, den einzelnen Er-krankungen, die auf bakterieller Grundlage beruhen, unsre Auf-merksamkeit zuzuwenden. Ein

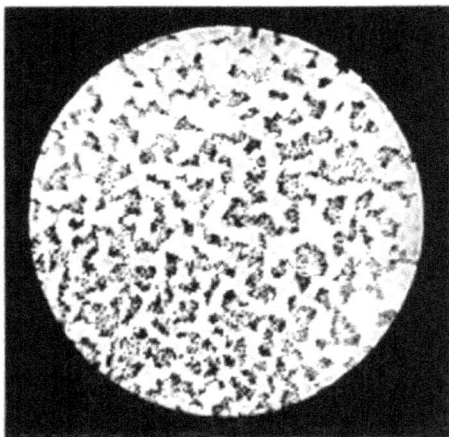

Fig. 389. Staphylococcus pyogenes aureus.
Nach einer Mikrophotographie
von Dr. Burkert & Fürstenberg.

hervorragendes Interesse nehmen bereits schon seit langen Jahren die Wundkrankheiten für sich in Anspruch, und es verlohnt sich um so mehr der Mühe, der wesentlichsten unter ihnen zu gedenken, da alle die großartigen Fortschritte, welche die Chirurgie vermöge der sogenannten antiseptischen (wörtlich übersetzt: fäulniswidrigen) Wundbehandlung erzielt hat, in letzter Instanz immer und immer wieder auf Rechnung der Bakteriologie (Bakterienlehre) zu setzen sind, welche nicht nur lehrte, wer denn eigentlich der Störenfried einer glatten Wundheilung sei, sondern auch zeigte, wie man ihnen mit Erfolg zu begegnen die Mittel besitze.

Befassen wir uns zunächst mit der Eiterung! Jeder, der sich in den Finger geschnitten hat, weiß, daß die Wundränder das eine Mal rasch verwachsen, gelegentlich aber sich röten, anschwellen, heiß und schmerzhaft werden und erst nach mehr oder minder starker Absonderung von Eiter zuheilen. Wie soll man sich dies gänzlich entgegengesetzte Verhalten er-klären? Eine befriedigende Antwort hat das Mikroskop erteilt, durch welches der Nachweis geführt wurde, daß, abgesehen von einigen Chemikalien, vermöge derer man künstlich dieselbe Wirkung erzielen kann, jede Eiterung bei Mensch und Tier durch die Anwesenheit von Bakterien bedingt sei.

Der gewöhnliche Eiterpilz, den wir sowohl in Abscessen (Eiterbeulen), entzündeten Wunden, Furunkeln (Blutschwären), als auch in den höchst gefährlichen Karbunkeln, den sogenannten Blutvergiftungen und andern schweren Leiden antreffen, ist der Staphylococcus pyogenes aureus. Streicht man eine Spur Eiter auf ein Deckgläschen und färbt mit Anilin, so sieht man zwischen den Eiterkörperchen eine Menge von feinen Kügelchen liegen. Seine Kulturen wachsen schon bei Zimmertemperatur, sobald die Luft, bezw. deren Sauerstoff zutritt, zu schönen, goldgelben Massen aus, mit denen es gelingt, wiederum die eben erwähnten Erkrankungen hervorzubringen, sie zeichnen sich überdies durch ihre lange Haltbarkeit aus. Der Pyogenes aureus ist ein wahrer Proletarier, überall treibt er sich umher, im Staub, in der Kleidung, im Boden, auf der Haut, im Nagelschmutz, in der Mundhöhle u. s. f. siedelt er sich an. Daher ist er auch gleich zur Stelle, um durch jede Wunde, sei sie groß oder klein, zufällig entstanden oder künstlich angelegt, in den Organismus einzudringen, mit ihm haben wir daher immer zu rechnen, vor ihm müssen wir uns hüten.

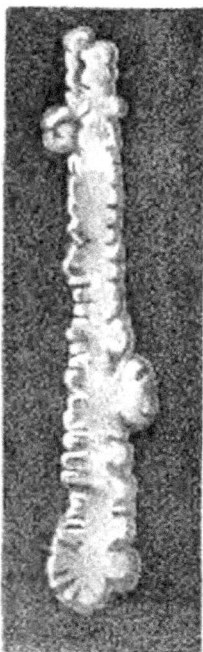

Fig. 390. Kultur des weißen Traubencoccus (Staphylococcus pyogenes albus) in üppigem Wachstum (2 mal vergr.). Nach Rosenbach.

Außer ihm, und in vielen Fällen zugleich mit ihm, sind noch zwei andre Eiterpilze beschrieben worden, welche sich mikroskopisch gar nicht, sondern nur durch die Züchtung unterscheiden lassen, nämlich der Staphylococcus pyogenes albus und citreus, ihre Kulturen sind weiß, bezw. zitronengelb gefärbt. Dagegen zeigt der Streptococcus pyogenes, welcher im menschlichen Eiter recht häufig vorzukommen scheint, ein ganz andres Verhalten als die vorhergehenden; wir wollen ihn bei seiner jedenfalls sehr nahen Verwandtschaft zugleich mit dem Streptococcus erysipelatos, dem Krankheitserreger der Rose, abhandeln. Bei beiden haben wir es mit einem Mikrococcus zu thun, aber derselbe ist im Eiter wie im Gewebe nicht in Haufen, sondern kettenförmig angeordnet. Ausschlaggebend für die richtige Erkennung der einen oder andern Art ist wiederum nur die Kultur; Impfungen, welche mit ihr ausgeführt wurden, riefen mit Sicherheit Eiterung oder Rose hervor. Gerade die Entstehungsweise dieser letzteren Erkrankung ist jetzt erst recht klar geworden, man gewann die Über-

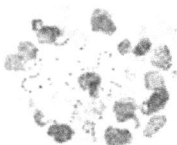

Fig. 391. Absceßeiter (Streptococcus pyogenes). 800 mal vergrößert. Nach Flügge.

zeugung, daß sie zweifellos stets eine Wundrose, d. h. daß der Störenfried durch eine Verletzung eingewandert sei. In Übereinstimmung
damit findet man bei gehöriger Aufmerksamkeit fast immer die Eingangspforte, und daß diese ebensogut ein Nadelstich wie ein breiter Schnitt
oder Riß sein kann, wird bei der enormen Kleinheit der Pilze nicht
wunder nehmen. So verbreitet wie die gewöhn-
lichen Eiterbakterien ist das Gift der Rose nicht; daß
es übertragbar ist, beweisen die förmlichen Epidemien, welche gelegentlich ausbrechen und denen besonders in Kriegslazaretten so manches Opfer an-
heimfällt.

Wenn von Wundkrankheiten die Rede ist, können wir nicht wohl die sogenannte Sepsis (Faul-
fieber) übergehen, welche dann entsteht, wenn die
Fäulnisbakterien auf die Körpergewebe und Säfte
einwirken oder sich in ihnen ansiedeln. Es sind
bereits zahlreiche Organismen beschrieben worden,
welche bei dem Prozeß des Faulens beteiligt sind;
wir erwähnen hier den aus stinkenden Absonderungen
gezüchteten Bacillus saprogenes I, ziemlich große
Stäbchen mit einer großen Spore am einen Ende.
Die Kultur, welche rasch heranwächst, macht sich
durch einen sehr üblen Geruch bemerklich; Auf-
schwemmungen derselben, welche man Hunden oder
Kaninchen einspritzte, verursachten bei ihnen keine
Krankheitserscheinungen. Dagegen ist der Bacillus
saprogenes III (kurz, dick, mit abgerundeten Enden),
der aus fauligem Knocheneiter stammte, entschieden
pathogen auch für Kaninchen, die Kultur wächst
mittelschnell, ist von aschgrauer Farbe und zeichnet
sich ebenfalls durch widerlichen Fäulnisgeruch aus.

Um sich einen Begriff davon zu machen, welches
Unheil das Heer der Wundbakterien anzustiften vermag, ist ein Rückblick auf frühere Zeiten, wo man
weder sie selbst, noch Mittel, sich ihrer zu erwehren,

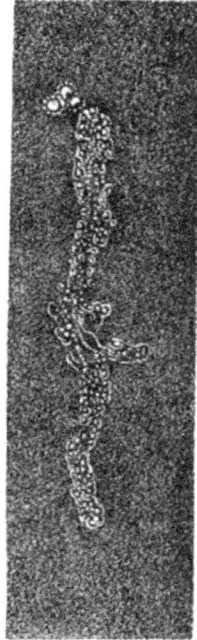

Fig. 392. Kultur des Eiter-
kettencoccus (Streptococcus
pyogenes) aus dem Blute
eines pyämisch Erkrankten
(2 mal vergrößert).
Nach Rosenbach.

kannte, am geeignetsten. Man glaube ja nicht, daß es den damaligen
Chirurgen an Tüchtigkeit im Operieren und an Mut, die Operationen
auszuführen, fehlte, aber was half ihnen alle Geschicklichkeit, Gewissen-
haftigkeit und Sorgfalt,
mit der sie ihre Kranken
behandelten? Die Wund-
krankheiten verschonten
niemand und stellten jeden
Erfolg mehr oder weniger
in Frage, in Lazaretten
gar ergriffen sie nicht
selten Mann für Mann

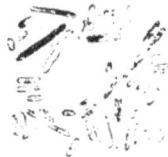

Fig. 393. Bacillus saprogenes I
(950 mal vergrößert).

Fig. 394. Bacillus saprogenes III
(950 mal vergrößert).

20*

und rafften einen ebenso hohen Prozentsatz unter ihnen hin wie die gefährlichsten Seuchen. Wurden nun gar durch die Verletzung besonders empfindliche Teile, wie z. B. die Körperhöhlen oder große Gelenke, getroffen, so war das fast so gut wie ein Todesurteil, wie man denn auch alle Operationen an denselben nahezu als ein „Noli me tangere“ (Rühr' mich nicht an) betrachtete. So kam es, daß ein Symptom der in Rede stehenden Erkrankungen, das Wundfieber, bei jeder einigermaßen erheblichen Wunde fast für unvermeidlich galt, und daß das Volk von dem Bewußtsein durchdrungen war, es ginge überhaupt nicht ohne dieses ab, oder mit andern Worten: ein glattes, schmerzloses Verheilen war eine äußerst seltene Ausnahme, der Regel nach schloß sich eine Infektion an, welche oft genug unmittelbar das Leben bedrohte. Wie ganz anders und wie unendlich viel besser ist das heute geworden! Nachdem man einmal eingesehen hatte, daß nur das Dazwischentreten der kleinen Organismen den Heilungsvorgang in so unangenehmer Weise beinflußte, konnten die gegen sie gerichteten Maßnahmen nur antibakterielle (bakterienfeindliche) sein, oder wie man sich mit besonderer Rücksicht auf die Sepsis ausdrückte, die Wundbehandlung mußte eine antiseptische werden. In der That hatte Prof. Lister, welcher dieselbe in die Praxis einführte, klar das Ziel vor Augen gehabt, den Krankheitserregern

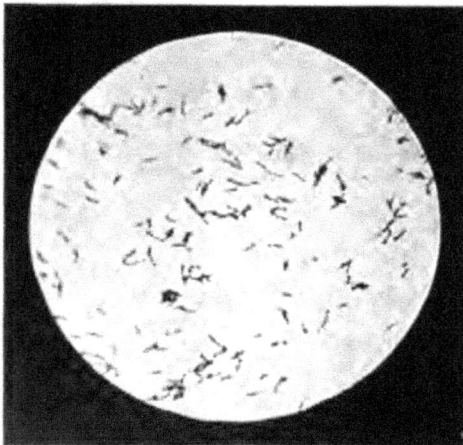

Fig. 395. Tuberkelbacillen (1000mal vergrößert).
Nach einer Mikrophotographie von Dr. Burstert & Fürstenberg.

mit giftigen Stoffen zu Leibe zu gehen, d. h. sie entweder zu töten oder ihre Entwickelung zu hemmen. Wie sich nicht anders erwarten läßt, ist das ursprüngliche Verfahren des berühmten englischen Arztes im Laufe der Jahre wesentlich verändert oder vielmehr verbessert worden, der von ihm aufgestellte Grundsatz aber hat sich als richtig erwiesen, und die jetzt vorherrschenden Bestrebungen sind als Ausfluß desselben zu betrachten. Man ist nämlich neuerdings darauf aus, die antiseptische Methode, so weit es möglich ist, durch die aseptische (Asepsis heißt wörtlich: „Nichtfäulnis“) zu ersetzen, welche kurz dahin zu charakterisieren ist, daß sie alle Keime von vornherein gänzlich aus dem Operationsgebiet auszuschalten sucht. Jedenfalls haben die heutigen Chirurgen ungeheure Triumphe zu verzeichnen, und wenn sich ihre Kunst von Tage zu Tage vervollkommnet, wenn sie kühn und siegesgewiß mit dem Messer sich die edelsten Organe zugänglich machen, so haben sie ihre Erfolge schließlich

doch nur dem Mikroskop zu
danken, welches sie ihre unscheinbaren und doch so furchtbaren Feinde kennen und be-
kämpfen lehrte.

In gleicher Linie mit den
Wundkrankheiten stehen die mit
Kindbettfieber benannten
Erkrankungen, welche durch
dieselben Parasiten ins Dasein
gerufen werden. Tausende und
aber Tausende junger Mütter
sanken und sinken durch sie
jahraus, jahrein in ein frühzeitiges Grab, aber während
man früher rat- und thatlos

Fig. 396. Durch frische Einwanderung von Tuberkelbacillen
hervorgerufene Gewebsveränderungen (350mal vergrößert).
Schematisiert nach Baumgarten.

a Wucherndes Bindegewebe. b Blutgefäßquerschnitt.
c Karyomitosen (Kernteilungsfiguren) im Bindegewebe.
d Mitosen einer Gefäßendothelzelle. e Ausgewanderte
weiße Blutkörperchen.

dem gräßlichen Würgengel gegenüberstand, weiß man ihn
heute mit denselben Mitteln wie jene zu bannen. Den
glänzendsten Beweis für diese Behauptung liefern die Ent-
bindungsanstalten, welche sonst wahre Brutstätten für diese
Seuchen waren, während nunmehr jeder Leiter derselben
seine Ehre darin sucht und findet, sie auf Null oder an-
nähernd Null herabzudrücken.

Wir betrachten jetzt die eigentlichen ansteckenden
Krankheiten, unter denen der Tuberkulose schon darum
die erste Stelle gebührt, weil auf ihre Rechnung jährlich
ein Siebentel aller Todesfälle kommen. Nachdem bereits
früher einige Forscher den experimentellen Nachweis geliefert hatten, daß man durch die Überimpfung tuberkulösen Gewebes bei gesunden Tieren wiederum die Krankheit zu erzeugen vermag, veröffentlichte R. Koch im
Jahre 1882 seine unsterbliche Entdeckung. Er stellte unwiderleglich fest, daß die Ursache dieser schrecklichen Seuche
der Bacillus tuberculosis ist. Es sind kleine, dünne Stäbchen, meist schwach gekrümmt, oft sporenhaltig, die durch
eine besondere Färbemethode unschwer erkennbar und von
allen andern Bacillen zu trennen sind. Sie werden in
tuberkulösen Prozessen aller Art beim Menschen wie bei
Tieren angetroffen, dagegen in nichttuberkulösen stets vermißt. Auch ihre Züchtung gelang dem großen Gelehrten,
allerdings erst dann, als er statt der üblichen Nährböden
aus Gelatine oder Agar-Agar einen solchen aus Blut-
serum (der bei der Blutgerinnung sich auspressenden
schwachgelblichen Flüssigkeit) wählte. Diese Thatsache sowie der Umstand, daß die etwa vierzehn Tage zu einer
deutlichen Vermehrung in Anspruch nehmenden Kulturen
bei normaler Körpertemperatur (37—38° C.) am üppigsten

Fig. 397.
Kultur von Tuber-
kelbacillen auf Blut-
serum.
Nach Flügge.

gedeihen, während ihr Wachstum bei geringer Erhöhung und Erniedrigung des Wärmegrades nachläßt, um bald ganz aufzuhören, beweisen, daß wir es mit ausgesprochenen Schmarotzern zu thun haben, die sich nur im Körper eines warmblütigen Wirtes wohl fühlen. Schließlich stellte Koch, außer mit tuberkulösem Material von Menschen und Tieren, auch mit seinen Kulturen Impfversuche an, und zwar mit dem Resultate, daß zumal bei empfänglichen Tieren — zu diesen gehören vorzugsweise die Meerschweinchen — sich jedesmal mit grausamer Sicherheit die Tuberkulose einstellte.

Es ist keine ganz leichte Aufgabe, ein Bild von der ungeheuren Umwälzung zu entwerfen, welche sich infolge dieser Entdeckung auf dem Gebiete der Erkrankung nicht nur in den theoretischen Anschauungen, sondern auch in den darauf beruhenden praktischen Maßnahmen vollzog. Ehe wir uns näher damit befassen, müssen wir auf die Verbreitung des Tuberkelbacillus im Organismus einen Blick werfen. Es gibt kein Organ, welches diesem unheimlichen Gesellen absoluten Widerstand zu leisten vermöchte, wenn auch das durch ihn herbeigeführte, gemeiniglich mit Schwindsucht bezeichnete Lungenleiden am meisten in Betracht kommt, so sind doch Darm, Bauch- und Brustfell, Gehirn, Knochen und Gelenke u. a. nichts weniger als selten von ihm heimgesucht, ja sogar in der äußeren Haut nistet er sich gelegentlich ein, wo er zur Ausbildung des unter dem Namen „Lupus oder fressende Flechte" bekannten, scheußlichen Leidens Veranlassung geben kann. Einen Lieblingssitz haben sie in den Lymphknoten oder Lymphdrüsen, welche oft genug der Ausgangspunkt sind, von dem aus sie den ganzen Körper zu überschwemmen im stande sind. Ganz ähnliche Erscheinungen bietet die Tuberkulose oder, wie sie hier genannt wird, die Perlsucht bei mehreren der für unsre Ernährung wertvollsten Haustiere dar. Am stärksten ist sie unter dem Rindvieh verbreitet: so waren nach der Statistik des Zentralschlachthauses zu München im Jahre 1885 2,88 Prozent desselben damit behaftet. Schon der Gleichheitsnachweis der menschlichen mit der tierischen Tuberkulose, wie er durch den Bacillus tuberculosis über jeden Zweifel erhaben hingestellt wurde, hat für die Verhütung dieser entsetzlichen Krankheit einen nicht gering zu schätzenden Wert. Da die Übertragung auch vom Darm aus geschehen kann, hat man alle Ursache, bezüglich des Genusses von Fleisch und Milch tuberkulöser Tiere die äußerste Vorsicht walten zu lassen. Daß die direkt erkrankten 'Organe zu vernichten sind, bedarf keiner näheren Erörterung, die Muskeln bringt man, falls die Tuberkulose auf wenige Teile beschränkt und der Ernährungszustand ein guter war, auf die Freibank zum Verkauf, d. h. sie werden als eine in sanitärer Hinsicht nicht vollgültige Ware charakterisiert.

Viel gefährlicher als das Fleisch ist die Milch, denn während in jenes, zumal bei Tieren, nur ganz ausnahmsweise die Bacillen einwandern, ist bei dieser die Wahrscheinlichkeit eine viel höhere, um so mehr, da unmittelbar tuberkulöse Prozesse am Euter vorzukommen pflegen. Immerhin ist der häufigste Weg, auf welchem der Mensch das tuberkulöse Gift in sich aufnimmt, die Einatmung. Um dies zu verstehen, heben wir hervor,

daß die Bacillen, wo sie sich auch angesiedelt haben, Eiterung und Ver-
schwärung herbeiführen; ist die Lunge der Sitz solcher Störungen, so
werden ihre Erzeugnisse durch Husten ans Tageslicht befördert. Untersucht man ein solches Sputum (wörtlich übersetzt: „das Ausgespieene"),
so findet man außer Eiterkörperchen, Gewebsfetzen und verschiedenen
Bakterienarten sehr oft die Tuberkelbacillen. Diese Thatsache ist praktisch
von der höchsten Wichtigkeit. Einmal hat sie die Bedeutung, daß damit
stets unwiderleglich festgestellt wird, daß man es mit Lungenschwindsucht
zu thun hat. Sind bereits größere Teile des Atmungsorganes zerstört,
so hat man allerdings anderweitig genügend Anhaltepunkte, um sich
dessen zu vergewissern, in den Anfangsstadien aber, wo die sichere Erkennung des Leidens schwer, ja manchmal unmöglich ist, werden wir dies
Hilfsmittel doppelt zu würdigen wissen, da ja auch die Chancen einer
etwaigen Heilung noch die besten sind. Weiter aber geht aus dieser
Entleerung von Bacillen durch den Auswurf hervor, daß die Kranken
eine wandernde Gefahr für sich selbst und ihre Mitmenschen sind. Für
ihre eigne Person, weil sie sich
fortwährend aufs neue anzustecken
vermögen, für ihre nähere und
fernere Umgebung, weil dadurch
dem Krankheitserreger auch in
irgend einem ihrer Organe sich
einzunisten Gelegenheit geboten
wird. Die Bacillen zwar gehen,
wie sich dies aus dem über ihre
Lebenseigenschaften Gesagten von
selbst ergibt, bald zu Grunde, da-

Fig. 398. Tuberkelbacillen im Auswurf eines
Schwindsüchtigen. Nach Seifert und Muller.

gegen läßt sich von den Sporen genau dasselbe aussagen, wie von
denen andrer Arten, sie sind außerordentlich zäh und widerstandsfähig.
Selbst wenn sie austrocknen und sich mit dem Staube vermischen, sind
sie noch lange nicht der Vernichtung preisgegeben, sie brauchen vielmehr
nur zugleich mit demselben durch die Atmungsluft in die Lunge einzudringen, um unter günstigen Bedingungen schnell zu Bacillen auszu-
wachsen, womit die Ansteckung fertig ist. In diesem Verhalten liegt
glücklicherweise ein Fingerzeig verborgen, wie wir uns vor diesen Feinden
des Menschengeschlechtes zu schützen in der Lage sind, es heißt mit einem
Worte, den Auswurf Schwindsüchtiger unschädlich zu machen. Dieser
Forderung genügen wir, indem wir die Kranken anweisen, niemals auf
den Boden oder in ein Taschentuch zu speien, von wo aus ein Austrocknen und Verstäuben nur zu leicht möglich ist; dafür müssen wir
überall, d. h. nicht nur in unsern Häusern, sondern auch in allen öffentlichen Lokalen für mit Wasser gefüllte Spucknäpfe Sorge tragen. Wird
deren Inhalt täglich in die Abtritte ausgegossen und eine gehörige
Reinigung, bezw. Erneuerung des Wassers vorgenommen, so können wir
getrost behaupten, daß eine gewaltige Zahl dieser bösen Gesellen dem
Verderben geweiht ist, denn im Kampfe mit den Milliarden von Fäulnisbakterien der Abfallstoffe unterliegen sie bald. Nicht ganz unberücksichtigt

darf bei der Tuberkulose ein Punkt gelassen werden, durch welchen ihre
Furchtbarkeit noch über alle Maßen erhöht wird, d. i. die Erblichkeit.
Jeder kennt gewiß in seinem Kreise Beispiele, wo sie in Familien Geschlechter hindurch gewütet, ja schließlich Glied für Glied derselben hinweg-
gerafft hat. Wie soll man nun diese unleugbare Thatsache in Einklang
damit bringen, daß jeder einzelne Krankheitsfall durch die Anwesenheit
und Wirksamkeit des Tuberkelbacillus bedingt sei? Am einfachsten ließe
sich die Frage dann beantworten, wenn die Annahme richtig wäre, daß
das Kind die Krankheit bereits mit auf die Welt brächte, oder mit
andern Worten, daß sich schon bei der Erzeugung oder Entwickelung der
verhängnisvolle Keim übertrüge. Solche Fälle sind allerdings berichtet
worden, aber sie gehören nach den bisherigen Erfahrungen entschieden
zu den Seltenheiten. Deshalb glauben viele der hervorragendsten Ärzte
das Wesen der Erblichkeit in der Weise erklären zu müssen, daß den
Nachkommen tuberkulöser Individuen eine Prädisposition (Empfänglichkeit) für die Seuche eigen sei, d. h. daß sie vermöge ihrer Körperbeschaffenheit dem Bacillus nur einen verhältnismäßig geringen Widerstand ent-
gegensetzen könnten, womit selbstverständlich die Wahrscheinlichkeit der
Erkrankung steigen würde im Vergleich zu Kindern gesunder Eltern. In
Übereinstimmung damit ist es bekannt, daß jene vielfach recht schwächlich
gebaut sind, und daß sich dies schon äußerlich in dem einen oder andern
Merkmal ausprägt. Indes gilt dies doch nicht für alle, es gibt sogar
eine beträchtliche Anzahl robust zu nennender Sprossen eines schwindsüchtigen Vaters oder einer schwindsüchtigen Mutter, die gleichwohl ihr
unglückseliges Erbe anzutreten gezwungen werden. So gelangten denn
einige namhafte Forscher zu der Ansicht, daß es sich überhaupt nicht um
Erblichkeit im gewöhnlichen Sinne handle, sondern nur um erhöhte
Ansteckungsgefahr, welche sich ohne weiteres aus dem so nahen Verkehr
zwischen Eltern und Kindern ableiten ließe. Welche von den aufgestellten
Meinungen die richtige ist, darüber augenblicklich ein Urteil zu fällen,
dürfte verfrüht sein, vielleicht liegt die Wahrheit, wie so oft, in der
Mitte; das aber geht jedenfalls aus unsrer Auseinandersetzung hervor,
daß, wo erbliche Belastung in einer Familie herrscht, diese allen Grund
hat, die Schutzmaßregeln aufs peinlichste durchzuführen.

Den bösen Ruf, eine Geißel der Menschheit zu sein, hat sich mit
Recht die asiatische Cholera verdient. Man weiß, daß, wenn sie
ihren schauerlichen Triumphzug durch die Länder vollendet hat, die von
ihr geschlagenen Wunden so arg wie nur das rasende Toben entfesselter
Elemente am Mark der Völker zehren, und so ist es nichts Wunderbares,
daß man ihr von jeher das höchste Maß von Interesse zugewandt hat.
Im Jahre 1884 wurde R. Koch von der deutschen Regierung mit
mehreren Begleitern abgesandt, um an Ort und Stelle die Krankheit zu
studieren. Seine Bemühungen waren mit Erfolg gekrönt, er entdeckte
die Krankheitsursache in Gestalt des sogenannten Kommabacillus. Es
ist ein kleines, bewegliches, leicht gekrümmtes Stäbchen (der Gattung
Spirillum angehörig), dessen regelmäßiger Befund in den Entleerungen
Cholerakranker während der ersten Tage von allen Forschern bestätigt

worden ist. Bakterien von derselben Form existieren mehrere, deshalb
ist es auch wiederum das charakteristische Aussehen und sonstige Verhalten
der Kultur, durch welche erst eine sichere Diagnose ermöglicht wird.
Mit dem Tierexperiment ist es leider nicht so günstig bestellt wie beim
Tuberkelbacillus, wir kennen bisher kein Tier, welches für diese Seuche
Empfänglichkeit zeigt, man erreicht daher nur unter sehr künstlichen Ver-
anstaltungen, bei Kaninchen, Meerschweinchen u. a. choleraähnliche Erscheinungen hervorzurufen. Dagegen ist uns in dieser Beziehung ein glückliches
Unglück zu Hilfe gekommen. Einer jener Ärzte, die sich in Berlin jahraus,
jahrein aufhalten, um die Methoden der Bakterienforschung unter den
Augen des Meisters zu erlernen, arbeitete gerade mit Cholerakulturen.
Jedenfalls ging er nicht mit der nötigen Sorgfalt zu Werke, er litt
zudem gerade an leichtem
Durchfall, dabei war sein
Magen nicht ganz in Ord-
nung, Umstände, welche, wie
die Erfahrung lehrt, eine Infektion entschieden begünstigen.
Kurz und gut, er erkrankte
mit den unzweifelhaften Symptomen der Cholera, und da
in ganz Deutschland damals
nicht ein einziger Fall derselben aufgetreten war, so konnte
die Ansteckung nur auf die
Beschäftigung mit den Kulturen zurückgeführt werden.
Zum Überfluß ergab die
Untersuchung seiner Entleerungen sowohl durch das Mikroskop wie durch die Züchtung die Anwesenheit des

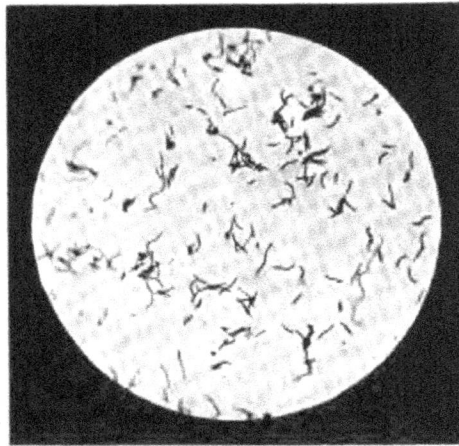

Fig. 399. Kommabacillen (1000 mal vergrößert).
Nach einer Mikrophotographie von Dr. Burstert & Fürstenberg.

Kochschen Kommabacillus. Ähnliche Fälle sind seitdem noch mehrfach
vorgekommen.

Wiewohl ein Mittel gegen die Cholera auch nach der Auffindung
des Krankheitserregers bisher nicht zu Tage geschafft wurde, so hat sich
dieselbe doch auch praktisch unleugbar nützlich erwiesen, und zwar für
alle die Maßregeln, welche auf eine Vorbeugung und Verhütung von
Epidemien hinzielen. Nach dieser Richtung hin ist es von unendlicher
Wichtigkeit, daß gleich der erste Fall einer Erkrankung richtig erkannt
wird, der unter Umständen den Herd darstellen kann, von dem aus die
Durchseuchung einer ganzen Stadt oder gar eines größeren Gebietes um
sich greift. Diese Aufgabe stieß früher auf geradezu unüberwindliche
Schwierigkeiten, da eine andre Krankheit, die einheimische Cholera
oder Cholera nostras, unter Symptomen verläuft, die von denen der
asiatischen nicht zu unterscheiden sind. Jetzt ist man in kaum 24 Stunden
in der Lage, sich darüber Sicherheit zu verschaffen, und man wird keine

Zeit verlieren, falls der gefürchtete Kommabacillus vorhanden ist, schleu-
nigst die nötigen Anordnungen zu treffen, um seine Verschleppung zu
verhindern.   In dieser Beziehung wird natürlich die Hauptfürsorge der
Unschädlichmachung der Ausleerungen Rechnung tragen, welche ja, wie
wir vorher gesehen haben, den Übelthäter ausnahmslos in Menge beherbergen.   Sie sind in der That die Quelle, durch welche bei unvor-
sichtigem Verfahren die Verbreitung der Bacillen in alle Welt geschieht,
von hier aus gelangen sie u. a. bei unsauberen und unvollkommenen
hygieinischen (gesundheitlichen) Einrichtungen leicht in das Trink- und
Gebrauchswasser, vermittelst dessen ihnen ja der denkbar bequemste Zu-
gang zu dem menschlichen Organismus geboten ist.   So gelang es Koch,
sie in einem indischen Tank, dessen Inhalt zum Baden, Trinken, Kochen,

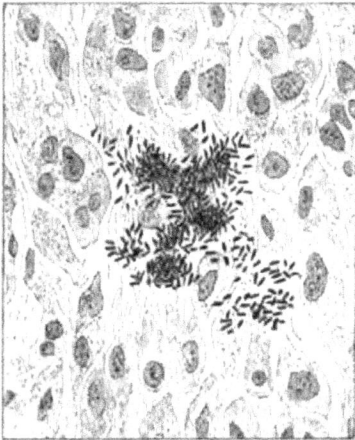

Fig. 400. Typhusbacillen auf einem Stückchen
aus der Milz (800 mal vergrößert).
Nach Flügge.

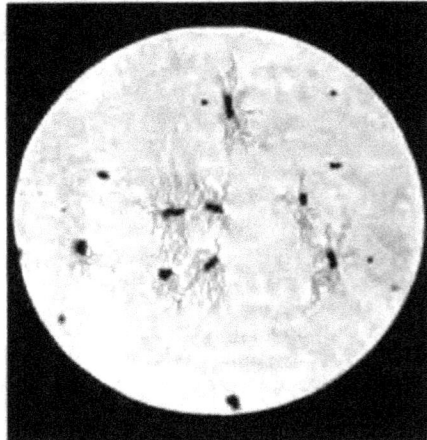

Fig. 401. Typhusbacillen (1000 mal vergrößert).
Nach einer Mikrophotographie
von Dr. Burkert & Fürstenberg.

Waschen benutzt wurde und noch dazu mit den Abtrittsgruben in Zusammenhang stand, in reichlichster Anzahl nachzuweisen, demgemäß denn
auch Choleraerkrankungen der Umwohner nicht ausblieben.

        Der Unterleibstyphus ist eine ansteckende Krankheit, welche
leider noch immer sehr viel von sich reden macht und jeden Augenblick
hier und dort in mehr oder minder heftigen Epidemien wütet.   Zunächst
machten mehrere Forscher, darunter auch Koch, darauf aufmerksam, daß
sich in Milz, Lymphdrüsen des Gekröses und den Peyerschen Follikeln
(s. Kapitel IV, S. 272) von Typhusleichen, den Teilen, in welchen schon
mit bloßem Auge die durch den krankhaften Prozeß verursachten Veränderungen unschwer erkennbar sind, vereinzelte, kleine Haufen von eigentümlich geformten Bacillen sich vorfänden, weiter wurde ihre Anwesenheit
auch in Leber und Nieren festgestellt.   Später vermochte sie Gaffky,
indem er kleinste Teilchen einer Typhusmilz auf Nährgelatine überimpfte,

in Reinkultur darzustellen, dasselbe gelang hernach auch mit den Entleerungen Kranker. Es sind sehr feine, deutlich abgerundete Stäbchen
mit lebhafter Eigenbewegung, welche sich durch Sporen fortpflanzen. Die
Kolonien wachsen schon bei Zimmertemperatur auf den verschiedensten
Nährböden, ganz besonders charakteristisch auf Kartoffeln, auch in Milch
gedeihen sie vortrefflich, ebenso können sie sich in andern Nahrungsmitteln
sowie im Wasser längere Zeit erhalten. Hieraus läßt sich wohl der
berechtigte Schluß ziehen, daß sie in den menschlichen Organismus gemeiniglich eben vermittelst der letztgenannten Medien eindringen, und es
liegt darin ganz von selbst die Mahnung, daß die gesundheitspolizeiliche
Überwachung des Nahrungsmittelverkehrs kaum streng genug gehand-
habt werden kann. Die Thatsache ist jedenfalls statistisch erwiesen, daß

zahlreiche Städte, in denen
früher der Typhus endemisch
war, d. h. in denen er jahraus, jahrein hauste, nach dem
Bau einer Wasserleitung und
nach Assanierung (Gesund-
machung) des Bodens durch
Kanalisierung, nur noch eine
äußerst geringe Sterbe- und
Krankheitsziffer, soweit sie diese
Seuche betrifft, zu verzeichnen
haben. Daß die Stühle der
Typhuskranken eine Rolle bei
der Verschleppung spielen, dürfen wir gleichfalls aus dem
Gesagten rein theoretisch ableiten, in Wirklichkeit steht damit die alte Erfahrung in Einklang, daß Personen, welche sich
mit Reinigung der beschmutzten
Wäsche solcher Patienten zu

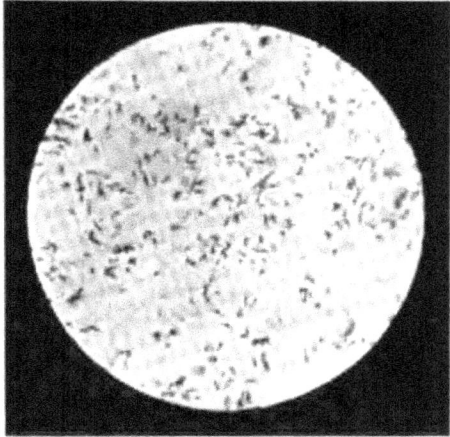

Fig. 402. Diphtheriebacillen.
Nach einer Mikrophotographie von
Dr. Burfert & Fürstenberg.

schaffen machten, sehr häufig angesteckt wurden. Die Impfungen mit
Typhusbacillen hatten keinen besseren Erfolg als die mit Cholerakeimen,
es existiert eben keine Tierart, von der man weiß, daß sie für diese
Krankheit empfänglich ist, die angestellten Versuche haben indessen gezeigt, daß in den Kulturen eine giftige Substanz erzeugt wird, welche
dem Typhus ähnliche Veränderungen hervorzurufen vermag.

Ein Schrecknis in des Wortes bösester Bedeutung ist die Diphtherie,
von deren schlimmem Walten so manche Eltern zu erzählen wissen, deren
schönste Hoffnungen in ein frühzeitiges Grab sanken. Über ihre eminente
Ansteckungsfähigkeit zu sprechen, dürfte wohl vollkommen überflüssig sein,
es mag hier nur an den bekannten Fall in dem hessischen Fürstenhause
erinnert werden, wo vor siebzehn Jahren Mutter und Kind kurz nach-
einander dahingerafft wurden. Die Voraussetzung, daß auch hier eins
der kleinen Lebewesen im Spiele sei, hat sich wiederum bestätigt, nachdem

von mehreren Seiten in diphtheritischen Belägen Bacillen aufgefunden
worden, war es Loeffler, welcher sie künstlich züchtete. Es sind un-
bewegliche Stäbchen etwa von der Länge der Tuberkelbacillen, aber
entschieden dicker, oft ist das eine Ende, zuweilen auch beide angeschwollen, daß eine Hantelform sich ergibt. Die Übertragungen von
Kulturen in die Luftröhre von Kaninchen, Hühnern und andern Tieren
hatten ein positives Resultat, indem die charakteristischen diphtheritischen
Häute wie bei Menschen sich ausbildeten. Als Loeffler den Mundschleim
von 30 Kindern und Erwachsenen bakteriologisch untersuchte, fand er
einmal mit Bestimmtheit den Diphtheriebacillus. Man sieht also, daß
der Krankheitserreger sich eventuell auch in der Mundhöhle Gesunder
aufhalten kann, ohne Unheil zu stiften, zugleich aber folgt daraus, wie
vorsichtig man mit der innigen Berührung der Lippen, wie sie durch

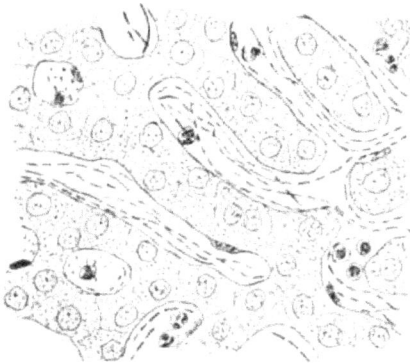

Fig. 403. Schnitt aus einer Leber,
deren Haarröhrchengefäße zahlreiche Milzbrandbacillen
und vereinzelte weiße Blutkörperchen enthalten
(300 mal vergr.). Nach Ziegler.

Fig. 404. Sporenhaltige Milzbrandbacillen und freie Bacillensporen.
Mit Fuchsin und Methylenblau be-
handeltes Deckglaspräparat von einer
in der Wärme gezüchteten Bacillen-
kultur auf Kartoffeln (800 mal vergr.).
Nach Ziegler.

den Kuß geschieht, sein muß; bei Kindern zumal, die eine so außerordentliche Empfänglichkeit für den Diphtheriekeim besitzen, wird sie
geradezu zu einer Unsitte gestempelt.

Wir verlassen damit die durch Spaltpilze erzeugten Krankheiten des
Menschengeschlechts, um uns noch kurz mit einigen durch sie hervor-
gerufenen Zoonosen (wörtlich übersetzt: Tierkrankheiten) zu befassen, die
gelegentlich auch den Menschen zu treffen pflegen. Bei Kindern und
Schafen ist der Milzbrand ein sehr verbreitetes Leiden, durch welches
ganze Herden zu Grunde gerichtet werden. Der Missethäter ist ein un-
bewegliches Stäbchen, das im Blute erkrankter Tiere in ungeheuren
Mengen angetroffen wird, auf künstlichen Nährböden wächst es zu langen
Fäden aus und bildet eiförmige, stark lichtbrechende Sporen, die sich
durch ihre Widerstandsfähigkeit auszeichnen und, in den Organismus
gebracht, alsbald wieder zu Bacillen entwickeln. Die Kolonien von
Milzbrandbacillen sind kaum zu verkennen, nach etwa 2 Tagen haben
sie bei mäßiger Vergrößerung ein Aussehen, das man nicht mit Unrecht

mit den Haarlocken eines Medusenhauptes verglichen hat. Die künstliche Überimpfung mit Spuren einer Kultur gelingt bei vielen der zum
Zweck des Experimentierens zu Gebote stehenden Tiere leicht und führt
mit grausamer Sicherheit Krankheit oder Tod herbei, dasselbe erreichen
wir, wenn wir eine Spur von Blut eines an Milzbrand gefallenen
Tieres einem andern in eine Wunde bringen. So geht offenbar auch
die Ansteckung bei Menschen vor sich, indem sie vorzugsweise bei solchen
Leuten sich ereignet, welche mit den Leichnamen derartiger Tiere zu
thun haben und durch eine kleine Verletzung den Keim in sich aufnehmen,
zuweilen mögen wohl Stechfliegen die Infektion vermitteln. An Ort
und Stelle entsteht sehr rasch eine Milzbrandpustel, die reichlich mit
Bacillen durchsetzt ist. Schafe und Rinder ziehen sich die Seuche höchst
wahrscheinlich durch die Nahrung zu, und zwar dadurch, daß mit derselben Sporen, welche sich durch irgendwie zerstreute Bacillen auf einem
von Pflanzen gelieferten Nährmaterial entwickelt haben, in den Darm
gelangen, wo sie wiederum zu Stäbchen werden und in die unversehrte
Schleimhaut eindringen.

Den Landwirten als eine der schlimmsten Geißeln für den edelsten
und wertvollsten Teil ihres Viehstandes nur zu wohl bekannt ist der
Rotz, resp. der Wurm (Hautrotz) des Pferdes. Daß
es sich um eine schwere, ansteckende Krankheit handele,
wußte man schon längst, aber die Ursache der Infektion
lernte man erst im Jahre 1882 in schlanken Bacillen
kennen, welche auch in Reinkultur gezüchtet wurden.
Übertragungen mit derselben waren bei Pferden, Eseln

Fig. 405. Rotzbacillen.

und andern Tieren stets erfolgreich, daß sie aber auch beim Menschen,
der sich sonst auf ähnliche Weise, wie wir dies beim Milzbrand geschildert haben, anzustecken pflegt, wirkungsvoll sind, beweist der tragische
Fall in Wien, wo ein junger Arzt, welcher sich mit einer durch Rotzbacillen verunreinigten Spritze Morphium einspritzte, an der furchtbaren
Erkrankung elend zu Grunde ging.

Alle bisher genannten pathogenen Bakterienarten sind Aërobien,
d. h. ihre Existenz hängt von der Gegenwart von Sauerstoff ab. Im
Gegensatz dazu wollen wir noch einen den Anaërobien angehörigen
Krankheitserreger betrachten, welcher nur bei Ausschluß dieses Gases
gedeiht. Vom Tetanus oder Wundstarrkrampf wies man erst im
Jahre 1884 die Übertragbarkeit nach, und zwar fand man im Eiter
der Wunde, von der das schreckliche Leiden ausgegangen war, außer
andern Organismen einen langen dünnen Bacillus, welcher häufig eine
endständige Spore trug, so daß dessen Form sich recht gut mit einem
Trommelschlegel vergleichen ließ. Später wurde sein Vorhandensein in
Gartenerde entdeckt, welche, unter die Haut von Versuchstieren gebracht,
mit Sicherheit Starrkrampf hervorrief, dasselbe erzielte man mit dem
Wundsekret eines Menschen, welcher daran gelitten hatte. Rein gezüchtet
wurde der Bacillus erst in neuester Zeit, seine Kulturen bestehen aus
beweglichen Stäbchen von der vorher beschriebenen Gestalt, Impfungen
derselben auf Mäuse, Meerschweinchen, Kaninchen und Hammel führen

stets die verderbliche Erkrankung herbei. Der Unterschied zwischen diesen
Infektionen und den durch Gartenerde oder Eiter erzeugten liegt darin,
daß erstere ohne, letztere immer mit Eiterung verliefen, dementsprechend
bei jenen nur Tetanusbacillen, bei diesen noch andre Bacillen zugegen
waren. Darin aber zeigte sich dasselbe Verhalten, daß die Starrkrampf-
erreger nur an der Infektionsstelle, nie in andern Körperteilen sich auf-
hielten. Man hat daraus mit Recht den Schluß gezogen, daß ihre
Wirkung auf Bildung eines giftigen Stoffes beruhe, und in der That
vermochte man auf chemischem Wege einen solchen aus den Kulturen
darzustellen, von wel-
chem kleinste Gaben ge-
nügten, Tiere in Starr-
krampf zu versetzen.

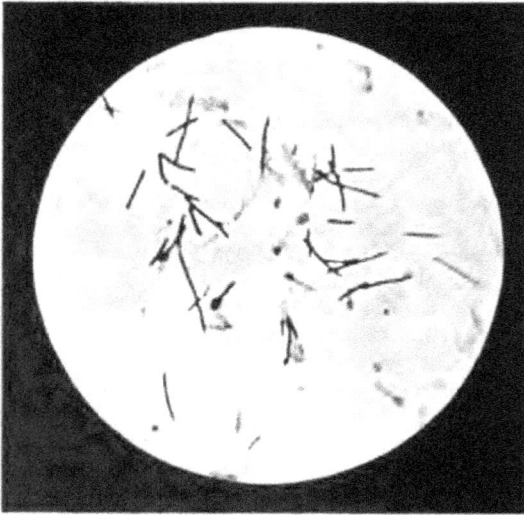

Fig. 406. Wundstarrkrampfbacillen.
Nach einer Mikrophotographie von Dr. Burstert & Fürstenberg.

Wir glauben damit
dem Leser ein hinreichend
klares Bild der wesent-
lichsten ansteckenden
Krankheiten entworfen
zu haben; ehe wir in-
dessen diesen Gegenstand
vollständig verlassen,
müssen wir noch einen
Punkt in den Kreis
unsrer Erörterungen
ziehen, der für die Ent-
stehung dieser Störun-
gen von höchster Wich-
tigkeit ist. Wenn eine
pathogene Bakterienart
wirklich durch irgend
eine Eingangspforte in
den menschlichen oder

tierischen Organismus eingedrungen ist, so ist damit durchaus nicht gesagt,
daß dieser nunmehr mit Sicherheit erkranken muß. Die Erfahrung lehrt
vielmehr, daß nicht nur die eine oder andre Gattung von Geschöpfen,
sondern auch, daß von dieser wieder bestimmte Individuen und Rassen
verschont bleiben. So haben wir gesehen, daß das Cholera- und Typhus-
gift gewöhnlich vollkommen wirkungslos auf unsre sämtlichen Haustiere
ist, ebensowenig hatten Übertragungen mit Milzbrandkultur auf Frösche,
weiße Ratten und Hunde positiven Erfolg, unter den Hammeln ist die
weiße algierische Rasse unzugänglich für den Ansteckungsstoff, Kaninchen
konnten nur zum Teil mit Rotz infiziert werden. Beim Menschen erleben
wir es, daß alle Glieder einer Familie nach dem Ausbruch einer Epidemie
erkranken mit Ausnahme oft nur eines einzigen, dessen Gesundheits-
zustand, wiewohl es dieselbe Lebensweise führte wie seine Angehörigen
und zweifellos den gleichen Schädlichkeiten ausgesetzt war, als ein vortrefflicher bezeichnet werden muß. Bei der ungeheuren Verbreitung des

Tuberkelbacillus z. B. in unsern Kulturländern erscheint es geradezu undenkbar, daß dessen Sporen wirklich nur mit den Organen der that-sächlich Erkrankten in Berührung treten, man hat vielmehr alle Ursache, sich vorzustellen, daß so ziemlich jedem ohne Ausnahme die Gelegenheit dazu geboten wird. Dazu kommt noch die Eigentümlichkeit gewisser Seuchen, deren einmaliges Überstehen fast mit Sicherheit vor Wieder-erkrankung schützt — wir nennen in dieser Beziehung Scharlach, Masern und Typhus — während andre eine solche geradezu begünstigen, so die Lungenentzündung. Endlich haben wir bei einigen Infektionskrankheiten gelernt, dadurch, daß wir eine abgeschwächte und milde Form der Er-krankung erzeugen, die bösartige und gefährliche so gut wie auszuschließen, es sei nach dieser Richtung hin an die wahrhaft segensreiche Pocken-impfung erinnert. Wie sollen wir uns dieses merkwürdige Verhalten erklären? Eine befriedigende Antwort kann und wird zweifellos nur das Mikroskop erteilen, ein vielversprechender Anfang ist bereits gemacht. Zunächst wurde durch exakte Untersuchungen bewiesen, daß überall da, wo die Übertragung einer Bakterienart keine Störung hervorgerufen hatte, die kleinen Lebewesen sehr bald spurlos verschwunden waren. Sie mußten also durch die natürlichen Kräfte des Organismus vernichtet sein, welche in diesem Falle ausreichten, sich ihrer vollständig zu erwehren; wo es ihnen dagegen gelingt, sich anzusiedeln, müssen dieselben als ungenügend hierfür bezeichnet werden. Oder mit andern Worten, es findet stets ein Kampf zwischen den Körpergeweben und -Säften einerseits und den ein-gedrungenen Zellen anderseits statt, je nachdem diese völlig unterdrückt werden oder siegreich aus demselben hervorgehen, ist Gesundheit oder Krankheit die Folge. Wo letztere Platz gegriffen hat, geht der Krieg unablässig weiter, er endet entweder mit Genesung, d. h. der Organismus wird zuletzt doch noch Herr über die Bakterien und bringt sie zum Ab-sterben, oder mit Tod, wenn sie die Überhand behalten. Auf Grund dieser Anschauung werden wir unschwer zum Verständnis von zwei Be-griffen gelangen, welche sich in der Wissenschaft eingebürgert haben, nämlich der Disposition und der Immunität. Ein Individuum ist zu einer Krankheit disponiert, wenn seine Widerstandsfähigkeit gegen den Krankheitserreger sehr gering oder gar null ist, es ist immun (wörtlich übersetzt: „gefeit") gegen dieselbe, wenn sie unendlich groß ist. Daß zwischen diesen beiden Extremen alle möglichen Übergänge existieren, bedarf wohl kaum der weiteren Erörterung. Das höchste Interesse bietet noch die Frage dar, welche Bestandteile des Körpers denn die Träger des gegen die Bakterien geleisteten Widerstandes sind. Wir wollen hier gleich im voraus bemerken, daß sie augenblicklich die namhaftesten Forscher beschäftigt, als endgültig gelöst indessen noch nicht betrachtet werden darf. Von vielen wird den Zellen eine Hauptrolle bei diesem Vorgange zu-geschrieben, ob mit Recht oder Unrecht, lassen wir dahingestellt. Man stützt sich dabei auf die mehrfach gemachte Beobachtung, daß die Bakterien innerhalb des Zellenleibes angetroffen werden, und deutete dies dahin, daß sie direkt von jenen wie eine Nahrung aufgenommen und verdaut würden, man wählte deshalb die Bezeichnung Phagocyten (Freßzellen).

In hervorragendem Maße sollen die weißen Blutkörperchen dieses
Prädikat verdienen, welche allerdings schon normalerweise kleinste Partikelchen von in die Blutbahn eingebrachten Fremdkörperchen in sich ein-
zuschließen vermögen (s. voriges Kapitel). Sie wandern an Infektions-
stellen in Massen aus und umgeben gleichsam wie eine erst zu durch-
brechende Schutzmauer die verderblichen Eindringlinge.

Bereits bei den Wundkrankheiten waren wir gezwungen, des Fäulnis-
prozesses zu gedenken, es dürfte sich an dieser Stelle verlohnen, ihm noch
einmal eine kurze Besprechung zu widmen, um so mehr, da die Gesundheitspflege auf Schritt und Tritt Veranlassung hat, sich näher mit ihm
zu befassen. An und für sich ist er im Haushalte der Natur eine aus-
gesprochen nützliche Einrichtung, indem die von abgestorbenen Pflanzen
oder Tieren entstammenden Eiweißstoffe und ihnen nahestehenden Sub-

Fig. 407. Bacillenhaltige Riesenzelle
mit totem Zentrum aus einem Tuberkel.
Nach Ziegler.

Fig. 408. Bakteriengemisch in faulenden Fleisch-
waren (1000mal vergrößert). Nach Günther.

stanzen durch ihn in einfache chemische Verbindungen zerlegt werden,
welche wiederum zum Aufbau neuer Pflanzenzellen dienen. Wenn er
aber totes Material betrifft, dessen wir noch zu unsrer Ernährung
bedürfen, so haben wir allen Grund, uns seiner zu erwehren, ferner
werden wir ihn selbst da, wo er uns erwünscht ist, wie z. B. bei den
menschlichen und tierischen Abfallstoffen, so mancher für unser Wohl-
befinden unangenehmen Nebenwirkung wegen mindestens aus unsrer un-
mittelbaren Nähe zu bannen bestrebt sein. Die Ursache des Faulens
sind stets Bakterien, und zwar eine Fülle von verschiedenen Arten,
von denen jede den Vorgang in eigentümlicher Weise beeinflußt. Je
nachdem Aërobien und Anaërobien (Luftleber und Nichtluftleber) dabei
beteiligt sind, ist das Resultat die sogenannte geruchlos verlaufende Verwesung und die Fäulnis im engeren Sinne, welche mit Bildung stin-
kender Produkte einhergeht. Das Studium dieser Verhältnisse ist insbesondere für die Konservierung von Nahrungsmitteln von
unberechenbarem Nutzen gewesen. Die Erkenntnis, daß Bakterien die

Schuld an ihrem Verderben tragen, lenkte von selbst auf die richtigen Bahnen, um dies zu verhindern; gelang es, sie entweder ganz fern zu halten oder wenigstens ihre Entwickelung unmöglich zu machen, so war die Aufgabe gelöst. In der That beruhen alle die Maßnahmen, welche wir in der Technik und im Hause zu diesem Zwecke anzuwenden pflegen, auf diesen Grundsätzen; eine Substanz, welche wir unversehrt von Fäulnis erhalten wollen, machen wir keimfrei durch Siedehitze und bewahren sie alsdann durch festen Verschluß vor dem erneuten Eindringen der Pilze, oder wir verhüten deren Wachstum durch Wasserentziehung, Temperaturerniedrigung und Zusatz von gewissen Chemikalien, den sogenannten desinfizierenden oder antiseptischen Mitteln. So wird von überseeischen Ländern der Überfluß an Fleisch zu uns importiert, und zwar entweder in Blechbüchsen, welche, während ihr Inhalt kochte, luftdicht verschlossen werden, oder es wird frisch in durch Eis gekühlte Räume verladen. Bei der heißen Räucherung wird der Fäulnis durch das Zusammenwirken von dreierlei Einflüssen entgegengetreten, nämlich durch die Wärme, das Austrocknen und die Imprägnierung mit flüchtigen, bei der Verbrennung des Holzes gebildeten chemischen Körpern, vor allen Dingen dem Kreosot. Fäulniswidrige Mittel endlich setzt man in mehreren Städten dem Kanalwasser zu, ehe man ihm freien Abfluß in die Flüsse gestattet. Vorzugsweise empfiehlt sich das Sieden von Flüssigkeiten als vollkommen sichere Schutzmaßregel nicht nur gegen diese Keime allein, sondern auch gegen pathogene Bakterien und Gärungserreger. Praktisch in Betracht kommt in dieser Beziehung neben dem Wasser in erster Linie die Milch. Wir

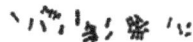

Fig. 409. Milchsäurebacillen (700 mal vergrößert).

haben früher erfahren, daß Tuberkelbacillen in dieselbe von kranken Kühen übergehen können, ebenso ist sie ein vortrefflicher Nährboden für Cholera-, Typhus- und andre Gifte, mit denen sie nicht selten auf dem Wege vom Produzenten zum Konsumenten verunreinigt wird. Außerdem müssen wir unsre Aufmerksamkeit noch auf eine Erscheinung richten, welche eine erhebliche Veränderung der ursprünglichen Zusammensetzung der Milch im Gefolge hat. Es ist bekannt, daß sie bei längerer Aufbewahrung sauer wird, womit eine Gerinnung des Käsestoffes verknüpft ist. Wie sehr man auch die Sauermilch als diätetisches Mittel schätzen mag, zur Nahrung für Säuglinge ist sie gänzlich ungeeignet und gibt Veranlassung zu den schwersten Magen- und Darmkatarrhen, durch welche Tausende und aber Tausende junger Kinder jährlich dahingerafft werden. Auf Grund genauester Untersuchungen konnte gezeigt werden, daß es Organismen sind, welche in der Milch diese Wirkung hervorbringen; durch ihre Lebensthätigkeit wird der Milchzucker unter gleichzeitiger Bildung von Kohlensäure in Milchsäure verwandelt, durch welche wiederum die Gerinnung entsteht. Wiewohl man von mehr als 15 Arten bereits weiß, daß sie diese Eigenschaft besitzen — so u. a. von den Eiterpilzen —, so ist es doch vornehmlich der Bacillus acidi lactici (Milchsäurebacillus), welcher als Gärungserreger angeschuldigt werden muß. Es handelt sich um kurze, dicke Stäbchen, von denen meist je zwei aneinanderhängen, sie sind unbeweglich und pflanzen sich durch Sporen fort.   Reinkulturen sind leicht anzulegen, versetzt ·man mit geringen Mengen von ihnen durch lebhaftes, energisches Kochen sicher keimfrei gemachte Zuckerlösungen sowie Milch, so sind wir bei Zutritt von Sauerstoff alsbald in der Lage, die Bildung von Milch- und Kohlensäure, bei letzterer noch die Gerinnung nachzuweisen.

Wir beschließen damit dies Kapitel, in welchem wir den Versuch gemacht haben, dem Leser einen Einblick zu gewähren in die gewaltigen, ja riesig zu nennenden Fortschritte, deren sich die letzten Jahrzehnte auf dem Gebiete der öffentlichen Gesundheitspflege oder Hygieine rühmen dürfen.   Dieser Zweig der Medizin, dessen Ideal es ist, Krankheit und Elend überhaupt vom Menschengeschlecht fern zu halten, hat sich naturgemäß zunächst die Aufgabe gestellt, all die großen und kleinen Feinde zu entlarven, welche fortwährend auf die Gesundheit einstürmen, denn nur die genaueste Bekanntschaft mit ihnen befähigt uns, sie zu vertilgen. Wenn in dieser Beziehung bereits Segensreiches geschaffen ist und täglich neu geschaffen wird, dann gebührt der Löwenanteil des Dankes für diese Errungenschaften dem herrlichen Erzeugnis menschlichen Scharfsinns und menschlicher Erfindungsgabe, dem Mikroskop.

VI. Kapitel.

Das Mikroskop als Schutz gegen Fälschungen.

Je kleiner und feiner ein Stoff ist, der als verkaufsfähig in Kulturländern zirkuliert, je weniger das Auge ausreicht, die Echtheit mit
seiner bloßen Schärfe zu prüfen, um so schwieriger ist es, die Fälschung
nachzuweisen, um so mehr wird die Gewinnsucht dazu greifen, minderwertige oder gar verfälschte Produkte in Umlauf zu bringen.

Wie vielfach in der Welt betrogen wird, wie vielfach im Kauf
und Verkauf Fälschungen vorkommen, davon überzeugt man sich leicht,
sobald man eine Gerichtszeitung zur Hand nimmt, selbst in den Spalten
von Unterhaltungsblättern finden sich häufig Hinweise auf neuentdeckte
Verfälschungen; wir sehen, auch die Arbeit der Laboratorien für Prüfung
von Nahrungs- und Genußmitteln ist keine kleine.

Und da sind es vorzüglich zwei Methoden, zwei Wissenschaften, die
der Unredlichkeit zu Leibe rücken, die Chemie und die Mikroskopie. Oft
genügt eine einzige kleine Probe auf die Reinheit eines Stoffes, seine
Echtheit oder Unechtheit darzulegen, ebenso oft führt ein kleines Pröbchen,
unterm Mikroskope betrachtet, zur Wahrheit.

Die ausgedehnteste Anwendung bei der Prüfung von Waren auf
Reinheit und Echtheit finden jetzt allerdings die chemischen Untersuchungs-
methoden. Doch reichen dieselben nicht in allen Fällen aus, entweder
muß das Mikroskop dann helfend eintreten oder auch die ganze Prüfung
übernehmen. Es ist somit ein wichtiger Faktor zum Schutz vor Betrug
und zugleich von Leben und Gesundheit.

Wie viel falsche Kapern mag der Leser schon verschluckt haben,
wieviel verfälschten Kaffee getrunken! Wie oft war die Milch bläulich,
die Butter verfälscht, die Zigarren aus Dingen hergestellt, die mit Nicotiana tabacum nicht die entfernteste Verwandtschaft haben!

Die Wichtigkeit des Mikroskopes für den täglichen Verkehr dürfte
Interesse genug erregen und den Leser veranlassen, gern wenigstens
einigen seiner Dienste im öffentlichen Leben näher zu treten. Freilich
kann ich nur Ausgewähltes bieten — die ausführliche Besprechung aller
der Fragen, wo im Leben das Mikroskop Dienste thut, würde Bände
fordern.

Da sind es zunächst unsre Nahrungs- und Genußmittel, die festen wie die flüssigen, die einheimischen wie die fremden Gewürze, welche eine Prüfung auf Reinheit und Echtheit nicht aushalten.

Sehen wir uns einmal die Milch und das Butterbrot an, wie es jung und alt verzehrt — wie sucht die engherzigste Habsucht gerade diese notwendigen Nahrungsmittel, dem Armen oft einzigen Nahrungsmittel, zu fälschen!

Die Milch der Säugetiere besteht aus einer wasserhellen Flüssigkeit und darin schwimmenden, überaus kleinen Kügelchen von Fett (Butter), welche in Menge gesehen weiß erscheinen und dadurch der Milch ihre charakteristische weiße Farbe geben. Je mehr solcher Fett- oder Butterkügelchen in der Milch enthalten sind, desto fetter und dickflüssiger ist dieselbe, desto mehr Rahm setzt sie ab und desto mehr zieht ihre Farbe ins Gelbliche; je weniger Butterkügelchen dagegen in der Milchflüssigkeit schwimmen, je mehr letztere vorherrscht, desto mehr zieht ihre Farbe ins Bläuliche. Die Milchflüssigkeit ist eine wässerige Auflösung von Milchzucker, Käsestoff (Kaseïn) und verschiedenen Salzen, während die Butterkügelchen mit Butterfett erfüllte Bläschen sind, deren überaus zarte Haut aus festem Käsestoff besteht. Gute, d. h. fettreiche Milch ist immer etwas schwerer als Wasser, und daher sinkt sie (wenigstens die frisch gemolkene), ins Wasser getröpfelt, darin unter. Auf den Fingernagel getropft, fließt solche Milch nicht auseinander, sondern bildet einen kugeligen oder gewölbten Tropfen. Fig. 351 zeigt ein Tröpfchen von guter Milch. Diese strotzt von großen und kleinen Butterfettkügelchen. Wenn dagegen im Gesichtsfelde des Mikroskops bei Anwendung der angegebenen Vergrößerung nur wenige Fettkügelchen erscheinen, so ist die Milch sicher wässerig und schlecht. Bei der Rahm- oder Sahnebildung drängt sich nach und nach die Mehrzahl der in der Milch enthaltenen Fettkügelchen an die Oberfläche der stehenden Milch zusammen und bildet die gelbliche, fette Rahmschicht. Die darunter befindliche entrahmte Milch besteht natürlich der Hauptsache nach aus der wässerigen Milchflüssigkeit, doch enthält dieselbe, war anders die frisch gemolkene Milch eine gute, immerhin noch ziemlich viel Fettkügelchen. Vom Mai bis Herbst, wo das Milchvieh viel grünes Futter zu bekommen pflegt, enthält die Milch immer mehr wässerige und weniger feste Bestandteile als vom Herbst bis zum Frühling, wo das Vieh Heu, Kleeheu, Stroh, Rüben u. dergl. erhält. Kühe, welche im Winter vorzugsweise mit Branntweinschlempe gefüttert werden, geben häufig eine wässerige und mit Schleim gemischte Milch, und es kann daher die Milch ohne Schuld des Verkäufers je nach der Jahreszeit oder Fütterung bald gut, bald schlecht sein. Dagegen muß es schon als Betrug bezeichnet werden, wenn der Händler wissentlich verdorbene oder abgesottene Milch, oder Milch von kranken Kühen oder von solchen, welche eben erst gekalbt haben, als gute frisch gemolkene Milch verkauft. Verdorbene Milch hat in der Regel einen unangenehmen oder sauren Geruch, gekochte Milch gibt nur eine sehr dünne Schicht eines zwar sehr fetten, aber wenig dicken Rahms, Milch von kranken Kühen enthält gewöhnlich Eiter (vgl. Fig. 353) und Schleimkörperchen, welche sich unter

dem Mikroskop durch ihr maulbeerartiges Ansehen sofort von den Butterkügelchen unterscheiden lassen.   Diejenige Milch endlich, welche die Kühe
in den ersten Tagen nach der Geburt des Kalbes geben (das sogenannte
„Kolostrum“) und die nicht verkauft werden soll, weil sie für den Genuß
des Menschen völlig unbrauchbar und zugleich ungesund ist, sieht unter
dem Mikroskop bei derselben Vergrößerung ebenfalls ganz anders aus,
als gute, gesunde Milch, indem sie große Kugeln mit gekörnelter Oberfläche (Kolostrumkugeln), die aus noch nicht gehörig ausgebildeter Butter-
substanz bestehen, und gruppenweise zusammengeballte, von einer feinkörnigen Masse umgebene Butterfettkügelchen enthält (Fig. 352).   Dergleichen Milch ist außerdem reich an salzigen Bestandteilen, aber arm

an Milchzucker, enthält
mehr Eiweiß als Käse-
stoff, gerinnt beim Kochen
und wird faul, ohne
vorher sauer zu werden.

Was endlich die
wirklichen Verfälschun-
gen der Milch betrifft,
so bestehen dieselben
teils in Beimengung
von fremdartigen Stof-
fen, durch welche man
bald die Menge der
Milch vermehren, bald
einer schlechten Milch
das Ansehen guter Milch
geben will, teils in der
Herstellung einer künst-
lichen Milch aus Dingen,
welche gar keine Ver-
wandtschaft mit wirk-
licher Milch haben. Die

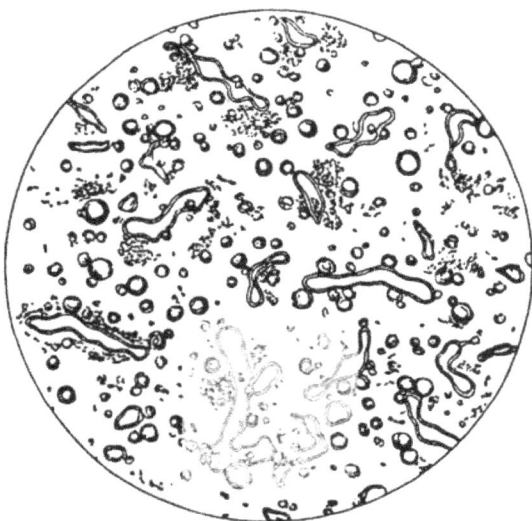

Fig. 410.   Künstliche Milch aus Hammelsgehirn.

am häufigsten vorkommenden Verfälschungen der Milch sind Verdünnung
der Milch mit Wasser, Beimengung von Mehl, Gummi, Stärkezucker,
Eiweiß, Hausenblase, Emulsionen öliger Samen (Hanfmilch, Mandel-
milch) u. a. m.   Mehl pflegt man namentlich schlechter oder mit Wasser
verdünnter Milch beizumengen, um die Milch dicker zu machen und
dadurch das Übermaß der wässerigen Bestandteile zu verstecken.   Eine
zwei- bis dreihundertfache Vergrößerung genügt, um diese Fälschung
zu entdecken, denn das Mehl besteht bekanntlich aus Stärkekörnern,
welche man an ihren charakteristischen Formen (s. S. 128, Fig. 150)
leicht erkennen kann.   Will man sich ganz genau überzeugen, ob Mehl
beigemengt ist, so darf man den unter dem Mikroskop befindlichen
Milchtropfen bloß ein Tröpfchen Jodlösung beifügen, indem dann die
Stärkemehlkörner sich sofort blau färben.   Die Verfälschung mit Emulsionen von öligen Samen, welche der Milch eine schöne weiße Farbe

und einen süßen Geschmack geben, erkennt man unter dem Mikroskop daran, daß in einer solchen Milch eine Menge kleiner schwarzer Punkte (Öltröpfchen) enthalten sind. Kocht man solche Milch, so bilden sich beim Erkalten größere Öltropfen auf ihrer Oberfläche. Eine künstlich hergestellte Milch endlich hat bloß die Farbe mit wirklicher Milch gemein, schmeckt ganz anders und kann zu keinem der Zwecke verwendet werden, wozu man die Milch gebraucht. Bis jetzt ist bloß eine Art künstlicher Milch bekannt geworden, nämlich aus gekochtem und mit abgerahmter Milch angeriebenem Hammelsgehirn (Fig. 410). Die auf diesem Wege entstandene Flüssigkeit sieht natürlicher fetter Milch auffallend ähnlich, unter dem Mikroskop aber ganz anders aus als wirkliche Milch, indem sie nur wenige Fettkügelchen, dagegen verschieden geformte Reste zerriebenen Gehirns in großer Menge enthält. Diese Verfälschung ist besonders in Paris vorgekommen.

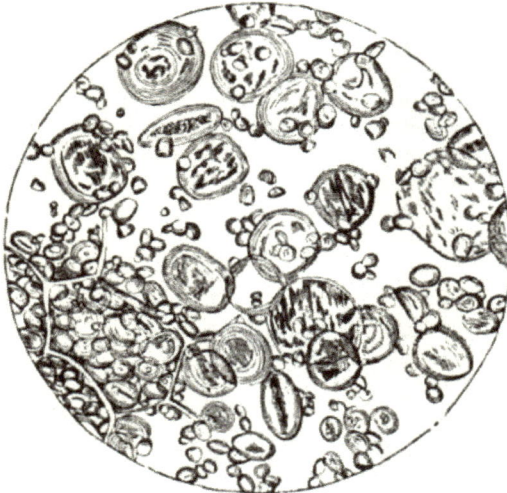

Fig. 411. Reines Weizenmehl.

Fig. 412. Reines Roggenmehl.

Die Verfälschungen der Butter kann ich hier füglich übergehen; ihre Prüfung findet jetzt fast nur noch auf chemischem Wege statt, wie auch die der Milch, indessen sah ich mich genötigt, die mikroskopische Behandlung der Milch vorzubringen, weil gerade in dieser Richtung in neuerer Zeit weniger Gewicht auf Güte und Reinheit, ja

Genießbarkeit in der Prüfung gelegt worden ist, und weil das Mikroskop
so leicht im stande ist, hier Klarheit zu schaffen.

Auch das Brot läßt sich auf Beimischung fremder Bestandteile, die
häufig mineralischer Natur sind, chemisch schneller untersuchen, als mit
Hilfe des Mikroskopes; allein, sobald man
das Mehl heranzieht, aus dem das Brot
bereitet werden soll, sieht die Sache anders aus. Und hier sind es besonders
andre minderwertige Mehlarten, welche
dem guten, reinen Roggen- oder
Weizenmehl zugemischt werden, sie gilt
es zu erkennen. Und dafür sorgt die
Naturwissenschaft an der Hand des Mikroskopes.

Jedes aus einer Getreideart ge-
wonnene Mehl kann aus nichts anderm
bestehen, als aus den der bestimmten Art
in bestimmter Form zukommenden Stärkekörnern und den Resten der durch das
Mahlen zerstörten Zellen der Schale.
Fig. 411 und 412 zeigen eine Probe von
reinem Weizenmehl oder Roggenmehl,
sie sind zu charakteristisch, als daß sie mit

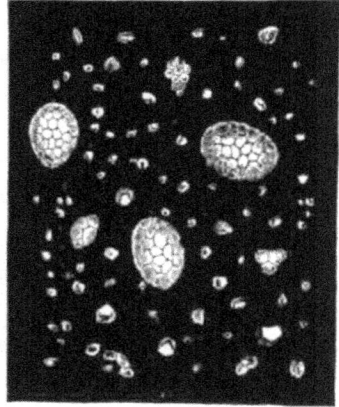

Fig. 413. Stärkekörner des Reis.
Nach Dammer.

den übrigen Proben von Reis (Fig. 413), Hafer (Fig. 414), Gerste
(Fig. 415) oder der Bohne (Fig. 416) verwechselt werden könnten.
Finden sich verschiedene Formen von Stärkekörnern, so ist das Mehl vermischt, treten
ganz fremde Be-
standteile auf,
so ist eine Fäl-
schung vorhan-
den, sei diese
durch Quecken-
wurzel, Alaun,
Bleiweiß, Ku-
pfervitriol u. a.
bewirkt.

Die käuf-
lichen Sorten
des Sago kön-
nen wir nicht
ganz übergehen.

Fig. 414. Stärkekörner des Hafers. (Charakteristisch sind die spindelförmigen.)

Der echte ostindische Sago wird aus dem weichen, weißen, mit Stärkemehl
erfüllten Mark hergestellt, welches das Innere des Stammes der Sago-
palme erfüllt. Schlechtere Sorten aber bestehen aus dem Mark der Cycas
revoluta und C. circinnata, palmenartigen Gewächsen Ostindiens, Chinas
und Neuhollands. · Ein Pröbchen von dergleichen echtem Sago (Perlsago)

in pulverisiertem Zustande zeigt Fig. 417. Solcher echter Sago gelangt höchst selten bis zu uns. Gewöhnlich ist der bei uns käufliche Sago, auch wenn er die Firma des echten ostindischen Sagos trägt, aus Kartoffelmehl bereitet und besteht daher aus Kartoffelstärkemehlkörnern, welche bekanntlich ganz anders aussehen (vergl. Fig. 151), als jene Palmenstärkemehlkörner. Fig. 418 zeigt ein Pröbchen von dergleichen Kartoffelsago in pulverisiertem Zustande. Der Kartoffelsago ist selbstverständlich viel billiger als der Palmensago, wird derselbe also als echter, ostindischer Sago verkauft, so ist dies als Fälschung oder Betrug zu bezeichnen.

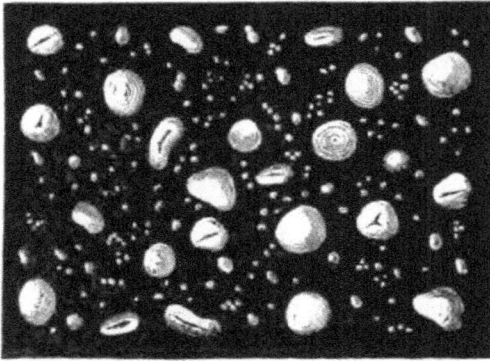

Fig. 415. Stärkekörner der Gerste (300mal vergrößert). Nach Dammer.

Ist man hinter die Verfälschung, welche an unsern Mehlsorten, unsrer Milch und deren Produkten verübt, bald gekommen, und ziemlich leicht, da sie ja einheimische Erzeugnisse sind, so bieten sich größere Schwierigkeiten dar, sobald es sich um Einfuhrartikel fremder Länder handelt.

Kaffee, Thee und Schokolade sind Bestandteile der Volksnahrung, die hier vor allen Dingen Beachtung verdienen.

Gerade an der Kaffeebohne läßt sich der durch nichts zu ersetzende Wert der mikroskopischen Untersuchung klarlegen, durch sie kann man die charakteristischen Elemente zweifellos feststellen. Es würde jedoch zu weit führen, wollte ich alle Bestand-

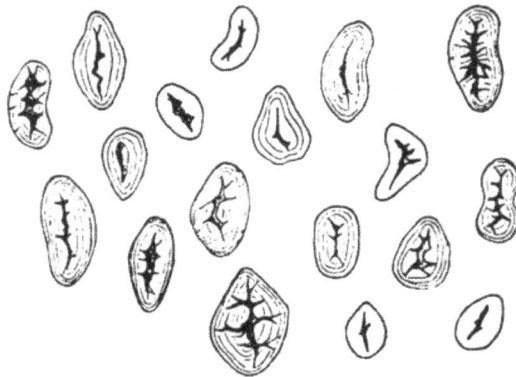

Fig. 416. Stärkekörner der Gartenbohne. Nach Dammer.

teile der Kaffeebohne im mikroskopischen Bilde vorführen. Doch einige Figuren mögen sich darbieten, um die Hauptbestandteile zu veranschaulichen. Die langgestreckten faserartigen Steinzellen (Fig. 419, vergl. auch S. 132 und 133) der inneren Samenhaut sind zu charakteristisch, um jemals verkannt werden zu können. Ebensowenig kann eine Steinzelle des Valençakaffees von Rio de Janeiro durch irgend eine Fälschung nachgebildet werden (vergl. Fig. 420). Es wird nun manchen Leser wunder nehmen, daß man es sogar versucht hat, ganze gebrannte Kaffee- bohnen nachzuahmen, d. h. den Kaffee in einer Form zu verfäl- schen, die ziemlich leicht kontrollierbar ist. Man hat solche geröstete Kaffeebohnen verkauft, die aus leicht gerösteten Eicheln hergestellt wa- ren, oder man hat aus deren Mehl, mit Ge- treidemehl vermischt, künstliche Kaffeebohnen hergestellt, indem man aus beiden Stoffen einen Teig machte, der, in Formen gepreßt und leicht geröstet, zur Glanz- erhöhung der äußeren Seite mit weingeisthal- tiger Harzlösung behan- delt, auf dem Lande verkauft wurde — in Wien hieß er Kunst- kaffee. Die mikrosko- pische Untersuchung be- weist sofort die Fäl- schung. Die künstlichen Bohnen müssen im Wasser erweichen und zerfallen. Das Pulver bringt man unter das Mikroskop (vergl. Fig. 421 u. 422); es ist klar, daß sich die Bestandteile der Kaffeebohne nicht finden werden oder doch in zu geringer Anzahl, wenn man wirklich noch zum Teil gemahlenen Kaffee bei der Herstel- lung verwandt hat. Selbst in neuester Zeit

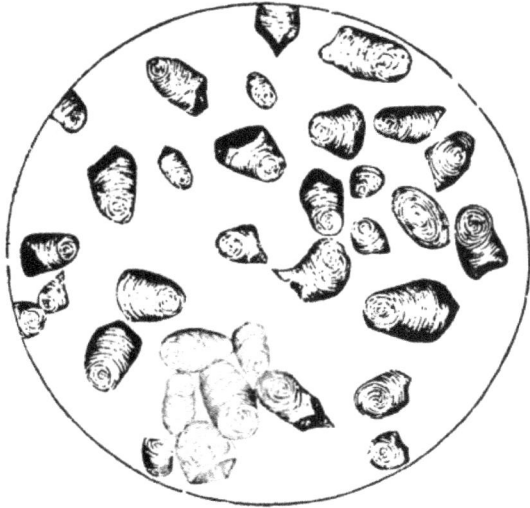

Fig. 417. Echter Sago (240 mal vergrößert).

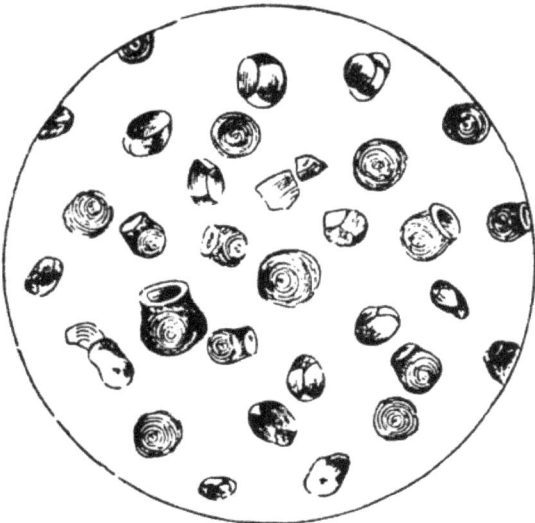

Fig. 418. Kartoffelsago (240 mal vergrößert).

noch werden derartige Verfälschungen versucht, die das Mikroskop auf- deckt. Im „Monatsblatt gegen Verfälschungen" berichtet Dr. van Hamel

Roos folgendes: „Wir haben wiederholt Gelegenheit gehabt, unfre Lefer
über Kunstkaffeebohnen zu unterhalten, d. h. über nachgemachte Bohnen,
welche aus einem Teig verfertigt sind, in welchem ein wenig gemahlener
Kaffee vorkommt. Die Erfindungskraft des Betruges kennt aber keine
Grenzen, und da sich die berufsmäßigen Verfälscher fagten, daß sie mit
ihrer ferneren Lieferung künstlicher Kaffeebohnen auf keinen grünen Zweig

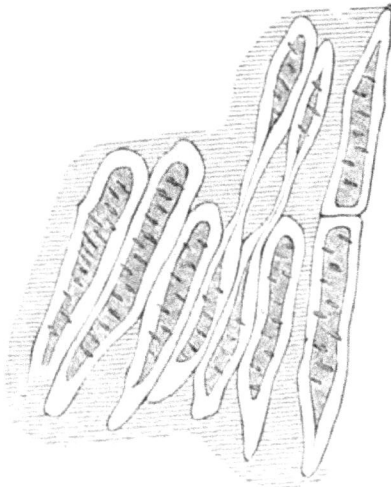

Fig. 419. Innere Samenhaut (Steinzellen)   Fig. 420. Steinzellen der inneren Samenhaut
     der Kaffeebohne (Javakaffee).   der Kaffeebohne (Brasilkaffee). Nach Ed. Hanausek.

kommen würden, nachdem das Publikum einmal hinter diese Schliche
gekommen ist, so schlugen sie einen andern Weg ein, der sicherer zum
Ziele führt. Sie laffen nämlich die Bohne in ihrem natürlichen Zustande, fügen ihr einen harmlosen und unschädlichen Firnis bei, entziehen
ihr aber auf künstlichem Wege alle die Bestandteile, welche dem Kaffee
den eigentlichen Wert geben. Solche Kaffeebohnen haben eine sehr dunkle
Farbe, aber bei der mikroskopischen Untersuchung fällt es alsbald
auf, daß trotz der vollständig natürlichen inneren Struktur, die in gutem
Kaffee stets vorhandenen Ölkügelchen vollständig fehlen.“

Die künstliche Färbung von Kaffee läßt sich selbstverständlich leicht auf chemischem Wege nachweisen; dagegen ist bei **gemahlenem** die mikroskopische Untersuchung geboten und die einzig gangbare. Zu den Surrogaten werden immer minderwertige Produkte verwendet, wie Dattelkerne, Zichorienwurzeln, Löwenzahnwurzeln, Runkel- und Mohrrüben, Getreidekörner, Feigen, Weintraubenkerne, Eicheln, Hagebutten u. s. w. Es ist unmöglich, alle diese Verfälschungsarten dem Leser vorzuführen; wer sich darüber näher unterrichten will, findet genug Stoff und Belehrung im „Illustrierten Lexikon der Verfälschungen und Verunreinigungen von Nahrungs- und Genußmitteln" (Dr. Otto Dammer, Leipzig, Verlag von J. J. Weber, 1887).

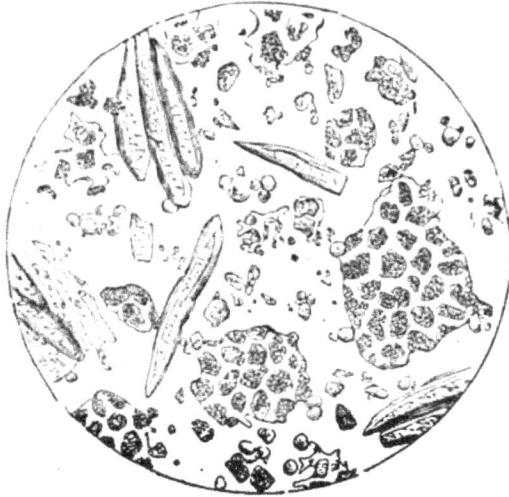

Fig. 421. Kaffeesatz von reinem Kaffee.

Seit einigen Jahren ist besonders der Kakao zu weiter Verbreitung gelangt, besonders seit man gelernt hat, ihn von dem ihn schwerverdaulich gestaltenden Öle zu befreien. „Entölter Kakao" bildet jetzt einen Hauptartikel für Annoncen. Er wird aus den Früchten des Kakaobaumes (Theobroma Cacao L.) hergestellt, er darf also nichts andres in sich führen als deren Gewebselemente. Er verdient besondere

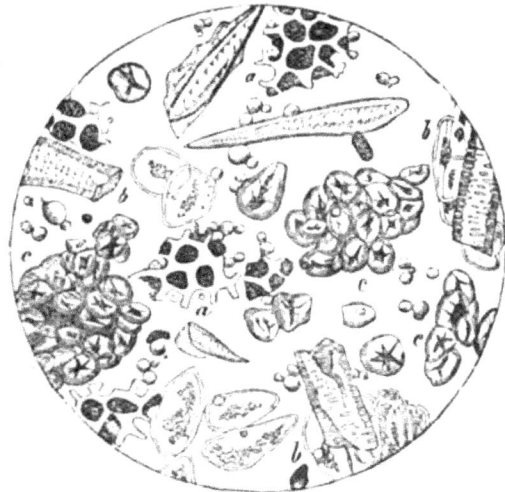

Fig. 422. Kaffeesatz von mit Zichorien- und Eichelpulver vermischtem Kaffee.
a Kaffeezellen. b Zichorienzellen. c Stärkemehlkörner der Eichel.

Berücksichtigung, weil er zugleich den Grundstoff für die Schokolade hergeben muß. Da gibt's nun Zusätze von Stärkemehlen, Fett, Kakaoschalen, selbst Mineralien. Als Mehlzusätze verwendet man Getreidemehle, solche vom Mais, Reis, Kartoffeln, Tapioka, Curcuma, Sago, Erbsen,

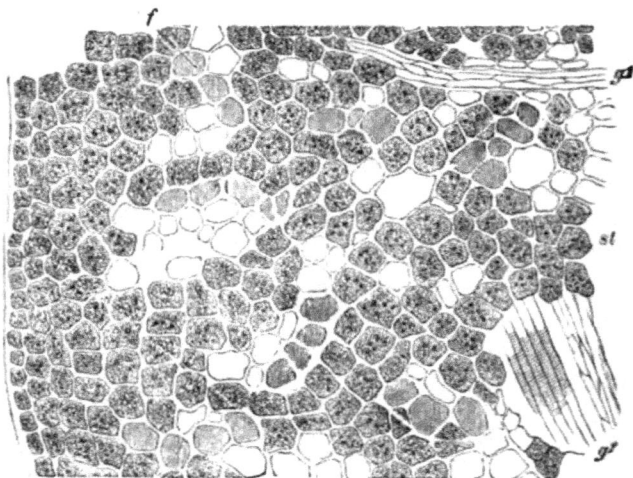

Fig. 423. Querschnitt durch einen Keimlappen (Kern) der Kakaobohne.
st Stärkeführende Zellen. f Farbstoffzellen. g¹ u. g² Gefäßbündel in den ersten Stadien.

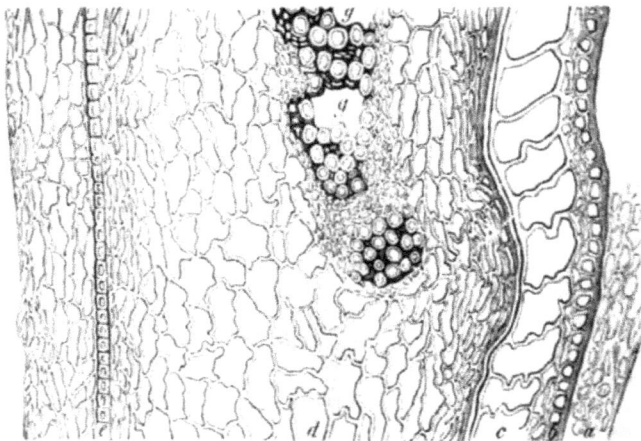

Fig. 424. Querschnitt durch die Samenschale der Kakaobohne.
a Reste des Gewebes, in das die Samen eingebettet sind. b, c, d, e, f Die Schichten der Schale.
g Gefäßbündel.

Bohnen, Linsen, Kastanien, Nüssen, Schiffszwieback — selbst Kleienmehl. Das wertvolle Fett wird durch allerlei fremde, minderwertige Bestandteile vertreten.

Fig. 423 u. 424 mögen die Gewebsbestandteile der Kakaoschale veranschaulichen, die noch als die annehmbarste Verfälschung als Beimischung gelten könnten, wenn sie nicht eben fast unverdaulich wären.

In viel großartigerem Maßstabe, als die Verfälschung von Kaffee
und Kakao betrieben wird, wird dieselbe bei der Bereitung und dem
Verkauf des Thees ausgeübt, ja man kann vielleicht behaupten, daß
keine einzige wirklich reine Theesorte an die europäischen Küsten gelangt, ganz abgesehen von dem Schwindel, der mit dem Namen
„Karawanenthee" oder gar „Kaiserthee" getrieben wird. So ist alles,
was als „grüner Thee" aus China zu uns kommt, bereits im Ur-
sprungslande mit Berliner Blau gefärbt, wie es zuerst der englische
Botaniker Fortune beobachtet hat, der jahrelang in den Theedistrikten

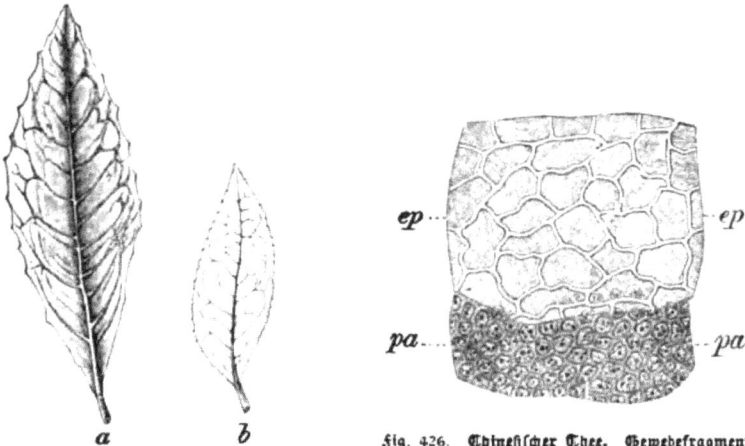

Fig. 425. **Chinesischer Thee (Congothee).**
a Vollständiges Blatt. b Sehr junges Blatt.

Fig. 426. **Chinesischer Thee.** Gewebefragmente
von der Oberseite (350 mal vergrößert).
ep Oberhaut der Oberseite. pa Palissadenparenchym
von oben (von der Fläche) gesehen.

Chinas Erfahrungen sammelte. Indessen wäre das nicht das Schlimmste.
Viel weiter gehen die Verfälschungen der Bestandteile, ja eine gewisse
Raffiniertheit hat sich in dieser Richtung ausgebildet. Selbstverständlich
kann man die fremden Beimischungen, die ja dem Pflanzenreich entnommen werden, nur bei gründlicher Kenntnis des Theestrauches und
seiner Organe, der Blätter und Blüten, herausfinden: das aber auf
leichte Weise durch das Mikroskop.

Die Blätter des chinesischen Thees (vergl. Fig. 425 u. 426) haben
einen so charakteristischen Bau, daß ich mir nicht versagen kann, sie im
Bilde vorzuführen. Eine besondere Erklärung derselben ist nicht nötig,
sie ergibt sich aus unsern Studien über Pflanzengewebe in Kapitel II,
Samenpflanzen, S. 120 ff.

Die Verfälschungen der Theesorten kann ich hier nicht besprechen,
das würde ein Büchlein für sich abgeben, nur auf die reichhaltige Liste

der Betrugsarten im allgemeinen will ich hier eingehen. Und da zerfallen die Verfälschungen in zwei Gruppen: entweder sind es solche mit
anorganischen Stoffen oder mit organischen, pflanzlichen Produkten.

Die Verfälschung mit anorganischen Stoffen hat hauptsächlich den
Beweggrund, das Gewicht zu vergrößern; sie geht Hand in Hand mit
seiner Färbung. Die Ware wird mit Gummilösung oder Stärkekleister
angefeuchtet und mit Graphit, Eisen oder Blei (schwarzer Thee), Talk,
Porzellanerde, Kreide u. s. w.
bestreut. Wer untersucht denn
den Rückstand? Unter Tau-
send noch nicht einer! So
kam nach London sehr viel
mit Eisenfeilspänen gefälschter
Thee: um diese nachzuweisen,
genügt allerdings schon ein
kleiner Magnet, welcher sie
an sich zieht. Im übrigen
läßt die chemische Analyse
ziemlich sichere Schlüsse zu, da
der Prozentsatz der Aschenbestandteile nur zwischen 3
und 7 schwanken darf.

Wie soll man es aber
bei den Färbungen heraus-
bekommen, ob man natürliche,
durch die Röstung entstandene
Farbe vor sich hat oder künstliche? Da leistet die mikro-
chemische Untersuchung, d. h.
die Untersuchung unter dem
Mikroskop mit Anwendung
chemischer Mittel, ausgezeichnete Dienste. Curcuma wird

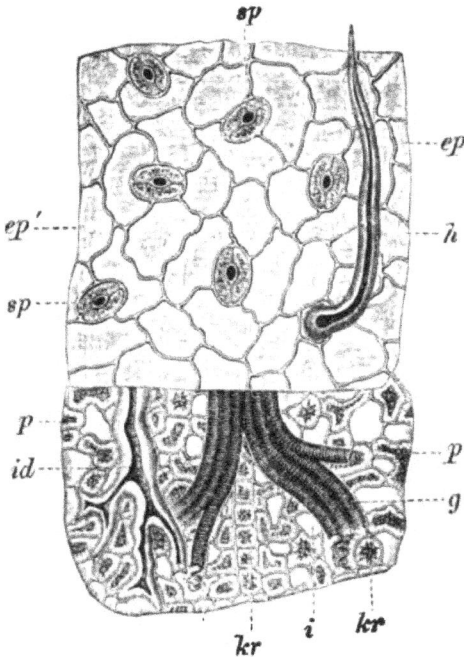

Fig. 427. **Chinesischer Thee.** **Gewebe des Theeblattes** von
der Unterseite gesehen.

ep' Oberhaut mit Spaltöffnungen sp und Haaren h, darunter
Gewebe aus dem Mesophyll. p Schwammparenchym mit
Intercellularräumen i, g Spiroiden, kr Kristallzellen, id Idio-
blast (Steinzelle).

tiefbraun, Berliner Blau erscheint farblos, Indigo behält
seine Farbe, wenn man die
Teilchen mit Kalilauge behandelt. Verfälschungen mit

geringeren Sorten treten nur beim Blütenthee auf und besonders beim
Blütenpekko, achtet man aber auf das Vorkommen von grauen neben
den schwarzen Cylinderchen, dann ist eine Fälschung sofort zu erkennen.

Es ist nun allerdings vorgekommen, daß bereits gebrauchte Thee-
blätter dem frischen Thee zugemischt wurden, da kann das Mikroskop
nichts leisten, wohl aber die Chemie.

Ganz anders stellt sich indessen die Sachlage, sobald man die Verfälschungen durch Beimischungen fremder Blattelemente nachweisen will,
da kann allein das Mikroskop Aufklärung bieten. Einem geübten

Botaniker wird es jederzeit gelingen, die Theeelemente von den Teilchen fremder Blätter zu unterscheiden, ihre Oberfläche, Behaarung, ihr ganzes Gefüge wird ihm mit Sicherheit zu bestimmen gewähren, ob er es mit unverfälschtem oder mit gefälschtem Thee zu thun hat, sei es auch, daß ihm nur sogenanntes Theepulver zur Untersuchung gebracht wird.

Dann hauptsächlich werden zur Vermischung oder Verfälschung die Blätter vom Weidenröschen, vom Ahorn, von der Eiche, Kirsche, Platane, Pappel, Weide, der Erdbeere, Rose, Heidelbeere, vom Schlehdorn, Steinsamen und Holunder benutzt, deren Bau dem Botaniker bekannt ist.

Ein Vergleich von Fig. 428, welche die Unterseite des Steinsamenblattes mit seinen Anhängen darstellt, mit Fig. 427, den Anhängen des Theeblattes, wird den Leser leicht davon überzeugen.

Aber man hat Theepulver verkauft, in dem überhaupt keine Spur von einem Teil der Theepflanze vorhanden war, Fig. 429 mag davon ein Bild geben. Die stärkste Leistung dürfte allerdings wohl die sein, daß man den Thee mit dem Kote von Seidenraupen zu mischen versucht hat.

Im Kaufmannsladen finden sich jedoch noch eine Menge Gegenstände, welche die Hausfrau bei Bereitung der Speisen und Getränke braucht, und die sehr häufig verfälscht in ihre Hände gelangen. Und einen hervorragenden Platz

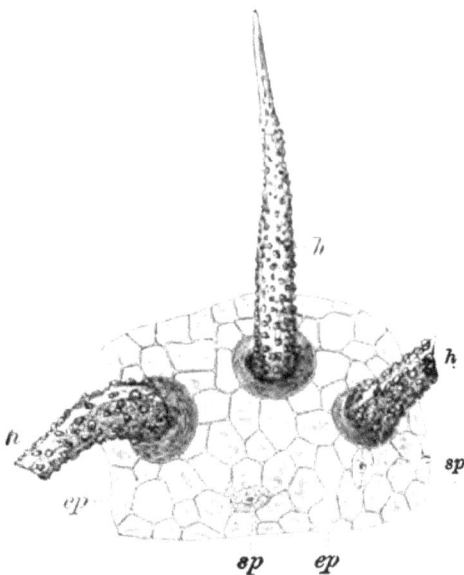

Fig. 428. Steinsamenblatt (Lithospermum officinale). 400 mal vergrößert.

ep Oberhaut der Unterseite mit Spaltöffnungen (sp) und Borstenhaaren (h).

beanspruchen hier die Gewürze. Besonders sind es Ingwer, Kapern, Pfeffer, Safran und das Jalapapulver, die in unreiner Form zum Verkauf gelangen, vielleicht oft ohne Wissen des Verkäufers.

Die Ingwerpflanze (Zingiber officinale) ist in den Tropengegenden Asiens, Amerikas und von Sierra Leone einheimisch und hat an ihrem Wurzelstocke ästige, gegliederte Knollen, welche einzeln, etwas flach gedrückt und beinahe handförmig im Äußern, als sogenannte Ingwerklauen in den Handel kommen und teils als Gewürz zu Speisen gebraucht, teils kandiert als Leckerbissen genossen werden, teils in der Medizin eine nicht ungewöhnliche Verwendung erlangt haben. Je nach der ersten Behandlung der frischen Wurzelknollen unterscheidet man im Handel weißen und schwarzen Ingwer; der erstere stellt diejenigen

Knollen vor, welche sorgfältig gereinigt, abgeschält und an der Sonne getrocknet wurden; der letztere, welcher richtiger brauner Ingwer genannt werden sollte, ist nur in kochendem Wasser abgebrüht und infolgedessen weniger rein und kraftvoll. Die Knollen haben einen eigentümlichen starken und angenehmen Geruch und Geschmack; die beste Qualität muß ohne Oberhaut, von heller, blasser Strohfarbe, weich und mehlig im Gewebe, von kurzem Bruche sein und einen rötlichen harzigen Rand im Umfange zeigen, wenn man die Knollen durchschneidet; der Geschmack soll heiß, beißend, aber aromatisch sein. Die schlechtere Sorte hat noch ihre Oberhaut, ist weniger voll, oft zusammengezogen und stark gerunzelt, von dunkler Farbe, meist hellbraun, von hartem, holzigem Gewebe, oft sogar steinig, aber mürbe, leicht zerbrechlich oder wurmstichig und von geringerem aromatischen Geschmacke. Der Jamaika-Ingwer wird allen übrigen vorgezogen; er muß von blasser Farbe sein, aber eine weiche Konsistenz besitzen.

Das Mikroskop gestattet eine klare Einsicht in die charakteristische Struktur des Ingwers. Die äußere Haut oder Epidermis, welche eine gute Sorte nicht mehr besitzen soll, besteht aus verschiedenen Lagen breiter, eckiger und durchsichtiger Zellen, in welcher hier und da Ölkügelchen von verschiedener Größe sich befinden, die meist dunkelgelb erscheinen. Dazwischen

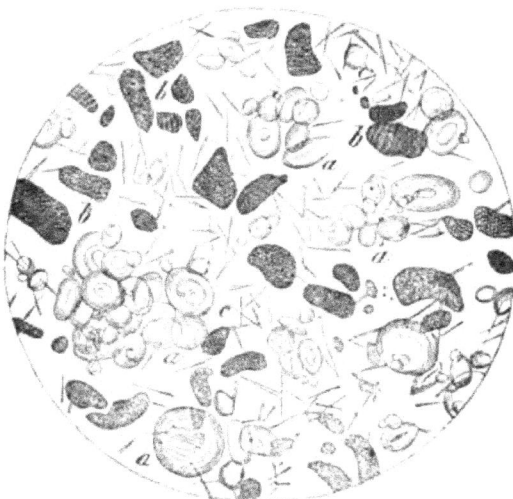

Fig. 429. Verfälschtes Theepulver ohne jede Spur von echtem Thee (350 mal vergrößert).
a Weizenstärke. b Bruchstücke von Katechuharz. c Kristallnadeln, welche im Katechuharz vorkommen.

liegen andre, dunkelgelbe Zellen, deren größere oder geringere Menge die äußerliche Farbe des Ingwers bestimmen. Außerdem liegen unter der Epidermis größere Kristalle. Wenn die Oberhaut weggenommen ist, wie man dies bei allen besseren Sorten antrifft, so kommt man auf ein Zellgewebe, das große Stärkekörnchen einschließt. Außerdem laufen der Länge nach durch den Knollen Gefäßbündel, die getüpfelte Röhrenzellen erkennen lassen.

Der Ingwer kommt gewöhnlich in gepulvertem Zustande im Handel vor, und in England gelangt er fast nie anders in die Haushaltungen. Um nun solches Pulver prüfen zu können und um zu erkennen, ob wirklich Ingwer darin ist, muß man sich vor allem Kenntnis der Formenbestandteile verschaffen, die jedoch in gepulvertem Zustande durcheinander gemengt find. Wir geben in Fig. 430 das Bild eines echten Ingwerpulvers, 140 mal vergrößert, wobei man die aus den obigen Auseinanderſetzungen bereits bekannten Formcharaktere durcheinander geworfen wiederfindet. Um ſich nicht durch Verfälſchungen täuſchen zu laſſen, hat man beim Einkaufe ganzer Knollen darauf zu achten, daß ſie die Eigenſchaften zeigen, welche oben als die Merkmale der beſſeren Sorte bezeichnet worden ſind. Da die Knollen leicht der Zerſtörung durch ein Inſekt ausgeſetzt ſind, ſo pflegt man dieſelben mit Kalk abzureiben oder auch in Kalkwaſſer zu waſchen. Iſt dies letztere geſchehen, ſo nennt man die Knollen in der Handelsſprache weiß gewaſchen; man verſteht darunter aber auch diejenigen, welche mit Chlorkalk gebleicht ſind oder Schwefeldämpfen ausgeſetzt wurden, um ſie in der äußeren Färbung einer beſſeren Qualität ähnlich zu machen. Alte und wurmſtichige Knollen werden häufig mit Lehm und Kreide überſtrichen und dann abgerieben, damit ſie ein beſſeres Anſehen erhalten. Es iſt daher nicht ratſam, Knollen zu kaufen, die auffallend weiß ſind oder

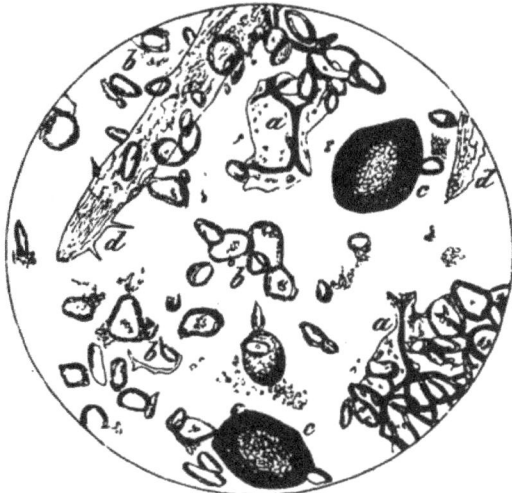

Fig. 430.　Echtes Ingwerpulver.

a Stärkezellen.　b freie Stärke.　c Zellen, ähnlich denen von
Curcuma.　d Gefäßbündelreſte.

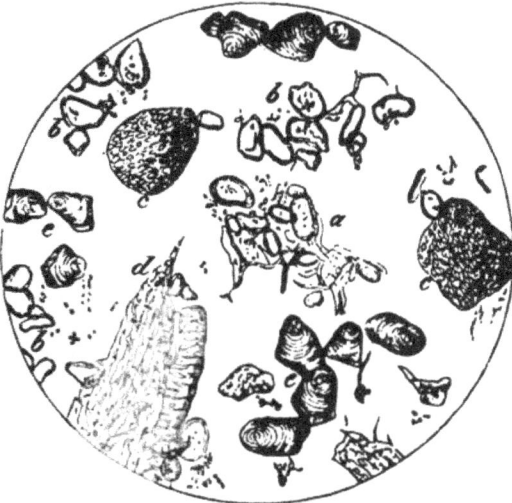

Fig. 431.　Verfälſchtes Ingwerpulver.

a Ingwerzellen.　b Stärkemehl von Ingwer.　c Gelbe Körner,
ähnlich denen der Curcuma.　d Gefäßbündelreſte. . e Stärkekörnchen von Sagomehl.

anhängende Kalkſpuren tragen, oder die nicht ihren natürlichen gelben Anflug haben.

Fig. 430 stellt also echtes Ingwerpulver durch das Mikroskop vergrößert dar. Bei a sieht man die Stärkezellen, bei b die freie Stärke, bei c die der Curcuma ähnlichen Zellen, bei d die Gefäßbündelreste.

In England ist unverfälschtes Ingwerpulver unter die Ausnahmen zu zählen; gewöhnlich nimmt man Kartoffelstärke, Weizenmehl, Sago, Curcuma u. s. w. hinzu; ja manche Sorte enthält gar keinen Ingwer und ist aus Mehl, Curcuma und Cayennepfeffer zusammengesetzt, selbst Thon und andre erdige Bestandteile sind darin gefunden worden. Schüttet man das echte Ingwerpulver in Wasser, so schwimmt dasselbe oben, die erdigen Bestandteile dagegen sinken zu Boden. Fig. 431 stellt dergleichen verfälschtes Ingwerpulver dar. Man sieht darin bei a Ingwerzellen, bei b Stärkemehl von Ingwer, bei c gelbe Körner, ganz ähnlich denen der Curcumaknolle, bei d Gefäßbündelreste und bei e Stärkekörnchen von Sagomehl.

Selbst bei den Kapern sollen Verfälschungen vorkommen. Man versteht darunter die in Essig und Salz eingemachten Blütenknospen von Capparis spinosa, einem in Südeuropa wachsenden Strauche. Aber schon der gröbere Bau der Blütenknospen ist so charakteristisch, daß jede Verwechselung ausgeschlossen ist; nur muß man sich die Mühe nehmen, die Kapern zu öffnen und zu zergliedern. Die echten Kapern zeigen dann folgendes: Sie besitzen vier Kelchblätter, welche in zweigliederigen Quirlen stehen, die Quirle kreuzen sich.

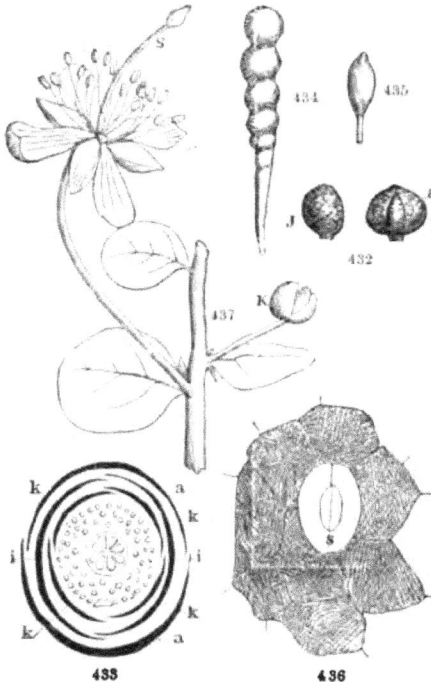

Fig. 432—437. Kapernstrauch (Capparis spinosa).

432 Kapern (J Knospe, a u. i äußeres und inneres Kelchblatt). 433 Querschnitt der Blüte (a äußere, i innere Kelchblätter, k Kronenblätter). 434 Blütenhaar. 435 Fruchtknoten. 436 Zellen aus den weißen Stellen der Kelchblätter (s Spaltöffnungen). 437 Blühender Zweig des Kapernstrauches (K Knospe, S Stengel).

Auf die vier Kelchblätter folgen vier Kronenblätter und zahlreiche Randgefäße, im Zentrum steht jedoch nur ein Fruchtknoten. Das ist ein Hauptmerkmal, die echten Kapern von den Verfälschungen mit den Knospen der Caltha palustris, der Sumpfdotterblume, zu unterscheiden. Diese besitzen nämlich viele Fruchtknoten, fünf Perigonblätter, und ein von der Krone unterschiedener Kelch ist überhaupt nicht vorhanden. Dagegen unterscheiden sich die Knospen von Spartium scoparium, die auch zum Ersatz verwendet werden, von den echten Kapern durch den Besitz von nur zehn Staubblättern. Früher wurden auch Knospen und Früchte der Kapuzinerkresse als Kapern in den Handel gebracht, doch sind sie leicht durch den Sporn (Knospen) oder durch ihren dreiseitigen Bau (Früchte) kenntlich als Verfälschungen.

Schlimmer ist nun allerdings die Vermischung des Pfeffers mit fremden Bestandteilen und besonders bei dem, der als „gemahlener" in den Handel gelangt. Schon dann, wenn man den Pfeffer in ganzen Beeren oder Körnern einkaufen will, thut man wohl, die Sorte zu prüfen. Diejenige, welche am meisten geschätzt wird, hat eine kugelrunde Gestalt, ist hart und schwer, sinkt im Wasser unter, hat eine kastanienbraune Farbe, guten, ausgebildeten Kern, eine wenig gerunzelte Oberhaut und ist im Durchbruche mehlig und gelb. Diese Eigenschaften besitzt der Malabarpfeffer. Die schlechtere Sorte unterscheidet sich dadurch von der guten Qualität, daß die Beeren unregelmäßig, klein, tief gerunzelt, weich und der Bruch von blaßgelber Färbung ist. Je schwärzer nun der Pfeffer ist, und je tiefere Runzeln er zeigt, desto schlechter ist er. Solche weniger schätzenswerte Sorten kommen in der Regel aus Sumatra. Um der geringeren Sorte ein besseres Ansehen zu geben, hat man zu dem einfachen Mittel seine Zuflucht genommen, sie mit Gummi zu überziehen. Es läßt sich jedoch diese Fälschung auf sehr leichte Weise erkennen, wenn man solche Beeren einige Minuten in lauwarmes Wasser legt, dann die klare Flüssigkeit abgießt und eine gleiche Menge 35gradigen Alkohol zusetzt. Infolgedessen schlägt sich der Gummi nieder; der echte Pfeffer läßt nur eine unbedeutende Trübung zu.

Der gemahlene Pfeffer oder das sogenannte Pfefferpulver läßt sich durch eine mikroskopische Prüfung in seinen Beimischungen erkennen. Man hat Rübsamen darin gefunden, wodurch die Masse eine graue, teigartige Eigenschaft annimmt, außerdem aber auch Erbsenmehl, Weizenmehl, Bohnenmehl, Kartoffelmehl, Roggenmehl, Senf, Staub, Stiele vom Pfeffer selbst, Bertramswurzel (Pyrethrum), Leinsamen, Hanf, ja sogar gebranntes Elfenbein.

Zieht man nun, um die verschiedenen zur Fälschung dienenden Substanzen zu ermitteln, das Mikroskop zu Hilfe, so wird man unzweifelhaft die charakteristischen Eigenschaften der beigemengten Mehlarten genau unterscheiden können (vergl. S. 326—328). Auch verwendet man zu einer künstlichen Pfeffermischung, die häufig in den Handel kommt, Pfefferabfall, Staub, Kartoffelmehl, zerriebenen Hanfkuchen und etwas Curcuma.

Selbst künstliche Pfefferbeeren hat man durch den Handel in den Konsum gebracht. Bei genauer Prüfung ergab sich, daß dieselben aus Ölkuchen, gewöhnlichem Mehl und einer Quantität Cayennepfeffer bestanden.

Der Nelkenpfeffer, auch englisches Gewürz genannt, besteht aus den unreifen, getrockneten, runzelig eingeschrumpften, erbsengroßen Früchten von Myrtus Pimenta, einem Baume, der vorzüglich in Jamaika wächst. Dieser Stoff wird häufig andern verkäuflichen Gewürzsorten beigemischt. Da nun derselbe teils in Pulverform, teils angeblich rein, teils, wie schon angedeutet, als Beimischung in andern Gewürzen verkauft wird, so ist

lediglich das Mikroskop der entscheidende Richter über die Formbestandteile desselben; die Kristalldrüsen, sowie die übrigen Gewebselemente
sind von fremden Beimengungen leicht zu scheiden.

Der Cayennepfeffer oder spanische Pfeffer, besonders der
lichtrote gepulverte, unterliegt gleichfalls vielfachen Verfälschungen. Hauptsächlich mischt man demselben Mennige bei, und zwar in der Absicht,
daß er, dem Lichte ausgesetzt, nicht bleiche, was das echte Pulver gern
thut, wodurch es aber in den Augen der Käufer verliert, die seine hell-
rote Frabe ihm erhalten zu sehen wünschen. Um der Farbe willen mengt
man sogar Ziegelstaub unter das Pulver, oder Ocker, was sich leicht
erkennen läßt, wenn man das Pulver einäschert und die Asche mit Säure
behandelt. Ocker und Ziegelstein bleiben unlöslich; es bleibt also ein
rötlicher Schlamm zurück. Aber auch das Mikroskop läßt die einzelnen
Mischungsbestandteile deutlich erkennen. Andre Verfälschungszusätze des
Cayennepfeffers sind noch: gewöhnliches Salz und selbst auf Kosten der
Gesundheit Quecksilber und Zinnober,
die beiden letzteren namentlich, um
dem Pfeffer seine schöne rote Farbe
zu geben. Wie häufig aber das
Cayennepfefferpulver, selbst von nam-
haften Handlungshäusern, die mannig-
fachsten Verfälschungen erfährt, geht
daraus hervor, daß unter 28 Proben
nicht weniger als 24 Sorten als verfälscht erkannt worden sind. Die meisten
derselben enthielten Mennige oft in
bedeutenden Quantitäten, andre Ocker,
Zinnober, noch andre dagegen un-
schädlichere Beimischungen, wie Reis-
mehl, Curcuma, Senfhülsen u. dergl.

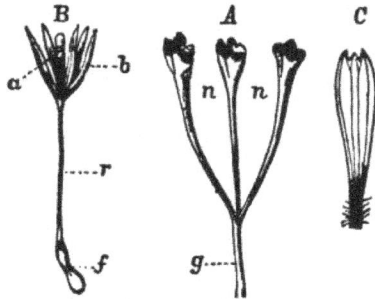

Fig. 438. A Ein Stück Safran: n Narben,
g Griffel. B Safflorblüte: a Antherenröhre,
b Blumenkronzipfel, r Blumenkronröhre, f Fruchtknoten. C Ringelblume.

Wie alle in Pulverform erscheinenden Gewürze ist auch der Safran
dem Mißbrauch der Verfälschungen verfallen. Er ist nichts andres als
ein Pulver, welches man aus den Blütennarben der echten Safranpflanze
gewinnt (Crocus sativus), eins der kostbarsten Gewürze. Die Pflanze
wird in Kaschmir, Persien, Kleinasien, Spanien und Frankreich in größerem
Maßstabe angebaut. Der auf dem Fruchtknoten sitzende fadenförmige
Griffel trägt drei orangerote Narben. Dieselben werden aus den Blüten
gesammelt, getrocknet und pulverisiert. Den anatomischen Bau der Narbe
stellt Fig. 438 dar.

Bei den Verfälschungen kommen zunächst mineralische Zusätze in
Betracht; diese bestehen meist aus Salpeter, Baryt, Gips, Kreide und
Schmirgelpulver. Die Prüfung auf Aschenbestandteile (6 Prozent) läßt
schon sichere Schlüsse zu. Ist die Mischung aber mit Teilen von
Curcumapulver, Paprika, Calendulablüten ausgeführt, dann kann in der
Regel nur das Mikroskop entscheiden.

Ein in neuerer Zeit in der Medizin verwendetes Pulver einer
Gewürzpflanze, das Jalapapulver, unterliegt vielfachen Verfälschungen.

Es entstammt der Ja-
lapawurzel, und schon
bei der Prüfung dieser
Wurzeln ist es ratsam,
dieselben zu waschen und
abzubürsten, damit man
sich überzeugen könne, ob
die Wurmlöcher, die stets
als Merkmale schlechter
Sorten gelten, nicht zu-
geklebt und überstrichen
sind, was gewöhnlich mit
einer Mischung von Ja-
lapapulver und Gummi-
arabicum-Schleim oder ge-
wöhnlichem Mehlkleister
geschieht. Außerdem sind
solche Wurzeln im Ver-
gleiche mit ihrem Um-
fange auffällig leicht; auf
dem Durchbruche sieht
man die Löcher, Bohr-
gänge der Würmer, ja
manchmal sogar diese
letzteren selbst noch in
ihnen. Das echte Ja-
lapapulver muß unter
dem Mikroskope sich so
darstellen, wie es unsre
Fig. 439 in 220maliger
Durchmeßervergrößerung
zeigt. In derselben ge-
wahrt man bei a Stern-
zellen, bei bb Harzzellen,
bei c Zellgewebe, bei d
Stärkezellen, bei e Stärkekörperchen und bei f
Bruchstücke von Tüpfel-
gefäßen und Holzfasern.
Die gewöhnlichste Ver-
fälschung ist die mit an-
dern ähnlichen Wurzeln
und Hölzern, namentlich
mit Guayakholz. Auch hier
bewährt sich das Mikro-

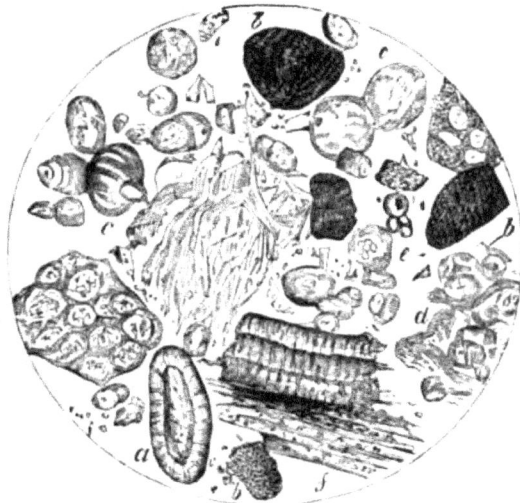

Fig. 439. Echtes Jalapapulver (220 mal vergrößert).
a Sternzellen, bei bb Harzzellen, bei c Zellgewebe. d Stärkezellen.
e Stärkekörperchen. f Bruchstücke von Tüpfelgefäßen und Holzfasern.

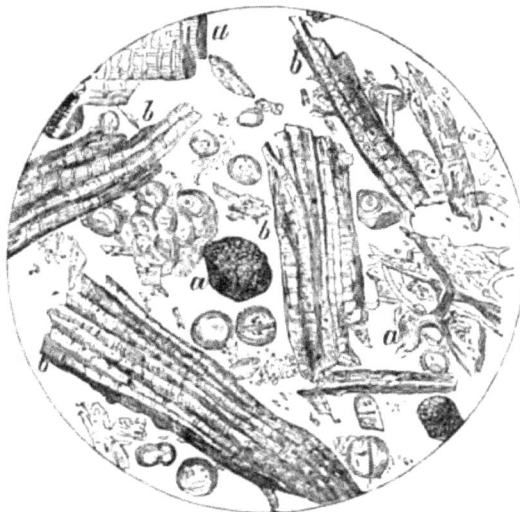

Fig. 440. Verfälschtes Jalapapulver (220 mal vergrößert).
aaa Charakteristische Formteile der Jalapa. bbb Bruchstücke von
Guayakholzfasern.

skop als untrüglicher Warenprüfer. Wir geben unsern Lesern in Fig. 440
eine Darstellung von verfälschtem Jalapapulver in 220facher Vergrößerung.

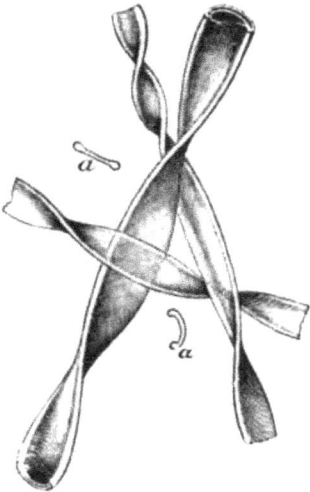

Fig. 441. Baumwolle (300 mal vergr.).
a Querschnittsformen (im Wasser).

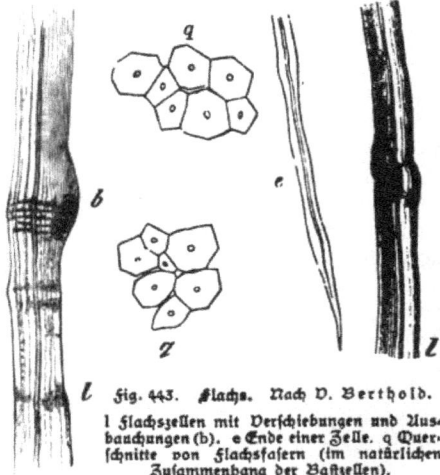

l Fig. 443. Flachs. Nach V. Berthold.
l Flachszellen mit Verschiebungen und Aus-
bauchungen (b). e Ende einer Zelle. q Querschnitte von Flachsfasern (im natürlichen
Zusammenhang der Bastzellen).

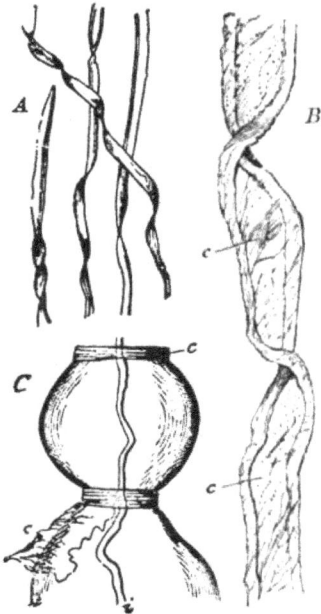

Fig. 442. Baumwolle. Nach Wiesner.
A 50 mal vergrößert. B 500 mal ver-
größert: c Cuticula. C Ein Stück einer
Baumwollfaser nach Einwirkung von
Kupferoxydammoniak: c Cuticula,
i Innenhaut.

Fig. 444. Schafwolle.

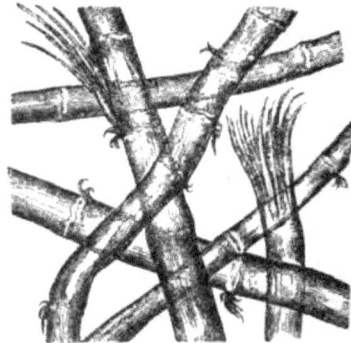

Fig. 445. Hanffaser.

Die Unterscheidung des echten von dem verfälschten ist durchaus einfach; die Abbildung zeigt bei a a a die charakteristischen Formteile der Jalapa und bei b b b die Bruchteile von Guayakholzfasern.

Eine andre Gruppe von Verkaufsgegenständen, mit denen das Publikum oft arg getäuscht wird, bilden die Gewebe, sei es Leinen, Baumwollenstoff, Tuch oder Seide. Alle werden verfälscht; ganz besonders ist es die Baumwolle, die wegen ihrer Billigkeit und der Fähigkeit, ähnliche Form — d. h. für das Auge ohne Vergrößerung — anzunehmen wie die andern Gespinstfasern in ihrem Zusammentreffen, den Geweben, in den Verfälschungen und der großen Stufenleiter der Bekleidungsartikel die Hauptrolle spielt. Das Mikroskop gibt über die Zusammensetzung von Geweben absolut richtige Auskunft. Zu ihrer Erkenntnis mögen die beigegebenen Abbildungen die Aufgabe übernehmen,

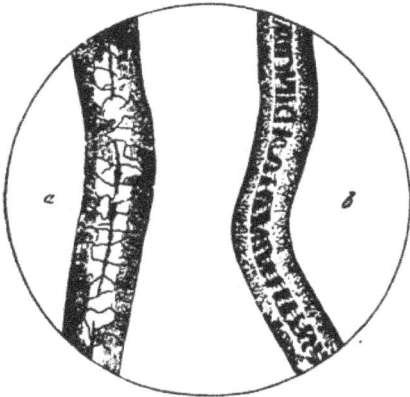

Fig. 446.
Kamelhaar (a) und Haar der Tibetziege (b).

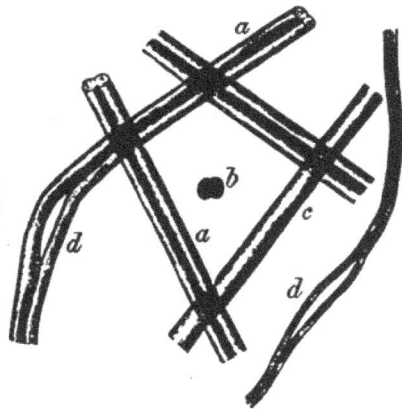

Fig. 447. Seide.
a, d Kokonfäden. c Einzelfaden. b Querschnitt.

dem Leser und besonders dem Mikroskopiker die Unterschiede der einzelnen Arten von Spinnfasern klarzumachen.

Ein jeder wird sofort die Unterschiede der Gespinstfasern heraus- finden, und durch Zerzupfen eines kleinen Teiles des Stoffes kann man sich von seiner Zusammensetzung überzeugen. Die Fasern sind so genau zu unterscheiden, daß eine Täuschung unmöglich wird, sobald scharfe Kon- trolle geübt wird. Ein echter Kaschmir darf nichts andres enthalten, als die Haare der Tibetziege (vergl. Fig. 446), das echte Leinen nichts andres als Flachsfasern (Fig. 443, vergl. auch Fig. 448), die Seide nichts andres als die doppelten Spinnfasern der Seidenraupe (Fig. 447, vergl. auch S. 231). Die echte Wolle darf keine andre Faser aufweisen als die schuppigen Gebilde, die in Fig. 444 dargestellt sind. Im allge- meinen wird es immer genügen, Teile der zu kaufenden Stoffe zu zer- zupfen und sie unter das Mikroskop zu bringen, dann ist eine Täu- schung unmöglich. Es gibt aber noch mehr Stoffe, die der Mensch

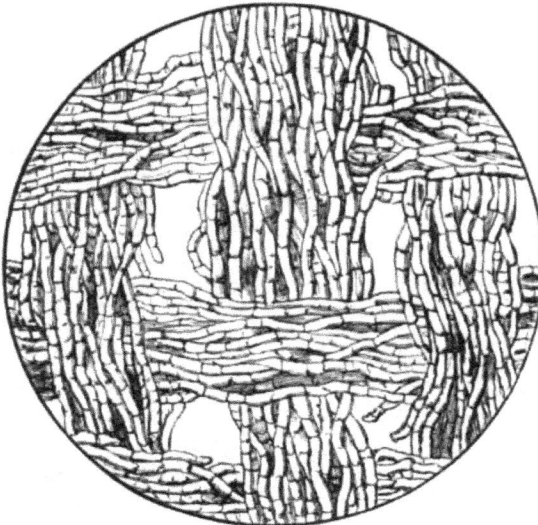

Fig. 448. Reiner Leinenbatist.

Fig. 449. Reiner Baumwollenbatist.

in seinem Haushalt ge-
braucht, seien es auch
nur Genußmittel oder
Dinge, die zur Verschö-
nerung des Lebens bei-
tragen.

Edelsteine bedür-
fen meist nur einer op-
tischen Prüfung, anders
schon ist es mit dem
Elfenbein und dem
Meerschaum, die zu
Gebrauchsgegenständen
vielfach verarbeitet wer-
den.

Elfenbein ist die
Substanz der zu Stoß-
zähnen verlängerten
zwei oberen Schneide-
zähne des afrikanischen
und indischen Elefanten.
Das indische Elfenbein
wird wegen der reineren
Weiße, des dauerhaf-
teren Glanzes und der
größeren Dauerhaftig-
keit mehr geschätzt. Der
Bau der Zähne im all-
gemeinen und besonders
derjenige der Elefanten-
zähne gibt nun den An-
haltspunkt für die Er-
kennung der Echtheit.
Fig. 450 führt im Bilde
die Zusammensetzung
des echten Elfenbeins
vor. Es besitzt schon dem
unbewaffneten Auge
sichtbare, sich auf dem
Querschnitte in rhomboi-
dalen Maschen kreuzende
Linien. Die tangentia-
len Streifen klären sich
unter dem Mikroskope

zu kleineren oder größeren, unregelmäßig begrenzten Lücken auf, die selbst
wieder feine Ausläufer in die Grundmasse des Zahnbeins entsenden. Es
gibt nun eine Menge von Surrogaten des Elfenbeins. Da müssen die

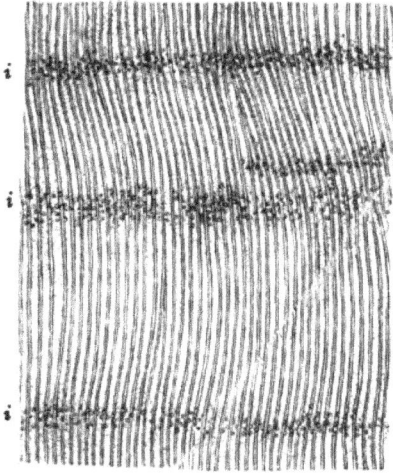

Fig. 450. Echtes Elfenbein (Querschliff),
260 mal vergrößert.
i Interglobularräume.

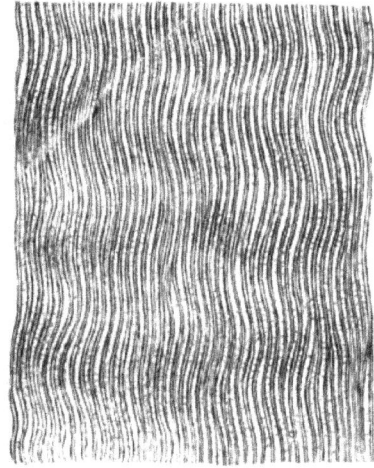

Fig. 451. Nilpferdzahnbein (Querschliff),
260 mal vergrößert.

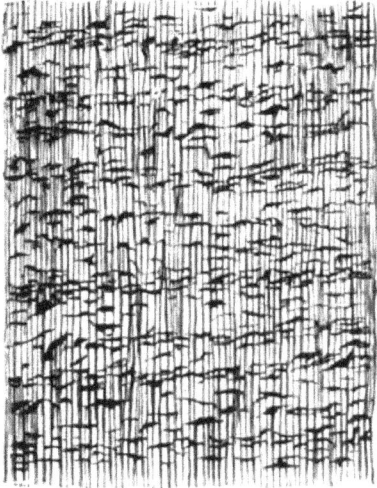

Fig. 452. Walroßzahnbein (Querschliff),
260 mal vergrößert.
i Interglobularräume.

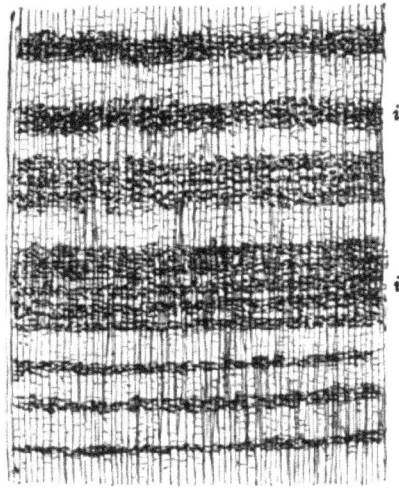

Fig. 453. Narwalzahnbein (Querschliff),
260 mal vergrößert.
i Interglobularräume.

fossilen Stoßzähne des Mammuts herhalten, die aber ein schmutziges,
meist brüchiges Material liefern. Da nimmt man das Zahnbein des
Nilpferdes dazu, die Streifung ist aber anders angeordnet (vergl.
Fig. 451), oder man nimmt Walroßzahnbein (Fig. 452) oder das vom

Narwal (Fig. 453). Solche Fälschungen gehen aber noch eher an, sie entsprechen ihrem Werte nach dem echten Elfenbein eher als diejenigen, die mit Knochenteilen unsrer Haustiere, des Pferdes und Rindes, getrieben werden. Und doch klärt das Mikroskop sofort darüber auf. Die Struktur des Knochens ist eine ganz andre, die Knochenzellen sind so leicht von denen des Zahnbeins zu unterscheiden (Fig. 454), daß in dieser Beziehung das Mikroskop dazu geeignet ist, absolute Sicherheit zu gewähren.

Daß man es versucht, das Elfenbein mit minderwertigem Zahnmaterial oder Knochenteilen nachzuahmen, wird dem Leser wohl einleuchten, aber die Gewinnsucht und Raffiniertheit geht

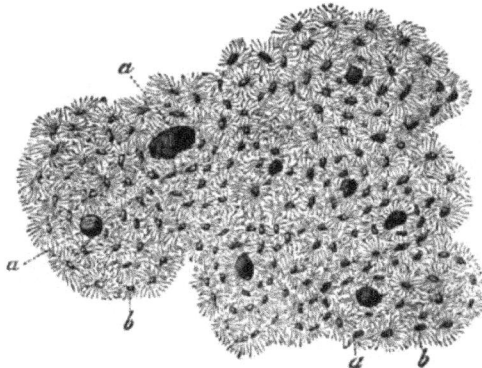

Fig. 454. Röhrenknochen des Rindes (Querschliff), 90 mal vergr.
a Markkanälchen, sogenannte Haverssche Kanälchen.
b Knochenkörperchen.

noch weiter: auch aus der Pflanzenwelt wird Fälschungsmaterial verwendet. Und zwar sind es die Samenkerne zweier Palmenarten, die zur Benutzung gelangen, die Steinnuß und die Kernschale der Kokosnuß,

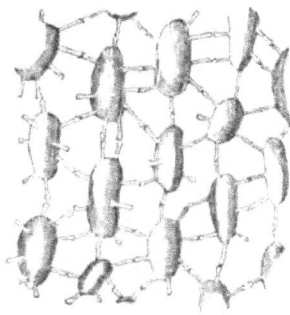

Fig. 455. Querschnitt durch das Sameneiweiß der Steinnuß (400 mal vergrößert).

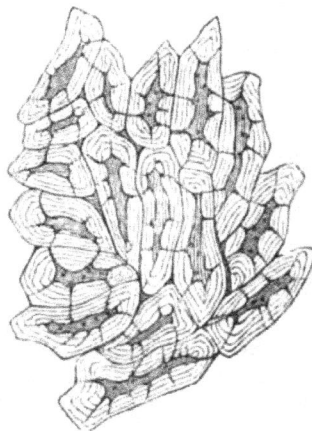

Fig. 456. Querschnitt durch die Kernschale der Coquilla (Lissaboner Kokosnuß), 500 mal vergr.

besonders der kleinen Lissaboner, von Attalea funifera. Selbstverständlich ist es dem, der mit dem Bau pflanzlicher und tierischer Gewebe vertraut ist, ein leichtes, dieselben unter dem Mikroskope auseinander zu halten; man vergl. Fig. 455, welche den Bau der Steinnuß, und Fig. 456, welche einen Querschnitt aus der Kokosnuß (Coquilla) darstellt.

Auf eine eingehendere Darstellung der Verfälschungen, welchen der Tabak unterliegt, besonders der Formen, bei denen er zerkleinert auftritt, sowie in der Zigarre, kann ich mich hier nicht einlassen. Der Leser wird sich denken können, daß Runkelrüben, Kartoffel-, Rosen-, Sauerkirschen-, ja Huflattichblätter eine andre Oberhaut besitzen und andre Formen von Haaren auf derselben tragen als der Tabak, und das genügt, die Fälschung nachzuweisen, sobald man die Gestaltung dieser Pflanzenteile und Gewebe genau kennt, und ein Blick auf Fig. 457 u. 458 wird davon überzeugen, daß hier eine Täuschung eines Sachkundigen unmöglich wird, sobald sich derselbe die Mühe gibt, eine mikroskopische Untersuchung anzustellen.

Ein interessantes Kapitel in der Verfälschungskunde bilden die Produkte der Pelzwaren- und der Papierfabrikation.

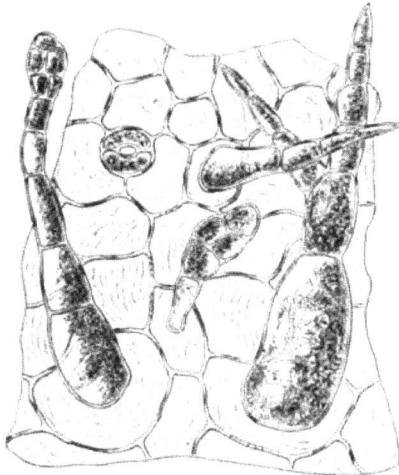

Fig. 457. Oberseite der Oberhaut des Tabakblattes (Nicotiana rustica) mit Glieder- und Drüsenhaaren (160mal vergrößert). Nach Möller.

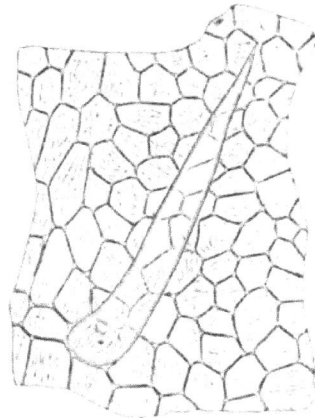

Fig. 458. Oberhaut des Kirschblattes mit einem Haar. Nach Möller.

Es würde gar zu weit führen, wollte ich die Fellarten, welche unsre Kürschner bearbeiten, hier einer genaueren Untersuchung unterziehen. Doch sei auf einiges aufmerksam gemacht, was dem einen oder dem andern unter Umständen doch Nutzen bringen kann. Die Pelzarten werden einerseits durch Unterschiebungen minderwertiger, aber auf künstlichem Wege veränderter Pelze ersetzt, anderseits auch ganz durch Kunstprodukte nachgeahmt. Letztere können von jedem Laien erkannt werden, weil die Haardecke, wenn überhaupt eine solche vorhanden ist (vergl. Haar), am Grunde die regelrechte Bindung von Fäden zu einem Gewebe zeigt. Bei Unterschiebung der echten Ware mit präparierten Pelzen kann jedoch nur scharfe mikroskopische Untersuchung unterscheiden.

Eine Nachahmung des Biberfelles durch Plüsch ist leicht zu erkennen; Bärenfelle, besonders die kostbareren Sorten, werden vielfach durch lang-

haarige, russische Ziegenfelle ersetzt. Die Behaarung ist indessen viel
weniger fein und künstlich gefärbt.

Schon die wenigen Abbildungen werden genügen, die Bedeutung der
mikroskopischen Untersuchung bei Pelzfälschungen darzulegen. Wir haben
da nebeneinander die Haare von der Zibetratte, vom Silberfuchs,
Kaninchen, Lamm, Leoparden und dem Zobel, und so unterschiedlich
wie diese Formen sind die Haare jeder Tiergattung von denen einer
andern gebaut (vergl. auch Gespinste).

Warum habe ich nun aber das Papier erwähnt? An dem ist
doch nicht viel zu fälschen, Leinen- und Seidenfasern, Stroh- und Holzteile sind leicht auseinander zu halten — aber schon beim Papiergeld
fängt das Interesse an sich zu steigern, und gerade bei Untersuchungen
dessen, was auf dem Papiere steht, leistet das einfache wie das zusammengesetzte Mikroskop ausgezeichnete Dienste. Die künstlichen Zeichnungen des Papiergeldes, mit Fälschungen unter stärkerer Vergrößerung

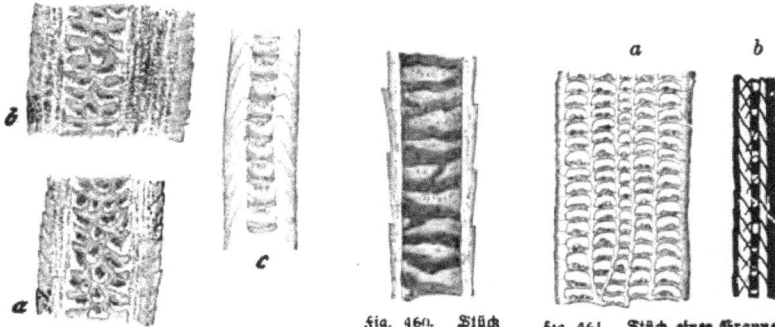

Fig. 459. Stück eines Grannen- und
Wollhaares der Zibetratte.
a. b Grannenhaar. c Wollhaar.

Fig. 460. Stück
eines Grannen-
haares vom Silber-
fuchs, mittlere,
dunkle Partie.

Fig. 461. Stück eines Grannen-
und Wollhaares vom Kaninchen.
a Grannenhaar, mittlere Partie.
b Wollhaar, nahe der Basis.

verglichen, ergeben gar manches, nicht minder ist die Zusammensetzung
des Papiers allein schon im stande, auf Echtheit oder Fälschung zu verweisen. Was ich jedoch hier zum Schluß heranziehen will, ist die Fälschung von Kunstwerken, Altertümern und Handschriften, die ein ganz
anregendes Feld bieten. Nicht bloß Änderungen auf echten Schriftstücken,
Wechseln und allerhand Urkunden, Radierungen, spätere Einträge (an
der Tinte) lassen sich auffinden; die Handschrift selbst, so gut sie nachgeahmt sein mag, läßt sich untersuchen, kleine Merkmale der echten
treten unter der Vergrößerung heraus. Und das führt hin bis zu den
Fälschungen, denen antike Kunstwerke, wertvolle Handschriften aus alter
Zeit unterworfen sind.

Doch ich wollte dieses Kapitel nur streifen, die Vielseitigkeit, welche
die Anwendung des Mikroskopes in der Wissenschaft, in Handel und
Gewerbe, in der Gesundheitspflege, bis hinein in die Geheimnisse der
Hausfrauen sich erworben hat, ist eine so ungeheure, daß dieselbe bis
in die feinsten Einzelheiten hinein wohl nie von einem Geist umfaßt

werden kann, aber die Wichtigkeit des Instrumentes und seiner Verbreitung muß heraustreten, und Schule und Haus müssen die Aufgabe noch einst übernehmen, seinen Wert zu steigern.

Es ist eine durch Zahlen unterstützte Thatsache, daß in den größeren Städten die notwendigsten Nahrungsmittel und Getränke, in England und Rußland der nationale Thee, in Frankreich der Wein, in einem fast unglaublichen Umfange verfälscht und durch Surrogate ersetzt werden.

Dergleichen Verfälschungen bei Gegenständen, welche die tägliche Nahrung mit bilden und deren Surrogate nicht selten geradezu verderbliche Stoffe enthalten, müssen dazu beitragen, eine ganze Generation ihrem physischen Werte nach zu verschlechtern.

Darum sollten nicht allein die Behörden diesen Verhältnissen eine erhöhte Aufmerksamkeit zuwenden, sondern auch das Publikum selbst sollte

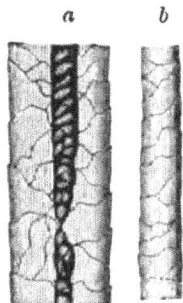

Fig. 462. Stücke eines Haares aus einem Kammfelle.

a Untere markhaltige Partie. b Markloser Endteil.

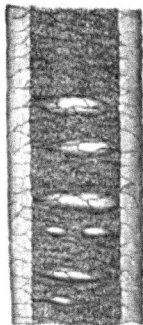

Fig. 463. Stück eines Grannenhaares des Leoparden, mittlere Partie.

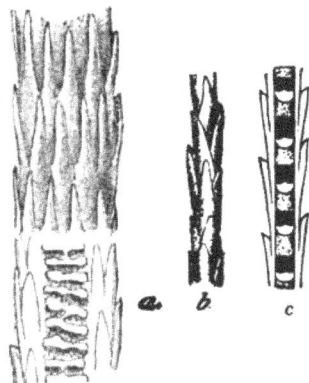

Fig. 464. Stück eines Grannen- und Wollhaares vom Zobel.

a Basalteil eines Grannenhaares (oben Oberflächenansicht, unten Längsschnitt). b, c Wollhaar.

im eigensten Interesse die Pflicht erfüllen, dem furchtbar grassierenden Gifte der Verfälschung in den meisten Konsumtionsartikeln entgegenzutreten. Kaufen doch gar viele Hausfrauen nicht da, wo sie die Waren am besten, sondern wo sie dieselben am billigsten bekommen. Viele wollen die Butter so wohlfeil, wie sie dafür nicht geliefert werden kann, und so bekommen sie die Ausgleichung in Wasser, Salz und andern Zuthaten. Die Verfälschungen und Betrügereien im Handel sind wesentlich Folgen des Mangels an volkswirtschaftlicher Naturwissenschaft. Deshalb wäre es gewiß sehr wünschenswert, daß in den oberen Klassen der Volks- und Bürgerschulen, insbesondere aber der Töchterschulen die wichtigsten Nahrungsmittel und andere gewöhnliche und unentbehrliche Konsumtionsstoffe und deren Verfälschungen eingehend geschildert und Anleitungen zur Untersuchung jener Stoffe und zur Erkennung der Verfälschungen, wozu ja immer das Mikroskop nötig ist, gegeben würden.

Namen- und Sachregister.

Berichtigung.

Seite 135, Fig. 158 lies: Sternförmige Zellen aus einer Binse.